研

河海大学研究生
精品教材

数值分析

NUMERICAL ANALYSIS

张学莹　著

河海大学出版社
HOHAI UNIVERSITY PRESS
·南京·

内容简介

本书是为高等学校理工科各专业普遍开设的“数值分析”和“实用数值分析”课程而编写的教材. 其内容包括插值与逼近、数值积分与数值微分、线性方程组的数值解法、非线性方程(组)的数值解法、矩阵特征值与特征向量计算、常微分方程的数值解法等,每章附有习题. 本书对一些重要的数值方法进行补充和拓展,比如多元数据插值、多维数据的移动最小二乘法等. 为突出数值计算方法在科学和工程计算中的应用,对每章介绍的常用算法,都给出了具体实例的 MATLAB 程序代码. 本书介绍了一些典型案例,比如给药方案、传染病模型等,展现了数值计算在解决实际问题中的应用.

本书阐述严谨、脉络分明、深入浅出,可作为理工科各专业研究生学位课程、高年级数学及其他专业本科生基础课的教材,也可供计算数学工作者及从事科学和工程计算的科技人员参考.

图书在版编目(CIP)数据

数值分析 / 张学莹著. -- 南京 : 河海大学出版社, 2023.3

ISBN 978-7-5630-7933-9

Ⅰ. ①数… Ⅱ. ①张… Ⅲ. ①数值分析 Ⅳ. ①O241

中国国家版本馆 CIP 数据核字(2023)第 024489 号

书　　名　数值分析
书　　号　ISBN 978-7-5630-7933-9
责任编辑　彭志诚
文字编辑　邱　妍
特约校对　薛艳萍
封面设计　徐娟娟
出版发行　河海大学出版社
地　　址　南京市西康路 1 号(邮编:210098)
网　　址　http://www.hhup.com
电　　话　(025)83737852(总编室)　(025)83722833(营销部)
经　　销　江苏省新华发行集团有限公司
排　　版　南京布克文化发展有限公司
印　　刷　广东虎彩云印刷有限公司
开　　本　787 毫米×1092 毫米　1/16
印　　张　22.75
字　　数　540 千字
版　　次　2023 年 3 月第 1 版
印　　次　2023 年 3 月第 1 次印刷
定　　价　69.00 元

前言
Preface

由于计算机的迅速发展和全面普及,数值计算方法的应用已经普遍深入到各个科学领域,很多复杂的和大规模的计算问题都可以在计算机上进行计算,新的、有效的数值方法不断出现.数值计算已经成为各门自然科学和工程技术科学的一种重要手段,成为与实验和理论并列的一个不可缺少的环节.数值分析是研究用计算机求解各种数学问题的数值计算方法及其理论与软件实现的一门科学.所以数值分析既是一个基础性的,同时也是一个应用性的数学学科,与其他学科的联系十分紧密.

本教材按照传统数值分析课程教学大纲的要求结合现行的教学内容体系和结构框架进行编写,主要作为理科数学类专业和理工科各专业硕士研究生"数值分析"和"实用数值分析"课程的教材.主要内容包括绪论、插值法、函数逼近、解非线性方程和方程组的数值方法、数值积分和微分、解线性代数方程组的直接和迭代方法、矩阵特征值问题计算方法、常微分方程数值解法等,对部分知识点进行补充和拓展,通过具体案例阐述了一些重要算法在工程和科学计算中的应用.每章配有精选的例题、数值实验、程序和习题.既注重理论的严谨性,又注重算法的实用性.

教材的内容体系和框架结构,做到一脉相承,承前启后,博采众长,突出应用,注重思政.教材力求全面准确地阐述数值分析先进概念、方法与理论,充分吸收国内外前沿研究成果.力求与时俱进,体现学科前沿研究成果,反映本学科专业的新理论、新方法、新体系.通过数值实验和典型案例,力图介绍常用算法在科学或工程计算中应用.

本书有以下特点:

(1) 涵盖了数值分析课程教学的基本算法和基本理论,对重要的数值方法进行了补充和拓展,比如多元数据插值、多维数据的移动最小二乘法等,内容覆盖面广,脉络分明,重点突出.

(2) 本书尽可能以学术前沿为引领,以朴实、简洁语言阐述各种数值方法,达到学术性、严谨性、通俗性、实用性相统一,注重理论与实践相结合.

(3) 配合与该课程相应的数值分析实验课,本书在每一章的最后一节提供了经典算法的数值算例和工程案例,相应的 MATLAB 程序都是编者精心编制和调试的,可操作性和实用性强.

由于编者水平所限,书中疏漏和不足之处在所难免,敬请广大读者批评指正.

编者

2022 年 9 月

目录

Contents

第 1 章
绪论

1.1 数值分析的研究对象与特点

数学是自然科学的基础,人类的重大技术创新和科学技术进步,都有数学提供强有力的支撑.不同领域的科学问题通过建立数学模型与数学产生紧密联系,数学又以各种形式应用于科学技术各领域.数值分析也称计算方法,是数学科学的一个分支.为了清晰地了解数值分析的研究对象,先看用计算机求解科学和工程问题通常经历的步骤如图 1.1 所示。

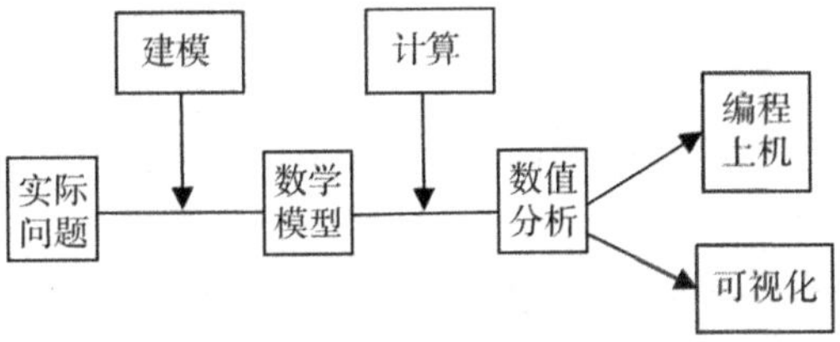

图 1.1 用计算机求解科学和工程问题的一般过程

由此可见,用计算机解决科学和工程问题一般经历以下几步:对不同领域的实际问题建立相应的数学模型;选用适当的数值计算方法对数学模型进行离散化;用计算机编程上机计算得到结果;最后对计算结果进行可视化.针对不同领域的实际问题用有关的科学知识和数学理论建立数学模型这一过程通常看成应用数学的研究对象,而对数学模型用数值方法进行离散化、编程上机求解并对计算结果可视化和误差分析,这是计算数学的研究对象.

对于不同科学领域的数学模型,一般很难直接求出精确解,通常考虑选用适当的数值方法对其离散,求近似数值解.不同学科领域常见的数学模型很多是由微分方程描述的,但是它们的精确解几乎无法得到.比如,描述黏性可压与不可压缩流体运动的纳维-斯托克斯(Navier-Stokes)方程,简称 N-S 方程,关于三维空间中的 N-S 方程组光滑解的存在性问题被美国克雷(Clay)数学研究所设定为国际数学界最具挑战的七个千禧年难题之一；英国物理学家麦克斯韦(Maxwell)在19世纪建立的描述电场、磁场与电荷密度、电流密度之间关系的一组偏微分方程，称为麦克斯韦方程组；奥地利物理学家薛定谔(Schrödinger)提出的量子力学中描述微观粒子运动的薛定谔方程；描述非热力学平衡状态的热力学系统统计行为的玻尔兹曼(Boltzmann)方程；描述超导现象的金兹堡-朗道(Ginzburg-Laudau)方程.

数值分析是研究用计算机求解各种数学问题的数值方法及其理论，是一门与计算机密切结合、实用性很强的课程，它不像纯粹数学那样只研究数学本身的理论，但也不应该理解为各种数值方法的简单罗列和堆积. 数值分析研究内容广泛，有自身完整的数值方法和理论知识体系. 既有纯粹数学的抽象性、严密科学性的特点，又有与领域实际问题结合紧密、应用广泛的特点.

作为“数值分析”课程，只介绍其中最基本、最常用的数值计算方法及其理论，主要内容包括插值问题，函数逼近，数值积分和数值微分，线性方程组的数值解法，非线性方程和方程组的数值解法，矩阵特征值问题的数值计算，常微分方程数值解法. 科学计算中常用的解偏微分方程的有限差分方法、有限元法等一些重要的数值方法将在后续其他课程的学习中介绍. 概括起来，数值分析主要有以下几个特点：

(1) 面向计算机，要根据计算机的特点，研究适合在计算机上编程实现的有效算法.

比如，在求 n 阶线性方程组 $Ax=b$ 的解时，若依据在线性代数课程中学习的克莱姆(Cramer)法则要计算 $n+1$ 个 n 行列式的值，计算量相对大，比如要计算 $n=20$ 阶线性方程组需要 9.7×10^{21} 次乘除法运算，而用第6章介绍的高斯列主元消元法只需要3 060次乘除法运算. 显然，后者是较适合在计算机上实现的，虽然前者在理论上给出了精确解的表达式，但不适合解大型线性方程组.

(2) 计算方法要有可靠的理论分析，算法要具有收敛性、稳定性特点，要对数值计算的误差进行分析，计算精度要达到实际的要求.

(3) 要有好的时间复杂性和空间复杂性，即计算机实现算法时，尽可能设计花费时间少，占用存储空间少的算法.

(4) 要有数值实验，算法要通过数值实验证明是切实可行的.

1.2 数值分析与科学计算

研究它们适合于计算机编程的算法和相关理论就是计算数学的研究范畴，是数值分析这门课程主要介绍的内容.

针对科学和工程领域中提出的各种数学问题，研究它们适合于计算机编程的算法和相关理论就是科学计算的范畴. 科学计算是伴随着计算机的出现而迅速发展并得到广泛应用的新兴交叉学科，如计算物理，计算力学，计算化学，计算生物学，计算经济学等. 科学计算是一门工具性、方法性、边缘性的学科，发展迅速，它与理论研究和科学实验成为现代科学发展的三种主要手段，它们相辅相成又互相独立.

科学计算已经成为气象、石油勘探、核能技术、航空航天、交通运输、机械制造、水利水电等重要工程技术领域不可缺少的研究手段. 比如:计算空气动力学和风洞试验、试飞是获得飞行器(飞机、人造卫星、航天飞机、宇宙飞船、导弹等)空气动力学参数的三种手段;传统的大型水利水电工程,如江、河大坝的设计、水利资源的开发需要对坝体和水工结构作静、动应力学分析. 不少水工模型已经被计算模拟代替,大坝设计已广泛应用有限元方法等数值计算方法获得设计参数;在石油勘探与开采中涉及数字滤波、偏微分方程的理论和计算以及反问题等数学方法.

1.3　数值计算的误差

1.3.1　误差的来源

由计算机运算得到的数据很多情况下是存在误差的,误差是科学计算中经常要考虑的问题之一,误差分析是非常重要也很复杂的问题. 对于复杂的实际计算很难对误差进行切合实际的定量分析,很多情况下可以对误差进行定性分析. 误差的来源主要有以下几方面:

模型误差——在将实际问题归结为数学模型时,需要对问题作一定的简化和假设,并忽略一些次要因素,需要进行抽象和近似处理,数学模型与实际问题之间的误差称为模型误差. 通常假定数学模型是合理的,对于模型误差一般不予分析和讨论.

观测误差——数学模型中需要用到的一些系数、初值等常数来自于测量仪器或统计资料,由于客观条件和仪器精度的限制不可避免有误差.

截断误差(方法误差)——模型的准确解与用数值方法求得的近似解之间的误差称为截断误差,也称方法误差.

例 1.1　计算定积分 $\int_0^1 \frac{\sin x}{x}dx$ 的近似值.

解　由高等数学的知识可知,被积函数的原函数无法找到,所以不能用牛顿-莱布尼茨(Newton-Leibniz)公式计算.

考虑用泰勒(Taylor)级数展开式求解. 由 $\sin x$ 的泰勒展开式得

$$\frac{\sin x}{x} = 1 - \frac{x^2}{3!} + \frac{x^4}{5!} - \frac{x^6}{7!} + \cdots$$

若从第二项后略去可得

$\int_0^1 \frac{\sin x}{x}dx \approx \int_0^1 (1 - \frac{x^2}{3!})dx = \frac{17}{18}$,它与准确值之间的误差 $\int_0^1 \frac{\sin x}{x}dx - \frac{17}{18}$ 为截断误差.

舍入误差——在上机实际计算时,由于计算机对所运算的对象按机器字长四舍五入而产生的最终计算解与模型的准确解之间的误差.

数值计算中误差的来源如图 1.2 所示.

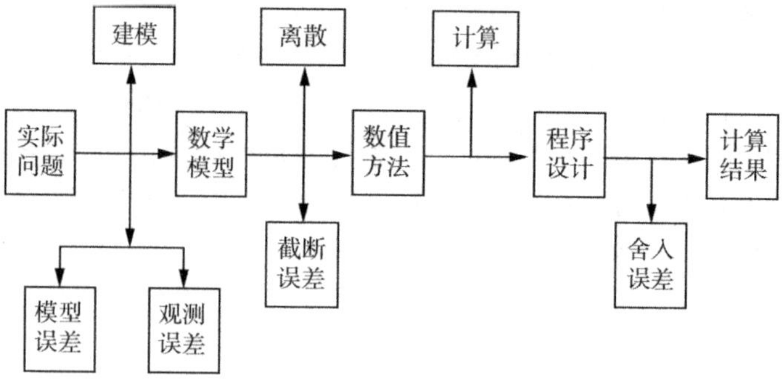

图 1.2　科学计算的过程及误差的来源

1.3.2　误差的分类

1. 绝对误差与绝对误差限

定义 1.1　假设某一量的准确值(真值)为 x，x 的近似值为 x^*. 则与 x^* 的差称为近似数的**绝对误差**,简称**误差**,记为 $e(x^*)=x^*-x$,简记为 e^*.

根据 e^* 的情况,可事先估计出误差的范围,下面给出绝对误差限的定义.

定义 1.2　设 x 为准确值,x^* 是其近似值,误差绝对值 $|e^*|$ 不能超过某个正数 $\varepsilon(x^*)$ 的"上界",即有

$$|x^*-x|\leqslant\varepsilon(x^*)\ , \tag{1.1}$$

则该正数 $\varepsilon(x^*)$ 称为近似数 x^* 的**绝对误差限**,简称**误差限**,简记为 ε^* .

注: e^* 理论上讲是唯一确定的,是有量纲的量,可能取正,也可能取负. 显然,绝对误差限 $\varepsilon^*>0$ 不唯一,由于绝对误差限是对近似值精确程度的一种度量,因此得到的绝对限越小越具有参考价值.

2. 相对误差与相对误差限

绝对误差有时还不能完全刻画近似数的精确程度. 例如,两个物体的精确值分别为 $x_1=10$ cm 和 $x_2=1\ 000$ cm，假设测量这两个物体的绝对误差都是 1 cm. 不难看出,测量前者得到的近似值 x_1^* 的精确程度要高于后者近似值 x_2^* 的精确程度. 因此,要决定一个近似数的精确程度,往往需要考虑误差的相对程度,由此引申出相对误差的概念.

定义 1.3　设 x 为准确值,x^* 是其近似值,称比值 $\frac{e^*}{x}$ 为近似值 x^* 的**相对误差**(relative error),记作 $e_r(x^*)$,简记为 e_r^* ,即 $e_r^*=\frac{e^*}{x}=\frac{x^*-x}{x}$.

在实际计算中,由于一个量的准确值往往是未知的,当 $\frac{e^*}{x^*}$ 较小时,常常把近似值相

对误差的定义改为 $e_r^* = \frac{e^*}{x^*} = \frac{x^* - x}{x^*}$. 这是因为 $\frac{e^*}{x} - \frac{e^*}{x^*} = \frac{e^*(x^* - x)}{x^*(x^* - e^*)} = \frac{(e_r^*)^2}{1 - e_r^*}$ 是 e_r^* 的二次方项级,故可忽略不计. 由此看见,一个近似值的精确程度不仅与绝对误差有关,也与其本身的大小有关.

与绝对误差限的概念类似,下面引入相对误差限的概念.

定义 1.4 设 x 为准确值,x^* 是其近似值,其相对误差绝对值 $|e_r^*|$ 不超过某个正数 $\varepsilon_r(x^*)$ 的“上界”,即有

$$|e_r^*| = \frac{|x^* - x|}{|x^*|} \leqslant \varepsilon_r(x^*) , \tag{1.2}$$

则该正数 $\varepsilon_r(x^*)$ 称为近似数 x^* 的**相对误差限**,简记为 ε_r^* .

相对误差与相对误差限是无量纲的,常用百分数表示.

例如, $x_1 = 10 \pm 1$ 和 $x_2 = 1\,000 \pm 1$ 的近似值 $x_1^* = 10$ 和 $x_2^* = 1\,000$ 的相对误差分别为 $\varepsilon_r(x_1^*) = 10\%$ 和 $\varepsilon_r(x_2^*) = 0.1\%$. 比较这两个近似数的相对误差, x_2^* 的精度要比 x_1^* 高得多,这与实际情况是相符合的.

1.3.3 误差与有效数字

实际工程计算中,当准确值有很多数位时,如圆周率 $\pi = 3.141\,592\,653\,589\,793\,2\cdots\cdots$, 自然指数 $e = 2.718\,281\,828\cdots\cdots$,用这样的准确值进行数值计算非常麻烦,常常用其近似值进行计算. 希望近似数本身就能显示其准确程度,于是引出有效数字的概念.

定义 1.5 若近似值 x^* 的误差限是某一位的半个单位,且该位直到 x^* 的第一位非零数字共有 n 位(如图 1.3 所示),则称近似值 x^* 具有 n 位**有效数字**.

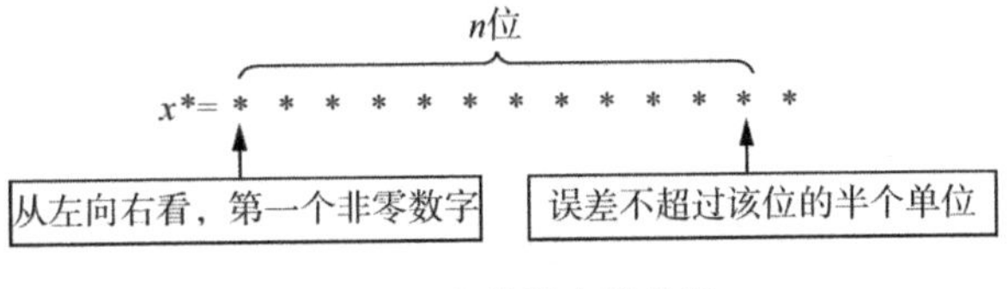

图 1.3 有效数字的位数

例 1.2 $\pi = 3.141\,592\,653\,589\,793\,2\cdots\cdots$,其近似值 $\pi_1^* = 3.142$, $\pi_2^* = 3.141\,5$. 问: π_1^*, π_2^* 有几位有效数字? 证明你的结论.

解 $\because |\pi_1^* - \pi| < 0.5 \times 10^{-3}$, $|\pi_2^* - \pi| < 0.5 \times 10^{-3}$.

$\therefore \pi_1^*$, π_2^* 都有 4 位有效数字,精确到小数点后 3 位.

注:如果 x^* 是 x 由四舍五入得到的近似值,则 x^* 的每一位都是有效数字. 当 x 已知时,可根据需要产生每位皆有效的近似值.

下面给出有效数字的另一种等价定义.

定义 1.6 设 x 为准确值,x^* 是其近似值,若把 x^* 写成标准形式

$$x^* = \pm 0.\,a_1 a_2 \cdots a_n \times 10^m , \tag{1.3}$$

其中 m,n 为整数，$a_1,a_2,\cdots,a_n$ 为0~9之间的数，且 $a_1\neq 0$，并且满足关系式 $|x^*-x|\leqslant \frac{1}{2}\times 10^{m-n}$，则称 x^* 有 n 位**有效数字**.

定义1.5和1.6给出了绝对误差限与有效数字之间的关系，下面给出相对误差限与有效数字之间的关系.

定理1.1 设把近似值 x^* 近似值表示成(1.3)式，则：

(1) 若 x^* 有 n 位有效数字，则其相对误差限为

$$|\varepsilon_r^*|\leqslant \frac{1}{2a_1}\times 10^{(1-n)}, \tag{1.4}$$

(2) 反之，若 x^* 的相对误差限满足

$$|\varepsilon_r^*|\leqslant \frac{1}{2(a_1+1)}\times 10^{(1-n)}, \tag{1.5}$$

则 x^* 至少具有 n 位有效数字.

证明 (1) 因为 x^* 有 n 位有效数字，所以由定义1.6可知

$$|x^*-x|\leqslant \frac{1}{2}\times 10^{m-n},$$

由(1.3)式有

$$|x^*|=0.a_1a_2\cdots a_n\times 10^m\geqslant 0.a_1\times 10^m,$$

所以有

$$|e_r^*|=\frac{|x^*-x|}{|x^*|}=\frac{\frac{1}{2}\times 10^{m-n}}{0.a_1\times 10^m}\leqslant \frac{1}{2a_1}\times 10^{1-n}.$$

所以相对误差限为

$$|\varepsilon_r^*|\leqslant \frac{1}{2a_1}\times 10^{(1-n)}.$$

(2) 若 x^* 的相对误差限满足 $|\varepsilon_r^*|\leqslant \frac{1}{2(a_1+1)}\times 10^{(1-n)}$，则有

$$\begin{aligned}
|e^*| &= |x^*\times e_r^*| \\
&= |x^*|\times \frac{1}{2(a_1+1)}\times 10^{1-n} \\
&= 0.a_1a_2a_3\cdots a_n\times 10^m\times \frac{1}{2(a_1+1)}\times 10^{1-n}, \\
&\leqslant 0.(a_1+1)\times 10^m\times \frac{1}{2(a_1+1)}\times 10^{1-n} \\
&= \frac{1}{2}\times 10^{m-n}
\end{aligned}$$

由定义 1.6 可知 x^* 至少具有 n 位有效数字.

例 1.3 为使$\sqrt{200}$的近似值的相对误差不超过 1%,至少应取几位有效数字?

解 易知 $\sqrt{200} = 14.\cdots$,首位数字 $a_1 = 1$,由(1.4)式

$|\varepsilon_r^*| \leqslant \frac{1}{2a_1} \times 10^{(1-n)} = \frac{1}{2} \times 10^{(1-n)} \leqslant 1\%$,解得 $n \geqslant 2.6\cdots$,所以 $n = 3$,于是$\sqrt{200} \approx 14.1$.

1.3.4 数值运算的误差估计

数值计算中参与运算的数通常多为近似数,误差的产生与传播情况非常复杂,如何估计这些误差在多次运算时的传播情况呢?

1. 算术运算的误差估计

设 x_1^*, x_2^* 是准确值 x_1, x_2 的两个近似值,其误差限分别为 $\varepsilon(x_1^*)$ 和 $\varepsilon(x_2^*)$,它们经过加、减、乘、除运算得到的误差限分别为

$$\varepsilon(x_1^* \pm x_2^*) = \varepsilon(x_1^*) + \varepsilon(x_2^*),$$

也就是说和或差的误差限是各近似数误差限之和,以上的结论适用于任意多个近似数的和或差的情况. 同理可得:乘、除运算的误差,以两数为例写出

$$\varepsilon(x_1^* x_2^*) \approx |x_1^*|\varepsilon(x_2^*) + |x_2^*|\varepsilon(x_1^*),$$

$$\varepsilon\left(\frac{x_1^*}{x_2^*}\right) \approx \frac{|x_1^*|\varepsilon(x_2^*) + |x_2^*|\varepsilon(x_1^*)}{(x_2^*)^2}(x_2^* \neq 0).$$

2. 函数运算的误差估计 $f(x)$

对于一元函数,当自变量 x 有误差时,相应的函数值也必然产生误差. 在近似值 x^* 处的函数近似值记为 $y^* = f(x^*)$. 利用 Taylor 展开式可得

$$f(x) = f(x^*) + f'(x^*)(x - x^*) + \frac{f''(\xi)}{2}(x - x^*)^2, \tag{1.6}$$

ξ 介于 x 和 x^* 之间,假定 $f'(x^*)$ 与 $f''(\xi)$ 的比值不太大,忽略 Taylor 多项式的截断误差并移项得

$$f(x^*) - f(x) \approx f'(x^*)(x^* - x), \tag{1.7}$$

于是得函数运算的绝对误差近似关系式为

$$e(y^*) \approx f'(x^*)e(x^*), \tag{1.8}$$

对式(1.8)取绝对值可导出函数运算的绝对误差限为

$$\varepsilon(y^*) \approx |f'(x^*)|\varepsilon(x^*). \tag{1.9}$$

对式(1.8)两边同时除以 y^* 并取绝对值可导出函数运算的相对误差以及相对误差限的近似关系式为

$$e_r(y^*)=\frac{e(y^*)}{y^*}\approx\frac{x^*f'(x^*)e(x^*)}{f(x^*)x^*}=\frac{x^*f'(x^*)}{f(x^*)}e_r(x^*)\,, \tag{1.10}$$

和

$$\varepsilon_r(y^*)\approx\left|\frac{x^*f'(x^*)}{f(x^*)}\right|\varepsilon_r(x^*)\,. \tag{1.11}$$

当 f 为多元函数时，计算函数值 $y=f(x_1,x_2,\cdots,x_n)$，假设 $x_1,x_2,\cdots,x_n$ 的近似值为 $x_1^*,x_2^*,\cdots,x_n^*$，则 y 的近似值为 $y^*=f(x_1^*,x_2^*,\cdots,x_n^*)$. 由多元函数的 Taylor 展开式得

$$\begin{aligned}e(y^*)&=f(x_1,x_2,\cdots x_n)-f(x_1^*,x_2^*,\cdots x_n^*)\\&\approx\sum_{k=1}^{n}\frac{\partial f(x_1^*,x_2^*,\cdots x_n^*)}{\partial x_k}(x_k^*-x_k)=\sum_{k=1}^{n}\left(\frac{\partial f}{\partial x_k}\right)^*e_k^*\,,\end{aligned}$$

y^* 的误差限为

$$\varepsilon(y^*)\approx\sum_{k=1}^{n}\left|\left(\frac{\partial f}{\partial x_k}\right)^*\right|\varepsilon_k^*\,. \tag{1.12}$$

y^* 的相对误差和相对误差限分别为

$$e_r(y^*)\approx\sum_{k=1}^{n}\left(\frac{\partial f}{\partial x_k}\right)^*\frac{x_k^*}{y^*}e_r(x_k^*)\,, \tag{1.13}$$

和

$$\varepsilon_r(y^*)\approx\sum_{k=1}^{n}\left|\left(\frac{\partial f}{\partial x_k}\right)^*\frac{x_k^*}{y^*}\right|\varepsilon_r(x_k^*)\,. \tag{1.14}$$

例 1.4 正方形的边长大约为 100 cm，应该怎样测量才能使面积误差不超过 1 cm^2？

解 设正方形的边长为 x cm，面积 $S=x^2\ \text{cm}^2$，根据函数运算的误差估计 $\varepsilon(S^*)\approx S'(x^*)\varepsilon(x^*)$ 得，$200\varepsilon(x^*)\leqslant 1$，所以边长的误差限满足 $\varepsilon(x^*)\leqslant 0.005$.

1.4 设计算法应注意的原则

一个工程或科学计算问题往往要运算千万次，在用计算机编程计算时，输入的初始数据一般是有误差的，由于每步运算可能产生新的误差，这些误差在迭代过程中还会逐步传播和积累. 在数值运算中，为了有效地避免误差的危害，减少误差对计算结果造成的负面影响，防止有效数字位数减少，设计算法时应该注意以下若干原则：

1. 选用数值稳定的算法

一个算法如果输入数据有扰动(即误差),而计算过程中舍入误差不增长,则称此算法是数值稳定的,否则此算法就称为**不稳定的**.

例1.5 计算 $I_n = \frac{1}{e}\int_0^1 x^n e^x dx,\ n = 0,1,2,\cdots$

解 **算法一:**由分部积分可得计算 I_n 的递推公式

$$I_n = 1 - nI_{n-1}\ , \tag{1.15}$$

此公式精确成立. 近似值 I_n^* 的递推公式为

$$I_n^* = 1 - nI_{n-1}^*\ , \tag{1.16}$$

$$I_0 = \frac{1}{e}\int_0^1 e^x dx = 1 - \frac{1}{e} \approx 0.632\,120\,56 \xrightarrow{\text{记为}} I_0^*\ ,$$

则初始误差 $|E_0| = |I_0 - I_0^*| < 0.5\times10^{-8}$, 由递推公式(1.16)可得

$$\begin{aligned}
I_1^* &= 1 - 1\cdot I_0^* = 0.367\,879\,44\\
&\cdots\cdots\\
I_{10}^* &= 1 - 10\cdot I_9^* = 0.088\,128\,00\\
I_{11}^* &= 1 - 11\cdot I_{10}^* = 0.030\,592\,00\\
I_{12}^* &= 1 - 12\cdot I_{11}^* = 0.632\,896\,00\\
I_{13}^* &= 1 - 13\cdot I_{12}^* = -7.227\,648\,0\\
I_{14}^* &= 1 - 14\cdot I_{13}^* = 94.959\,424\\
I_{15}^* &= 1 - 15\cdot I_{14}^* = -1\,423.391\,4
\end{aligned} \tag{1.17}$$

由此可以看到, I_n^* 出现负值,这与一切的 $I_n > 0$ 不相符. 实际上,根据积分估值

$$\because\ \frac{1}{e}\int_0^1 x^n\cdot e^0 dx < I_n < \frac{1}{e}\int_0^1 x^n\cdot e^1 dx\ , \tag{1.18}$$

$$\therefore\ \frac{1}{e(n+1)} < I_n < \frac{1}{n+1}. \tag{1.19}$$

由式(1.19)可见,当 n 越大时,积分准确值 I_n 越来越小,由式(1.16)计算得到的近似值 I_n^* 和准确值 I_n 相差越来越大,显然是不正确的. 那么是什么原因导致这种错误的结果出现呢? 原因在于初始误差 $|E_0|$ 在以后各步计算中误差传播和积累扩大,因而计算结果不可靠. 分析如下:

考察第 n 步的误差 $|E_n|$,

$$\begin{aligned}
|E_n| &= |I_n - I_n^*| = |(1 - nI_{n-1}) - (1 - nI_{n-1}^*)|\\
&= n|E_{n-1}| = \cdots = n!\ |E_0|,
\end{aligned} \tag{1.20}$$

可见初始的小扰动，$|E_0| < 0.5 \times 10^{-8}$，迅速积累，误差呈递增走势，第 n 步的误差放大到初始误差的 $n!$ 倍，像算法一的递推过程是**不稳定的算法**.

我们换一种计算方案，先估计一个 I_N，再反推要求的 $I_n(n \ll N)$.

算法二：$I_n = 1 - nI_{n-1} \quad \Rightarrow \quad I_{n-1} = \frac{1}{n}(1 - I_n)$，所以计算近似值的递推公式为

$$I_{n-1}^* = \frac{1}{n}(1 - I_n^*), \tag{1.21}$$

由式(1.19)取 $n = 15$，得

$$\frac{1}{16e} < I_{15} < \frac{1}{16}$$

粗略估计 $I_{15}^* \approx \frac{1}{2}\left(\frac{1}{16} + \frac{1}{16e}\right) \approx 0.042\,746\,233$

由式(1.21)算出 $I_{14}^*, I_{14}^*, I_{13}^*, \cdots, I_1^*$. 计算过程如下：

$$\begin{aligned}
I_{14}^* &\approx 0.042\,746\,233 \\
I_{13}^* &\approx 0.068\,375\,269 \\
I_{12}^* &\approx 0.071\,663\,441 \\
I_{11}^* &\approx 0.077\,361\,380 \\
I_{10}^* &\approx 0.083\,876\,238 \\
I_9^* &\approx 0.091\,612\,376 \\
I_8^* &\approx 0.100\,931\,96 \\
I_7^* &\approx 0.112\,383\,51 \\
I_6^* &\approx 0.126\,802\,36 \\
I_5^* &\approx 0.145\,532\,94 \\
I_4^* &\approx 0.170\,893\,41 \\
I_3^* &\approx 0.207\,276\,65 \\
I_2^* &\approx 0.264\,241\,12 \\
I_1^* &\approx 0.367\,879\,44 \\
I_0^* &\approx 0.632\,120\,56
\end{aligned} \tag{1.22}$$

对算法二的递推算法进行误差分析如下：

先考虑反推一步的误差 $|E_{N-1}| = \left|\frac{1}{N}(1 - I_N) - \frac{1}{N}(1 - I_N^*)\right| = \frac{1}{N}|E_N|$，以此类推，对于 $n < N$ 有 $|E_n| = \frac{1}{N(N-1)\cdots(n+1)}|E_N|$，可见随着递推过程的推进，误差越来

越小.

实际上由式(1.21)求出的 I_0^* 与 I_0 的误差不超过 0.5×10^{-8}. 像上面算法二的递推过程是**稳定的算法**.

2. 避免两个相近的数相减

在数值计算中,两个相近的数相减会使有效数字严重损失,也会造成计算结果的相对误差变大. 举例: $a_1=0.12345$, $a_2=0.12346$ 各有 5 位有效数字,而 $a_2-a_1=0.00001$,只剩下 1 位有效数字. 几种经验性的变换方法:

$$\sqrt{x+\varepsilon}-\sqrt{x}=\frac{\varepsilon}{\sqrt{x+\varepsilon}+\sqrt{x}}\ ;\ \ln(x+\varepsilon)-\ln x=\ln\left(1+\frac{\varepsilon}{x}\right)\ ;$$

当 $x\ll1$ 时, $1-\cos x=2\sin^2\dfrac{x}{2}$; $\mathrm{e}^x-1=x\left(1+\dfrac{1}{2}x+\dfrac{1}{6}x^2+\cdots\right)$.

3. 避免除数的绝对值远远小于被除数的绝对值

除数的绝对值很小会造成舍入误差增大.

例如, $\dfrac{x}{y}=\dfrac{6.35346}{0.00001}=635346$, $\dfrac{x}{y+\delta y}=\dfrac{6.35346}{0.00001+0.000002}=529455$,非常小的数 0.00001 作除数,给它微小的扰动 $\delta y=0.000002$ 却给计算结果带来非常大的误差.

4. 防止大数"吃掉"小数

例 1.6 用单精度计算 10^9+1.

解 在计算机内, 10^9 存为 0.1×10^{10}, 1 存为 0.1×10^1. 做加法时,两加数的指数先向大指数对齐,再将浮点部分相加. 即 1 的指数部分须变为 10^{10},则: $1=0.0000000001\times10^{10}$,取单精度时就成为: $10^9+1=0.10000000\times10^{10}+0.00000000\times10^{10}=0.10000000\times10^{10}$,于是大数"吃掉"了小数. 求和时从小到大相加,可使和的误差减小.

5. 注意简化计算步骤,减少运算次数,减少误差积累

例 1.7 设计计算 x^{127} 最小计算量的算法.

解 若直接逐次相乘要做 126 次乘法运算.

为了减少运算次数,改写成 $x^{127}=x\cdot x^2\cdot x^4\cdot x^8\cdot x^{16}\cdot x^{32}\cdot x^{64}$,按顺序先算出 $x^2\to x^4\to x^8\to x^{16}\to x^{32}\to x^{64}$ 的值,再相乘,只要 12 次乘法运算.

例 1.8 计算多项式的值 $P_n(x)=\sum\limits_{k=0}^{n}a_kx^k$.

解 如果直接计算每项 a_kx^k 有 k 次乘法运算,再把各项相加, 因此计算 $P_n(x)$ 共需 $1+2+\cdots+n=\dfrac{n(n+1)}{2}$ 次乘法和 n 次加法运算. 若采用秦九韶算法,把 $P_n(x)$ 改写成

$P_n(x)=(\cdots((a_nx+a_{n-1})x+a_{n-2})x+\cdots+a_1)x+a_0$,用递推算法 $u_0=a_n$, $u_k=u_{k-1}x+a_{n-k}$, $k=1,2,\cdots,n$,则 $u_n=P_n(x)$,共需要 n 次乘法和 n 次加法运算,减少了运算次数.

习题 1

1. $\sqrt{7}$的近似值取 $x_1=2.65$, $x_2=2.645\,7$, $x_3=2.645\,70$ 时,它们各有多少位有效数字?

2. 下列各数是由准确值经四舍五入得到的近似值,分别写出它们的绝对误差,相对误差和有效数字的位数.

(1) 0.536 5;(2) 62.50;(3) 3 000;(4) 0.038;(5) 6.382 000.

3. 设 $x_1=3.266\,75$, $x_2=3.026\,75$, $x_3=0.026\,75$ 是由四舍五入得到的近似数,求下列各近似数的误差限.

(1) $x_1+x_2+x_3$;(2) x_1x_2;(3) $\dfrac{x_1x_3}{x_2}$.

4. 为了减少舍入误差,试改变下列表达式,使计算结果更准确.

(1) $\sqrt{2\,024}-\sqrt{2\,022}$;(2) $\dfrac{1-\cos x}{\sin x}$, $|x|\ll 1$,且 $x\neq 0$;

(3) $\ln(x-\sqrt{x^2-1})$ $x\gg 1$;(4) $\left(\dfrac{1-\cos x}{1+\cos x}\right)^{\frac{1}{2}}$, $x\ll 1$;

(5) $\dfrac{1}{1+2x}-\dfrac{1-x}{1+x}$;(6) $x-\arctan x$, $x\ll 1$;

(7) $\sqrt{x+\dfrac{1}{x}}-\sqrt{x-\dfrac{1}{x}}$, $x\gg 1$;(8) $\dfrac{1}{x}-\dfrac{\cos x}{x}$, x 接近于 0.

5. 计算球的体积,要使相对误差限为 1%,问度量半径 R 允许的相对误差限是多少?

6. 正方形的边长大约为 10 cm,应该怎样测量才能使其面积误差不超过 1 cm^2?

7. 设 x 的相对误差为 1% ,求 x^n 的相对误差.

8. 要使 sin 1.5 的近似值的相对误差限不超过 0.000 1,应取几位有效数字?

9. 如何计算 x^{257},使计算量最小?

10. 设 $f(x)=-2x^6+8x^5-0.6x^4+5x^3-7x^2-8x+2$,用秦九韶算法求 $f(2.5)$.

11. 自由落体运动的位移计算公式为 $s=\dfrac{1}{2}gt^2$,假设 g 是准确的,对 t 的测量有±0.1 的误差,试证明当 t 增加时, s 的绝对误差增加,而相对误差减少.

12. 设一圆柱体的高为 25.00 cm,半径为(20.00±0.05)cm,用此数据计算这个圆柱的体积和侧面积所产生的相对误差限分别是多少?

第 2 章 插值法

2.1 插值法的概念

插值法是一种古老的数学方法,它来自于生产实践. 早在一千多年前,我国历法就记载了应用一次插值和二次插值的实例,如隋代刘焯把等距节点的二次插值应用于天文学计算,但插值理论是在 17 世纪微积分产生以后才逐步发展起来的,等距节点牛顿(Newton)插值公式是当时的重要成果. 近半个世纪以来,由于计算机的迅速发展,插值法已经广泛地应用于造船、航空、精密机械加工等实际问题,使插值法在理论和实践上得到进一步发展,尤其是 20 世纪 40 年代以后发展起来的样条插值获得广泛的应用,成为计算机图形学的基础.

2.1.1 插值问题的提出

在许多实际问题中经常要考虑用函数来表示某种内在规律的数量关系,但函数表达式无法给出,只能通过实验或观测得到一些离散数据. 另外,函数表达式虽已知,但较复杂或不便于计算时,函数也需要以离散数据的形式给出,如三角函数表、对数表等. 如何根据这些数据推测或估计其它点的函数值?

引例 已测得在某处海洋不同深度处的水温如下

表 2.1 不同深处的水温

深度(m)	466	741	950	1 422	1 634
温度(℃)	7.04	4.28	3.40	2.54	2.13

根据这些数据,希望找到海洋深度与温度之间的函数关系,并合理地估计出其他深度(如 500、600、800 m)处的水温. 最自然的想法就是利用表格中的五个点构造一个多项式函数曲线,并用该曲线在区间 $[466,1\,634]$ 上任意点 ξ 处的函数值估计深度为 ξ(m)处的水温.

对于一般情况,如函数 $f(x)$ 的表达式非常复杂或未知,且在 $n+1$ 个互异的点 x_0,

$x_1,\cdots,x_n$ 处的函数值 $y_i=f(x_i)(i=0,1,2,\cdots,n)$ 已知,如何确定点 $(x_i,y_i)(i=0,1,2,\cdots,n)$ 的函数关系呢? 我们考虑构造函数 $y=f(x)$ 的近似多项式函数,使其通过这些点. 这就是本章将要介绍的插值法,它是函数逼近的一种简单且十分重要的方法.

定义 2.1 设函数 $y=f(x)$ 在区间 $[a,b]$ 上有定义,且在点 $a=x_0<x_1<x_2<\cdots<x_n=b$ 上的函数值 $y_0,y_1,\cdots,y_n$ 已知,若存在 $f(x)$ 的一个近似函数 $p(x)$,满足

$$P(x_i)=y_i(i=0,1,2,\cdots,n) \tag{2.1}$$

则称 $P(x)$ 为 $f(x)$ 的**插值函数**, $f(x)$ 称为**被插函数**, $(x_i,y_i)(i=0,1,2,\cdots,n)$ 称为**插值点**, $x_i(i=0,1,2,\cdots,n)$ 称为**插值节点**,包含插值节点的区间 $[a,b]$ 称为**插值区间**.

通常满足同一插值条件的近似函数 $P(x)$ 有多种类型,如代数多项式、三角函数、有理函数和指数函数等. 其中最常用的是多项式函数,因为这样的插值函数结构简单,便于计算和分析. 若 $P(x)$ 是不超过 n 次的多项式,相应的插值方法称为**多项式插值**.

记

$$P_n(x)=a_0+a_1x+a_2x^2+\cdots+a_nx^n=\sum_{k=0}^{n}a_kx^k , \tag{2.2}$$

其中多项式系数 $a_k(k=0,1,2,\cdots,n)$ 为实数. 多项式插值的几何意义就是要求一条多项式曲线 $y=P_n(x)$,使它通过已知的 $n+1$ 个点 $(x_i,y_i)(i=0,1,2,\cdots,n)$,并用 $P_n(x)$ 近似表示 $f(x)$,如图 2.1 所示.

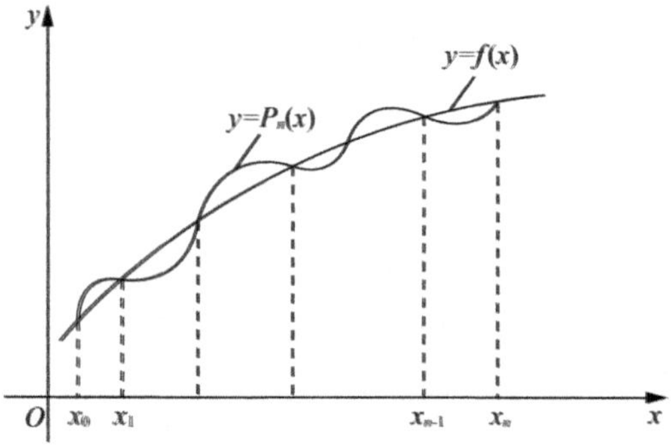

图 2.1 插值的几何意义

在构造插值多项式之前,我们首先要考虑满足插值条件(2.1)的插值多项式是否一定存在呢? 若存在,是否唯一? 下面给出插值多项式的存在唯一性定理.

定理 2.1 若插值节点 $x_i(i=0,1,2,\cdots,n)$ 互异,则满足插值条件(2.1)次数不超过 n 的插值多项式 $P_n(x)$ 是存在且唯一的.

证明 设

$$P_n(x)=a_0+a_1x+a_2x^2+\cdots+a_nx^n=\sum_{k=0}^{n}a_kx^k,$$

由插值条件

$$P_n(x_i)=y_i(i=0,1,2,\cdots,n) \tag{2.3}$$

得

$$
\begin{cases}
a_0 + a_1x_0 + a_2x_0^2 + \cdots + a_nx_0^n = y_0, \\
a_0 + a_1x_1 + a_2x_1^2 + \cdots + a_nx_1^n = y_1, \\
\cdots\cdots\ \cdots\cdots \\
a_0 + a_1x_n + a_2x_n^2 + \cdots + a_nx_n^n = y_n.
\end{cases}
\tag{2.4}
$$

这是关于未知量 $a_0, a_1, \cdots, a_n$ 的 $n+1$ 阶线性方程组,其系数矩阵的行列式为 $n+1$ 阶范德蒙德(Vandermonde)行列式

$$
V(x_0, x_1, \cdots, x_n) = \begin{vmatrix} 1 & x_0 & x_0^2 \cdots x_0^n \\ 1 & x_1 & x_1^2 \cdots x_1^n \\ \vdots & \vdots & \vdots & \vdots \\ 1 & x_1 & x_1^2 \cdots x_1^n \end{vmatrix} = \prod_{i=1}^{n}\prod_{j=0}^{i-1}(x_i - x_j) \neq 0. \tag{2.5}
$$

根据克莱姆(Cramer)法则,方程组(2.4)的解存在且唯一,从而满足插值条件的次数不超过 n 的多项式(2.2)存在且唯一.

由该定理知不论用任何方法求得的插值多项式 $p_n(x)$ 只要满足插值条件(2.3),所得的插值多项式是相同的.这种利用线性方程组的解构造多项式系数的方法称为待定系数法,但此方法在阶数 n 较大时,不仅计算量大而且方程组可能是病态的,不便于实际应用,因此需寻求求解 $p_n(x)$ 的其他途径.本章将介绍几种常用的插值方法,一维数据插值法有拉格朗日(Lagrange)插值、牛顿(Newton)插值、分段低次插值、埃尔米特(Hermite)插值和三次样条插值.二维数据插值法有最邻近插值、双线性插值和双二次插值等.

2.2 拉格朗日(Lagrange)插值

2.2.1 拉格朗日插值多项式

1. 线性插值

我们先从构造低次插值多项式出发,然后推广到构造一般的 n 次插值多项式的方法.当 $n=1$ 时,已知函数 $f(x)$ 在区间 $[a,b]$ 上两个不同点 x_0, x_1 处的函数值见表2.2.

表2.2 两点插值

x_i	x_0	x_1
$y_i = f(x_i)$	y_0	y_1

求线性函数 $L_1(x)$,使其满足 $L_1(x_0)=y_0, L(x_1)=y_1$.由定理2.1知 $L_1(x)$ 是存在且唯一的,根据解析几何知识可知, $y=L_1(x)$ 是过 (x_0,y_0) 和 (x_1,y_1) 的直线,该直线方程

的点斜式为

$$y - y_0 = \frac{y_1 - y_0}{x_1 - x_0}(x - x_0), \tag{2.6}$$

改写成对称的形式

$$L_1(x) = y_0 \frac{x - x_1}{x_0 - x_1} + y_1 \frac{x - x_0}{x_1 - x_0}, \tag{2.7}$$

设 $l_0(x) = \frac{x - x_1}{x_0 - x_1}$，$l_1(x) = \frac{x - x_0}{x_1 - x_0}$，$l_0(x)$，$l_1(x)$ 都是关于 x 的一次函数,且有下列性质:

$$l_0(x_0) = 1, l_0(x_1) = 0, l_1(x_0) = 0, l_1(x_1) = 1,$$

或简写成

$$\begin{cases} l_i(x_j) = 1, i = j \\ l_i(x_j) = 0, i \neq j \end{cases}, \quad (i,j = 0,1).$$

具有这种性质的函数 $l_0(x)$，$l_1(x)$ 称为线性(或一次)插值**基函数**,其图像如图 2.2 所示. 于是 $L_1(x)$ 用基函数表示为

$$L_1(x) = y_0 l_0(x) + y_1 l_1(x), \tag{2.8}$$

式(2.8)称为**一次拉格朗日(Lagrange)线性插值公式**,容易验证 $L_1(x)$ 满足插值条件 $L_1(x_0) = f(x_0)$，$L_1(x_1) = f(x_1)$. 其几何意义是在区间 $[a,b]$ 上用过两点过 (x_0, y_0) 和 (x_1, y_1) 的直线段 $y = L_1(x)$ 近似曲线段 $y = f(x)$，如图 2.3 所示.

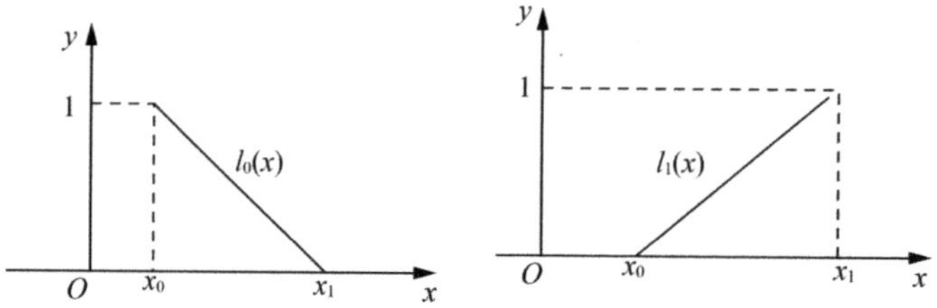

图 2.2　线性插值基函数

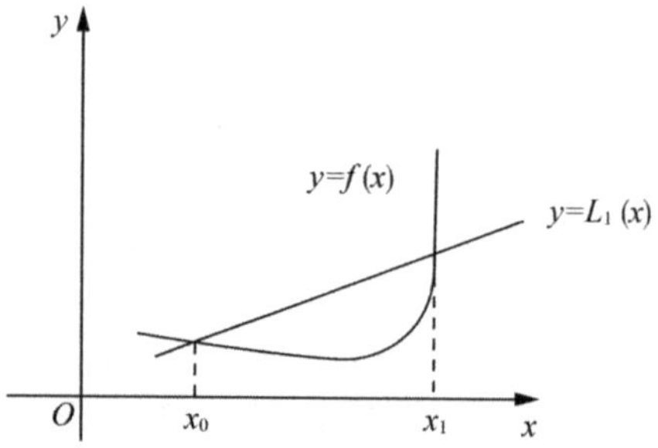

图 2.3　线性插值的几何意义

2. 抛物插值

再增加一个插值点，当 $n=2$ 时，已知函数 $f(x)$ 在区间 $[a,b]$ 上三个不同点 x_0,x_1,x_2 处的函数值见表 2.3.

表 2.3　三点插值

x_i	x_0	x_1	x_2
$y_i=f(x_i)$	y_0	y_1	y_2

求一个二次插值多项式 $L_2(x)$，使其满足插值条件 $L_2(x_i)=y_i(i=0,1,2)$．类似于线性插值多项式，把 $L_2(x)$ 表示成插值基函数线性和式的形式，并求出插值基函数，即可得该插值多项式.

设

$$L_2(x)=y_0l_0(x)+y_1l_1(x)+y_2l_2(x), \tag{2.9}$$

其中 $l_i(x)(i=0,1,2)$ 是**二次插值基函数**，如图 2.4，且在插值节点上满足

$$l_0(x_0)=1,l_0(x_1)=0,l_0(x_2)=0,$$
$$l_1(x_0)=0,l_1(x_1)=1,l_1(x_2)=0,$$
$$l_2(x_0)=0,l_2(x_1)=0,l_2(x_2)=1.$$

或简写成

$$\begin{cases} l_i(x_j)=1, i=j \\ l_i(x_j)=0, i\neq j \end{cases},\quad (i,j=0,1,2).$$

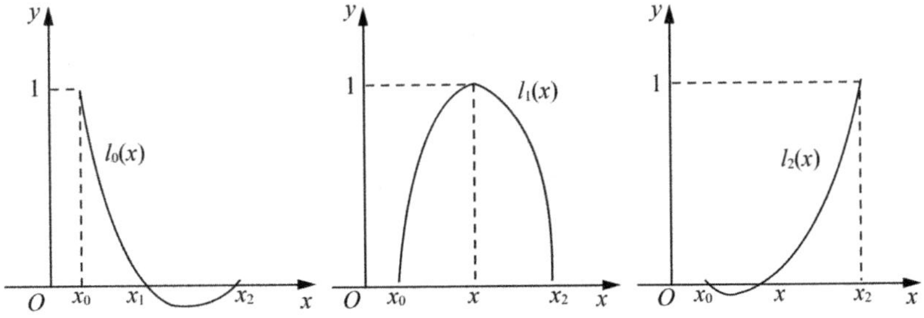

图 2.4　抛物插值基函数

因为 x_1,x_2 是 $l_0(x)$ 的零点，故设

$$l_0(x)=A(x-x_1)(x-x_2), \tag{2.10}$$

其中 $l_0(x)$ 为待定系数，再由 $l_0(x_0)=1$ 求得 $A=\dfrac{1}{(x_0-x_1)(x_0-x_2)}$，代入式(2.10)得

$$l_0(x)=\frac{(x-x_1)(x-x_2)}{(x_0-x_1)(x_0-x_2)}=\prod_{j=1}^{2}\frac{(x-x_j)}{(x_0-x_j)}.$$

同理，

$$l_1(x)=\frac{(x-x_0)(x-x_2)}{(x_1-x_0)(x_1-x_2)}=\prod_{j=0,2}\frac{(x-x_j)}{(x_1-x_j)},$$

$$l_2(x)=\frac{(x-x_0)(x-x_1)}{(x_2-x_0)(x_2-x_1)}=\prod_{j=0}^{1}\frac{(x-x_j)}{(x_2-x_j)}.$$

把求得的二次插值基函数 $l_0(x)$ ，$l_1(x)$ ，$l_2(x)$ 代入式(2.9)得

$$L_2(x)=\sum_{i=0}^{2}y_i l_i(x)=\sum_{i=0}^{2}y_i\prod_{j=0,j\neq i}^{2}\frac{(x-x_j)}{(x_i-x_j)}, \tag{2.11}$$

式(2.11)称为被插函数 $f(x)$ 在区间 $[a,b]$ 上的**二次拉格朗日插值多项式或抛物插值多项式**，它的几何意义是在区间 $[a,b]$ 上用过三点过 (x_0,y_0) ，(x_1,y_1) 和 (x_2,y_2) 的抛物线近似代替曲线 $y=f(x)$ ，如图 2.5 所示.

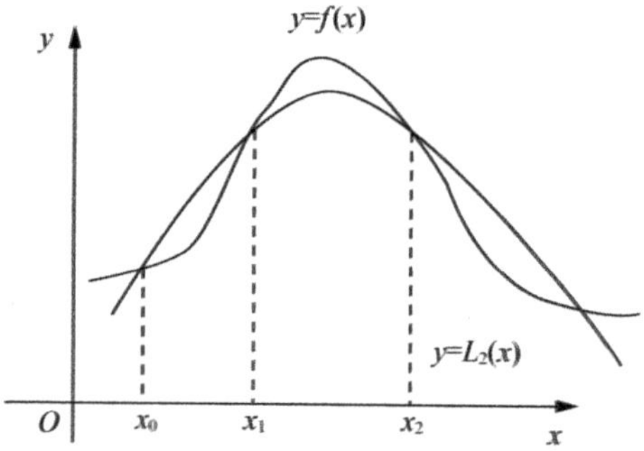

图 2.5 抛物插值的几何意义

3. n 次插值

对上面 $n=1$ 和 $n=2$ 情况的低次拉格朗日插值多项式加以推广，可以得到过 $n+1$ 个插值节点的次数不超过 n 次的拉格朗日插值多项式 $L_n(x)$. 已知函数 $f(x)$ 在区间 $[a,b]$ 上 n 个不同点 $x_0<x_1<\cdots<x_n$ 处的函数值见表 2.4.

表 2.4 $n+1$ 点插值

x_i	x_0	x_1	…	x_n
$y_i=f(x_i)$	y_0	y_1	…	y_n

满足插值条件 $L_n(x_i)=y_i(i=0,1,\cdots,n)$ 的 n 次拉格朗日插值多项式可表示为

$$L_n(x)=\sum_{i=0}^{n}y_i l_i(x), \tag{2.12}$$

其中 $l_i(x)(i=0,1,2,\cdots,n)$ 为 **n 次插值基函数**,满足

$$l_i(x_j)=\begin{cases}1 & i=j\\0 & i\neq j\end{cases}\quad(i,j=0,1,2,\cdots,n)\ . \tag{2.13}$$

类似抛物插值基函数的推导方法,用待定系数法可求得 n 次插值基函数

$$l_i(x)=\frac{(x-x_0)\cdots(x-x_{i-1})(x-x_{i+1})\cdots(x-x_n)}{(x_i-x_0)\cdots(x_i-x_{i-1})(x_i-x_{i+1})\cdots(x_i-x_n)}=\prod_{\substack{j=0\\j\neq i}}^{n}\frac{(x-x_j)}{(x_i-x_j)}\ (i=0,1,\cdots,n)\ , \tag{2.14}$$

值得注意的是,插值基函数(2.14)仅由插值节点 $x_i(i=0,1,\cdots,n)$ 确定,与被插函数 $f(x)$ 无关.以 $x_i(i=0,1,\cdots,n)$ 为插值节点,函数 $f(x)\equiv 1$ 作插值多项式,则由插值多项式的唯一性立即得到基函数的一个性质

$$\sum_{i=0}^{n}l_i(x)\equiv 1\ .$$

把式(2.14)代入式(2.12)得

$$L_n(x)=\sum_{i=0}^{n}y_il_i(x)=\sum_{i=0}^{n}y_i\prod_{\substack{j=0\\j\neq i}}^{n}\frac{(x-x_j)}{(x_i-x_j)}\ . \tag{2.15}$$

形如式(2.15)的插值多项式 $L_n(x)$ 称为 **n 次拉格朗日插值多项式**,而式(2.7)和式(2.11)是其 $n=1$ 和 $n=2$ 的情况.

若记

$$\omega_{n+1}(x)=(x-x_0)(x-x_1)\cdots(x-x_n)=\prod_{j=0}^{n}(x-x_j)\ , \tag{2.16}$$

则 $\omega_{n+1}{}'(x_i)=\prod\limits_{\substack{j=0\\j\neq i}}^{n}(x_i-x_j)$,于是

$$l_i(x)=\frac{\omega_{n+1}(x)}{(x-x_i)\omega_{n+1}{}'(x_i)},i=0,1,2,\cdots,n\ . \tag{2.17}$$

式(2.15)可写成

$$L_n(x)=\sum_{i=0}^{n}y_i\frac{\omega_{n+1}(x)}{(x-x_i)\omega_{n+1}{}'(x_i)}\ . \tag{2.18}$$

需要说明的是,用公式(2.15)或(2.18)求得的多项式 $L_n(x)$ 的次数通常是 n 次,但特殊情况下多项式的次数可能小于 n .比如,当插值点 $(x_i,y_i)(i=0,1,2,\cdots,n)$ 共线时,过这 $n+1(n>1)$ 个点的 $L_n(x)$ 是一条直线,该多项式的次数是一次而不是 n 次的.

2.2.2 插值余项

在区间 $[a,b]$ 上,用拉格朗日插值多项式 $L_n(x)$ 近似被插函数 $f(x)$,对任意的 $x\in$

$[a,b]$，它们之间的截断误差称为**插值余项或余项**，记 $R_n(x)=f(x)-L_n(x)$，下面定理给出余项的具体表达式.

定理 2.2 设 $f(x)\in C^n[a,b]$，且 $f^{(n+1)}(x)$ 在 (a,b) 上存在，插值节点为 $a\leqslant x_0<x_1<\cdots<x_n\leqslant b$，$L_n(x)$ 为满足插值条件 $L_n(x_i)=y_i(i=0,1,\cdots,n)$ 的插值多项式，则对于任意的 $x\in[a,b]$，存在与 x 有关的 $\xi_x\in(a,b)$，使得

$$R_n(x)=f(x)-L_n(x)=\frac{f^{(n+1)}(\xi_x)}{(n+1)!}\omega_{n+1}(x)\ , \tag{2.19}$$

其中 $\omega_{n+1}(x)$ 由式(2.16)给出.

证明 由 $L_n(x_i)=y_i(i=0,1,\cdots,n)$ 知，$x_i(i=0,1,\cdots,n)$ 为 $R_n(x)$ 的零点，即 $R_n(x_i)=0(i=0,1,\cdots,n)$，于是可设

$$R_n(x)=K(x)(x-x_0)(x-x_1)\cdots(x-x_n)=K(x)\omega_{n+1}(x)\ , \tag{2.20}$$

其中 $K(x)$ 是与 x 有关的待定函数.

任取固定点 $x\in[a,b]$ 且 $x\neq x_i(i=0,1,\cdots,n)$，作辅助函数

$$\varphi(t)=f(t)-L_m(t)-K(x)(t-x_0)(t-x_1)\cdots(t-x_n)\ , \tag{2.21}$$

其中 $K(x)$ 为待定函数. 根据插值条件及余项的定义知 $\varphi(t)$ 在 $x_i(i=0,1,\cdots,n)$ 和 x 处函数值均为零，故 $\varphi(t)$ 在 $[a,b]$ 上有 $n+2$ 个互异零点. 根据罗尔(Rolle)定理，在这 $n+2$ 个零点中的任意两个相邻零点之间至少存在一点使 $\varphi'(t)$ 值为零，故 $\varphi'(t)$ 在 $[a,b]$ 内至少有 $n+1$ 个互异零点. 对 $\varphi'(t)$ 再用罗尔定理，可知 $\varphi''(t)$ 在 $[a,b]$ 内至少有 n 个互异零点. 反复用罗尔定理，并注意到 $\varphi^{(n+1)}(t)$ 存在可知，$\varphi'''(t),\varphi^{(4)}(t),\cdots,\varphi^{(n+1)}(t)$ 在 $[a,b]$ 内至少有 $n-1,n-2,\cdots,1$ 个互异零点. 所以至少存在一点 $\xi_x\in(a,b)$ 使得 $\varphi^{(n+1)}(\xi_x)=0$，由式(2.21)得

$$\varphi^{(n+1)}(\xi_x)=f^{(n+1)}(\xi_x)-(n+1)!\ K(x)=0\ , \tag{2.22}$$

于是

$$K(x)=\frac{f^{(n+1)}(\xi_x)}{(n+1)!}\ , \tag{2.23}$$

把上式代入式(2.20)得 $R_n(x)=\dfrac{f^{(n+1)}(\xi_x)}{(n+1)!}\omega_{n+1}(x)$，证毕.

需要注意只有当 $f(x)$ 高阶导数存在时余项表达式才能使用，由于 ξ_x 与 x 相关，在区间 (a,b) 没有具体给出，如果可以估计出 $|f^{(n+1)}(x)|$ 在 $[a,b]$ 内的上界，即若 $\max\limits_{a\leqslant x\leqslant b}|f^{(n+1)}(x)|=M_{n+1}$，下面的误差估计式经常使用

$$|R_n(x)|\leqslant\frac{M_{n+1}}{(n+1)!}|\omega_{n+1}(x)|\ . \tag{2.24}$$

例 2.1 已知 $f(x)=\sin x$ 的函数值见表 2.5.

表2.5 例2.1中插值点

x_i	$\frac{\pi}{6}$	$\frac{\pi}{4}$	$\frac{\pi}{3}$
$y_i=f(x_i)$	0.500 0	0.707 1	0.866 0

试分别用线性插值和抛物插值求 $\sin\frac{\pi}{5}$ 的近似值,并估计相应的截断误差.

解 (1) 用线性插值计算,表格中给出三个插值节点,线性插值需要两个节点,一般用内插而不用外推比较好,因为 $\frac{\pi}{5}\in\left(\frac{\pi}{6},\frac{\pi}{4}\right)$,故选 $x_0=\frac{\pi}{6}$, $x_1=\frac{\pi}{4}$. 由 $n=1$ 时拉格朗日插值公式有

$$\sin\frac{\pi}{5}\approx L_1\left(\frac{\pi}{5}\right)=0.5\times\frac{\pi/5-\pi/4}{\pi/6-\pi/4}+0.707\,1\times\frac{\pi/5-\pi/6}{\pi/4-\pi/6}$$
$$=0.5\times0.6+0.707\,1\times0.4=0.582\,84\,.$$

由式(2.24)得截断误差为

$$\left|R_1\left(\frac{\pi}{5}\right)\right|=\left|\frac{(\sin\xi)''}{2}\left(\frac{\pi}{5}-\frac{\pi}{6}\right)\left(\frac{\pi}{5}-\frac{\pi}{4}\right)\right|\leqslant\frac{1}{2}\times\frac{\pi^2}{600}\approx8.225\times10^{-3}\,.$$

(2) 用抛物插值计算,用表格中给出三个插值节点,由 $n=2$ 时拉格朗日插值公式有

$$\sin\frac{\pi}{5}\approx L_2\left(\frac{\pi}{5}\right)=0.5\times\frac{(\pi/5-\pi/4)\times(\pi/5-\pi/3)}{(\pi/6-\pi/4)\times(\pi/6-\pi/3)}$$
$$+0.707\,1\times\frac{(\pi/5-\pi/6)\times(\pi/5-\pi/3)}{(\pi/4-\pi/6)\times(\pi/4-\pi/3)}$$
$$+0.866\,0\times\frac{(\pi/5-\pi/6)\times(\pi/5-\pi/4)}{(\pi/3-\pi/6)\times(\pi/3-\pi/4)}$$
$$=0.5\times0.48+0.707\,1\times0.64-0.866\,0\times0.12$$
$$=0.588\,624$$

由式(2.24)得截断误差为

$$\left|R_2\left(\frac{\pi}{5}\right)\right|=\left|\frac{(\sin\xi)'''}{6}\left(\frac{\pi}{5}-\frac{\pi}{6}\right)\left(\frac{\pi}{5}-\frac{\pi}{4}\right)\left(\frac{\pi}{5}-\frac{\pi}{3}\right)\right|\leqslant\frac{1}{6}\times\frac{\pi^3}{4\,500}\approx1.148\,4\times10^{-3}\,.$$

可见,抛物插值比线性插值的误差小. 一般而言,次数不是太大的情况下,高次插值比低次插值近似被插函数精度要高.

2.3 牛顿(Newton)插值

拉格朗日多项式具有形式对称,使用方便的特点. 但如果为了提高插值多项式的精

度需要增加插值节点时,所有的插值基函数需要重新计算,当 n 较大时,计算量很大. 本节介绍的牛顿(Newton)插值法克服了这一缺点,当插值节点增加时只需要在原来的基础上增加部分计算量,避免了重复计算. 本节先介绍与之相关的差商的概念和性质,然后给出任意节点情况下的牛顿插值多项式及其误差估计.

2.3.1 差商及其性质

定义 2.2 已知函数 $y=f(x)$ 在 $n+1$ 个互异节点 $x_0,x_1,x_2,\cdots,x_n$ 上的函数值 $f(x_0,x_1,\cdots,x_n)$,称 $\dfrac{f(x_1)-f(x_0)}{x_1-x_0}$ 为 $f(x)$ 关于 x_0,x_1 的**一阶差商**,记为 $f[x_0,x_1]$.

用一阶差商定义进一步二阶差商,称 $f[x_0,x_1,x_2]=\dfrac{f[x_1,x_2]-f[x_0,x_1]}{x_2-x_0}$ 为 $f(x)$ 关于 x_0,x_1,x_2 的**二阶差商**. 一般地,用 $n-1$ 阶差商定义 n 阶差商,称

$$f[x_0,x_1,\cdots,x_n]=\frac{f[x_1,x_2,\cdots,x_n]-f[x_0,x_1,\cdots,x_{n-1}]}{x_n-x_0} \tag{2.25}$$

为 $f(x)$ 关于 $x_0,x_1,\cdots,x_n$ 的 n **阶差商**.

差商具有以下性质:

性质 1 n 阶差商 $f[x_0,x_1,\cdots,x_n]$ 可以表示成 $f(x)$ 在节点 $x_0,x_1,\cdots,x_n$ 上函数值的线性组合,即

$$\begin{aligned} f[x_0,x_1,\cdots,x_n] &= \sum_{i=0}^{n}\frac{f(x_i)}{(x_i-x_0)\cdots(x_i-x_{i-1})(x_i-x_{i+1})\cdots(x_i-x_n)} \\ &= \sum_{i=0}^{n}\frac{f(x_i)}{\prod\limits_{\substack{j=0\\ j\neq i}}^{n}(x_i-x_j)}. \end{aligned} \tag{2.26}$$

证明 用数学归纳法证明. 当 $n=0$ 时,左边 $=f[x_0]=f(x_0)=$ 右边,式(2.26)成立. 当 $n=1$ 时,有 $f[x_0,x_1]=\dfrac{f(x_1)-f(x_0)}{x_1-x_0}=\dfrac{f(x_0)}{x_0-x_1}+\dfrac{f(x_1)}{x_1-x_0}$,即式(2.26)成立.

现设 $n=k-1$ 时式(2.26)成立,即有

$$f[x_0,x_1,\cdots,x_{k-1}]=\sum_{i=0}^{k-1}\frac{f(x_i)}{\prod\limits_{\substack{j=0\\ j\neq i}}^{k-1}(x_i-x_j)}$$

和

$$f[x_1,x_2,\cdots,x_k]=\sum_{i=1}^{k}\frac{f(x_i)}{\prod\limits_{\substack{j=0\\ j\neq i}}^{k}(x_i-x_j)}.$$

则当 $n=k$ 时,由定义 2.2 有

$$
\begin{aligned}
f[x_0,x_1,\cdots,x_k] &= \frac{1}{x_k-x_0}(f[x_1,x_2,\cdots,x_k]-f[x_0,x_1,\cdots,x_{k-1}]) \\
&= \frac{1}{x_k-x_0}\left[\sum_{i=1}^{k}\frac{f(x_i)}{\prod\limits_{\substack{j=0\\j\neq i}}^{k}(x_i-x_j)}-\sum_{i=0}^{k-1}\frac{f(x_i)}{\prod\limits_{\substack{j=0\\j\neq i}}^{k-1}(x_i-x_j)}\right] \\
&= \frac{1}{x_k-x_0}\left[\frac{f(x_k)}{\prod\limits_{j=1}^{k-1}(x_k-x_j)}-\frac{f(x_0)}{\prod\limits_{j=1}^{k-1}(x_0-x_j)}+\sum_{i=1}^{k-1}\frac{f(x_i)}{\prod\limits_{\substack{j=0\\j\neq i}}^{k}(x_i-x_j)}\right. \\
&\qquad \left.-\sum_{i=1}^{k-1}\frac{f(x_i)}{\prod\limits_{\substack{j=0\\j\neq i}}^{k-1}(x_i-x_j)}\right] \\
&= \frac{f(x_k)}{\prod\limits_{j=0}^{k-1}(x_k-x_j)}+\frac{f(x_0)}{\prod\limits_{j=1}^{k}(x_0-x_j)}+\frac{f(x_i)}{x_k-x_0}\sum_{i=1}^{k-1}\frac{(x_k-x_0)-(x_i-x_k)}{\prod\limits_{\substack{j=0\\j\neq i}}^{k}(x_i-x_j)} \\
&= \frac{f(x_k)}{\prod\limits_{j=0}^{k-1}(x_k-x_j)}+\frac{f(x_0)}{\prod\limits_{j=1}^{k}(x_0-x_j)}+\sum_{i=1}^{k-1}\frac{f(x_i)}{\prod\limits_{\substack{j=0\\j\neq i}}^{k}(x_i-x_j)} \\
&= \sum_{i=0}^{k}\frac{f(x_i)}{\prod\limits_{\substack{j=0\\j\neq i}}^{k}(x_i-x_j)},
\end{aligned}
$$

即式(2.26)对于 $n=k$ 时成立.

性质 2 任意改变 n 阶差商 $f[x_0,x_1,\cdots,x_n]$ 中节点的次序,其值不变,即 $f[x_0,x_1,\cdots,x_n]=f[x_{p_0},x_{p_1},\cdots,x_{p_n}]$,其中 $p_0,p_1,\cdots,p_n$ 是 $0,1,2,\cdots,n$ 的任意排列.

证明 事实上,性质(1)表明改变节点 $x_0,x_1,x_2,\cdots,x_n$ 的排列次序,只改变式(2.26)右端的求和次序,因和式值不变.故差商与节点的排列次序无关,称为**差商的对称性**.

性质 3 n 阶差商与 n 阶导数之间的关系:若 $f(x)\in C^n[a,b]$,则至少存在一点 $\xi\in(a,b)$,使得

$$
f[x_0,x_1,\cdots,x_n]=\frac{f^{(n)}(\xi)}{n!}. \tag{2.27}
$$

证明 设 $L_n(x)$ 是区间 $[a,b]$ 上过插值点 $(x_i,y_i)(i=0,1,\cdots,n)$ 的 Lagrange 插值多项式,被插函数为 $y=f(x)$,则 $x_i(i=0,1,\cdots,n)$ 为插值余项 $R_n(x)=f(x)-L_n(x)$ 的零点.反复用罗尔(Rolle)定理并且由 $f(x)\in C^n[a,b]$ 可知,至少存在一点 $\xi\in(a,b)$,使得 ${R_n}^{(n)}(\xi)=0$,即

$$R_n^{(n)}(\xi)=f^{(n)}(\xi)-L_n^{(n)}(\xi)=f^{(n)}(\xi)-\sum_{i=0}^{n}\frac{f(x_i)}{\prod\limits_{\substack{j=0\\j\neq i}}^{n}(x_i-x_j)}\left[\prod_{\substack{j=0\\j\neq i}}^{n}(x-x_j)\right]_{x=\xi}^{(n)}$$

$$=f^{(n)}(\xi)-n!\sum_{i=0}^{n}\frac{f(x_i)}{\prod\limits_{\substack{j=0\\j\neq i}}^{n}(x_i-x_j)}=0,$$

把式(2.26)代入上式得

$$f^{(n)}(\xi)-n!\,f[x_0,x_1,\cdots,x_n]=0,$$

所以式(2.27)得证.

根据差商的定义 2.2 可知,计算高阶差商要用到低价差商.差商的计算可以列差商表如表 2.6 所示.

表 2.6　差商计算表

x_k	$f(x_k)$	一阶差商	二阶差商	三阶差商	四阶差商
x_0	$f(x_0)$				
x_1	$f(x_1)$	$f[x_0,x_1]$			
x_2	$f(x_2)$	$f[x_1,x_2]$	$f[x_0,x_1,x_2]$		
x_3	$f(x_3)$	$f[x_2,x_3]$	$f[x_1,x_2,x_3]$	$f[x_0,x_1,x_2,x_3]$	
x_4	$f(x_4)$	$f[x_3,x_4]$	$f[x_2,x_3,x_4]$	$f[x_1,x_2,x_3,x_4]$	$f[x_0,x_1,x_2,x_3,x_4]$
⋮	⋮	⋮	⋮	⋮	⋮

例 2.2　已知 $y=f(x)$ 的函数值如表 2.7 所示,试计算三阶差商 $f[-2,-1,1,2]$ 的值.

表 2.7　例 2.2 中插值点

x_i	-2	-1	1	2
$y_i=f(x_i)$	5	3	17	21

解　根据表中的数据,根据差商的定义 2.2 计算各阶差商:

$$f[x_0,x_1]=\frac{f(x_1)-f(x_0)}{x_1-x_0}=\frac{3-5}{-1-(-2)}=-2,$$

同理得 $f[x_1,x_2]=7$, $f[x_2,x_3]=4$, $f[x_0,x_1,x_2]=\dfrac{f[x_1,x_2]-f[x_0,x_1]}{x_2-x_0}=\dfrac{7-(-2)}{1-(-2)}=3$,

同理得 $f[x_1,x_2,x_3]=-1$,

$$f[x_0,x_1,x_2,x_3]=\frac{f[x_1,x_2,x_3]-f[x_0,x_1,x_2]}{x_2-x_0}=\frac{-1-3}{2-(-2)}=-1.$$

列差商表2.8.

表2.8 例2.2中差商计算结果

x_k	$f(x_k)$	一阶差商	二阶差商	三阶差商
−2	5			
−1	3	−2		
1	17	7	3	
2	21	4	−1	−1

所以$f[-2,-1,1,2]=-1$.

2.3.2 牛顿插值多项式

把x看成插值区间$[a,b]$上的一点,由一阶差商的定义得$f[x,x_0]=\dfrac{f(x_0)-f(x)}{x_0-x}$,可化为

$$f(x)=f(x_0)+f[x,x_0](x-x_0), \tag{2.28}$$

同理,由二阶差商的定义得

$$f[x,x_0,x_1]=\frac{f[x,x_0]-f[x_0,x_1]}{x-x_1}, \tag{2.29}$$

可化为

$$f[x,x_0]=f[x_0,x_1]+f[x,x_0,x_1](x-x_1), \tag{2.30}$$

如此继续下去可得一系列等式

$$\begin{aligned}
&f(x)=f(x_0)+f[x,x_0](x-x_0),\\
&f[x,x_0]=f[x_0,x_1]+f[x,x_0,x_1](x-x_1),\\
&f[x,x_0,x_1]=f[x_0,x_1,x_2]+f[x,x_0,x_1,x_2](x-x_2),\\
&\cdots\cdots\cdots\cdots\\
&f[x,x_0,\cdots,x_{n-1}]=f[x_0,x_1,\cdots,x_n]+f[x,x_0,\cdots,x_n](x-x_n),
\end{aligned} \tag{2.31}$$

把式(2.31)中的后式依次代入前式,最后得

$$\begin{aligned}
f(x)&=f(x_0)+f[x,x_0](x-x_0)\\
&=f(x_0)+f[x_0,x_1](x-x_0)+f[x,x_0,x_1](x-x_0)(x-x_1)\\
&=f(x_0)+f[x_0,x_1](x-x_0)+f[x_0,x_1,x_2](x-x_0)(x-x_1)\\
&\quad+f[x,x_0,x_1,x_2](x-x_0)(x-x_1)(x-x_2)\\
&=\cdots=N_n(x)+f[x,x_0,\cdots,x_n](x-x_0)(x-x_1)\cdots(x-x_n),
\end{aligned} \tag{2.32}$$

其中

$$N_n(x)=f(x_0)+f[x_0,x_1](x-x_0)+f[x_0,x_1,x_2](x-x_0)(x-x_1)+\cdots+f[x_0,\cdots,x_n](x-x_0)\cdots(x-x_{n-1}). \tag{2.33}$$

可见，$N_n(x)$ 为次数不超过 n 的多项式. 易知 $N_n(x)$ 满足插值条件式 $N_n(x_i)=f(x_i)$，$(i=0,1,2,\cdots,n)$ 称之为**牛顿(Newton)插值多项式**. 并称

$$R_n(x)=f[x,x_0,\cdots,x_n]\omega_{n+1}(x) \tag{2.34}$$

为**牛顿插值多项式的余项**,其中 $\omega_{n+1}(x)=(x-x_0)(x-x_1)\cdots(x-x_n)$. 牛顿插值多项式的余项有如下递推关系式

$$N_n(x)=N_{n-1}(x)+f[x_0,\cdots,x_n](x-x_0)\cdots(x-x_{n-1}). \tag{2.35}$$

由此可见，每增加一个插值节点，Newton 插值多项式只增加一项，而 Lagrange 插值增加插值节点时,所有的插值基函数需要重新计算.

由插值多项式的唯一性知,它与拉格朗日插值多项式是等价的,即 $N_n(x)\equiv L_n(x)$. 它们的余项也相等,即

$$R_n(x)=f[x,x_0,x_1,\cdots,x_n]\omega_{n+1}(x)=\frac{f^{(n+1)}(\xi)}{(n+1)!}\omega_{n+1}(x), \tag{2.36}$$

由此可证得差商的性质 3,即式(2.27)成立.

注 1 在实际计算中,用 Lagrange 插值多项式的余项估计误差时,需要计算 $f(x)$ 的高阶导数,在函数 $f(x)$ 的高阶导数比较复杂或 $f(x)$ 的表达式没有给出时,显得比较困难,此时,我们可以用差商表示的 Newton 插值多项式的余项公式来估计误差.

注 2 在用式(2.34)估计误差时,如果 $n+1$ 阶差商变化不剧烈,可用 $f[x_0,\cdots,x_n,x_{n+1}]$ 近似代替 $f[x,x_0,\cdots,x_n]$,即

$$R_n(x)\approx f[x_0,x_1,\cdots,x_n,x_{n+1}]\omega_{n+1}(x). \tag{2.37}$$

例 2.3 已知 $y=f(x)$ 的函数值如例 2.2 中表 2.7 给出的插值点,求满足插值条件的三次牛顿插值公式.

解 在例 2.2 中,我们已经计算出 $f(x_0)=5$, $f[x_0,x_1]=-2$, $f[x_0,x_1,x_2]=3$, $f[x_0,x_1,x_2,x_3]=-1$. 则三次牛顿插值多项式为

$$\begin{aligned}N_3(x)&=f(x_0)+f[x_0,x_1](x-x_0)+f[x_0,x_1,x_2](x-x_0)(x-x_1)\\&\quad+f[x_0,x_1,x_2,x_3](x-x_0)(x-x_1)(x-x_2)\\&=5-2(x+2)+3(x+2)(x+1)-(x+2)(x+1)(x-1)\\&=-x^3+x^2+8x+9.\end{aligned}$$

例 2.4 给出双曲正弦函数 $f(x)=\mathrm{sh}x$ 的函数表,见表 2.9 中的第 1 列和第 2 列,分别求二次牛顿插值多项式 $N_2(x)$ 和三次牛顿插值多项式 $N_3(x)$,并由此计算 $f(0.596)$ 的近似值.

表 2.9 例 2.4 中差商计算结果

x_k	$f(x_k)$	一阶差商	二阶差商	三阶差商	四阶差商
0.40	0.410 7				
0.55	0.578 1	1.116 0			
0.65	0.696 7	1.186 0	0.280 0		
0.80	0.888 1	1.275 7	0.358 8	0.197 0	
0.90	1.026 5	1.384 1	0.433 6	0.213 7	0.034 4

解 由表 2.9 用内插计算过前三点的二次牛顿插值多项式为

$$N_2(x) = 0.4107 + 1.1160(x - 0.40) + 0.2800(x - 0.40)(x - 0.55),$$

故

$$f(0.596) \approx N_2(0.596) = 0.632010.$$

又 $f[x_0, x_1, x_2, x_3] = 0.1970$,可得过前四点的三次牛顿插值多项式为

$$N_3(x) = N_2(x) + 0.1970(x - 0.40)(x - 0.55)(x - 0.65),$$

故

$$f(0.596) \approx N_3(0.596) = 0.6319145.$$

$f[x_0, \cdots, x_4] = 0.0344$,由式(2.34)可得 $N_2(0.596)$ 和 $N_3(0.596)$ 的截断误差为

$$|R_2(0.596)| \approx |0.1970(0.596 - 0.40)(0.596 - 0.55)(0.596 - 0.65)| \approx 9.59 \times 10^{-5}$$

和

$$|R_3(0.596)| \approx |0.0344(0.596 - 0.40)(0.596 - 0.55)(0.596 - 0.65)(0.596 - 0.80)| \approx 3.4 \times 10^{-6}.$$

可见,三次插值比二次插值的误差小. 一般情况,高次插值比低次插值精度要高. 但绝对不是次数越高就越好.

2.4 埃尔米特(Hermite)插值

在许多实际应用中,为了使插值函数能更好的切合原来的函数,不但要求节点上的函数值相等,还要求导数值相同,甚至高阶导数也相等,这类插值问题称为**埃尔米特(Hermite)插值**.

2.4.1 两点三次 Hermite 插值

给定 $y = f(x)$ 在节点 x_0, x_1 上的函数值和导数值: $y_j = f(x_j)$, $m_j = f'(x_j)$, $j = 0,1$.

求多项式 $H_3(x)$ 满足插值条件

$$H_3(x_j)=y_j,H_3'(x_j)=m_j\ ,j=0,1\ . \tag{2.38}$$

类似拉格朗日插值多项式的思想,设

$$H_3(x)=y_0\alpha_0(x)+y_1\alpha_1(x)+m_0\beta_0(x)+m_1\beta_1(x)\ , \tag{2.39}$$

为三次 Hermite **插值多项式**,其中 $\alpha_0(x)$,$\alpha_1(x)$,$\beta_0(x)$,$\beta_1(x)$ 称为 Hermite **插值基函数**,它们是三次多项式.要使 $H_3(x)$ 满足插值条件(2.38),只要基函数满足下列条件即可:

$$\alpha_j(x_i)=\delta_{ji}\ ,\alpha_j'(x_i)=0\ ,\beta_j(x_i)=0\ ,\beta_j'(x_i)=\delta_{ji}\ ,i,j=0,1\ , \tag{2.40}$$

其中 $\delta_{ji}=\begin{cases}1 & j=i\\ 0 & j\neq i\end{cases}$,用待定系数可求得基函数的表达式.

先求 $\alpha_0(x)$,由 $\alpha_0(x_1)=0,\alpha_0'(x_1)=0$ 知 x_1 为 $\alpha_0(x)$ 的二重零点,故设

$$\alpha_0(x)=(ax+b)\left(\frac{x-x_1}{x_0-x_1}\right)^2\ , \tag{2.41}$$

a,b 为待定系数.再由 $\alpha_0(x_0)=1,\alpha_0'(x_0)=0$ 得

$$\begin{cases}ax_0+b=1\\ a+2\dfrac{ax_0+b}{x_0-x_1}=0\end{cases},$$

解之得

$$\begin{cases}a=-\dfrac{2}{x_0-x_1}\\ b=1+\dfrac{2x_0}{x_0-x_1}\end{cases},$$

代入式(2.41)得

$$\alpha_0(x)=[1+2l_1(x)]l_0^2(x)\ , \tag{2.42}$$

其中 $l_0(x)$,$l_1(x)$ 是以 x_0,x_1 为节点的 Lagrange 线性插值基函数.

再求 $\beta_0(x)$,由 $\beta_0(x_0)=0,\beta_0(x_1)=0$ 知 x_0,x_1 为 $\beta_0(x)$ 的零点,再由 $\beta_0'(x_1)=0$ 知 x_1 为二重零点,故设

$$\beta_0(x)=a(x-x_0)\left(\frac{x-x_1}{x_0-x_1}\right)^2\ , \tag{2.43}$$

a 为待定常数,由 $\beta_0'(x_0)=1$ 求得 $a=1$ 并代入上式得

$$\beta_0(x)=(x-x_0)l_0^2(x)\ . \tag{2.44}$$

同理可得

$$\alpha_1(x) = [1 + 2l_0(x)]l_1^2(x) \tag{2.45}$$

和

$$\beta_1(x) = (x - x_1)l_1^2(x) . \tag{2.46}$$

把式(2.42),(2.44),(2.45)和(2.46)代入式(2.39)得

$$\begin{aligned} \mathrm{H}_3(x) = & y_0[1 + 2l_1(x)]l_0^2(x) + y_1[1 + 2l_0(x)]l_1^2(x) \\ & + m_0(x - x_0)l_0^2(x) + m_1(x - x_1)l_1^2(x) . \end{aligned} \tag{2.47}$$

定理 2.3 设在包含 x_0, x_1 的区间 $[a,b]$ 内, $f(x) \in C^3[a,b]$ 且 $f^{(4)}(x)$ 在 (a,b) 内存在,则存在与 x 有关的 $\xi_x \in (a,b)$,使得

$$R_3(x) = f(x) - \mathrm{H}_3(x) = \frac{1}{4!}f^{(4)}(\xi_x)(x - x_0)^2(x - x_1)^2 . \tag{2.48}$$

定理的证明与 Lagrange 插值多项式余项的推导过程类似,此处从略.

定理 2.4 满足插值条件 $\mathrm{H}_3(x_j) = y_j, H_3'(x_j) = m_j (j = 0,1)$ 的三次 Hermite 插值多项式是唯一的.

证明 假设存在另一个三次多项式 $\widetilde{H}_3(x)$ 也满足插值条件,令

$$P(x) = \mathrm{H}_3(x) - \widetilde{H}_3(x) ,$$

易知 $P(x)$ 是不超过 3 次的多项式,且 x_0, x_1 是 $P(x)$ 的二重根,即 $P(x)$ 有 4 个根. 所以只有 $P(x) \equiv 0$ 成立,即 $\widetilde{H}_3(x) = \mathrm{H}_3(x)$,得证.

2.4.2 两点三次 Hermite 插值的推广

设 $x_i \in [a,b] (i = 0,1, \cdots, n)$ 为 $n + 1$ 个互异节点,给定 $y = f(x)$ 在节点上的函数值和导数值: $y_j = f(x_j)$, $m_j = f'(x_j)$, $j = 0, \cdots, n$. 要求插值多项式 $H_{2n+1}(x)$ 满足插值条件

$$H_{2n+1}(x_j) = y_j, H'_{2n+1}(x_j) = m_j, j = 0, \cdots, n . \tag{2.49}$$

有 $n + 1$ 个函数值与 $n + 1$ 个导数值共 $2n + 2$ 个条件,可确定满足插值条件次数不超过 $2n + 1$ 次的多项式 $H_{2n+1}(x)$.

同两点三次 Hermite 插值的求法类似,满足插值条件(2.49)的 Hermite 插值多项式可以写成用插值基函数表示的形式

$$H_{2n+1}(x) = \sum_{j=0}^{n} [y_j\alpha_j(x) + m_j\beta_j(x)] , \tag{2.50}$$

其中 $\alpha_j(x), \beta_j(x) (j = 0,1, \cdots, n)$ 称为 Hermite **插值基函数**,是 $2n + 1$ 次多项式且满足

$$\alpha_j(x_i) = \delta_{ji} , \alpha_j'(x_i) = 0 , \beta_j(x_i) = 0 , \beta_j'(x_i) = \delta_{ji} (i, j = 0,1, \cdots, n) . \tag{2.51}$$

根据条件(2.51),先用待定系数法可求得基函数 $\alpha_j(x),\beta_j(x)(j=0,1,\cdots,n)$,再代入式(2.50),可得满足插值条件(2.49)次数不超过 $2n+1$ 次的多项式 $H_{2n+1}(x)$.

先求 $\alpha_j(x)(j=0,1,\cdots,n)$,与 $n=1$ 时的二点三次 Hermite 插值基函数求法类似,由 $\alpha_j(x_i)=\delta_{ji}$,$\alpha_j'(x_i)=0$ 知 $x_i(i=0,1,\cdots,n,i\neq j)$ 是 $\alpha_j(x)$ 的二重零,故设

$$\alpha_j(x)=(ax+b)l_j^2(x), \tag{2.52}$$

其中 $l_j(x)$ 是 $x_0,x_1,x_2,\cdots,x_n$ 为节点的 n 次 Lagrange 插值基函数. 再由 $\alpha_j(x_j)=1$, $\alpha_j'(x_j)=0$ 可得

$$\begin{cases}ax_j+b=1\\ a+2l_j'(x_j)=0\end{cases},$$

解之得

$$\begin{cases}a=-2l_j'(x_j)\\ b=1+2x_jl_j'(x_j)\end{cases},$$

代入式(2.52)得

$$\alpha_j(x)=[1-2(x-x_j)l_j'(x_j)]l_j^2(x)(j=0,1,\cdots,n), \tag{2.53}$$

其中 $l_j'(x_j)=\sum\limits_{\substack{k=0\\k\neq j}}^{n}\dfrac{1}{x_j-x_k}$. 同理可得

$$\beta_j(x)=(x-x_j)l_j^2(x)(j=0,1,\cdots,n), \tag{2.54}$$

把式(2.53),(2.54)代入式(2.50)得

$$H_{2n+1}(x)=\sum_{j=0}^{n}[f(x_j)[1-2(x-x_j)l_j'(x_j)]l_j^2(x)+f'(x_j)(x-x_j)l_j^2(x)], \tag{2.55}$$

式(2.55)即为满足插值条件(2.49)次数不超过 $2n+1$ 次的 Hermite 插值多项式.

定理 2.5 在包含 $x_0,x_1,\cdots,n$ 的区间 $[a,b]$ 内,$f(x)\in C^{2n+1}[a,b]$ 且 $f^{(2n+2)}(x)$ 在 (a,b) 内存在,则对任意 $x\in[a,b]$,存在与 x 有关的 $\xi_x\in(a,b)$,使得

$$R_{2n+1}(x)=f(x)-H_{2n+1}(x)=\frac{1}{(2n+2)!}f^{(2n+2)}(\xi_x)\omega_{n+1}^2(x). \tag{2.56}$$

定理的证明与 Lagrange 插值多项式余项的推导过程类似,此处从略.

定理 2.6 满足插值条件 $H_{2n+1}(x_j)=y_j,H_{2n+1}'(x_j)=m_j(j=0,1,\cdots,n)$ 的 Hermite 插值多项式是唯一的.

与定理 2.4 的证明类似,此处从略.

例 2.5 已知 $y=f(x)$ 的函数值和导数值如表 2.10 所示,求三次 Hermite 插值多项式.

表 2.10　例 2.5 中插值数据

x_i	1	2
$y_i = f(x_i)$	2	3
$m_i = f'(x_i)$	1	-1

解　三次 Hermite 插值多项式为 $H_3(x) = y_0\alpha_0(x) + y_1\alpha_1(x) + m_0\beta_0(x) + m_1\beta_1(x)$ 由公式(2.42),(2.44),(2.45)和(2.46)求得

$$\alpha_0(x) = \left(1 + 2\frac{x-1}{2-1}\right)\left(\frac{x-2}{1-2}\right)^2 = (2x-1)(x-2)^2,$$

$$\alpha_1(x) = \left(1 + 2\frac{x-2}{1-2}\right)\left(\frac{x-1}{2-1}\right)^2 = (-2x+5)(x-1)^2,$$

$$\beta_0(x) = (x-1)\left(\frac{x-2}{1-2}\right)^2 = (x-1)(x-2)^2,$$

$$\beta_1(x) = (x-2)\left(\frac{x-1}{2-1}\right)^2 = (x-2)(x-1)^2,$$

代入式(2.47)求得 $H_3(x) = -2x^3 + 8x^2 - 9x + 5$.

2.4.3　非标准型 Hermite 插值

给定插值点 $(x_i, y_i)(i = 0,1,2,\cdots,n)$ 及某些节点上的导数值,也就是函数值和导数值个数不等的情况.

例 2.6　已知函数 $f(x) \in C^4[a,b]$,求 $f(x)$ 的插值多项式 $P(x)$,使其满足

$$P(x_j) = f(x_j)(j = 0,1,2),\ P'(x_2) = f'(x_2).$$

解　首先用牛顿(Newton)或拉格朗日(Lagrange)插值构造满足插值条件 $P(x_j) = f(x_j)(j = 0,1,2)$ 的二次多项式.不妨用牛顿插值得

$$N_2(x) = f(x_0) + f[x_0,x_1](x-x_0) + f[x_0,x_1,x_2](x-x_0)(x-x_1).$$

有 4 个插值条件,所求的多项式 $P(x)$ 的次数不超过 3 次,故设

$$\begin{aligned} P(x) = & f(x_0) + f[x_0,x_1](x-x_0) + f[x_0,x_1,x_2](x-x_0)(x-x_1) \\ & + A(x-x_0)(x-x_1)(x-x_2), \end{aligned}$$

A 为待定常数,再由 $P'(x_2) = f'(x_2)$ 得

$$A = \frac{f'(x_2) - f[x_0,x_1] - (2x_2 - x_0 - x_1)f[x_0,x_1,x_2]}{(x_2-x_0)(x_2-x_1)},$$

于是

$$P(x)=f(x_0)+f[x_0,x_1](x-x_0)+f[x_0,x_1,x_2](x-x_0)(x-x_1)$$
$$+\frac{f'(x_2)-f[x_0,x_1]-(2x_2-x_0-x_1)f[x_0,x_1,x_2]}{(x_2-x_0)(x_2-x_1)}(x-x_0)(x-x_1)(x-x_2)$$

即为所求的插值多项式.

由插值条件知 x_0,x_1,x_2 为 $f(x)-P(x)$ 的零点,故设余项为

$$R_3(x)=f(x)-P(x)=K(x)(x-x_0)(x-x_1)(x-x_2)^2,$$

$K(x)$ 为待定函数. 任取固定的常数 $x\neq x_i(i=0,1,\cdots,n)$,构造辅助函数

$$\varphi(t)=f(t)-P(t)=K(x)(t-x_0)(t-x_1)(t-x_2)^2,$$

易知 x, x_0, x_1, x_2(二重零点)是 $\varphi(t)$ 的5个零点. 反复用罗尔(Rolle)定理,至少存在一个与 x 有关的点 $\xi_x\in(a,b)$,使得 $\varphi^{(4)}(\xi_x)=0$,即 $4!\ K(x)=f^{(4)}(\xi_x)$,于是 $K(x)=\frac{f^{(4)}(\xi_x)}{4!}$,代入得插值余项为

$$R_3(x)=f(x)-P(x)=\frac{f^{(4)}(\xi_x)}{4!}(x-x_0)(x-x_1)(x-x_2)^2.$$

例 2.7 已知函数 $f(x)\in C^4[a,b]$,求 $f(x)$ 的插值多项式 $p(x)$ 使得 $P(-1)=f(-1)=16$, $P'(-1)=f'(-1)=-8$, $P''(-1)=f''(-1)=2$, $P(3)=f(3)=4$,并写出余项表达式.

解 有4个插值条件,故多项式 $P(x)$ 的次数不超过3次,设

$$P(x)=f(-1)\alpha_0(x)+f'(-1)\alpha_1(x)+f''(-1)\alpha_2(x)+f(3)\alpha_3(x),$$

其中 $\alpha_i(x)(i=0,1,2,3)$ 都是三次多项式. 由插值条件知

$$\alpha_0(-1)=1,\alpha_1(-1)=0,\alpha_2(-1)=0,\alpha_3(-1)=0,$$
$$\alpha_0'(-1)=0,\alpha_1'(-1)=1,\alpha_2'(-1)=0,\alpha_3'(-1)=0,$$
$$\alpha_0''(-1)=0,\alpha_1''(-1)=0,\alpha_2''(-1)=1,\alpha_3''(-1)=0,$$
$$\alpha_0(3)=0,\alpha_1(3)=0,\alpha_2(3)=0,\alpha_3(3)=1,$$

根据 $\alpha_0(x)$ 满足的条件,设 $\alpha_0(x)=(x-3)[a(x+1)^2+b(x+1)+c]$,$a,b,c$ 为待定常数.

由 $\alpha_0(-1)=1$ 得 $c=-\frac{1}{4}$;由 $\alpha_0'(-1)=0$ 得 $b=-\frac{1}{16}$;由 $\alpha_0''(-1)=0$ 得 $a=-\frac{1}{64}$.

于是得

$$\alpha_0(x)=-\frac{1}{64}(x-3)(x^2+6x+21).$$

根据 $\alpha_1(x)$, $\alpha_2(x)$, $\alpha_3(x)$ 满足的条件,依次设

$$\alpha_1(x) = (x+1)(x-3)[a(x+1)^2 + b],$$

$$\alpha_2(x) = a(x-3)(x+1)^2,$$

$$\alpha_3(x) = a(x+1)^3.$$

与 $\alpha_0(x)$ 中待定系数求法类似,得

$$\alpha_1(x) = -\frac{1}{16}(x+1)(x-3)(x+5), \alpha_2(x) = -\frac{1}{8}(x-3)(x+1)^2, \alpha_3(x) = \frac{1}{64}(x+1)^3.$$

所求的插值多项式为

$$P(x) = -\frac{1}{4}(x-3)(x^2+6x+21) + \frac{1}{2}(x+1)(x-3)(x+5)$$

$$-\frac{1}{4}(x-3)(x+1)^2 + \frac{1}{16}(x+1)^3.$$

与例 2.6 中的余项推导类似,构造辅助函数反复用罗尔(Rolle)定理得插值余项为

$$R_3(x) = f(x) - P(x) = \frac{f^{(4)}(\xi_x)}{4!}(x-3)(x+1)^3,$$

$\xi_x \in (-1,3)$ 且与 x 有关.

2.5 分段低次插值

2.5.1 高次插值的病态性(Runge 现象)

在插值法中,为了提高插值多项式的逼近程度,常常要提高插值多项式的次数,比如在 2.2 节中例 2.1 中,二次插值比一次插值近似被插函数精度要高. 当插值节点增多,插值多项式的次数逐步提高时,逼近程度是否也越来越好呢? 一般总认为插值多项式 $L_n(x)$ 的次数 n 越高,逼近 $f(x)$ 的程度越好,但实际上并非绝对如此.

例如 对于函数 $f(x) = \frac{1}{1+x^2}, -5 \leqslant x \leqslant 5$,把区间 $[-5,5]$ 进行 n 等分,插值节点为 $x_i = -5 + ih(i = 0,1,2,\cdots,n)$, $h = \frac{10}{n}$. 采用拉格朗日多项式

$$L_n(x) = \sum_{i=0}^{n} \frac{1}{1+x_i^2} \frac{\omega_{n+1}(x)}{(x-x_i)\omega_{n+1}'(x_i)},$$

当 n 分别取 2,4,6,8,10 时,绘出插值多项式图形如图 2.6. 可以看出,随着多项式次数 n 的增加, $L_n(x)$ 在插值区间两端点 $x = \pm 5$ 附近振荡会越来越大, $L_n(x)$ 与被插函数 $f(x)$ 的误差增加,可以证明 $\lim\limits_{n\to\infty} \max\limits_{-5\leqslant x\leqslant 5} |f(x) - L_n(x)| = \infty$. 这种现象是 20 世纪初由龙格(Runge)发现的,高次 Lagrange 多项式插值的这种振荡现象叫**龙格(Runge)现象**. 这说明

用高次插值多项式 $L_n(x)$ 近似 $f(x)$ 效果并不好,因此实际中很少采用高次插值作近似,常用的方法是分段低次插值.

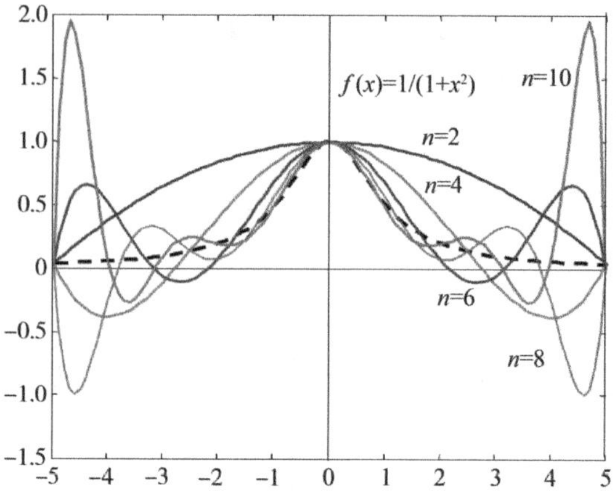

图 2.6 不同次数 Lagrange 插值比较

2.5.2 分段线性插值

分段线性插值就是把插值区间 $[a,b]$ 分成若干小区间,在每个小区间上把插值点用首尾顺次连接起来的折线段函数近似被插函数 $f(x)$,如图 2.7.

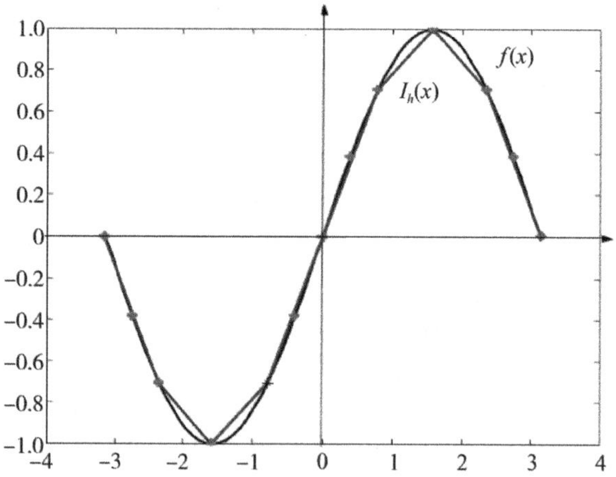

图 2.7 分段线性插值

定义 2.3 给区间 $[a,b]$ 一个划分:

$$a \leqslant x_0 < x_1 < \cdots < x_{n-1} < x_n \leqslant b, y_i = f(x_i)\ (i = 0,1,2,\cdots,n),$$

若一个折线函数 $I_h(x)$ 满足:

① $I_h(x) \in C[a,b]$;

② $I_h(x_i) = y_i,\ i = 0,1,2,\cdots,n$;

③ $I_h(x)$ 在每个小区间 $[x_i,x_{i+1}](i=0,1,2,\cdots,n-1)$ 上是线性函数，

则称 $I_h(x)$ 是 $f(x)$ 在区间 $[a,b]$ 上的**分段线性插值函数**.

由以上条件直接可得 $I_h(x)$ 在小区间 $[x_i,x_{i+1}]$ 上的表达式为

$$I_h(x)=y_i\frac{x-x_{i+1}}{x_i-x_{i+1}}+y_{i+1}\frac{x-x_i}{x_{i+1}-x_i},x\in[x_i,x_{i+1}],i=0,1,2,\cdots,n-1. \quad (2.57)$$

分段线性插值 $I_h(x)$ 在区间 $[a,b]$ 上用插值基函数表示为

$$I_h(x)=\sum_{i=0}^{n}y_il_i(x)\ , \quad (2.58)$$

其中

$$l_0(x)=\begin{cases}\dfrac{x-x_1}{x_0-x_1},x\in[x_0,x_1]\\ 0,x\in(x_1,x_n]\end{cases},$$

$$l_i(x)=\begin{cases}\dfrac{x-x_{i-1}}{x_i-x_{i-1}},x\in[x_{i-1},x_i],i\neq 0\\ \dfrac{x-x_{i+1}}{x_i-x_{i+1}},x\in[x_i,x_{i+1}],i\neq n\\ 0,x\in[a,b],x\notin[x_{i-1},x_{i+1}]\end{cases}(i=0,1,2,\cdots,n)\ , \quad (2.59)$$

$$l_n(x)=\begin{cases}\dfrac{x-x_{n-1}}{x_n-x_{n-1}},x\in[x_{n-1},x_n]\\ 0,x\in[x_0,x_{n-1})\end{cases}. \quad (2.60)$$

为线性插值基函数,满足条件 $l_i(x_j)=\delta_{ij}=\begin{cases}1 & i=j\\ 0 & i\neq j\end{cases}$, $i,j=0,1,2,\cdots,n$,其图像见图 2.8.

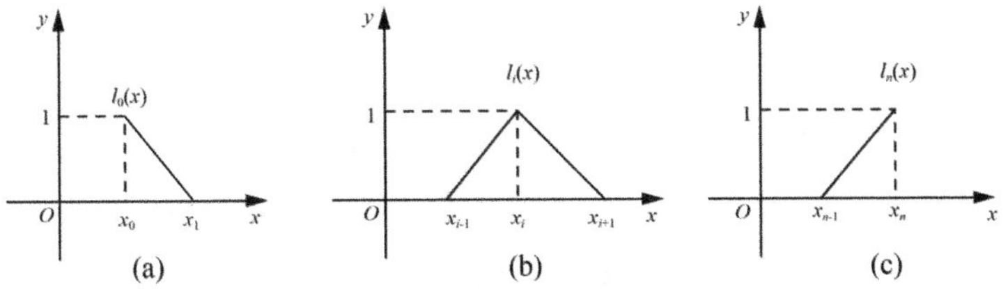

图 2.8 分段线性插值基函数

定理 2.7 设函数 $f(x)\in C^2[a,b]$,分段线性插值 $I_h(x)$ 在区间 $[a,b]$ 上余项估计式为

$$|R(x)|=|f(x)-I_h(x)|\leqslant\frac{h^2}{8}\max_{a\leqslant x\leqslant b}|f''(x)|\ , \quad (2.61)$$

其中 $h=\max\limits_{0\leqslant i\leqslant n}h_i,h_i=x_{i+1}-x_i(i=0,1,2,\cdots,n-1)$.

证明 分段线性插值 $I_h(x)$ 在区间 $[x_i,x_{i+1}]$ 上的余项估计式为

$$|f(x)-I_h(x)|=\left|\frac{f''(\xi_x^{(i)})}{2!}(x-x_i)(x-x_{i+1})\right|,\xi_x^{(i)}\in[x_i,x_{i+1}]$$
$$\leqslant\frac{h_i^2}{8}\max_{x_i\leqslant x\leqslant x_{i+1}}|f''(x)|, \tag{2.62}$$

因为 $h_i\leqslant h$, $\max\limits_{x_i\leqslant x\leqslant x_{i+1}}|f''(x)|\leqslant\max\limits_{a\leqslant x\leqslant b}|f''(x)|$,从而 $I_h(x)$ 在区间 $[a,b]$ 上的余项估计式(2.61)成立.

不难看出,当 $h\to 0$ 时,分段线性插值 $I_h(x)$ 在区间 $[a,b]$ 上一致收敛到 $f(x)$.

分段线性插值公式简单,计算量小,易于应用,同时根据式(2.61)可选择适当的步长 h 控制计算精度.其不足之处在于 $I_h(x)$ 在节点不可导,因而曲线光滑性差.

例 2.8 已知函数 $y=\dfrac{1}{1+x^2}$,在区间[0,5]上取等距插值节点,如表 2.11 所示,求区间[0,5]上分段线性插值函数,并利用它求出 $f(4.5)$ 的近似值.

表 2.11 例 2.8 中插值点

x_i	0	1	2	3	4	5
y_i	1	0.5	0.2	0.1	0.058 82	0.038 46

解 根据公式(2.57),在每个小区间 $[i,i+1](i=0,1)$ 上,

$$P(x)=y_i\frac{x-(i+1)}{i-(i+1)}+y_{i+1}\frac{x-i}{(i+1)-i}=y_i(i+1-)+y_{i+1}(x-i),$$

于是

$$P(x)=\begin{cases}(1-x)+0.5x & x\in[0,1],\\ 0.5(2-x)+0.2(x-1) & x\in[1,2],\\ 0.2(3-x)+0.1(x-2) & x\in[2,3],\\ 0.1(4-x)+0.058\,82(x-3) & x\in[3,4],\\ 0.058\,82(5-x)+0.038\,46(x-4) & x\in[4,5],\end{cases}$$

$$f(4.5)\approx P(4.5)=0.058\,82(5-4.5)+0.038\,46(4.5-4)=0.048\,64.$$

2.5.3 分段埃尔米特插值

分段 Hermite 插值就是把插值区间 $[a,b]$ 分成若干小区间,在每个小区间上用首尾顺次连接起来的三次 Hermite 插值多项式曲线来逼近 $f(x)$.

定义 2.4 给区间 $[a,b]$ 一个划分:

$a\leqslant x_0<x_1<\cdots<x_{n-1}<x_n\leqslant b,y_i=f(x_i),m_i=f'(x_i)(i=0,1,2,\cdots,n)$,

若分段函数 $I_h(x)$ 满足：

① $I_h(x) \in C^1[a,b]$；

② $I_h(x_i)=y_i, I'_h(x_i)=m_i,\ i=0,1,2,\cdots,n$；

③ $I_h(x)$ 在每个小区间 $[x_i,x_{i+1}]\ (i=0,1,2,\cdots,n-1)$ 上是三次多项式，

则称 $I_h(x)$ 是 $f(x)$ 在区间 $[a,b]$ 上的**分段 Hermite 插值函数**.

由以上条件直接可得 $I_h(x)$ 在小区间 $[x_i,x_{i+1}]$ 上的表达式为

$$\begin{aligned}I_h(x)=&y_i\left(1+2\frac{x-x_i}{x_{i+1}-x_i}\right)\left(\frac{x-x_{i+1}}{x_i-x_{i+1}}\right)^2+y_{i+1}\left(1+2\frac{x-x_{i+1}}{x_i-x_{i+1}}\right)\left(\frac{x-x_i}{x_{i+1}-x_i}\right)^2\\&+m_i(x-x_i)\left(\frac{x-x_{i+1}}{x_i-x_{i+1}}\right)^2+m_{i+1}(x-x_{i+1})\left(\frac{x-x_i}{x_{i+1}-x_i}\right)^2,\\&x\in[x_i,x_{i+1}],i=0,1,2,\cdots,n-1.\end{aligned}\tag{2.63}$$

分段 Hermite 插值函数 $I_h(x)$ 在区间 $[a,b]$ 上用插值基函数表示为

$$I_h(x)=\sum_{i=0}^{n}\left[y_i\alpha_i(x)+m_i\beta_i(x)\right],\tag{2.64}$$

其中 $\alpha_i(x),\beta_i(x)\ (i=0,1,2,\cdots,n)$ 为三次 Hermite 插值基函数，由两点三次 Hermite 插值公式(2.47)得

$$\alpha_0(x)=\begin{cases}\left(1+2\dfrac{x-x_0}{x_1-x_0}\right)\left(\dfrac{x-x_1}{x_0-x_1}\right)^2, & x\in[x_0,x_1],\\0, & x\in(x_1,x_n].\end{cases}\tag{2.65}$$

$$\alpha_i(x)=\begin{cases}\left(1+2\dfrac{x-x_i}{x_{i-1}-x_i}\right)\left(\dfrac{x-x_{i-1}}{x_i-x_{i-1}}\right)^2, & x\in[x_{i-1},x_i],i\neq 0,\\\left(1+2\dfrac{x-x_i}{x_{i+1}-x_i}\right)\left(\dfrac{x-x_{i+1}}{x_i-x_{i+1}}\right)^2, & x\in[x_i,x_{i+1}],i\neq n\ (i=0,1,2,\cdots,n),\\0, & x\in[a,b],x\notin[x_{i-1},x_{i+1}].\end{cases}\tag{2.66}$$

$$\alpha_n(x)=\begin{cases}\left(1+2\dfrac{x-x_n}{x_{n-1}-x_n}\right)\left(\dfrac{x-x_{n-1}}{x_n-x_{n-1}}\right)^2, & x\in[x_{n-1},x_n],\\0, & x\in[x_0,x_{n-1}).\end{cases}\tag{2.67}$$

$$\beta_0(x)=\begin{cases}(x-x_0)\left(\dfrac{x-x_1}{x_0-x_1}\right)^2, & x\in[x_0,x_1],\\0, & x\in(x_1,x_n].\end{cases}\tag{2.68}$$

$$\beta_i(x)=\begin{cases}(x-x_i)\left(\dfrac{x-x_{i-1}}{x_i-x_{i-1}}\right)^2, & x\in[x_{i-1},x_i],i\neq 0,\\(x-x_i)\left(\dfrac{x-x_{i+1}}{x_i-x_{i+1}}\right)^2, & x\in[x_i,x_{i+1}],i\neq n(i=0,1,2,\cdots,n),\\0, & x\in[a,b],x\notin[x_{i-1},x_{i+1}].\end{cases}\tag{2.69}$$

$$\beta_n(x)=\begin{cases}(x-x_n)\left(\dfrac{x-x_{n-1}}{x_n-x_{n-1}}\right)^2, & x\in[x_{n-1},x_n],\\0, & x\in[x_0,x_{n-1}).\end{cases}\tag{2.70}$$

定理 2.8 设函数$f(x)\in C^4[a,b]$，分段三次 Hermite 插值$I_h(x)$在区间$[a,b]$上余项估计式为

$$|R(x)|=|f(x)-I_h(x)|\leqslant\frac{h^4}{384}\max_{a\leqslant x\leqslant b}|f^{(4)}(x)|,\tag{2.71}$$

其中$h=\max\limits_{0\leqslant i\leqslant n}h_i,h_i=x_{i+1}-x_i(i=0,1,2,\cdots,n-1)$.

与定理 2.7 的证明类似，此略.

容易看出，当$h\to 0$时，分段 Hermite 插值$I_h(x)$在区间$[a,b]$上一致收敛到$f(x)$. 分段 Hermite 插值在节点上具有连续的一阶导数，因而具有一阶光滑度，比分段线性插值光滑性好.

例 2.9 已知函数$y=\dfrac{1}{1+x^2}$，在区间$[0,2]$等距节点上的函数值和导数值如表 2.12 所示，求区间$[0,2]$上分段三次 Hermite 插值函数，并利用它求出$f(1.5)$的近似值.

表 2.12 例 2.9 中插值数据

x_i	0	1	2
$y_i=f(x_i)$	1	0.5	0.2
$m_i=f'(x_i)$	0	−0.5	−0.16

解 根据公式(2.63)，在每个小区间$[i,i+1](i=0,1)$上，

$$H(x)=y_i[1+2(x-i)](x-i-1)^2+y_{i+1}[1-2(x-i-1)](x-i)^2$$
$$+m_i(x-i)(x-i-1)^2+m_{i+1}(x-i-1)(x-i)^2,$$

于是

$$H(x)=\begin{cases}(1+2x)(x-1)^2+0.5(4-3x)x^2 & x\in[0,1]\\0.5x(x-2)^2-0.04(14x-33)(x-1)^2 & x\in[1,2]\end{cases}.$$

于是

$$f(1.5)\approx H(1.5)=0.3125.$$

2.6 三次样条插值

2.5 节所介绍的分段线性插值和分段 Hermite 插值只保证函数连续或其一阶导数连续,满足不了许多工程计算提出的对插值函数的光滑性有较高要求的计算问题. 例如,船体、飞机的机翼外形,内燃机的进、排气门的凸轮曲线,都要求曲线具有较高的光滑度,不仅要求连续,而且要有连续的曲率,即二阶导数连续. 为解决这一类问题,产生了样条插值.

2.6.1 三次样条插值的概念

给定区间 $[a,b]$ 一个划分:

$$a = x_0 < x_1 < \cdots < x_{n-1} < x_n = b$$

若函数 $S(x)$ 满足:

①在每个小区间 $[x_i,x_{i+1}]$ 是分段三次多项式;

②具有二阶连续导数,即 $S(x) \in C^2[a,b]$;

③还满足插值条件: $S(x_i)=f(x_i)=y_i, i=0,1,2,\cdots,n$.

则称 $S(x)$ 为 $f(x)$ 在 $[a,b]$ 上的**三次样条插值函数**,简称**三次样条函数**. 设

$$S(x)=\begin{cases} s_0(x), & x \in [x_0,x_1], \\ s_1(x), & x \in [x_1,x_2], \\ \vdots & \\ s_{n-1}(x), & x \in [x_{n-1},x_n], \end{cases} \tag{2.72}$$

其中 $s_i(x)$ 为 $[x_i,x_{i+1}]$ $(i=0,1,2,\cdots,n-1)$ 上的三次多项式,设

$$s_i(x)=a_ix^3+b_ix^2+c_ix+d_i(i=0,1,\cdots,n-1),$$

且满足 $s_i(x_i)=y_i, s_{i+1}(x_{i+1})=y_{i+1}$. 由三次样条函数的定义可知, $S(x)$ 满足下列条件:

$$\begin{cases} S(x_i-0)=S(x_i+0) & (i=1,2,\cdots,n-1), \\ S'(x_i-0)=S'(x_i+0) & (i=1,2,\cdots,n-1), \\ S''(x_i-0)=S''(x_i+0) & (i=1,2,\cdots,n-1), \\ S(x_i)=y_i & (i=0,1,2,\cdots,n). \end{cases} \tag{2.73}$$

每个 $s_i(x)$ 有 4 个待定系数,所以 $S(x)$ 共有 $4n$ 个待定系数,故需 $4n$ 个方程才能确定. 前面已经得到 $2n+2(n-1)=4n-2$ 个方程,还缺 2 个方程. 实际问题通常对样条函数在两个端点处的状态有要求,即所谓的边界条件. 常用的边界条件如下:

第一类边界条件:给定函数在端点处的一阶导数,即

$$S'(x_0)=f_0', S'(x_n)=f_n'. \tag{2.74}$$

第二类边界条件:给定函数在端点处的二阶导数,即

$$S''(x_0)=f_0'',S''(x_n)=f_n''. \tag{2.75}$$

第三类边界条件:设$f(x)$是周期函数,并设x_n-x_0是一个周期,于是要求$S(x)$满足

$$S'(x_0)=S'(x_n),S''(x_0)=S''(x_n). \tag{2.76}$$

2.6.2 三弯矩方程

设$S''(x_j)=M_j,j=0,1,2,\cdots,n$,下面计算$S(x)$在$[x_j,x_{j+1}]$的表达式$s_j(x)$.由于$s_j(x)$是三次多项式,故$s_j''(x)$为线性函数,且$s_j''(x_j)=M_j,s_j''(x_{j+1})=M_{j+1}$.由线性插值公式可得

$$s_j''(x)=\frac{x_{j+1}-x}{h_j}M_j+\frac{x-x_j}{h_j}M_{j+1}, \tag{2.77}$$

其中$h_j=x_{j+1}-x_j$,求积分,可得

$$s_j(x)=\frac{(x_{j+1}-x)^3}{6h_j}M_j+\frac{(x-x_j)^3}{6h_j}M_{j+1}+c_1x+c_2, \tag{2.78}$$

将插值条件$s_j(x_j)=y_j,s_j(x_{j+1})=y_{j+1}$代入,即可确定积分常数$c_1$和$c_2$.整理后可得$s_j(x)$的表达式为

$$\begin{aligned}s_j(x)=&\frac{(x_{j+1}-x)^3}{6h_j}M_j+\frac{(x-x_j)^3}{6h_j}M_{j+1}\\&+\left(y_j-\frac{M_jh_j^2}{6}\right)\frac{x_{j+1}-x}{h_j}+\left(y_{j+1}-\frac{M_{j+1}h_j^2}{6}\right)\frac{x-x_j}{h_j},j=0,1,\cdots,n-1.\end{aligned} \tag{2.79}$$

只需确定$M_0,M_1,\cdots,M_n$的值,即可给出$s_j(x)$的表达式,从而可以得到$S(x)$的表达式.由式(2.79)易知

$$s_j'(x)=-\frac{(x_{j+1}-x)^2}{2h_j}M_j+\frac{(x-x_j)^2}{2h_j}M_{j+1}+\frac{y_{j+1}-y_j}{h_j}-\frac{h_j}{6}(M_{j+1}-M_j), \tag{2.80}$$

根据条件$s_{j-1}'(x_j-0)=s_j'(x_j+0)$可知

$$\frac{h_{j-1}}{6}M_{j-1}+\frac{h_{j-1}+h_j}{3}M_j+\frac{h_j}{6}M_{j+1}=\frac{y_{j+1}-y_j}{h_j}-\frac{y_j-y_{j-1}}{h_{j-1}}, \tag{2.81}$$

$$\frac{h_{j-1}}{h_{j-1}+h_j}M_{j-1}+2M_j+\frac{h_j}{h_{j-1}+h_j}M_{j+1}=6\frac{f[x_j,x_{j+1}]-f[x_{j-1},x_j]}{h_{j-1}+h_j}, \tag{2.82}$$

整理方程(2.82)后得关于M_{j-1}, M_j和M_{j+1}的方程:

$$\mu_jM_{j-1}+2M_j+\lambda_jM_{j+1}=d_j, \tag{2.83}$$

其中

$\mu_j=\dfrac{h_{j-1}}{h_{j-1}+h_j},\lambda_j=\dfrac{h_j}{h_{j-1}+h_j},d_j=6f[x_{j-1},x_j,x_{j+1}],\mu_j+\lambda_j=1,j=1,2,\cdots,n-1$. 这是关于 $M_0,M_1,\cdots,M_n$ 共 $n-1$ 个方程,附加边界条件,补充两个方程后,即可确定 $n+1$ 个未知量.

1. 第一类边界条件: $S'(x_0)=f_0',S'(x_n)=f_n'$

直接代入 $s_j(x)$ 的一阶导数表达式即得

$$2M_0+M_1=6((y_1-y_0)/h_0-f_0')/h_0\equiv d_0\ ,$$

$$M_{n-1}+2M_n=6(f_n'-(y_n-y_{n-1})/h_{n-1})/h_{n-1}\equiv d_n\ .$$

与式(2.83)的 $n-1$ 个方程联立可得 $n+1$ 阶线性方程组:

$$\begin{bmatrix}2 & 1 & & & & \\ \mu_1 & 2 & \lambda_1 & & & \\ & \mu_2 & 2 & \lambda_2 & & \\ & & \ddots & \ddots & \ddots & \\ & & & \mu_{n-1} & 2 & \lambda_{n-1} \\ & & & & 1 & 2\end{bmatrix}\begin{bmatrix}M_0\\M_1\\M_2\\\vdots\\M_{n-1}\\M_n\end{bmatrix}=\begin{bmatrix}d_0\\d_1\\d_2\\\vdots\\d_{n-1}\\d_n\end{bmatrix}. \tag{2.84}$$

称式(2.84)为三次样条函数的**三弯矩方程**,此方程组的系数矩阵是严格对角占优的,因此为非奇异矩阵,故方程组存在唯一解. 进而说明给定第一类边界条件后由此求得的三次样条插值函数是存在且唯一的. 通过追赶法,可求出三弯矩方程的解 $M_j(j=0,1,2,\cdots,n)$,代入式(2.79)则得到三次样条插值函数 $S(x)$.

2. 第二类边界条件: $M_0=f_0'',M_n=f_n''$

因方程组(2.83)只含 $n-1$ 个未知量,即可得 $n-1$ 阶线性方程组:

$$\begin{bmatrix}2 & \lambda_1 & & & \\ \mu_2 & 2 & \lambda_2 & & \\ & \ddots & \ddots & \ddots & \\ & & \mu_{n-2} & 2 & \lambda_{n-2} \\ & & & \mu_{n-1} & 2\end{bmatrix}\begin{bmatrix}M_1\\M_2\\\vdots\\M_{n-2}\\M_{n-1}\end{bmatrix}=\begin{bmatrix}d_1-\mu_1 f_0''\\d_2\\\vdots\\d_{n-2}\\d_{n-1}-\lambda_{n-1}f_n''\end{bmatrix}. \tag{2.85}$$

此方程组系数矩阵严格对角占优,存在唯一解.

3. 第三类边界条件: $S'(x_0)=S'(x_n),\quad S''(x_0)=S''(x_n)$

由此边界条件可得 $M_0=M_n$,

$$M_0=M_n,\lambda_n M_1+\mu_n M_{n-1}+2M_n=d_n, \tag{2.86}$$

其中

$$\lambda_n=h_0/(h_0+h_{n-1}),\mu_n=h_{n-1}/(h_0+h_{n-1}),$$
$$d_n=6[(y_1-y_0)/h_0-(y_n-y_{n-1})/h_{n-1}]/(h_0+h_{n-1}).$$

方程(2.86)与方程组(2.83)中的 $n-1$ 个方程联立可得 n 阶线性方程组：

$$\begin{bmatrix} 2 & \lambda_1 & & & \\ \mu_2 & 2 & \lambda_2 & & \\ & \ddots & \ddots & \ddots & \\ & & \mu_{n-2} & 2 & \lambda_{n-2} \\ \lambda_n & & & \mu_n & 2 \end{bmatrix} \begin{bmatrix} M_1 \\ M_2 \\ \vdots \\ M_{n-1} \\ M_n \end{bmatrix} = \begin{bmatrix} d_1-\mu_1 f_0'' \\ d_2 \\ \vdots \\ d_{n-1} \\ d_n \end{bmatrix}. \tag{2.87}$$

此方程组系数矩阵严格对角占优,存在唯一解.

2.6.3 三转角方程

类似地,如果用各点处的一阶导数 $S'(x_j)=m_j(j=0,1,2,\cdots,n)$ 表示 $S(x)$,下面构造形如式(2.72)的三次样条函数 $S(x)$,并且满足插值条件(2.73)及相应类型的边界条件.由于 $s_j(x)$ 在区间 $[x_j,x_{j+1}]$ 两端点处函数值和一阶导数数值分别为 $s_j(x_j)=y_j$, $s_j(x_{j+1})=y_{j+1}$, $s_j'(x_j)=m_j$, $s_j'(x_{j+1})=m_{j+1}$,三次多项式 $s_j(x)$ 可由 Hermite 插值求得,即

$$s_j(x)=y_j\alpha_j(x)+y_{j+1}\alpha_{j+1}(x)+m_j\beta_j(x)+m_{j+1}\beta_{j+1}(x), \tag{2.88}$$

其中

$$\alpha_j(x)=\left(1+2\frac{x-x_j}{x_{j+1}-x_j}\right)\left(\frac{x-x_{j+1}}{x_j-x_{j+1}}\right)^2, \alpha_{j+1}(x)=\left(1+2\frac{x-x_{j+1}}{x_j-x_{j+1}}\right)\left(\frac{x-x_j}{x_{j+1}-x_j}\right)^2,$$
$$\beta_j(x)=(x-x_j)\left(\frac{x-x_{j+1}}{x_j-x_{j+1}}\right)^2, \beta_{j+1}(x)=(x-x_{j+1})\left(\frac{x-x_j}{x_{j+1}-x_j}\right)^2.$$

式(2.88)改写为

$$s_j(x)=y_j\frac{(x-x_{j+1})^2[h_j+2(x-x_j)]}{h_j^3}+y_{j+1}\frac{(x-x_j)^2[h_j+2(x_{j+1}-x)]}{h_j^3}$$
$$+m_j\frac{(x-x_{j+1})^2(x-x_j)}{h_j^2}+m_{j+1}\frac{(x-x_j)^2(x-x_{j+1})}{h_j^2}, j=0,1,2,\cdots,n-1, \tag{2.89}$$

其中 $h_j(x)=x_{j+1}-x_j$,只需确定 $m_0,m_1,\cdots,m_n$ 的值,即可给出 $s_j(x)$ 的表达式,从而可以得到 $S(x)$ 的表达式.对 $s_j(x)$ 求二阶导数,得

$$s_j''(x)=\frac{6x-2x_j-4x_{j+1}}{h_j^2}m_j+\frac{6x-4x_j-2x_{j+1}}{h_j^2}m_{j+1}+\frac{6(x_j+x_{j+1}-2x)}{h_j^3}(y_{j+1}-y_j),$$

根据条件 $s_{j-1}''(x_j-0)=s_j''(x_j+0)(j=0,1,2,\cdots,n-1)$ 可得

$$\frac{1}{h_{j-1}}m_{j-1}+2\left(\frac{1}{h_{j-1}}+\frac{1}{h_j}\right)m_j+\frac{1}{h_j}m_{j+1}=3\left(\frac{y_{j+1}-y_j}{h_j^2}+\frac{y_j-y_{j-1}}{h_{j-1}^2}\right)(j=1,2,\cdots,n-1),$$

两边同时除以 $\frac{1}{h_{j-1}}+\frac{1}{h_j}$ 得

$$\lambda_j m_{j-1}+2m_j+\mu_j m_{j+1}=g_j(j=1,2,\cdots,n-1), \tag{2.90}$$

其中 $\lambda_j=\frac{h_j}{h_{j-1}+h_j},\mu_j=\frac{h_{j-1}}{h_{j-1}+h_j}$, $g_j=3(\lambda_j f[x_{j-1},x_j]+\mu_j f[x_j,x_{j+1}])$, $\mu_j+\lambda_j=1,j=1,2,\cdots,n-1$. 这是关于 $m_0,m_1,\cdots,m_n$ 共 $n-1$ 个方程,称式(2.90)为三次样条函数的**三转角方程**. 方程(2.90)与方程(2.83)完全类似,只要附加任何一类边界条件,补充两个方程后,通过追赶法,即可求得 $n+1$ 个未知量 $m_0,m_1,\cdots,m_n$,代入式(2.89)则得到三次样条插值函数 $s_j(x)$,从而可以得到 $S(x)$ 的表达式.

若附加第一类边界条件 $m_0=f_0'$, $m_n=f_n'$ 时,方程(2.90)为只含有 $m_1,m_2,\cdots,m_{n-1}$ 的 $n-1$ 个方程. 若附加第二类边界条件 $S''(x_0)=f_0''$,$S''(x_n)=f_n''$ 时,由式(2.89),对 $s_0(x)$ 和 $s_{n-1}(x)$ 分别在 x_0 和 x_n 求二阶导数得

$$2m_0+m_1=3f[x_0,x_1]-\frac{h_0}{2}f_0''=g_0, \tag{2.91}$$

$$m_{n-1}+2m_n=3f[x_{n-1},x_n]+\frac{h_{n-1}}{2}f_n''=g_n, \tag{2.92}$$

与式(2.90)的 $n-1$ 个方程联立可得 $n+1$ 阶线性方程组. 若附加第三类边界条件 $S'(x_0)=S'(x_n)$,$S''(x_0)=S''(x_n)$ 时,可得端点处的两个方程

$$2m_0+m_1=3f[x_0,x_1]=g_0, \tag{2.93}$$

$$m_{n-1}+2m_n=3f[x_{n-1},x_n]=g_n, \tag{2.94}$$

与式(2.90)的 $n-1$ 个方程联立可得 $n+1$ 阶线性方程组. 满足插值条件(2.73)和某一类边界条件的三次样条函数存在且唯一.

三次样条插值的具体计算过程如下:

(1) 根据某一类边界条件和插值条件(2.73),构造关于 $M_0,M_1,\cdots,M_n$ 或 $m_0,m_1,\cdots,m_n$ 的三弯矩或三转角线性方程组;

(2) 用追赶法解三对角线性方程组求得 $M_0,M_1,\cdots,M_n$ 或 $m_0,m_1,\cdots,m_n$;

(3) 将 $M_0,M_1,\cdots,M_n$ 或 $m_0,m_1,\cdots,m_n$ 代入 $s_j(x)$ 的表达式,写出三次样条函数 $S(x)$ 在整个插值区间上的分段表达式.

2.7 多元插值

2.7.1 二元插值的概念

在实际问题中,在很多情况下得到的观测和实验数据是多维的,因此需要介绍多元函数插值.根据数据分布不同一般可分为网格点插值和散点插值,二维网格点和散点见图 2.9 和图 2.10.

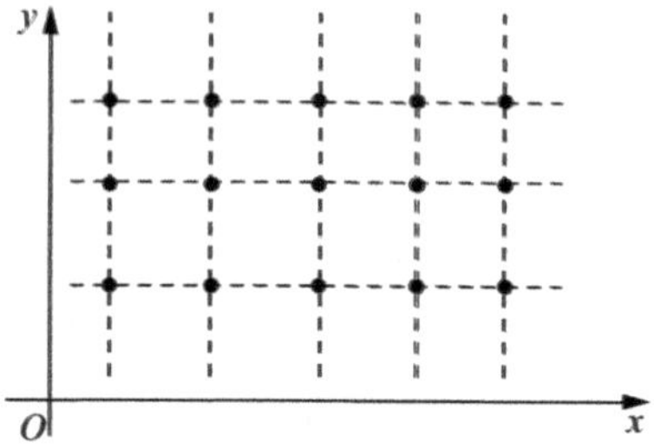

图 2.9 二维网格点分布

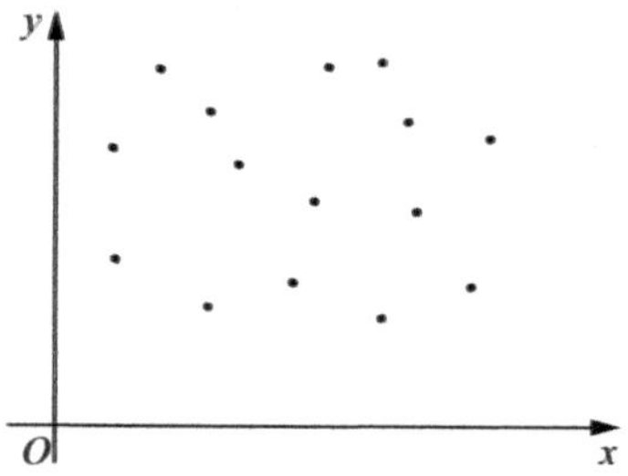

图 2.10 二维散点分布

定义 2.5 已知 $m \times n$ 个网格节点 $(x_i, y_j, z_{ij})(i = 1,2,\cdots,m; j = 1,2,\cdots n)$,其中 x_i , y_j 互不相同,不妨设 $a = x_1 < x_2 < \cdots < x_m = b$, $c = y_1 < y_2 < \cdots < y_n = d$,如图 2.9,求一个二元函数 $z = f(x,y)$ 满足插值条件

$$f(x_i, y_j) = z_{ij}(i = 0,1,\cdots,m; j = 0,1,\cdots n) , \tag{2.95}$$

则称 $z = f(x,y)$ 为过网格节点 $(x_i, y_j, z_{ij})(i = 1,2,\cdots,m; j = 1,2,\cdots n)$ 的**二元插值函数**.

对于散点的情况同样有如下定义:

已知 n 个散点 (x_i, y_i, z_i) ,其中 $(x_i, y_i)(i = 1,2,\cdots,n)$ 互不相同,如图 2.10,求一个二元函数 $z = f(x,y)$ 满足插值条件

$$f(x_i, y_i) = z_i(i = 1,\cdots,n) , \tag{2.96}$$

则称 $z = f(x,y)$ 为过散点 $(x_i, y_i, z_i)(i = 1,2,\cdots,n)$ 的**二元插值函数**.

类似地,可以把一元曲线插值和二元曲面插值的概念推广到更高维空间上的多元插值.本节主要介绍几种常见的二元插值函数.

2.7.2 网格点插值

2.7.2.1 最邻近插值

设函数 $\varphi(x,y)$ 在矩形网格点 $(x_i, y_j)(i = 1,2,\cdots,m; j = 1,2,\cdots n)$ 上的函数值 z_{ij} 已知,且 $a = x_1 < x_2 < \cdots < x_m = b$, $c = y_1 < y_2 < \cdots < y_n = d$,如图 2.11 所示,求一个二元函数 $z = f(x,y)$ 满足插值条件.

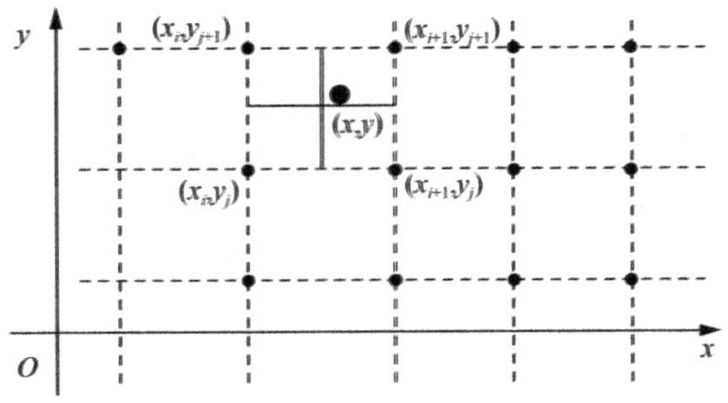

图 2.11　最邻近插值节点

对任意的 $(x,y)\in[a,b]\times[c,d]$，最邻近插值函数 $f(x,y)$ 定义为与 (x,y) 最近的插值节点上的函数值，例如若 (x,y) 落在以 (x_i,y_j)、(x_{i+1},y_j)、(x_i,y_{j+1}) 和 (x_{i+1},y_{j+1}) 为顶点的小矩形区域内，它到 (x_{i+1},y_{j+1}) 的距离最近，则定义 $f(x,y)=f(x_{i+1},y_{j+1})$．可见，最邻近插值一般不连续.

2.7.2.2　分片线性插值

设 (x,y) 落在以 (x_i,y_j)、(x_{i+1},y_j)、(x_i,y_{j+1}) 和 (x_{i+1},y_{j+1}) 为顶点的小矩形区域内，对角线把该矩形区域分为上下两个三角形区域，如图 2.12.

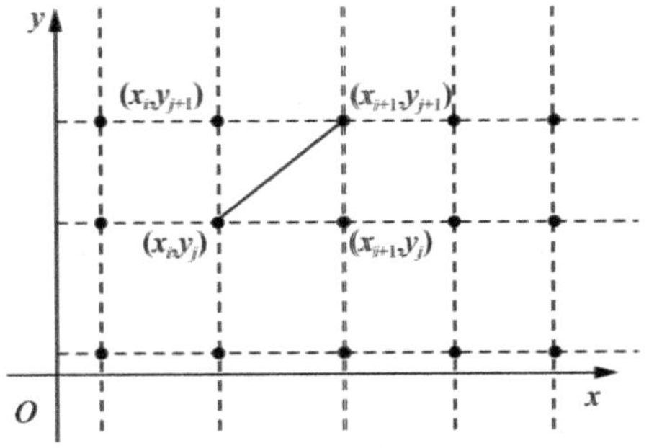

图 2.12　分片线性插值节点

记

$$f(x_i,y_j)=z_1\ ,f(x_{i+1},y_j)=z_2\ ,f(x_{i+1},y_{j+1})=z_3\ ,f(x_i,y_{j+1})=z_4\ . \tag{2.97}$$

在下三角形区域，(x,y) 满足

$$y\leqslant\frac{y_{j+1}-y_j}{x_{i+1}-x_i}(x-x_i)+y_j\ ,$$

分片线性插值函数定义为

$$f(x,y)=z_1+(z_2-z_1)(x-x_i)+(z_3-z_2)(y-y_j)\ . \tag{2.98}$$

在上三角形区域，(x,y) 满足

$$y > \frac{y_{j+1} - y_j}{x_{i+1} - x_i}(x - x_i) + y_j ,$$

分片线性插值函数定义为

$$f(x,y) = z_1 + (z_4 - z_1)(y - y_j) + (z_3 - z_4)(x - x_i) . \tag{2.99}$$

这样,对于 (x,y) 在插值节点所形成的矩形区域 $[a,b] \times [c,d]$ 内,所求插值函数 $z = f(x,y)$ 都有了定义. 显然,分片线性插值函数是连续的.

2.7.2.3 双线性插值

双线性插值是由一片一片的空间二次曲面构成,如图 2.13,设 (x,y) 落在以 (x_i, y_j) 、(x_{i+1},y_j) 、(x_i,y_{j+1}) 和 (x_{i+1},y_{j+1}) 为顶点的小矩形区域内,设**双线性插值函数**的形式如下:

$$f(x,y) = (ax + b)(cy + d) ,$$

其中有四个待定系数 a、b、c、d ,利用该函数在矩形的四个顶点(插值节点)的函数值,得到四个代数方程,正好确定四个系数.

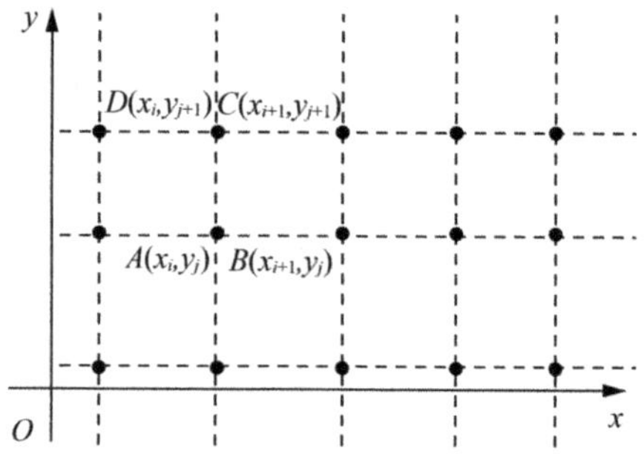

图 2.13 双线性插值节点

利用一元 Lagrange 线性插值基函数的思想,把双线性插值函数表示成线性基函数的线性组合形式为

$$f(x,y) = z_1\sigma_1(x,y) + z_2\sigma_2(x,y) + z_3\sigma_3(x,y) + z_4\sigma_4(x,y) , \tag{2.100}$$

其中 $\sigma_i(x,y)(i = 1,2,3,4)$ 为双线性插值**基函数**,且满足

$$\sigma_1(A) = 1,\sigma_1(B) = 0,\sigma_1(C) = 0,\sigma_1(D) = 0;$$
$$\sigma_2(A) = 0,\sigma_2(B) = 1,\sigma_2(C) = 0,\sigma_2(D) = 0;$$
$$\sigma_3(A) = 0,\sigma_3(B) = 0,\sigma_3(C) = 1,\sigma_3(D) = 0;$$
$$\sigma_4(A) = 0,\sigma_4(B) = 0,\sigma_4(C) = 0,\sigma_4(D) = 1 .$$

假设 x 和 y 坐标方向上的网格步长都为 h ,现在先考虑 $\sigma_1(x,y)$ 的构造,由 $\alpha_1(x_{i+1}, y_j) = 0$, $\sigma_1(x_{i+1},y_{j+1}) = 0$, $\sigma_1(x_i,y_{j+1}) = 0$ 知 $x = x_{i+1}$, $y = y_{j+1}$ 为 $\sigma_1(x,y)$ 的零点,故设

$$\sigma_1(x,y)=c(x-x_{i+1})(y-y_{j+1})\ ,\tag{2.101}$$

再由 $\sigma_1(x_i,y_j)=1$ 得待定常数

$$c=1/(x_i-x_{i+1})(y_j-y_{j+1})=1/h^2\ .$$

上式代入式(2.101)得

$$\sigma_1(x,y)=\frac{(x-x_{i+1})(y-y_{j+1})}{h^2}.\tag{2.102}$$

类似的方法可求得

$$\sigma_2(x,y)=-\frac{(x-x_i)(y-y_{j+1})}{h^2},\tag{2.103}$$

$$\sigma_3(x,y)=\frac{(x-x_i)(y-y_j)}{h^2},\tag{2.104}$$

$$\sigma_4(x,y)=-\frac{(x-x_{i+1})(y-y_j)}{h^2}.\tag{2.105}$$

把式(2.102)~(2.105)代入式(2.100)即得满足插值条件的二元双线性插值函数. 二元双线性插值基函数式还可以由一元线性插值基函数的张量积形式得到.

引入以 x_i , x_{i+1} 为插值节点的 Lagrange 线性插值基函数为

$$l_i(x)=-\frac{x-x_{i+1}}{h}\ ,\ l_{i+1}(x)=\frac{x-x_i}{h}\ ,$$

则有

$$\sigma_1(x,y)=l_i(x)l_j(y)\ ,\ \sigma_2(x,y)=l_{i+1}(x)l_j(y)\ ,$$

$$\sigma_3(x,y)=l_{i+1}(x)l_{j+1}(y)\ ,\ \sigma_4(x,y)=l_i(x)l_{j+1}(y)\ .$$

其中 $l_j(y)$, $l_{j+1}(y)$ 是以 y_j , y_{j+1} 为插值节点的 Lagrange 线性插值基函数. 容易看出,双线性插值函数是连续的.

2.7.2.4　双二次插值

利用一元二次 Lagrange 插值基函数的张量积构造二元二次插值基函数,用二元二次基函数的线性组合表示双二次插值函数为

$$f(x,y)=\sum_{i=1}^{9}z_i\sigma_i(x,y)\ .\tag{2.106}$$

其中 $z_i=f(A_i)$,$A_i(i=1,2,\cdots,9)$ 的坐标见图 2. 14,

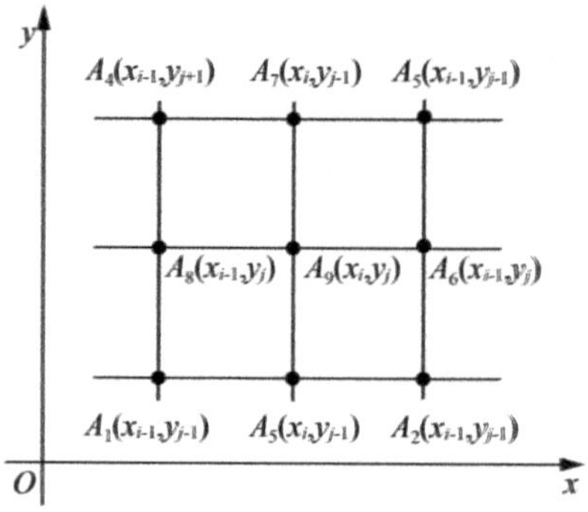

图 2.14　双二次插值节点

以 x_{i-1}, x_i , x_{i+1} 为插值节点的二次 Lagrange 插值基函数为

$$l_{i-1}(x)=\frac{(x-x_i)(x-x_{i+1})}{2h^2},l_i(x)=-\frac{(x-x_{i-1})(x-x_{i+1})}{h^2},$$

$$l_{i+1}(x)=\frac{(x-x_{i-1})(x-x_i)}{2h^2}.$$

则得 9 个插值节点对应的二元二次插值基函数为

$$\sigma_1(x,y)=l_{i-1}(x)l_{j-1}(y),\sigma_2(x,y)=l_{i+1}(x)l_{j-1}(y),\sigma_3(x,y)=l_{i+1}(x)l_{j+1}(y)\ ,$$

$$\sigma_4(x,y)=l_{i-1}(x)l_{j+1}(y),\sigma_5(x,y)=l_i(x)l_{j-1}(y),\sigma_6(x,y)=l_{i+1}(x)l_j(y)\ ,$$

$$\sigma_7(x,y)=l_i(x)l_{j+1}(y),\sigma_8(x,y)=l_{i-1}(x)l_j(y),\sigma_9(x,y)=l_i(x)l_j(y)\ .$$

其中 $l_{j-1}(y)$, $l_j(y)$, $l_{j+1}(y)$ 是以 y_{j-1}, y_j , y_{j+1} 为插值节点的二次 Lagrange 插值基函数. 把以上各式代入式(2.106)即得满足插值条件的二元双二次插值函数. 同双线性插值函数类似,双二次插值函数是连续的.

2.7.2.5　双三次插值

利用一元三次 Lagrange 插值基函数的张量积构造二元三次插值基函数,用二元三次基函数的线性组合表示双三次插值函数为

$$f(x,y)=\sum_{i=1}^{16}z_i\sigma_i(x,y)\ . \tag{2.107}$$

其中 $z_i=f(A_i)$, $A_i(i=1,2,\cdots,16)$ 在 xOy 坐标平面中的坐标已在图 2.15 中标出.

以 x_{i-1}, x_i , x_{i+1}, x_{i+1} 为插值节点的三次 Lagrange 插值基函数为

$$l_{i-1}(x)=-\frac{(x-x_i)(x-x_{i+1})(x-x_{i+2})}{6h^3}\ ,\ l_i(x)=\frac{(x-x_{i-1})(x-x_{i+1})(x-x_{i+2})}{2h^3}\ ,$$

$$l_{i+1}(x)=-\frac{(x-x_{i-1})(x-x_i)(x-x_{i+2})}{2h^3}\ ,\ l_{i+1}(x)=\frac{(x-x_{i-1})(x-x_i)(x-x_{i+1})}{6h^3}.$$

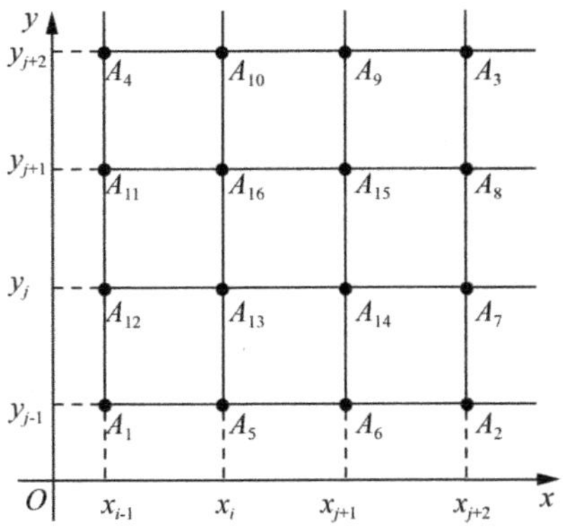

图 2.15　双三次插值节点

则得 16 个插值节点对应的二元三次插值基函数为

$$\sigma_1(x,y)=l_{i-1}(x)l_{j-1}(y),\sigma_2(x,y)=l_{i+2}(x)l_{j-1}(y),\sigma_3(x,y)=l_{i+2}(x)l_{j+2}(y),$$

$$\sigma_4(x,y)=l_{i-1}(x)l_{j+2}(y),\sigma_5(x,y)=l_i(x)l_{j-1}(y),\sigma_6(x,y)=l_{i+1}(x)l_{j-1}(y),$$

$$\sigma_7(x,y)=l_{i+2}(x)l_j(y),\sigma_8(x,y)=l_{i+2}(x)l_{j+1}(y),\sigma_9(x,y)=l_{i+1}(x)l_{j+2}(y),$$

$$\sigma_{10}(x,y)=l_i(x)l_{j+2}(y),\sigma_{11}(x,y)=l_{i-1}(x)l_{j+1}(y),\sigma_{12}(x,y)=l_{i-1}(x)l_j(y),$$

$$\sigma_{13}(x,y)=l_i(x)l_j(y),\sigma_{14}(x,y)=l_{i+1}(x)l_j(y),\sigma_{15}(x,y)=l_{i+1}(x)l_{j+1}(y),$$

$$\sigma_{16}(x,y)=l_i(x)l_{j+1}(y).$$

其中 $l_{j-1}(y),l_j(y),l_{j+1}(y),l_{j+2}(y)$ 是以 $y_{j-1},y_j,y_{j+1},y_{j+2}$ 为插值节点的三次 Lagrange 插值基函数. 把以上各式代入式(2.107)即得满足插值条件的二元双三次插值函数,且是连续的函数.

2.8　数据插值 MATLAB 实例

用 MATLAB 提供的函数 interp1 作一元插值函数,调用格式如下:

yi=interp1(x,y,xi,'method')

其中参数 x,y 表示表示插值点,插值函数在节点 xi 处的函数值为 yi,参数'method'表示插值方法,可选参数有'linear':线性插值;'nearest':最邻近插值;'spline':三次样条插值,其功能等同于 yi = spline(x,y,xi);'cubic':分段三次插值等,缺省时为分段线性插值. 需要注意所有的插值方法都要求 x 是单调的,并且 xi 不能够超过 x 的范围.

用 MATLAB 作二元插值函数时用函数 interp2,调用格式如下:

yi=interp2(x0, y0, z0, x, y, 'method')

插值方法'method'可选参数和一元插值函数相同,要求 x0,y0 单调;x,y 可取为矩阵,或 x

取行向量,y 取为列向量,x,y 的值分别不能超出 x0, y0 的范围.

用 MATLAB 作散乱点数据插值用函数'griddata',调用格式如下:

cz=griddata(x,y,z,cx,cy,'method')

参数选择同上.

例 2.10 在 1~12 的 11 小时内,每隔 1 小时测量一次温度,测得的温度依次为:5,8,9,15,25,29,31,30,22,25,27,24. 试估计每隔 1/10 小时的温度值.

解 MATLAB 程序如下:

```
hours=1:12;
temps=[5 8 9 15 25 29 31 30 22 25 27 24];
h=1:0.1:12;
t=interp1(hours,temps,h,'spline');
plot(hours,temps,'k+','LineWidth',3)
hold on
plot(h,t,'b*',hours,temps,'r:','LineWidth',1)
xlabel('Hour'),ylabel('Degrees Celsius')
```

运行结果见图 2.16.

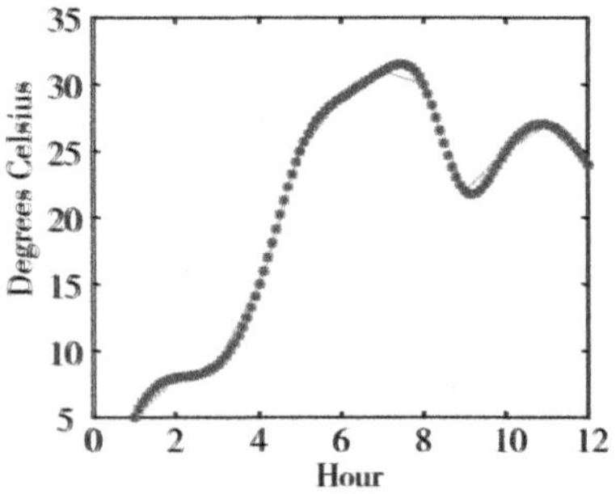

图 2.16 例 2.10 分段线性插值和三次样条插值

例 2.11 已知机翼剖面下轮廓线的数据见表 2.13,分别画出高次插值(Lagrange)、分段线性插值、样条插值的飞机下轮廓线.

表 2.13 例 2.11 中插值数据

X	0	3	5	7	9	11	12	13	14	15
Y	0	1.2	1.7	2.0	2.1	2.0	1.8	1.2	1.0	1.6

解 根据表格数据画出机翼剖面下轮廓线散点图,如图 2.17.

MATLAB 程序如下:

```
function explane
x0=[0 3 5 7 9 11 12 13 14 15 ];
y0=[0 1.2 1.7 2.0 2.1 2.0 1.8 1.2 1.0 1.6 ];
```

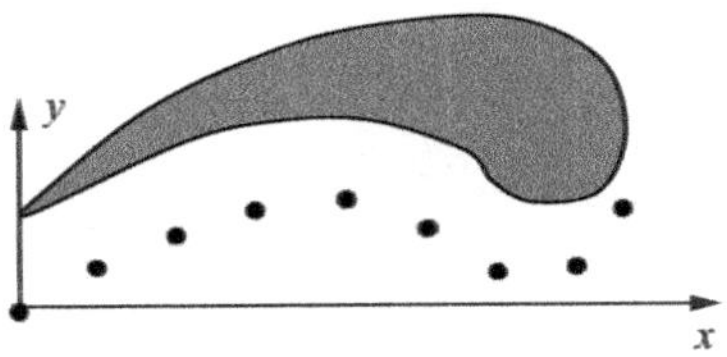

图 2.17 下轮廓线散点图

```
x=0:0.1:15;
y1=lagrange(x0,y0,x);
y2=interp1(x0,y0,x);
y3=interp1(x0,y0,x,'spline');
subplot(3,1,1)
plot(x0,y0,'ko',x,y1,'r','LineWidth',3)
grid
title('lagrange')
subplot(3,1,2)
plot(x0,y0,'ko',x,y2,'r','LineWidth',3)
grid
title('piecewise linear')
subplot(3,1,3)
plot(x0,y0,'ko',x,y3,'r','LineWidth',3)
grid
title('spline')
function y=lagrange(x0,y0,x)
n=length(x0);m=length(x);
for i=1:m
   z=x(i);
   s=0.0;
   for k=1:n
         p=1.0;
      for j=1:n
            if j~=k
               p=p*(z-x0(j))/(x0(k)-x0(j));
            end
         end
         s=p*y0(k)+s;
      end
```

```
    y(i)=s;
end
```

运行结果见图 2. 18. 例 2. 11 的程序较例 2. 10 更复杂,现说明如下:

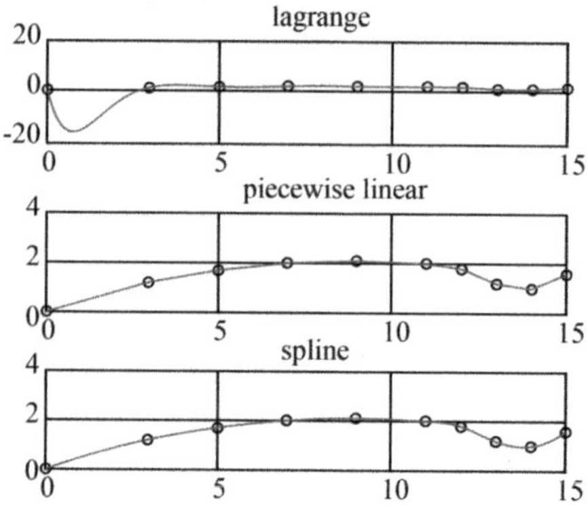

图 2. 18　例 2. 11 不同插值法的函数曲线

(1) 由于 MATLAB 中没有实现 Lagrange 高次插值功能的库函数供调用,所以程序中单独编写了高次 Lagrange 插值函数,然后调用;可实现输出 Lagrange 插值多项式在给定数据点上的插值结果,但不能输出插值函数表达式.

(2) 程序中使用了子图形(subplot)、添加网格 (grid)和标题 (title)、循环和条件语句等.

观察图 2. 18 可以看出,Lagrange 插值函数曲线近似效果最差,这是由于高次插值的 Runge 现象造成的,分段线性插值曲线能较好地近似机翼剖面下轮廓线,但不光滑,三次样条曲线近似效果最理想,具有二阶光滑度.

例 2. 12　已在某山区测得一些地点的高程见表 2. 14,平面区域为

$$0 < x < 5\,600, 0 < y < 4\,800 .$$

试用 MATLAB 中的最邻近插值、双线性插值和双三次插值三种方法作出该山区的地貌图和等高线图(单位:m).

表 2. 14　例 2. 12 测得某山区的高程

4 800	1 350	1 370	1 390	1 400	1 410	960	940	880	800	690	570	430	290	210	150
4 400	1 370	1 390	1 410	1 430	1 440	1 140	1 110	1 050	950	820	690	540	380	300	210
4 000	1 380	1 410	1 430	1 450	1 470	1 320	1 280	1 200	1 080	940	780	620	460	370	350
3 600	1 420	1 430	1 450	1 480	1 500	1 550	1 510	1 430	1 300	1 200	980	850	750	550	500
3 200	1 430	1 450	1 460	1 500	1 550	1 600	1 550	1 600	1 600	1 600	1 550	1 500	1 500	1 550	1 550
2 800	950	1 190	1 370	1 500	1 200	1 100	1 550	1 600	1 550	1 380	1 070	900	1 050	1 150	1 200
2 400	910	1 090	1 270	1 500	1 200	1 100	1 350	1 450	1 200	1 150	1 010	880	1 000	1 050	1 100

续表

2 000	880	1 060	1 230	1 390	1 500	1 500	1 400	900	1 100	1 060	950	870	900	936	950
1 600	830	980	1 180	1 320	1 450	1 420	400	1 300	700	900	850	810	380	780	750
1 200	740	880	1 080	1 130	1 250	1 280	1 230	1 040	900	500	700	780	750	650	550
800	650	760	880	970	1 020	1 050	1 020	830	800	700	300	500	550	480	350
400	510	620	730	800	850	870	850	780	720	650	500	200	300	350	320
0	370	470	550	600	670	690	670	620	580	450	400	300	100	150	250
Y / X	0	400	800	1 200	1 600	2 000	2 400	2 800	3 200	3 600	4 000	4 400	4 800	5 200	5 600

解　MATLAB 程序如下：

```
x=0:400:5 600;
y=0:400:4 800;
z=[370 470 550 600 670 690 670 620 580 450 400 300 100 150 250;...
    510 620 730 800 850 870 850 780 720 650 500 200 300 350 320;...
    650 760 880 970 1 020 1 050 1 020 830 900 700 300 500 550 480 350;...
    740 880 1 080 1 130 1 250 1 280 1 230 1 040 900 500 700 780 750 650 550;...
    830 980 1 180 1 320 1 450 1 420 1 400 1 300 700 900 850 840 380 780 750;...
    880 1 060 1 230 1 390 1 500 1 500 1 400 900 1 100 1 060 950 870 900 930 950;...
    910 1 090 1 270 1 500 1 200 1 100 1 350 1 450 1 200 1 150 1 010 880 1 000 1 050
1 100;...
    950 1 190 1 370 1 500 1 200 1 100 1 550 1 600 1 550 1 380 1 070 900 1 050 1 150
1 200;...
    1 430 1 430 1 460 1 500 1 550 1 600 1 550 1 600 1 600 1 600 1 550 1 500 1 500 1 550
1 550;...
    1 420 1 430 1 450 1 480 1 500 1 550 1 510 1 430 1 300 1 200 980 850 750
550 500;...
    1 380 1 410 1 430 1 450 1 470 1 320 1 280 1 200 1 080 940 780 620 460
370 350;...
    1 370 1 390 1 410 1 430 1 440 1 140 1 110 1 050 950 820 690 540 380 300 210;...
    1 350 1 370 1 390 1 400 1 410 960 940 880 800 690 570 430 290 210 150];
figure(1);
meshz(x,y,z)
xlabel('X'),ylabel('Y'),zlabel('Z')
[xi,yi]=meshgrid(0:50:5 600,0:50:4 800);
figure(2)
```

```
z1i=interp2(x,y,z,xi,yi,'nearest');
surfc(xi,yi,z1i)
xlabel('X'),ylabel('Y'),zlabel('Z')
figure(3)
z2i=interp2(x,y,z,xi,yi);
surfc(xi,yi,z2i)
xlabel('X'),ylabel('Y'),zlabel('Z')
figure(4)
z3i=interp2(x,y,z,xi,yi,'cubic');
surfc(xi,yi,z3i)
xlabel('X'),ylabel('Y'),zlabel('Z')
figure(5)
subplot(1,3,1),contour(xi,yi,z1i,10,'r');
subplot(1,3,2),contour(xi,yi,z2i,10,'r');
subplot(1,3,3),contour(xi,yi,z3i,10,'r');
```

运行结果见图 2.19.

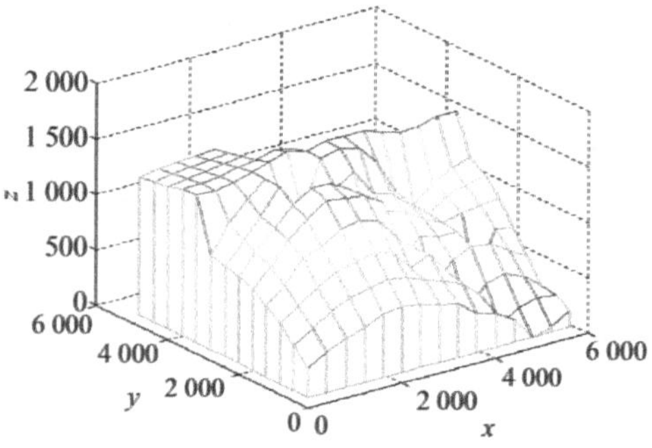

(a) 测量数据的网格图

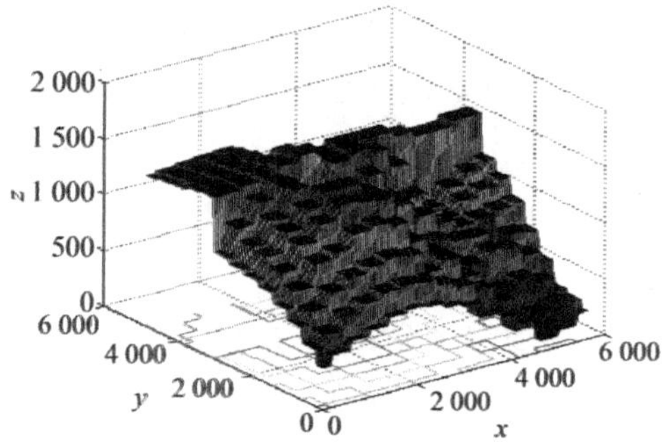

(b) 最邻近插值

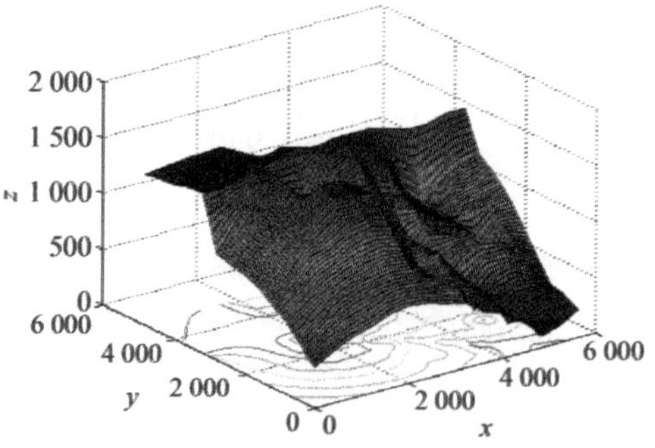

(c) 双线性插值

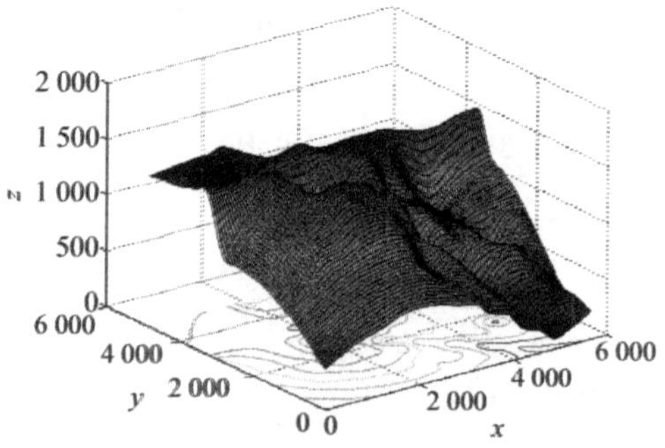

(d) 双三次插值

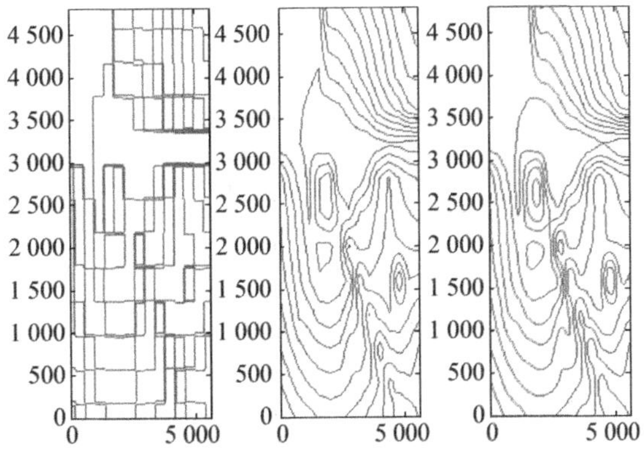

(e) 等高线

图 2.19　例 2.12 山区的地貌图和等高线图

由图 2.19,双三次插值曲面最光滑,相应的等高线也很光滑,见图(d)和(e),而最邻近插值得到的是非连续曲面,相应的等高线光滑性也很差,见图(b)和(e).

例 2.13　在某海域测得一些点 (x,y) 处的水深 z 由表 2.15 给出,船的吃水深度为 5 英尺(1 英尺=0.304 8 米),在矩形区域 (75,200) × (- 50,150) 内作出海底曲面图,并指出哪些地方船要避免进入.

表 2.15　例 2.13 某海域测得的水深数据

X	129	140	103.5	88	185.5	195	105
Y	7.5	141.5	23	147	22.5	137.5	85.5
Z	4	8	6	8	6	8	8
X	157.5	107.5	77	81	162	162	117.5
Y	-6.5	-81	3	56.5	-66.5	84	-33.5
Z	9	9	8	8	9	4	9

解　MATLAB 程序如下:

```
%程序一:插值并作海底曲面图
x=[129.0 140.0 103.5 88.0 185.5 195.0 105.5 157.5 107.5 77.0 81.0 162.0 162.0 117.5];
y=[7.5 141.5 23.0 147.0 22.5 137.5 85.5 -6.5 -81.0 3.0 56.5 -66.5 84.0 -33.5];
z =[4  8  6  8  6  8  8  9  9  8  8  9  4  9];
x1=75:1:200;
y1=-50:1:150;
[x1,y1]=meshgrid(x1,y1);
z1=griddata(x,y,z,x1,y1,'v4');
meshc(x1,y1,z1)
```

运行结果见图 2.20.

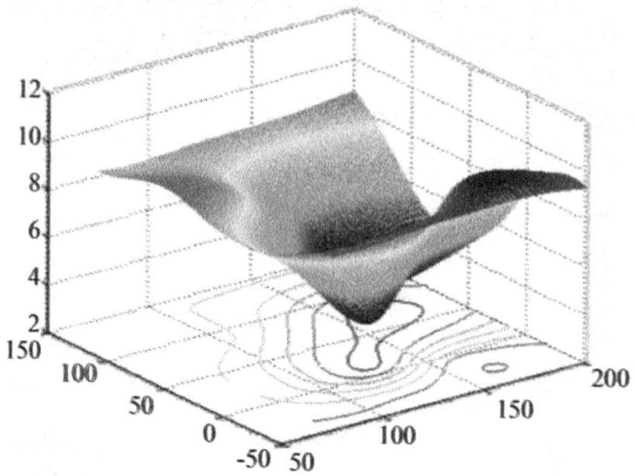

图 2.20　海底曲面图

```
%程序二:插值并作出水深小于5的海域范围。
x1=75:1:200;
y1=-50:1:150;
[x1,y1]=meshgrid(x1,y1);
z1=griddata(x,y,z,x1,y1,'v4');   %插值
z1(z1>=5)=nan;   %将水深大于5的置为nan,这样绘图就不会显示出来
meshc(x1,y1,z1)
```

运行结果见图 2.21.

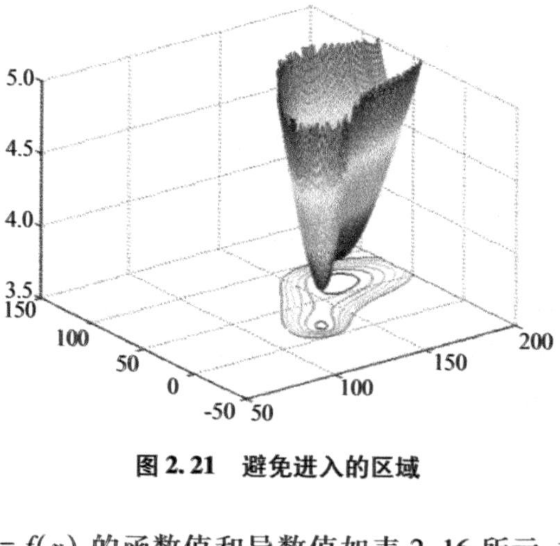

图 2.21　避免进入的区域

例 2.14　已知 $y=f(x)$ 的函数值和导数值如表 2.16 所示,求三次样条插值函数 $S(x)$.

表 2.16　例 2.14 中插值数据

x_i	-1	0	1
$f(x_i)$	-1	0	1
$f'(x_i)$	0		-1

解　要求满足条件的三次样条函数，可解第一类边界条件的三转角方程，MATLAB 程序代码如下：

```
function m=naspline(x,y,dy0,dyn,xx)
%三次样条插值(第一类边界条件,三转角方程).
%x,y 为节点向量; dy0,dyn 为左右两端点一阶导数值;xx 为输出各节点一阶导数值.
%m 为 xx 的三次样条插值.
n=length(x)-1;  %计算小区间的个数
h=diff(x);lambda=h(2:n)./(h(1:n-1)+ h(2:n));
mu=1-lambda;
g=3*(lambda.*diff(y(1:n))./h(1:n-1)+mu.*diff(y(2:n+1))./h(2:n));
g(1)=g(1)-lambda(1)*dy0;
g(n-1)=g(n-1)-mu(n-1)*dyn;
%求解三对角方程组.
dy=nachase(lambda,2*ones(1:n-1),mu,g);
%若给插值点,计算插值.
m=[dy0;dy;dyn];
if nargin>=5
   s=zeros(size(xx));
   for i=1:n
   if i==1
kk=find(xx<=x(2));
elseif i==n
kk=find(xx>x(n));
   else
kk=find(xx>x(i)&xx<=x(i+1));
   end
xbar=(xx(kk)-x(i))/h(i);
s(kk)=alpha0(xbar)*y(i)+ alpha1(xbar)*y(i+1)+...
h(i)*beta0(xbar)*m(i)+h(i)*beta1(xbar)*m(i+1);
end
m=s;
```

```
end
    %追赶法.
    function x=nachase(a,b,c,d)
    n=length(a);
    for k=2:n
       b(k)=b(k)-a(k)/b(k-1)*c(k-1);
       d(k)=d(k)-a(k)/b(k-1)*d(k-1);
    end
    x(n)=d(n)/b(n);
    for k=n-1:-1:1
       x(k)=(d(k)-c(k)*x(k+1))/b(k);
    end
    x=x(:);
    %基函数.
    function y=alpha0(x)
    y=2*x.^3-3*x.^2+1;
    function y=alpha1(x)
    y=-2*x.^3+3*x.^2;
    function y=beta0(x)
    y=x.^3-2*x.^2+x;
    function y=beta1(x)
    y=x.^3-x.^2;
```

在命令行窗口输入:

```
naspline([-1 0 1],[-1 0 1], 0,-1)
```

运行结果为:

```
ans =

            0
       1.7500
      -1.0000
```

在命令行窗口输入:

```
naspline([-1 0 1], [-1 0 1], 0, -1, -1:0.25:1)
```

运行结果为:

```
ans=
-1.0000   -0.9258   -0.7188   -0.4023   0   0.4492   0.8438 1.0664   1.0000
```

习题 2

1. 已知 $f(x)=\sin x$ 的函数值见下表：

x_i	3.0	3.1	3.2	3.3	3.4
$y_i=f(x_i)$	1.098 6	1.131 4	1.163 2	1.193 9	1.223 8

试分别用线性插值和抛物插值求 $f(3.27)$ 的近似值，并估计相应的截断误差.

2. 设 $x_j(j=0,1,2,\cdots,n)$ 为互异节点，求证：

(1) $\sum_{j=0}^{n} l_j(x) \equiv 1$；

(2) $\sum_{j=0}^{n} x_j^k l_j(x) \equiv x^k (k=0,1,2,\cdots,n)$.

3. 已知 $f(x)=2x^7+x^4+3x+1$，求差商 $f[2^0,2^1]$，$f[2^0,2^1,\cdots,2^7]$，$f[2^0,2^1,\cdots,2^8]$.

4. 已知 $y=f(x)$ 的函数值如下表所示，求满足插值条件的三次牛顿插值公式.

x_i	−2	−1	1	2
$y_i=f(x_i)$	5	3	17	21

5. 已知 $y=f(x)$ 数据表：

x_i	0	2	3	5
$y_i=f(x_i)$	1	−3	−4	2

(1) 写出 $f(x)$ 的三次拉格朗日插值多项式 $L_3(x)$；

(2) 写出 $f(x)$ 的三次牛顿插值多项式 $N_3(x)$；

(3) 求 $f(4.5)$ 的近似值并估计误差.

6. 已知 $y=f(x)$ 的函数值和导数值如下表所示，求三次 Hermite 插值多项式.

x_i	1	2
$y_i=f(x_i)$	2	3
$m_i=f'(x_i)$	1	−1

7. 设函数 $f(x)\in C^4[a,b]$，$f(-1)=1$，$f(2)=9$，$f(3)=23$，$f'(2)=3$. 求满足插值条件的 Hermite 插值多项式，并写出其余项表达式.

8. 已知 $y=f(x)$ 的函数值和导数值如下表所示，求三次样条插值函数 $S(x)$.

x_i	0	1	2	3
$y_i=f(x_i)$	0	0.5	2	1.5
$m_i=f'(x_i)$	0.2			-1

9. 已知 $S(x)=\begin{cases}x^3+x^2, 0\leqslant x\leqslant 1,\\ 2x^3+bx^2+cx-1, 1\leqslant x\leqslant 2,\end{cases}$ 是以0,1,2为节点的三次样条函数，求 b 和 c 的值.

10. 设 $f(x)=x^4$，试用 Lagrange 余项定理写出以−1,0,1,2为插值节点的三次插值多项式.

11. 设函数 $f(x)$ 在 $[x_0,x_1]$ 上有4阶连续导数，证明 $f(x)$ 的两点三次 Hermite 插值余项为

$$R_3(x)=\frac{f^{(4)}(\xi)}{4!}(x-x_0)^2(x-x_1)^2, \xi\in(x_0,x_1),$$

并由此求出分段三次 Hermite 插值的误差限.

12. 设 $f(x_i)(i=0,1,2)$ 及 $f'(x_1)$ 已知，求满足 $P(x_i)=f(x_i)(i=0,1,2)$, $P'(x_0)=f'(x_0)$ 的 Hermite 插值多项式 $P(x)$ 及余项.

13. 已知数据表：

x_i	1	2	3
$f(x_i)$	2	4	12
$f'(x_i)$		3	

试求 $f(x)$ 的三次 Hermite 插值多项式.

14. 若 $f(0)=1, f(1)=2, f(2)=9, f'(1)=3$，试求 $f(x)$ 的三次 Hermite 插值多项式，计算 $f(1.5)$ 的近似值并估计误差.

15. 给出 $y=f(x)$ 的数据表如下：

x_i	-1	0	3
$f(x_i)$	1	2	1
$f'(x_i)$		0	1

(1) 试求一个次数不高于4次的插值多项式 $P(x)$，使其满足 $P(-1)=f(-1)$, $P(0)=f(0)$, $P'(0)=f'(0)$, $P(3)=f(3)$, $P'(3)=f'(3)$；

(2) 写出余项 $f(x)-P(x)$ 的表达式并证明之.

16. 函数$f(x)$ 的 4 个值$f(x_0)$,$f'(x_0)$,$f''(x_0)$, $f(x_1)$ 已知,

(1) 试求$f(x)$ 的一个插值多项式 $P(x)$ 满足插值条件

$$P(x_0)=f(x_0),P'(x_0)=f'(x_0),P''(x_0)=f''(x_0),P(x_1)=f(x_1);$$

(2) 写出余项$f(x)-P(x)$ 的表达式并证明之.

17. 设$f(x)=\dfrac{1}{1+x^2}$,$x\in[-5,5]$,以区间 10 等分点 $x_i(i=0,1,\cdots,10)$ 为插值节点求分段线性插值函数 $I_h(x)$ 及余项,并计算每个小区间中点处的误差

$$|I_h(x_{i+1/2})-f(x_{i+1/2})|(i=0,1,\cdots,n).$$

18. 用下面数据表建立三次样条插值函数.

x_i	1	2	3
$f(x_i)$	2	4	12
$f'(x_i)$	1	-1	

第 3 章
函数逼近

3.1 函数逼近的基本概念

在科学研究和工程计算中，经常要寻求一组实验或测量数据的变化规律和趋势，在数学上相当于在有限点集上给定函数值，要在包含该点集的区间上寻找某一类型的“最佳”函数来表示这些数据. 另一类问题是当某区间上的函数表达式已明确给出，但过于复杂而不便于理论分析和数值计算时，需要在某一类函数中构造一种能反映函数特性、易于计算分析、光滑性好的简单函数，近似代替原来的复杂函数，使逼近的误差在某种度量意义下最小. 类似这些问题在数学上属于函数逼近的研究范畴. 上一章介绍的插值法是函数逼近的一种重要方法，插值法能在插值节点上准确逼近. 高次插值常伴有高振荡的 Runge 现象，不一定收敛，分段低次插值一致收敛，但光滑性差.

函数逼近要研究的问题主要包含以下几个方面：

(1) 给定离散数据或被逼近的函数，比如给定离散点集 $(x_i, y_i)(i=0,1,2,\cdots,m)$ 或连续函数 $f(x)$，所构造的“最佳”函数应该在什么样的函数类或函数空间中选取？

(2) 使逼近函数的误差在某种度量意义下最小，度量标准如何确定？

(3) 最佳逼近函数是否存在唯一？

本章主要介绍连续函数在不同度量意义下的最佳一致逼近，最佳平方逼近以及离散数据的最小二乘拟合等方面的内容.

3.1.1 几种常见的线性空间

关于线性空间的定义已在线性代数中学过，具体如下：

定义 3.1 设 V 一是个非空集合，K 是一个数域，若在 V 上定义了一种加法运算，又定义了 K 中的数与 V 中的元素相乘，称为数量乘法，对 $\forall \alpha,\beta,\gamma \in V$，$k,l \in K$ 满足下面 8 条运算律：

①加法交换律：$\alpha+\beta=\beta+\alpha$；

②加法结合律：$(\alpha+\beta)+\gamma=\alpha+(\beta+\gamma)$；

③零元素：在 V 中存在一个元素，记为 $\mathbf{0}$，对任意的 $\alpha \in V$ 有 $\alpha + \mathbf{0} = \mathbf{0}$；

④负元素：对任意的 $\alpha \in V$，都存在一个负元素，记为 $-\alpha$，使 $\alpha + (-\alpha) = \mathbf{0}$；

⑤ $1\alpha = \alpha$；

⑥ $(kl)\alpha = k(l\alpha)$；

⑦ $(k+l)\alpha = k\alpha + l\alpha$；

⑧ $k(\alpha + \beta) = k\alpha + k\beta$.

则称集合 V 连同上面的两种代数运算构成数域 K 上的**线性空间**.

几种常见的线性空间：

(1) 实数域 $\mathbf{R}$ 上的全体 n 维向量，对向量的加法和数乘运算构成实数域上的**向量空间**，记作 $\mathbf{R}^n$. 对于 $\forall x \in \mathbf{R}^n$，$x = (x_1, x_2, \cdots, x_n)$，$x_i \in \mathbf{R}(\mathrm{i} = 1,2,\cdots,\mathrm{n})$.

(2) 实数域 $\mathbf{R}$ 上的全体 $m \times n$ 阶实矩阵，对矩阵的加法和数乘运算构成实数域上的**矩阵空间**，记作 $\mathbf{R}^{m\times n}$.

对于 $\forall \boldsymbol{A} \in \mathbf{R}^{m\times n}$，$\boldsymbol{A} = \begin{bmatrix} a_{11} & a_{12} & \cdots & a_{1n} \\ a_{21} & a_{21} & \cdots & a_{2n} \\ \vdots & \vdots & & \vdots \\ a_{n1} & a_{n2} & \cdots & a_{mn} \end{bmatrix}$，$a_{ij} \in \mathbf{R}(i = 1,2,\cdots,m; j = 1,2,\cdots,n)$.

(3) 次数不超过 n 的多项式全体，对多项式的加法和数乘多项式运算构成**多项式空间**，记作 H_n. 定义在区间 $[a,b]$ 上的多项式空间记作 $H_n[a,b]$.

对于 $P_n(x) \in H_n$ 可表示为

$$P_n(x) = a_0 + a_1 x + a_2 x^2 + \cdots + a_n x^n = \sum_{k=0}^{n} a_k x^k.$$

(4) 在区间 $[a,b]$ 上全体实连续函数，对函数的加法与数和函数的数量乘法，构成实数域 $\mathbf{R}$ 上的**连续函数空间**，记作 $C[a,b]$. $C^p[a,b]$ 表示具有 p 阶连续导数的函数空间.

对于 $\forall f(x) \in C[a,b]$，$f(x)$ 是 $[a,b]$ 上的连续函数.

定义 3.2　设集合 S 是数域 P 上的线性空间，$x_1, x_2, \cdots, x_n \in S$，若存在不全为零的数 $a_1, a_2, \cdots, a_n \in P$ 使得

$$a_1 x_1 + a_2 x_2 + \cdots + a_n x_n = 0, \tag{3.1}$$

则称 $x_1, x_2, \cdots, x_n$ **线性相关**；当且仅当 $a_1 = a_2 = \cdots = a_n = 0$ 时，式(3.1)成立，则称 $x_1, x_2, \cdots, x_n$ **线性无关**.

定义 3.3　若 $x_1, x_2, \cdots, x_n$ 是线性空间 S 中 n 个线性无关的元素，且对 $\forall x \in S$ 都有 $x = a_1 x_1 + a_2 x_2 + \cdots + a_n x_n$，则称 $x_1, x_2, \cdots, x_n$ 是线性空间 S 的一组**基**，记 $S = span\{x_1, \cdots, x_n\}$，并称 S 为 ***n* 维空间**，系数 $a_1, a_2, \cdots, a_n$ 称为 x 在基 $x_1, x_2, \cdots, x_n$ 下的**坐标**，记作 $(a_1, a_2, \cdots, a_n)$. 如果 S 中有无限个线性无关的元素，则称 S 是**无限维**的，例如连续函数空间

$C[a,b]$ 是无限维的.

例如,在多项式空间 H_n 中, $1,x,\cdots,x^n$ 是一组基,记作 $H_n = span\{1,x,x^2,\cdots,x^n\}$.

3.1.2 $C[a,b]$ 上的范数

连续函数最佳逼近的一般提法:

设 $f(x) \in C[a,b]$, $\varphi_i(x)(i=0,1,2,\cdots,n)$, $\Phi = span\{\varphi_0(x),\varphi_1(x),\cdots,\varphi_n(x)\} \subset C[a,b]$ 是逼近 $f(x)$ 的函数类,是 $C[a,b]$ 一个子空间. 在子空间 Φ 中找一元素 $\varphi^*(x) \in \Phi$, $\varphi^*(x) = a_0\varphi_0(x) + a_1\varphi_1(x) + \cdots + a_n\varphi_n(x) \in \Phi$,使 $f(x) - \varphi^*(x)$ 在某种度量意义下最小.

为了给出误差的度量标准,首先在线性空间 $C[a,b]$ 中引入范数的概念.

定义 3.4 设 $C[a,b]$ 是由实连续函数组成的线性空间,对 $\forall f(x),g(x) \in C[a,b]$,简记为 f,g ,存在唯一的实数 $\|\cdot\|$ 与之对应,满足条件:

① $\|f\| \geqslant 0$, 当且仅当 $f=0$ 时 $\|f\| = 0$;(正定性)

② $\|\alpha f\| = |\alpha|\,\|f\|, \quad \alpha \in \mathrm{R}$;(齐次性)

③ $\|f+g\| \leqslant \|f\| + \|g\|, \quad \forall f,g \in C[a,b]$.(三角不等式)

则称 $\|\cdot\|$ 为线性空间 $C[a,b]$ 上的**范数**.

在线性空间 $C[a,b]$ 中,对 $\forall f(x) \in C[a,b]$,三种常用的范数:

$$\|f\|_\infty = \max_{a\leqslant x\leqslant b}|f(x)|, \tag{3.2}$$

容易证明满足定义 3.4 的三个条件,称为 **∞ -范数或最大范数**.

$$\|f\|_1 = \int_a^b |f(x)|\mathrm{d}x, \tag{3.3}$$

同样易证满足定义 3.4 的三个条件,称为 **1-范数**,

$$\|f\|_2 = \left[\int_a^b \rho(x)f^2(x)\mathrm{d}x\right]^{\frac{1}{2}}, \tag{3.4}$$

称为 **2-范数**或欧几里得(Euclid)**范数**,其中 $\rho(x)$ 是**权函数**,满足下列条件:

① $\rho(x) \geqslant 0, x \in [a,b]$;

② $\int_a^b |x|^k\rho(x)\mathrm{d}x$ 存在且有限, $k = 0,1,2,\cdots$;

③对于任意的非负连续函数 $g(x)$,若 $\int_a^b g(x)\rho(x)\mathrm{d}x = 0$,则必有 $g(x) \equiv 0$.

容易证明式(3.4)满足范数定义 3.4 的三个条件,正定性和齐次性容易证明,三角不等式的证明过程将在下面的定理 3.1 之后给出.

3.1.3 $C[a,b]$ 上的内积

关于向量空间中内积的定义已在线性代数中给出:设 $\forall \boldsymbol{x},\boldsymbol{y} \in \mathbf{R}^n$, $\boldsymbol{x} = (x_1,x_2,\cdots,x_n)$, $\boldsymbol{y} = (y_1,y_2,\cdots,y_n)$,向量 $\boldsymbol{x},\boldsymbol{y}$ 的内积定义为

$$(x,y)=\sum_{i=1}^{n}x_iy_i\ ,\tag{3.5}$$

也可以定义为

$$(x,y)=\sum_{i=1}^{n}\omega_ix_iy_i\ ,\tag{3.6}$$

其中 $\omega_i\in\mathbf{R}$ 且 $\omega_i>0(i=1,2,\cdots,n)$ 称为权系数. 若 $(x,y)=0$,则称向量 $\boldsymbol{x},\boldsymbol{y}$ 正交.

对向量空间 $\mathbf{R}^n$ 中向量内积和正交的定义加以推广,下面给出线性空间 $C[a,b]$ 中关于内积和正交的定义.

定义 3.5　对 $\forall f(x),g(x)\in C[a,b]$,简记为 f,g,它们的内积记作 (f,g),满足条件

① $(f,g)=(g,f)$, $\forall f,g\in C[a,b]$;

② $(\alpha f,g)=\alpha(f,g)$, $f,g\in C[a,b]$, α 为常数;

③ $(f+g,h)=(f,h)+(g,h)$, $\forall f,g,h\in C[a,b]$;

④ $(f,f)\geqslant 0$,当且仅当 $f=0$ 时 $(f,f)=0$.

则称 (f,g) 为 $C[a,b]$ 上的 $f(x)$ 与 $g(x)$ 的**内积**. 定义了内积的线性空间称为**内积空间**.

定义 3.6　设 $f(x),g(x)\in C[a,b]$,称积分

$$(f,g)=\int_a^b\rho(x)f(x)g(x)\mathrm{d}x$$

为 $f(x)$ 与 $g(x)$ 在 $[a,b]$ 上关于权函数 $\rho(x)$ 的**内积**.

若 $(f,g)=0$,则称 f 与 g **正交**,函数正交是向量相互垂直概念的推广.

式(3.4)定义的 2-范数可以看成是由内积导出的范数,即

$$\|f\|_2=\left[\int_a^b\rho(x)f^2(x)\mathrm{d}x\right]^{\frac{1}{2}}=\sqrt{(f,f)}\ .\tag{3.7}$$

内积空间有以下重要的性质.

定理 3.1　设 $C[a,b]$ 为一个内积空间,对 $\forall f,g\in C[a,b]$,有

$$|(f,g)|^2\leqslant(f,f)(g,g)\tag{3.8}$$

称为**柯西-施瓦茨(Cauchy-Schwarz)不等式**.

证明　若 $g(x)=0$,式(3.8)显然成立. 现设 $g(x)\neq 0$,
对 $\forall\lambda\in\mathbf{R}$,有

$$0\leqslant(f+\lambda g,f+\lambda g)=(f,f)+2\lambda(f,g)+\lambda^2(g,g)\ ,$$

取 $\lambda=-\dfrac{(f,g)}{(g,g)}$ 代入上式得

$$(f,f)-2\frac{(f,g)(f,g)}{(g,g)}+\frac{(f,g)(f,g)}{(g,g)^2}(g,g)\geqslant 0,$$

两变乘以 (g,g) 化简即得式(3.8)成立.

下面证明由式(3.4)给出的2-范数满足定义3.4的条件③,即证 $\|f+g\|_2\leqslant\|f\|_2+\|g\|_2$.

$$\begin{aligned}\|f+g\|_2^2&=(f+g,f+g)=(f,f)+2(f,g)+(g,g)\\&\leqslant(f,f)+2|(f,g)|+(g,g)\\&\leqslant(f,f)+2\sqrt{(f,f)(g,g)}+(g,g)\\&=(\|f\|_2+\|g\|_2)^2,\end{aligned}$$

两边开方即得证.

3.2 正交多项式

3.2.1 正交化方法

在线性代数中,已经学习过向量空间 $\mathbf{R}^n$ 中正交向量系的有关概念.对正交向量系的定义加以推广,下面给出连续函数空间 $C[a,b]$ 中关于正交函数系的定义.

定义 3.7 若一族函数 $\varphi_i(x)(i=0,1,2,\cdots)\in C[a,b]$,简记为 $\{\varphi_i(x)\}_0^\infty$,满足下列关系

$$(\varphi_i(x),\varphi_j(x))=\int_a^b\rho(x)\varphi_i(x)\varphi_j(x)\,\mathrm{d}x=\begin{cases}A_j>0, & j=i\\0, & j\neq i\end{cases},\tag{3.9}$$

则称 $\{\varphi_i(x)\}_0^\infty$ 是 $[a,b]$ 上带权函数 $\rho(x)$ 的**正交函数系**,若 $A_j\equiv 1$,则称为**标准正交函数系**.特别的,若 $\varphi_i(x)(i=0,1,2,\cdots)$ 是一族多项式函数并且满足式(3.9),则称 $\varphi_i(x)(i=0,1,2,\cdots)$ 是**正交多项式系**.

例如,三角函数族 $\{1,\cos x,\sin x,\cos 2x,\sin 2x,\cdots\}$ 是区间 $[-\pi,\pi]$ 上带权函数 $\rho(x)=1$ 的正交函数系.

定理 3.2 设函数系函数 $\varphi_i(x)(i=0,1,2,\cdots,n)\in C[a,b]$,$\{\varphi_i(x)\}_0^n$ 线性无关的充分必要条件是格拉姆(Gram)矩阵

$$\boldsymbol{G}=\begin{bmatrix}(\varphi_0,\varphi_0) & (\varphi_1,\varphi_0) & \cdots & (\varphi_n,\varphi_0)\\(\varphi_0,\varphi_1) & (\varphi_1,\varphi_1) & \cdots & (\varphi_n,\varphi_1)\\\vdots & \vdots & & \vdots\\(\varphi_0,\varphi_n) & (\varphi_1,\varphi_n) & \cdots & (\varphi_n,\varphi_n)\end{bmatrix}\tag{3.10}$$

是非奇异矩阵.其中 $(\varphi_i(x),\varphi_j(x))=\int_a^b\omega(x)\varphi_i(x)\varphi_j(x)\,\mathrm{d}x$.

证明 矩阵 $\boldsymbol{G}$ 非奇异 $\Leftrightarrow \det(\boldsymbol{G}) \neq 0 \Leftrightarrow$ 齐次线性方程组 $GC = 0$ 只有零解 $\boldsymbol{C} = (c_1, c_2, \cdots, c_n)^{\mathrm{T}} = (0, 0, \cdots, 0)^{\mathrm{T}}$，于是有

$c_0\varphi_0(x) + c_1\varphi_1(x) + \cdots + c_n\varphi_n(x) = \sum_{j=0}^{n} c_j\varphi_j(x) = 0 \Leftrightarrow \left(\sum_{j=0}^{n} c_j\varphi_j(x), \varphi_k(x)\right) = \sum_{j=0}^{n} c_j(\varphi_j(x), \varphi_k(x)) = 0 (k = 0, 1, \cdots, n)$，此即为 $GC = 0$.

所以矩阵 $\det(\boldsymbol{G}) \neq 0$ 等价于当且仅当 $c_1 = c_2 = \cdots = c_n = 0$ 才能使 $\sum_{j=0}^{n} c_j\varphi_j(x) = 0$ 成立，即 $\{\varphi_i(x)\}_0^n$ 线性无关.

给定区间 $[a, b]$ 及权函数 $\rho(x)$，可由一族线性无关的幂函数 $\{1, x, x^2, \cdots, x^n, \cdots\}$ 利用施密特(Schmidt)正交化方法构造出正交多项式序列 $\{\varphi_i(x)\}_0^\infty$，Schmidt 正交化公式如下：

$$\varphi_0(x) = 1,$$

$$\varphi_i(x) = x^i - \sum_{j=0}^{i-1} \frac{(x^i, \varphi_j(x))}{(\varphi_j(x), \varphi_j(x))}\varphi_j(x), (i = 1, 2, 3, \cdots). \tag{3.11}$$

例 3.1 求区间 $[-1, 1]$ 上，权函数 $\rho(x) = 1$ 的正交多项式.

解 根据 Schmidt 正交化公式有

$$\tilde{p}_0(x) = 1,$$

$$\tilde{p}_1(x) = x - \frac{(x, 1)}{(1, 1)} \times 1 = x - \frac{\int_{-1}^{1} x\mathrm{d}x}{\int_{-1}^{1} \mathrm{d}x} = x,$$

$$\tilde{p}_2(x) = x^2 - \frac{(x^2, 1)}{(1, 1)} \times 1 - \frac{(x^2, x)}{(x, x)}x = x^2 - \frac{\int_{-1}^{1} x^2\mathrm{d}x}{\int_{-1}^{1} \mathrm{d}x} - \frac{\int_{-1}^{1} x^3\mathrm{d}x}{\int_{-1}^{1} x^2\mathrm{d}x}x = x^2 - \frac{1}{3},$$

$$\tilde{p}_3(x) = x^3 - \frac{(x^3, 1)}{(1, 1)} \times 1 - \frac{(x^3, x)}{(x, x)}x - \frac{(x^3, x^2 - \frac{1}{3})}{(x^2 - \frac{1}{3}, x^2 - \frac{1}{3})}\left(x^2 - \frac{1}{3}\right)$$

$$= x^3 - \frac{\int_{-1}^{1} x^3\mathrm{d}x}{\int_{-1}^{1} \mathrm{d}x} - \frac{\int_{-1}^{1} x^4\mathrm{d}x}{\int_{-1}^{1} x^2\mathrm{d}x}x - \frac{\int_{-1}^{1} x^5 - \frac{1}{3}x^3\mathrm{d}x}{\int_{-1}^{1} (x^2 - \frac{1}{3})^2\mathrm{d}x}(x^2 - \frac{1}{3})^2$$

$$= x^3 - \frac{3}{5}x,$$

…………

给定区间 $[a,b]$ 及权函数 $\rho(x)$，由 Schmidt 正交化公式(3.11)构造的多项式系 $\{\varphi_i(x)\}_0^\infty$ 有以下性质：

性质 1 $\varphi_n(x)$ 是最高次项系数为 1 的多项式.

性质 2 $\varphi_0(x),\varphi_1(x),\cdots,\varphi_n(x)$ 在 $[a,b]$ 上是线性无关的.

证明 设 $c_0\varphi_0(x)+c_1\varphi_1(x)+c_n\varphi_n(x)=0$,

上式两边同乘以 $\rho(x)\varphi_j(x)(j=0,1,2,\cdots,n)$ 并且在 $[a,b]$ 积分得

$$c_0\int_a^b\rho(x)\varphi_0(x)\varphi_j(x)\mathrm{d}x+c_1\int_a^b\rho(x)\varphi_1(x)\varphi_j(x)\mathrm{d}x+\cdots+c_n\int_a^b\rho(x)\varphi_n(x)\varphi_j(x)\mathrm{d}x=0$$

即 $c_i\sum_{j=0}^{n}(\varphi_i,\varphi_j)=0$,

由正交性知 $c_j(\varphi_j,\varphi_j)=0(j=0,1,2,\cdots,n)$，而 $(\varphi_j,\varphi_j)>0$，所以只有 $c_j=0(j=0,1,2,\cdots,n)$，$\varphi_0(x),\varphi_1(x),\cdots,\varphi_n(x)$ 线性无关得证，证毕.

由性质 2 容易得到下面的性质 3 和性质 4.

性质 3 对任意 n 次多项式 $P_n(x)\in H_n$，均可以由一组线性无关的正交多项式系 $\varphi_0(x),\varphi_1(x),\cdots,\varphi_n(x)$ 进行线性表示，即 $P_n(x)=\sum_{j=0}^{n}c_j\varphi_j(x)$.

性质 4 $\varphi_n(x)$ 与任意次数小于 n 的多项式 $P(x)$ 正交，即对 $\forall P(x)\in H_{n-1}$，有 $(\varphi_n(x),P(x))=0$.

证明 根据性质 3 可设 $P(x)=\sum_{j=0}^{n-1}c_j\varphi_j(x)$，有

$(\varphi_n(x),P(x))=\left(\varphi_n,\sum_{j=0}^{n-1}c_j\varphi_j\right)=\sum_{j=0}^{n-1}c_j(\varphi_n,\varphi_j)=0$，得证.

性质 5 以下三项递推关系成立.

$$\varphi_{n+1}(x)=(x-\alpha_n)\varphi_n(x)-\beta_n\varphi_{n-1}(x)(n=0,1,2,\cdots)\ ,\tag{3.12}$$

其中 $\varphi_0(x)=1,\varphi_{-1}(x)=0$,

$$\alpha_n=\frac{(x\varphi_n(x),\varphi_n(x))}{(\varphi_n(x),\varphi_n(x))},n=0,1,2,\cdots,\beta_n=\frac{(\varphi_n(x),\varphi_n(x))}{(\varphi_{n-1}(x),\varphi_{n-1}(x))},n=1,2,\cdots.$$

证明 (1) 当 $n=0$ 时，设 $\varphi_1(x)=x-c_0$,

由 $(\varphi_1,\varphi_0)=0$，即有

$$(x-c_0,\varphi_0)=(x,\varphi_0)-(c_0,\varphi_0)=(x\varphi_0,\varphi_0)-c_0(\varphi_0,\varphi_0)=0\ ,$$

从而 $c_0=\dfrac{(x\varphi_0,\varphi_0)}{(\varphi_0,\varphi_0)}$，代入得 $\varphi_1(x)=x-c_0=\left(x-\dfrac{(x\varphi_0,\varphi_0)}{(\varphi_0,\varphi_0)}\right)\varphi_0$，式(3.12)成立.

(2) 当 $n>0$ 时，设 $\varphi_{n+1}(x)-x\varphi_n(x)=\sum_{i=0}^{n}c_i\varphi_i$，所以有

$$(\varphi_{n+1}-x\varphi_n,\varphi_j)=(\sum_{i=0}^{n}c_i\varphi_i,\varphi_j)=c_j(\varphi_j,\varphi_j)(0,1,2,\cdots,n)\ ,\tag{3.13}$$

又

$$(\varphi_{n+1}-x\varphi_n,\varphi_j)=-(x\varphi_n,\varphi_j)(j=0,1,2,\cdots,n)\ , \tag{3.14}$$

由式(3.13)和式(3.14)等式右边相等可得

$$c_j=-\frac{(x\varphi_n,\varphi_j)}{(\varphi_j,\varphi_j)}(j=0,1,2,\cdots,n)\ , \tag{3.15}$$

若$0\leqslant j\leqslant n-2$,由性质4得

$$(x\varphi_n,\varphi_j)=(\varphi_n,x\varphi_j)=0\ , \tag{3.16}$$

把式(3.16)代入式(3.15)得$c_j=0(0\leqslant j\leqslant n-2)$;

若$j=n-1$,

$$c_{n-1}=-\frac{(x\varphi_n,\varphi_{n-1})}{(\varphi_{n-1},\varphi_{n-1})}=-\frac{(\varphi_n,x\varphi_{n-1})}{(\varphi_{n-1},\varphi_{n-1})}=-\frac{(\varphi_n,\varphi_n+\sum_{k=0}^{n-1}a_k\varphi_k)}{(\varphi_{n-1},\varphi_{n-1})}=-\frac{(\varphi_n,\varphi_n)}{(\varphi_{n-1},\varphi_{n-1})}\ ,$$

记作$\beta_n=-c_{n-1}$,

若$j=n$, $c_n=-\dfrac{(x\varphi_n,\varphi_n)}{(\varphi_n,\varphi_n)}$,记作$\alpha_n=-c_n$

于是有

$$\varphi_{n+1}(x)-x\varphi_n(x)=\sum_{i=0}^{n}c_i\varphi_i(x)=\alpha_n\varphi_n(x)+\beta_n\varphi_{n-1}(x)\ ,$$

式(3.12)得证.

性质6 $\varphi_n(x)(n\geqslant 1)$在$(a,b)$内有$n$个单重实根.

证明 若x_θ是$\varphi_n(x)(n\geqslant 1)$在$(a,b)$内的偶数重零点,则$(x-x_\theta)$是$\varphi_n(x)$的偶数重因式,假设$\varphi_n(x)(n\geqslant 1)$在$(a,b)$内的零点全是偶数重的,则$\varphi_n(x)(n\geqslant 1)$在$[a,b]$内不变号.

这与$(\varphi_n(x),\varphi_0(x))=\int_a^b\omega(x)(x)\varphi_m(x)\varphi_0(x)\mathrm{d}x=0$矛盾,所以$\varphi_n(x)(n\geqslant 1)$在$(a,b)$内的零点不可能全是偶数重的.

现设$x_i(i=0,1,2,\cdots,k)$是$\varphi_n(x)(n\geqslant 1)$在$(a,b)$内的奇数重零点,设$S(x)=(x-x_0)(x-x_1)\cdots(x-x_k)$,则$x_i(i=0,1,2,\cdots,k)$为$\varphi_n(x)S(x)$的偶数重零点,所以$\varphi_n(x)S(x)$在$[a,b]$内不变号,因而

$$(\varphi_n,S)=\int_a^b\rho(x)\varphi_n(x)s(x)\mathrm{d}x\neq 0\ . \tag{3.17}$$

假设$k<n$,由性质4知$(\varphi_n,S)=\int_a^b\omega(x)\varphi_n(x)S(x)\mathrm{d}x=0$,与式(3.17)矛盾.

所以有$k\geqslant n$,而$\varphi_n(x)(n\geqslant 1)$至多有$n$个零点,因此只有$k=n$.即$\varphi_n(x)(n\geqslant 1)$

在 (a,b) 内有 n 个单重实根,得证.

下面介绍几种常用的正交多项式.

3.2.2 勒让德(Legendre)多项式

给定区间 $[-1,1]$ 和权函数 $\rho(x)=1$,根据 Schmidt 正交化公式(3.11)得到的正交多项式称为勒让德(Legendre)多项式,例 3.1 中得到的多项式 $\widetilde{P}_n(x)\ (n=0,1,2,\cdots)$ 就是勒让德多项式,它们都是最高次项系数为 1 的正交多项式.这类正交多项式是勒让德在 1785 年推导的,1814 年罗德利克(Rodrigul)给出了较为简单统一的表达形式

$$P_0(x)=1\ ,\ P_n(x)=\frac{1}{2^n n!}\frac{\mathrm{d}^n}{\mathrm{d}x^n}[(x^2-1)^n]\ ,\ n=1,2,\cdots .$$

性质 1 勒让德多项式 $P_n(x)$ 最高次项(首项)的系数为 $a_n=\dfrac{(2n)!}{2^n(n!)^2}$.

显然 $(x^2-1)^n$ 是 $2n$ 次多项式,对其求 n 阶导数后为 n 次多项式,即

$$P_n(x)=\frac{1}{2^n n!}2n(2n-1)\cdots(n+1)x^n+a_{n-1}x^{n-1}+\cdots+a_0\ ,$$

首项系数

$$a_n=\frac{1}{2^n n!}2n(2n-1)\cdots(n+1)=\frac{(2n)!}{2^n(n!)^2}\ , \tag{3.18}$$

于是首项系数 1 的勒让德多项式为

$$\widetilde{P}_n(x)=\frac{2^n(n!)^2}{(2n)!}P_n(x)=\frac{n!}{(2n)!}\frac{\mathrm{d}^n}{\mathrm{d}x^n}[(x^2-1)^n]\ . \tag{3.19}$$

性质 2 勒让德多项式 $\{P_n(x)\}_0^{\infty}$ 是区间 $[-1,1]$ 上带权函数 $\rho(x)=1$ 的正交多项式系,且有

$$\int_{-1}^{1}P_n(x)P_m(x)\mathrm{d}x=\begin{cases}0, & m\neq n\\ \dfrac{2}{2n+1}, & m=n\end{cases}\ . \tag{3.20}$$

证明 (1) 若 $m\neq n$,不妨设 $m<n$,令 $\varphi(x)=(x^2-1)^n$,则 $P_n(x)=\dfrac{1}{2^n n!}\varphi^{(n)}(x)$,易知 $\varphi^{(k)}(\pm1)=0(k=0,1,2,\cdots,n-1)$,反复使用分部积分公式有

$$(P_n,P_m)=\int_{-1}^{1}P_n(x)P_m(x)\,\mathrm{d}x=\frac{1}{2^n n!}\int_{-1}^{1}\varphi^{(n)}(x)P_m(x)\,\mathrm{d}x$$

$$=\frac{1}{2^n n!}\varphi^{(n-1)}(x)P_m(x)\Big|_{-1}^{1}-\frac{1}{2^n n!}\int_{-1}^{1}\varphi^{(n-1)}(x)P'_m(x)\,\mathrm{d}x$$

$$=-\frac{1}{2^n n!}\int_{-1}^{1}\varphi^{(n-1)}(x)P'_m(x)\,\mathrm{d}x$$

$$=(-1)^n\frac{1}{2^n n!}\int_{-1}^{1}\varphi(x)P_m^{(n)}(x)\,\mathrm{d}x=0(\because n>m,\therefore P_m^{(n)}(x)=0)$$

对于 $m>n$ 的情况,同理可得 $(P_n,P_m)=(-1)^m\dfrac{1}{2^m m!}\displaystyle\int_{-1}^{1}\varphi(x)P_n^{(m)}(x)\,\mathrm{d}x=0$

(2) 若 $m=n$,与(1)类似反复用分部积分公式得

$$(P_n,P_n)=(-1)^n\frac{1}{2^n n!}\int_{-1}^{1}\varphi(x)P_n^{(n)}(x)\,\mathrm{d}x$$

$$=(-1)^n\frac{1}{2^n n!}\frac{(2n)!}{2^n(n!)^2}n!\int_{-1}^{1}(x^2-1)^n\mathrm{d}x$$

$$=\frac{2(2n)!}{2^{2n}(n!)^2}\int_{0}^{1}(1-x^2)^n\mathrm{d}x\overset{x=\sin\alpha}{=}\frac{2(2n)!}{2^{2n}(n!)^2}\int_{0}^{\frac{\pi}{2}}(\cos\alpha)^{2n+1}\mathrm{d}\alpha$$

$$=\frac{2(2n)!}{2^{2n}(n!)^2}\frac{(2n)\times(2n-2)\cdots4\times2}{(2n+1)\times(2n-1)\cdots3\times1}=\frac{2}{2n+1}.$$

性质 3　勒让德多项式 $\{P_n(x)\}_0^\infty$ 有三项递推关系

$$(n+1)P_{n+1}(x)=(2n+1)xP_n(x)-nP_{n-1}(x).$$

$$P_1(x)=x,$$

$$P_2(x)=\frac{1}{2}(3x^2-1),$$

$$P_3(x)=\frac{1}{2}(5x^3-3x),$$

$$P_4(x)=\frac{1}{8}(35x^4-30x^2+3),$$

$$P_5(x)=\frac{1}{8}(63x^5-70x^3+15x),$$

$$P_6(x)=\frac{1}{16}(231x^6-315x^4+105x^2-5),$$

$$\vdots$$

性质 4　勒让德多项式 $P_n(x)$ 满足 $P_n(-x)=(-1)^nP_n(x)$.

性质 5　勒让德多项式 $P_n(x)$ 在区间 $[-1,1]$ 内有 n 个不同的实零点.

$P_0(x),P_1(x),P_2(x),P_3(x)$ 的函数图形见图 3. 1.

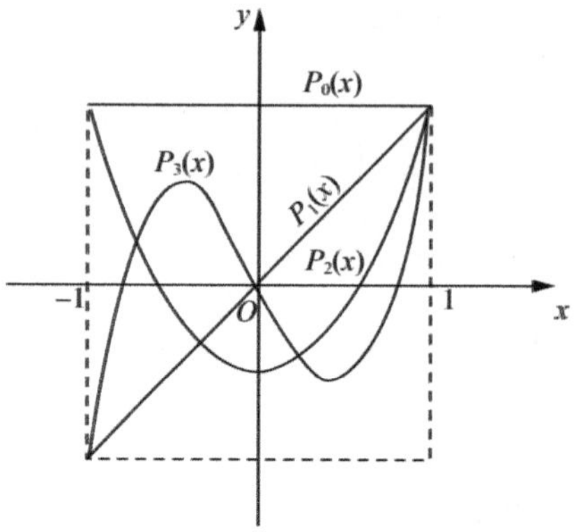

图 3.1 勒让德多项式

3.2.3 切比雪夫(Chebyshev)多项式

给定区间 $[-1,1]$ 和权函数 $\rho(x)=\dfrac{1}{\sqrt{1-x^2}}$，根据 Schmidt 正交化公式(3.11)得到的正交多项式 $\widetilde{T}_n(x)$ 称为切比雪夫(Chebyshev)多项式，它可统一表示成

$$T_n(x)=\cos(n\arccos x). \tag{3.21}$$

性质 1 切比雪夫多项式 $\{T_n(x)\}_0^{\infty}$ 是区间 $[-1,1]$ 上带权函数 $\rho(x)=\dfrac{1}{\sqrt{1-x^2}}$ 的正交多项式系，且有

$$\int_{-1}^{1}\frac{T_n(x)T_m(x)\,\mathrm{d}x}{\sqrt{1-x^2}}=\begin{cases}0, & m\neq n\\ \dfrac{\pi}{2}, & m=n\neq 0\\ \pi, & m=n=0\end{cases}. \tag{3.22}$$

证明 设 $x=\cos\theta$，则 $T_n(x)=\cos(n\theta)$，$\mathrm{d}x=-\sin\theta\mathrm{d}\theta$，于是有

$$\begin{aligned}(T_n(x),T_m(x))&=\int_{-1}^{1}\frac{T_n(x)T_m(x)\,\mathrm{d}x}{\sqrt{1-x^2}}=\int_0^{\pi}\frac{\cos n\theta\cos m\theta\sin\theta\mathrm{d}\theta}{\sqrt{1-\cos^2\theta}}\\&=\int_0^{\pi}\cos n\theta\cos m\theta\mathrm{d}\theta\\&=\frac{1}{2}\int_0^{\pi}[\cos(n\theta+m\theta)+\cos(n\theta-m\theta)]\mathrm{d}\theta\\&=\begin{cases}0, & m\neq n\\ \dfrac{\pi}{2}, & m=n\neq 0\\ \pi, & m=n=0\end{cases}.\end{aligned}$$

性质2 切比雪夫多项式 $\{T_n(x)\}_0^{\infty}$ 有三项递推关系

$$T_0(x)=1\ ,\ T_1(x)=x\ ,\ T_{n+1}(x)=2xT_n(x)-T_{n-1}(x)\ ,\ (n=1,2,\cdots)\ .$$

$$T_2(x)=2x^2-1\ ,$$

$$T_3(x)=4x^3-3x\ ,$$

$$T_4(x)=8x^4-8x^2+1\ ,$$

$$T_5(x)=16x^5-20x^3+5x\ ,$$

$$T_6(x)=32x^6-48x^4+18x^2-1\ ,$$

$$\vdots$$

$T_0(x)$,$T_1(x)$,$T_2(x)$,$T_3(x)$ 的函数图形见图 3.2.

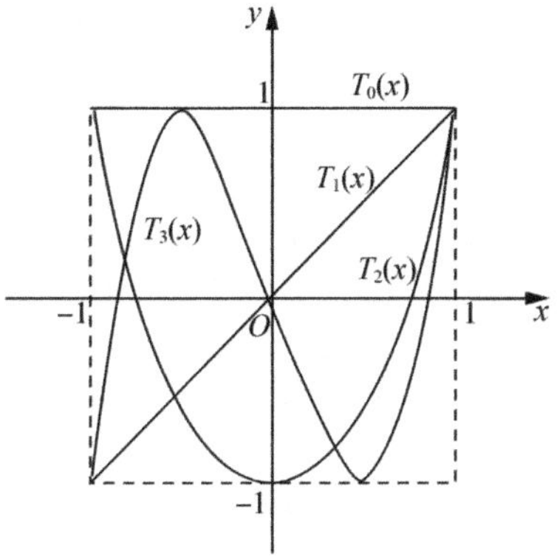

图 3.2 切比雪夫多项式

性质3 $T_n(x)$ 最高次项(首项)的系数为 2^{n-1}. 首项系数为 1 的切比雪夫多项式为

$$\widetilde{T}_0(x)=1\ ,\ \widetilde{T}_n(x)=\frac{1}{2^{n-1}}T_n(x)\ ,n=1,2,\cdots\ . \qquad (3.23)$$

性质4 当 n 为奇数时, $T_n(x)$ 是奇函数;当 n 为偶数时, $T_n(x)$ 是偶函数;即有 $T_n(-x)=(-1)^nT_n(x)$.

证明
$$\begin{aligned}T_n(-x)&=\cos\left[n\arccos(-x)\right]\\&=\cos\left[n(\pi-\arccos x)\right]\\&=\cos(n\pi)\cos(n\arccos x)+\sin(n\pi)\sin(n\arccos x)\\&=(-1)^nT_n(x)\ .\end{aligned}$$

性质5 $T_n(x)$ 在区间 $[-1,1]$ 内有 n 个不同的实零点,即

$$x_k=\cos\frac{2k-1}{2n}\pi\ ,\ k=1,2,\cdots,n\ . \qquad (3.24)$$

事实上,令 $\theta=\arccos x$,则由 $T_n(x)=\cos n\theta=0$ 得 $n\theta=\dfrac{2k-1}{2}\pi$,$x=\cos\left(\dfrac{2k-1}{2n}\pi\right)$,

$k=1,2,\cdots,n$.

性质 6 $T_n(x)$ 在 $x_k=\cos\frac{k}{n}\pi,(k=0,\cdots,n)$ 交错取到最大值 1 和最小值 -1,即有

$$T_n(x_k)=(-1)^k\|T_n(x)\|_\infty=(-1)^k. \tag{3.25}$$

3.2.4 其他常用的正交多项式

给定不同的区间 $[a,b]$ 及权函数 $\rho(x)$,利用 Schmidt 正交化方法构造出的正交多项式序列 $\{\varphi_i(x)\}_0^\infty$ 也不相同. 除了前面介绍的两种常用的正交多项式外,下面再给出几种常用的正交多项式.

1. 第二类 Chebyshev 多项式

在区间 $[-1,1]$ 上带权函数 $\rho(x)=\sqrt{1-x^2}$ 的正交多项式称为**第二类 Chebyshev 多项式**,其表达式为

$$\Gamma_n(x)=\frac{\sin[(n+1)\arccos x]}{\sqrt{1-x^2}}. \tag{3.26}$$

第二类切比雪夫多项式 $\{\Gamma_n(x)\}_0^\infty$ 具有下列性质:

正交性:$\int_{-1}^{1}\Gamma_{n(x)}\Gamma_{m(x)}\sqrt{1-x^2}\,\mathrm{d}x=\cos\theta\int_0^\pi\sin(n+1)\theta\sin(m+1)\theta\mathrm{d}x=\begin{cases}\frac{\pi}{2},m=n\\0,m\neq n\end{cases}$.

三项递推关系:$\Gamma_0(x)=1,\Gamma_1(x)=2x,\Gamma_{n+1}(x)=2x\Gamma_n(x)-\Gamma_{n-1}(x),n=1,2,\cdots$.

2. 拉盖尔 (Laguerre) 多项式

在区间 $[0,\infty]$ 上带权函数 $\rho(x)=\mathrm{e}^{-x}$ 的正交多项式称为 Laguerre **多项式**,其表达式为

$$\mathrm{L}_n(x)=\mathrm{e}^n\frac{\mathrm{d}^n}{\mathrm{d}x^n}(x^n\mathrm{e}^{-x}). \tag{3.27}$$

Laguerre 多项式 $\{\mathrm{L}_n(x)\}_0^\infty$ 具有下列性质:

正交性:

$$\int_0^\infty \mathrm{e}^{-x}\mathrm{L}_{n(x)}\mathrm{L}_{m(x)}\mathrm{d}x=\begin{cases}(n!)^2,m=n\\0,m\neq n\end{cases}.$$

三项递推关系:$\mathrm{L}_0(x)=1,\mathrm{L}_1(x)=1-x,\mathrm{L}_{n+1}(x)=(1+2n-x)\mathrm{L}_n(x)-n^2\mathrm{L}_{n-1}(x)$, $n=1,2,\cdots$.

3. 埃尔米特 (Hermite) 多项式

在区间 $[-\infty,+\infty]$ 上带权函数 $\rho(x)=\mathrm{e}^{-x^2}$ 的正交多项式称为 Hermite **多项式**,其表

达式为

$$\mathrm{H}_n(x)=(-1)^n \mathrm{e}^{x^2}\frac{\mathrm{d}^n}{\mathrm{d}x^n}(\mathrm{e}^{-x^2}). \tag{3.28}$$

Hermite 多项式 $\{\mathrm{H}_n(x)\}_0^{\infty}$ 具有下列性质

正交性：

$$\int_{-\infty}^{+\infty}\mathrm{e}^{-x^2}\mathrm{H}_{n(x)}\mathrm{H}_{m(x)}\mathrm{d}x=\begin{cases}2^n n!\ \sqrt{\pi}, m=n\\ 0, m\neq n\end{cases}.$$

三项递推关系：$\mathrm{H}_0(x)=1,\mathrm{H}_1(x)=2x,\mathrm{H}_{n+1}(x)=2x\mathrm{H}_n(x)-2n\mathrm{H}_{n-1}(x), n=1,2,\cdots$.

3.3 最佳一致逼近

3.3.1 基本定理

定义 3.8 设 $f(x)\in C[a,b]$，$\phi=span\{\varphi_0,\varphi_1,\cdots,\varphi_n\}$，若存在 $S^*(x)\in\phi$，使得

$$\|f(x)-S^*(x)\|_\infty=\min_{\forall S(x)\in\Phi}\|f(x)-S(x)\|_\infty=\min_{\forall S(x)\in\Phi}\max_{a\leqslant x\leqslant b}|f(x)-S(x)|, \tag{3.29}$$

则称 $S^*(x)$ 是 $f(x)$ 在区间 $[a,b]$ 上的**最佳一致逼近函数**. 称 $\|\delta(x)\|_\infty=\max\limits_{a\leqslant x\leqslant b}|f(x)-S^*(x)|$ 为**最大误差**.

特别的，当 $H_n=span\{1,x,\cdots,x^n\}$，若存在 $S_n^*(x)\in H_n$ 满足

$$\|f(x)-S_n^*(x)\|_\infty=\min_{\forall S_n(x)\in H_n}\|f(x)-S_n(x)\|_\infty, \tag{3.30}$$

则称 $S_n^*(x)$ 是 $f(x)$ 在区间 $[a,b]$ 上的**最佳一致逼近多项式**.

定义 3.9 设 $f(x)\in C[a,b]$，$S_n(x)\in H_n$，称

$$\Delta(f,S_n)=\|f-S_n\|_\infty=\max_{a\leqslant x\leqslant b}|f(x)-S_n(x)| \tag{3.31}$$

为误差曲线 $f(x)-S_n(x)$ 在区间 $[a,b]$ 上的**偏差**，并称

$$D_f=\min_{\forall S_n(x)\in H_n}\Delta(f,S_n)=\min_{\forall S_n(x)\in H_n}\max_{a\leqslant x\leqslant b}|f(x)-S_n(x)| \tag{3.32}$$

为误差曲线 $f(x)-S_n(x)$ 在区间 $[a,b]$ 上的**最小偏差**. 若在某点 $x=x_\alpha$ 上，有 $|f(x_\alpha)-S_n(x_\alpha)|=\Delta(f,S_n)$，则称 x_α 是误差曲线 $f(x)-S_n(x)$ 的一个**偏差点**，若 $S_n(x_\alpha)-f(x_\alpha)>0$，则称 x_α 是**正偏差点**；若 $S_n(x_\alpha)-f(x_\alpha)<0$，则称 x_α 是**负偏差点**.

显然误差曲线 $f(x)-S_n(x)\in C[a,b]$，根据闭区间上连续函数必存在最大和最小值知：至少存在一点 $x_\alpha\in[a,b]$，使得 $|f(x_\alpha)-S_n(x_\alpha)|=\Delta(f,S_n)$，这说明误差曲线 $f(x)-S_n(x)$ 在 $[a,b]$ 上必存在偏差点.

求$f(x)$在区间$[a,b]$上的最佳一致逼近多项式$S_n^*(x)$就是求使误差曲线的偏差达到最小的多项式，即求$S_n^*(x)\in H_n$，使得$\Delta(f,S_n^*)=\min\limits_{\forall S_n(x)\in H_n}\Delta(f,S_n)=D_f$，因此最佳一致逼近多项式也称**最小偏差逼近多项式**，简称**最佳逼近多项式**.

定理 3.3 设$f(x)\in C[a,b]$，则必存在$S_n^*(x)\in H_n$，使得

$$\Delta(f,S_n^*)=\min_{\forall S_n(x)\in H_n}\Delta(f,S_n)=D_f.$$

这是最佳一致逼近多项式存在性定理，证明过程请参见文献[8]，此处从略.

定义 3.10 设$f(x)\in C[a,b]$，$S_n(x)\in H_n$，$x_k\in[a,b](k=0,1,2,\cdots,n)$，记误差曲线$\delta(x)=f(x)-S_n(x)$，若$\delta(x)$在点集$\{x_k\}_0^n$上满足

① $|\delta(x_k)|=\|\delta(x)\|_\infty=\max\limits_{a\leqslant x\leqslant b}|\delta(x)|,k=0,1,2,\cdots,n$，

② $\delta(x_k)=-\delta(x_{k+1}),k=0,1,2,\cdots,n-1$.

则称点集$\{x_k\}_0^n$为误差曲线$f(x)-S_n(x)$在区间$[a,b]$上的 Chebyshev **交错点组**.

可见$T_n(x)$的极值点$x_k=\cos\dfrac{k}{n}\pi,(k=0,\cdots,n)$为$T_n(x)$在区间$[-1,1]$上的交错点组.

定理 3.4 设$f(x)\in C[a,b]$，$S_n^*(x)\in H_n$，若$S_n^*(x)$是$f(x)$在$[a,b]$的最佳一致逼近多项式，则$S_n^*(x)$在区间$[a,b]$上一定存在正负偏差点.

证明 由$S_n^*(x)$是$f(x)$的最佳一致逼近多项式可知，$f(x)$与$S_n^*(x)$偏差就是最小偏差D_f，即$D_f=\|f-S_n^*\|_\infty$，又知$S_n^*(x)$在$[a,b]$一定存在偏差点.

用反证法，假设只有正偏差点没有负偏差点并记正偏差点为x_α，所以有$S_n^*(x_\alpha)-f(x_\alpha)=D_f$，对$\forall x\in[a,b]$必有

$$S_n^*(x)-f(x)>-D_f,$$

由闭区间上连续函数的性质知$S_n^*(x)-f(x)$在$[a,b]$必有最小值并且大于$-D_f$，不妨设最小值为$-D_f+2\delta(\delta>0)$，对$\forall x\in[a,b]$有

$$-D_f+2\delta\leqslant S_n^*(x)-f(x)\leqslant D_f,$$

$$-(D_f-\delta)\leqslant[S_n^*(x)-\delta]-f(x)\leqslant D_f-\delta,$$

$$|(S_n^*(x)-\delta)-f(x)|\leqslant D_f-\delta,$$

显然$S_n^*(x)-\delta\in H_n$，这表明在H_n中存在$S_n^*(x)-\delta$与$f(x)$偏差比最小偏差D_f还要小，这与D_f是最小偏差矛盾，所以假设只有正偏差点没有负偏差点不成立.

同理可证只有负偏差点没有正偏差点也不成立. 证毕.

定理 3.5（Chebyshev 定理） 设$f(x)\in C[a,b]$，$S_n^*(x)\in H_n$，若$S_n^*(x)$是$f(x)$在$[a,b]$的最佳一致逼近多项式的充要条件是误差曲线$f(x)-S_n^*(x)$在区间$[a,b]$上存在一个至少由$n+2$个点组成的交错点组，即存在点集$a\leqslant x_1<x_2<\cdots<x_{n+2}\leqslant b$使得

$$f(x_k)-S_n^*(x_k)=(-1)^k\delta\|S_n^*(x)-f(x)\|_\infty,\ \delta=1\text{ 或 }\delta=-1,\ k=1,2,\cdots,n+2. \tag{3.33}$$

证明 只证充分性,用反证法.设误差曲线$f(x)-S_n^*(x)$在区间$[a,b]$上存在一个至少由$n+2$个点$x_1,x_2,\cdots,x_{n+2}$组成的交错点组,但$S_n^*(x)$不是最佳一致逼近多项式.不妨设$q_n(x)\in H_n$是最佳一致逼近多项式,且$q_n(x)\neq S_n^*(x)$,于是有

$$\|f(x)-q_n(x)\|_\infty<\|f(x)-S_n^*(x)\|_\infty, \tag{3.34}$$

$$Q_n(x)=S_n^*(x)-q_n(x)=[S_n^*(x)-f(x)]-[q_n(x)-f(x)], \tag{3.35}$$

因为$x_1,x_2,\cdots,x_{n+2}$是误差曲线$f(x)-S_n^*(x)$在区间$[a,b]$上交错点组,再由式(3.35)可知,$Q_n(x)$在$x_1,x_2,\cdots,x_{n+2}$上的符号完全和$S_n^*(x)-f(x)$在这些点上符号一致.故$Q_n(x)$也在这$n+2$个点正负(或负正)相间,从而至少$n+1$次改变符号,由连续函数的介值定理,$Q_n(x)$在(a,b)内至少有$n+1$个零点,又$Q_n(x)=S_n^*(x)-q_n(x)\neq 0$是次数不超过$n$次多项式,因而$Q_n(x)$的零点不超过$n$个,矛盾.所以$S_n^*(x)$是最佳一致逼近多项式,充分性得证.

必要性证明参见相关文献,此处从略.

由 Chebyshev 定理容易导出以下两个定理:

定理3.6 设$f(x)\in C[a,b]$,$f(x)$在H_n中存在唯一的最佳一致逼近多项式$S_n^*(x)$.

证明 存在性已由定理3.3给出,下面用反证法证明唯一性.

假设$S_n^*(x)$和$P_n^*(x)$都是$f(x)$在H_n中的最佳一致逼近多项式并且$S_n^*(x)\neq P_n^*(x)$,所以$\|f-S_n^*\|_\infty=\|f-P_n^*\|_\infty=D_f$,于是对$\forall x\in[a,b]$有

$$-D_f\leqslant f-S_n^*\leqslant D_f,\ -D_f\leqslant f-P_n^*\leqslant D_f, \tag{3.36}$$

从而有$-D_f\leqslant f-\dfrac{S_n^*+P_n^*}{2}\leqslant D_f$,这表明$Q(x)=\dfrac{S_n^*(x)+P_n^*(x)}{2}$也是$H_n$中的最佳一致逼近多项式,由定理3.5知误差曲线$f(x)-Q(x)$在区间$[a,b]$上存在一个至少由$n+2$个点组成的交错点组$\{x_k\}_1^{n+2}$,即有

$$f(x_k)-Q_n(x_k)=(-1)^k\delta D_f,\ \delta=1\text{ 或 }\delta=-1,\ k=1,2,\cdots,n+2,$$

$$|f(x_k)-Q_n(x_k)|=\left|\frac{f(x_k)-S_n^*(x_k)}{2}+\frac{f(x_k)-P_n^*(x_k)}{2}\right|=D_f, \tag{3.37}$$

由$S_n^*(x)$和$P_n^*(x)$都是$f(x)$的最佳一致逼近多项式可得

$$|f(x_k)-S_n^*(x_k)|\leqslant D_f,\ |f(x_k)-P_n^*(x_k)|\leqslant D_f,$$

当且仅当$f(x_k)-S_n^*(x_k)=f(x_k)-P_n^*(x_k)=\delta D_f(k=1,2,\cdots,n+2)$时,式(3.37)才成立,

此时,$P_n^*(x_k)-S_n^*(x_k)=0(k=1,2,\cdots,n+2)$,这与$P_n^*(x)-S_n^*(x)$的零点不超过

n 个矛盾,因而 $P_n^*(x)=S_n^*(x)$,唯一性得证.

定理 3.7 设 $f(x)\in C[a,b]$,$f(x)$ 在 H_n 中的最佳一致逼近多项式 $S_n^*(x)$ 就是 $f(x)$ 的一个 Lagrange 插值多项式.

证明 由于 $S_n^*(x)$ 是 $f(x)$ 在 H_n 中的最佳一致逼近多项式,由定理 3.5 知误差曲线 $f(x)-S_n^*(x)$ 在区间 $[a,b]$ 上存在一个至少由 $n+2$ 个点组成的交错点组 $\{x_k\}_1^{n+2}$,从而至少 $n+1$ 次改变符号,由连续函数的介值定理,$f(x)-S_n^*(x)$ 在 (a,b) 内至少有 $n+1$ 个零点 $\{\tilde{x}_k\}_1^{n+1}$,即

$$S_n^*(\tilde{x}_k)=f(\tilde{x}_k)\,(k=1,2,\cdots,n+1)\,, \tag{3.38}$$

所以 $S_n^*(x)$ 就是 $f(x)$ 在区间 $[a,b]$ 上满足插值条件式(3.38)的插值多项式.

3.3.2 一次最佳一致逼近多项式

定理 3.8 设 $f(x)\in C[a,b]$,且 $S_n^*(x)$ 为 $f(x)$ 在 $[a,b]$ 内的 n 次最佳一致逼近多项式,若 $f^{(n+1)}(x)$ 在 (a,b) 内存在且保号(保持恒正或恒负),则 $f(x)-S_n^*(x)$ 在 $[a,b]$ 内恰有 $n+2$ 个交错偏差点,且两端点 a,b 都是偏差点.

证明 用反证法.

若偏差点个数大于 $n+2$ 或至少有一个端点不是偏差点,则在 (a,b) 内的至少有 $n+1$ 个偏差点 $x_0,x_1,\cdots,x_n$,且误差函数 $\delta(x)=f(x)-S_n^*(x)$ 在这些点上取得最大值或最小值,由费马(Fermat)定理知,

$$\delta'(x_i)=f'(x_i)-[S_n^*(x_i)]'=0\,(i=0,1,\cdots,n)\,,$$

由罗尔(Rolle)定理知 $\delta''(x)=f''(x)-[S_n^*(x)]''$ 至少有 n 个互异零点.
反复用罗尔定理,至少存在 $\xi\in(a,b)$,使

$$\delta^{(n+1)}(\xi)=f^{(n+1)}(\xi)-[S_n^*(\xi)]^{(n+1)}=0\,,$$

于是

$$f^{(n+1)}(\xi)=0\,,$$

这与 $f^{(n+1)}(x)$ 在 (a,b) 内保号矛盾.

实际上,定理 3.8 给出了一种求一次最佳一致逼近多项式 $S_1^*(x)$ 的方法. 若 $f(x)\in C^2[a,b]$ 且 $f''(x)$ 在 (a,b) 内存在且保号,设 $f(x)$ 的一次最佳一致逼近多项式为

$$S_1^*(x)=a_0+a_1x\,,$$

由定理 3.5,误差曲线 $f(x)-S_1^*(x)$ 在区间 $[a,b]$ 上存在一个至少由 3 个点组成的交错点组且满足式(3.33). 由定理 3.8 知 a , b 为交错点组中的点,记交错点组为 a , x_1, b . 又由于 $f''(x)$ 在 (a,b) 内不变号,故 $f'(x)$ 单调,$f'(x)-a_1$ 在 (a,b) 只有一个零点,记作 x_1,于是

$$[S_1^*(x_1)]' - f'(x_1) = a_1 - f'(x_1) = 0,$$

即

$$f'(x_1) = a_1.$$

由 $S_1^*(a) - f(a) = S_1^*(b) - f(b) = -[S_1^*(x_1) - f(x_1)]$ 得

$$\begin{cases} a_0 + a_1 a - f(a) = a_0 + a_1 b - f(b), \\ a_0 + a_1 a - f(a) = f(x_1) - [a_0 + a_1 x_1], \end{cases}$$

解得

$$\begin{cases} a_0 = \dfrac{1}{2}[f(a) + f(x_1)] - \dfrac{f(b) - f(a)}{b - a} \cdot \dfrac{a + x_1}{2}, \\ a_1 = \dfrac{f(b) - f(a)}{b - a} = f'(x_1). \end{cases} \tag{3.39}$$

例 3.2　求函数 $f(x) = \sqrt{x}$ 在区间 $[0,1]$ 上的一次最佳一致逼近多项式 $S_1^*(x)$.

解　由于 $f''(x) = -\dfrac{1}{4}x^{-\frac{3}{2}}$ 在 $[0,1]$ 上不变号，故交错点组为 $0, x_1, 1$. 设 $S_1^*(x) = a_0 + a_1 x$，根据式(3.39)计算得

$$a_1 = \frac{f(1) - f(0)}{1 - 0} = 1,$$

又 $a_1 = f'(x_1) = \dfrac{1}{2\sqrt{x_1}}$，求得 $x_1 = \dfrac{1}{4}$，因此

$$a_0 = \frac{1}{2}[f(0) + f(\frac{1}{4})] - \frac{0 + 1/4}{2} = \frac{1}{8}.$$

故

$$S_1^*(x) = x + \frac{1}{8}.$$

3.3.3　$P(x) \in H_{n+1}$ 在 H_n 中的最佳一致逼近多项式

定理 3.9　在区间 $[-1,1]$ 上，在所有首项系数为 1 的 n 次多项式中，只有 Chebyshev 多项式 $\widetilde{T}_n(x)$ 与零函数的偏差最小，且最小偏差为 $\dfrac{1}{2^{n-1}}$，即对 $\forall \widetilde{S}_n(x) \in \widetilde{H}_n$ 有

$$\| \widetilde{T}_n(x) \|_\infty = \max_{-1 \leqslant x \leqslant 1} |\widetilde{T}_n(x)| \leqslant \max_{-1 \leqslant x \leqslant 1} |\widetilde{S}_n(x)| = \| \widetilde{S}_n(x) \|_\infty, \tag{3.40}$$

且 $\max\limits_{-1 \leqslant x \leqslant 1} |\widetilde{T}_n(x)| = \dfrac{1}{2^{n-1}}$，其中 $\widetilde{H}_n$ 为首项系数为 1 的次数小于等于 n 的多项式集合.

此性质表明 $\widetilde{T}_n(x)$ 是零函数的**最佳一致逼近多项式**.

证明 令 $\widetilde{T}_n(x)=\frac{1}{2^{n-1}}T_m(x)=x^n-S_{n-1}^*(x)$,其中 $S_{n-1}^*(x)$ 为次数不超过 $n-1$ 的多项式.

由 Chebyshev 多项式的性质 6 可知, $x_k=\cos\frac{k}{n}\pi,(k=0,\cdots,n)$ 是误差曲线 $x^n-S_{n-1}^*(x)$ 的 $n+1$ 个交错点组成的 Chebyshev 交错点组,由定理 3.5 知 $S_{n-1}^*(x)$ 是 $f(x)=x^n$ 区间 $[a,b]$ 上在 H_{n-1} 中的最佳一致逼近多项式,也即 $\widetilde{T}_n(x)$ 是与零函数偏差最小的多项式.

$\max\limits_{-1\leqslant x\leqslant 1}|\widetilde{T}_n(x)|=\frac{1}{2^{n-1}}\max\limits_{-1\leqslant x\leqslant 1}|T_n(x)|=\frac{1}{2^{n-1}}\max\limits_{-1\leqslant x\leqslant 1}|\cos(n\arccos x)|=\frac{1}{2^{n-1}}$. 证毕.

下面考虑一种特殊的情形,当 $f(x)$ 为 $[-1,1]$ 上 $n+1$ 次多项式时,求其在 $H_n[-1,1]$ 上最佳一致逼近多项式.

例 3.3 求 $f(x)=4x^4+2x^3-5x^2+8x-\frac{5}{2}$, $x\in[-1,1]$,求 $f(x)$ 在 $H_3[-1,1]$ 中的最佳一致逼近多项式 $S_3^*(x)$.

解 由题意知,所求最佳逼近多项式 $S_3^*(x)$ 应使 $f(x)-S_3^*(x)$ 与零的偏差最小,即使 $\max\limits_{-1\leqslant x\leqslant 1}|f(x)-S_3^*(x)|$ 达到最小. 由定理 3.9,当首项系数为 1 的 4 次多项式 $\frac{1}{4}[f(x)-S_3^*(x)]$ 等于 4 次 Chebyshev 多项式 $\widetilde{T}_4(x)$ 时偏差最小,即

$$\widetilde{T}_4(x)=\frac{1}{2^3}T_4(x)=\frac{1}{4}[f(x)-S_3^*(x)],$$

$$S_3^*(x)=f(x)-\frac{1}{2}T_4(x), \tag{3.41}$$

把 $f(x)$ 和 $T_4(x)$ 代入式(3.41)得 $S_3^*(x)=2x^3-x^2+8x-3$.

对于一般区间 $[a,b]$ 的情形,只要作变换

$$x=\frac{b-a}{2}t+\frac{b+a}{2} \tag{3.42}$$

得 $F(t)=f\left(\frac{b-a}{2}t+\frac{b+a}{2}\right)$, $t\in[-1,1]$,求得 $F(t)$ 在 $[-1,1]$ 上最佳一致逼近多项式 $S^*(t)$,再用式(3.42)的反变换

$$t=\frac{2}{b-a}x+\frac{a+b}{a-b} \tag{3.43}$$

可得 $[a,b]$ 上的最佳一致逼近多项式.

3.3.4　用切比雪夫多项式零点插值

在第 2 章中曾经指出，高次插值会出现龙格现象，一般高次拉格朗日插值多项式 $L_n(x)$ 不收敛于 $f(x)$，因此一般不采用高次插值. 但若用切比雪夫多项式零点插值即可避免龙格现象，可保证整个区间上收敛.

设 $f \in C^{n+1}[-1,1]$，由定理 3.7 知 $f(x)$ 在 H_n 中的最佳一致逼近多项式 $S_n^*(x)$ 就是 $f(x)$ 的一个拉格朗日插值多项式，设插值节点为 $x_k(k=0,1,2,\cdots,n)$，由 Lagrange 插值余项知

$$R_n(x)=f(x)-S_n^*(x)=\frac{f^{(n+1)}(\xi)}{(n+1)!}\omega_{n+1}(x), \tag{3.44}$$

$$\max_{-1\leqslant x\leqslant 1}|f(x)-S_n^*(x)|\leqslant\frac{M_{n+1}}{(n+1)!}\max_{-1\leqslant x\leqslant 1}|\omega_{n+1}(x)|, \tag{3.45}$$

其中 $\omega_{n+1}(x)=(x-x_0)(x-x_1)\cdots(x-x_n)$，$M_{n+1}=\|f^{(n+1)}(x)\|_\infty=\max\limits_{-1\leqslant x\leqslant 1}|f^{(n+1)}(x)|$.

由定理 3.9，若 $\omega_{n+1}(x)=\widetilde{T}_{n+1}(x)$ 时与零的偏差最小，即式中

$$\max_{-1\leqslant x\leqslant 1}|\omega_{n+1}(x)|=\max_{-1\leqslant x\leqslant 1}|\widetilde{T}_{n+1}(x)|=\frac{1}{2^n}$$

为最小，从而使插值余项

$$\|R_n(x)\|_\infty=\|f(x)-S_n^*(x)\|_\infty=\max_{-1\leqslant x\leqslant 1}|f(x)-S_n^*(x)|$$

最小. 所以只要插值节点 $x_k(k=0,1,2,\cdots,n)$ 选为 $\widetilde{T}_{n+1}(x)$ 的零点 $x_k=\cos\dfrac{2k+1}{2(n+1)}\pi\ (k=0,1,2,\cdots,n)$ 可以达到这一目的. 于是又得到以下定理:

定理 3.10　设 $f(x)\in C^{n+1}[-1,1]$，插值节点 $x_k(k=0,1,2,\cdots,n)$ 为切比雪夫多项式 $\widetilde{T}_{n+1}(x)$ 的零点，$S_n^*(x)$ 为 $f(x)$ 的插值多项式，则

$$\|R_n(x)\|_\infty=\max_{-1\leqslant x\leqslant 1}|f(x)-S_n^*(x)|\leqslant\frac{1}{2^n(n+1)!}\|f^{(n+1)}(x)\|_\infty. \tag{3.46}$$

对于一般区间 $[a,b]$ 的情形，先用式(3.42)变换到 $[-1,1]$ 上，求得 Chebyshev 多项式的零点，从而得到 $[a,b]$ 上插值节点为

$$x_k=\frac{b-a}{2}\cos\frac{2k+1}{2(n+1)}\pi+\frac{b+a}{2},\ k=0,1,2,\cdots,n. \tag{3.47}$$

余项为

$$\begin{aligned}\|f(x)-S_n^*(x)\|_\infty &= \max_{a\leqslant x\leqslant b}|f(x)-S_n^*(x)|\\ &\leqslant \frac{M_{n+1}}{(n+1)!}\max_{a\leqslant x\leqslant b}\prod_{k=0}^{n}|x-x_k|\\ &\leqslant \frac{M_{n+1}}{(n+1)!}\frac{(b-a)^{n+1}}{2^{n+1}}\max_{a\leqslant x\leqslant b}\prod_{k=0}^{n}\left|t-\cos\frac{2k+1}{2(n+1)}\pi\right|\\ &\leqslant \frac{M_{n+1}}{(n+1)!}\frac{(b-a)^{n+1}}{2^{2n+1}}.\end{aligned}\tag{3.48}$$

例 3.4 求$f(x)=e^x$在$[0,1]$上的4次拉格朗日插值多项式,插值节点用$T_5(x)$的零点并估计误差$\max\limits_{0\leqslant x\leqslant 1}|e^x-L_4(x)|$.

解 作变换$x=\frac{1}{2}(t+1)$将$[0,1]$变换到$[-1,1]$,插值节点为$x_k=\frac{1}{2}\left(1+\cos\frac{2k+1}{10}\pi\right)$,$k=0,1,2,3,4$,即

$$x_0=0.975\,53,x_1=0.793\,90,x_2=0.5,x_3=0.206\,11,x_4=0.024\,47,$$

用这些节点作为插值节点,得插值多项式

$$\begin{aligned}L_4(x)=&1.000\,022\,74+0.998\,862\,33x+0.509\,022\,51x^2\\ &+0.141\,841\,05x^3+0.068\,494\,35x^4,\end{aligned}$$

误差估计式为

$$\max_{0\leqslant x\leqslant 1}|e^x-L_4(x)|\leqslant\frac{M_{n+1}}{(n+1)!}\frac{(b-a)^{n+1}}{2^{2n+1}},\quad n=4,$$

$$M_{n+1}=\|f^{(5)}(x)\|_\infty\leqslant\|e^x\|_\infty\leqslant e^1\leqslant 2.72,$$

故

$$\max_{0\leqslant x\leqslant 1}|e^x-L_4(x)|\leqslant\frac{e}{5!}\frac{1}{2^9}<\frac{2.72}{6}\frac{1}{10\,240}<4.4\times10^{-5}.$$

例 3.5 设$y=\frac{1}{1+x^2}$,在$[-5,5]$上利用切比雪夫多项式$T_{11}(x)$的零点作插值节点,构造10次拉格朗日插值多项式$\widetilde{L}_{10}(x)$与等距节点上的$L_{10}(x)$近似$f(x)$作比较,$f(x)$、$L_{10}(x)$和$\widetilde{L}_{10}(x)$的图形如图3.3所示.从图上可见$\widetilde{L}_{10}(x)$没有出现Runge现象.

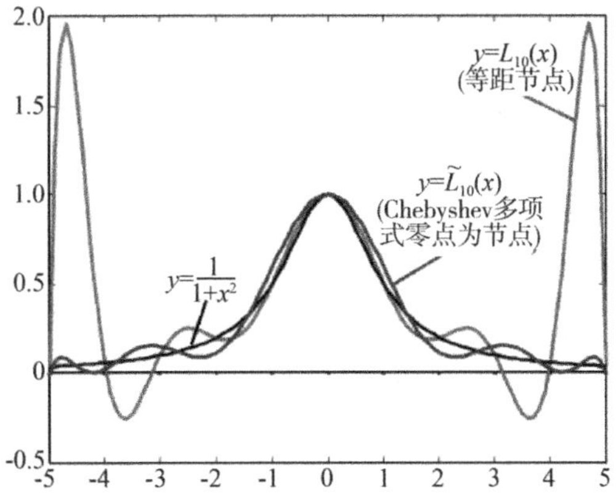

图 3.3　用切比雪夫多项式零点作插值与等距节点插值比较

3.4　连续函数的最佳平方逼近

3.4.1　基本概念

定义 3.11　设 $f(x) \in C[a,b]$ 及 $C[a,b]$ 的子集 $\Phi = span\{\varphi_0(x), \varphi_1(x), \cdots, \varphi_n(x)\}$，若存在 $S^*(x) \in \Phi$，使得

$$\| f(x) - S^*(x) \|_2^2 = \min_{\forall S(x) \in \Phi} \| f(x) - S(x) \|_2^2, \tag{3.49}$$

即

$$\int_a^b \rho(x)[f(x) - S^*(x)]^2 dx = \min_{\forall S(x) \in \Phi} \int_a^b \rho(x)[f(x) - S(x)]^2 dx. \tag{3.50}$$

则称 $S^*(x)$ 是 $f(x)$ 在子集 $\Phi \subset C[a,b]$ 中的**最佳平方逼近函数**.

特别的，当 $\Phi = span\{1, x, \cdots, x^n\}$，即 Φ 为多项式空间 H_n 时，则称 $S^*(x)$ 是 $f(x)$ 在 H_n 中的**最佳平方逼近多项式**.

3.4.2　最佳平方逼近函数的求法

设 $S(x) = \sum_{j=0}^{n} a_j \varphi_j(x)$，求满足式(3.50)的 $S^*(x)$ 相当于求多元函数

$$I(a_0, a_1, \cdots, a_n) = \int_a^b \rho(x) \left[f(x) - \sum_{j=0}^{n} a_j \varphi_j(x) \right]^2 dx \tag{3.51}$$

的最小值. 利用多元函数求极值的必要条件可得

$$\frac{\partial I}{\partial a_k} = 0 (k = 0, 1, \cdots, n), \tag{3.52}$$

即

$$\frac{\partial I}{\partial a_k}=2\int_a^b \rho(x)\left[\sum_{j=0}^{n} a_j\varphi_j(x)-f(x)\right]\varphi_k(x)\,dx=0 \quad (k=0,1,\cdots,n). \tag{3.53}$$

记 $(\varphi_k,\varphi_j)=\int_a^b \rho(x)\varphi_j(x)\varphi_k(x)\,dx$，$(f,\varphi_k)=\int_a^b \rho(x)f(x)\varphi_k(x)\,dx$，于是方程组(3.53)可写成

$$\sum_{j=0}^{n}(\varphi_k(x),\varphi_j(x))a_j=(f,\varphi_k) \quad (k=0,1,\cdots,n), \tag{3.54}$$

即

$$\begin{cases}(\varphi_0,\varphi_0)a_0+(\varphi_0,\varphi_1)a_1+\cdots+(\varphi_0,\varphi_n)a_n=(f,\varphi_0)\\(\varphi_1,\varphi_0)a_0+(\varphi_1,\varphi_1)a_1+\cdots+(\varphi_1,\varphi_n)a_n=(f,\varphi_1)\\\cdots\cdots\cdots\cdots\\(\varphi_n,\varphi_0)a_0+(\varphi_n,\varphi_1)a_1+\cdots+(\varphi_n,\varphi_n)a_n=(f,\varphi_n)\end{cases}, \tag{3.55}$$

这是关于 $a_0,a_1,\cdots,a_n$ 的 $n+1$ 阶线性方程组，称为**法方程组**. 若 $\varphi_0(x),\varphi_1(x),\cdots,\varphi_n(x)$ 线性无关，则系数行列式 $\det(G(\varphi_0,\varphi_1,\cdots,\varphi_n))\neq 0$，于是线性方程组(3.55)存在唯一解 $a_k=a_k^*(k=0,1,\cdots,n)$，于是所求的拟合曲线为

$$S^*(x)=a_0^*\varphi_0(x)+a_1^*\varphi_1(x)+\cdots+a_n^*\varphi_n(x). \tag{3.56}$$

下面证明 $S^*(x)$ 满足式(3.49)或式(3.50)，即证对于任意的 $S(x)\in\Phi$，有

$$\int_a^b \rho(x)[f(x)-S^*(x)]^2dx \leqslant \int_a^b \rho(x)[f(x)-S(x)]^2dx. \tag{3.57}$$

令

$$\begin{aligned}D&=\int_a^b \rho(x)[f(x)-S^*(x)]^2dx-\int_a^b \rho(x)[f(x)-S(x)]^2dx\\&=\int_a^b \rho(x)[S(x)-S^*(x)]^2dx+2\int_a^b \rho(x)[S^*(x)-S(x)][f(x)-S^*(x)]dx\end{aligned} \tag{3.58}$$

由于 $S^*(x)$ 的系数是方程组的解，故

$$\int_a^b \rho(x)[f(x)-S^*(x)]\varphi_k(x)\,dx=0(k=0,1,\cdots,n),$$

而 $S^*(x)-S(x)$ 是 $\varphi_k(x)(k=0,1,\cdots,n)$ 的某种线性组合，故式(3.58)中第二个积分值为0，从而 $D=\int_a^b \rho(x)[S(x)-S^*(x)]^2dx\geqslant 0$，故式(3.50)，即式(3.49)成立，于是 $S^*(x)$ 是 $f(x)$ 在 Φ 中的最佳平方逼近函数，得证.

令 $\delta(x)=f(x)-S^*(x)$，则最佳平方逼近的平方误差为

$$\|\delta(x)\|_2^2=\|f(x)-S^*(x)\|_2^2=(f(x)-S^*(x),f(x)-S^*(x))$$
$$=(f(x),f(x))-(f(x),S^*(x))=\|f(x)\|_2^2-\sum_{k=0}^{n}a_k^*(\varphi_k(x),f(x)). \tag{3.59}$$

3.4.3 用正交函数族作最佳平方逼近

设 $f(x)\in C[a,b]$，及 $C[a,b]$ 的子集 $\Phi=span\{\varphi_0(x),\varphi_1(x),\cdots,\varphi_n(x)\}$，若 $\varphi_i(x)(i=0,1,2,\cdots n)$ 满足下列关系

$$(\varphi_i(x),\varphi_j(x))=\int_a^b\rho(x)\varphi_i(x)\varphi_j(x)\mathrm{d}x=\begin{cases}A_j>0, & j=i\\0, & j\neq i\end{cases},$$

则法方程组(3.55)的系数矩阵 $G(\varphi_0,\varphi_1,\cdots,\varphi_n)$ 为非奇异对角矩阵，于是方程组(3.55)的解为

$$a_k^*=\frac{(f(x),\varphi_k(x))}{(\varphi_k(x),\varphi_k(x))}(k=0,1,\cdots,n). \tag{3.60}$$

于是 $f(x)$ 在 Φ 中的最佳平方逼近函数为

$$S^*=\sum_{k=0}^{n}\frac{(f(x),\varphi_k(x))}{\|\varphi_k(x)\|_2^2}\varphi_k(x). \tag{3.61}$$

由式(3.59)可得最佳平方逼近的平方误差为

$$\begin{aligned}\|\delta(x)\|_2^2&=\|f(x)-S^*(x)\|_2^2=\|f(x)\|_2^2-\sum_{k=0}^{n}a_k^*(\varphi_k(x),f(x))\\&=\|f(x)\|_2^2-\sum_{k=0}^{n}(a_k^*\|\varphi_k(x)\|_2)^2.\end{aligned} \tag{3.62}$$

由此可得**贝塞尔(Bessel)不等式**

$$\sum_{k=0}^{n}(a_k^*\|\varphi_k(x)\|_2)^2\leqslant\|f(x)\|_2^2. \tag{3.63}$$

若 $f(x)\in C[a,b]$，按正交函数族 $\varphi_k(x)(k=0,1,2,\cdots n)$ 展开为级数，系数 a_k^* 由式(3.60)计算，级数

$$\sum_{k=0}^{n}a_k^*\varphi_k(x) \tag{3.64}$$

称为 $f(x)$ 的**广义傅里叶级数**，它是傅里叶级数的直接推广.

定理 3.11　设 $\varphi_k(x)(k=0,1,2,\cdots n)$ 是由幂函数 $x^k(k=0,1,2,\cdots n)$ 正交化得到，$f(x)\in C[a,b]$，$S^*(x)$ 是由式(3.61)给出的最佳平方逼近多项式，则有

$$\lim_{n\to\infty}\|f(x)-S_n^*(x)\|_2=0.$$

证明略,可见参考文献[11].

考虑函数$f(x)\in C[-1,1]$,按勒让德多项式$\{P_0(x),P_1(x),\cdots,P_n(x)\}$展开,由式(3.60)和式(3.61)可得

$$S_n^*(x)=a_0^*P_0(x)+a_1^*P_1(x)+\cdots+a_n^*P_n(x),$$

其中

$$a_k^*(x)=\frac{(f(x),P_k(x))}{(P_k(x),P_k(x))}=\frac{2k+1}{2}\int_{-1}^{1}f(x)P_k(x)\mathrm{d}x. \tag{3.65}$$

平方误差为

$$\|\delta_k(x)\|_2^2=\int_{-1}^{1}f^2(x)\mathrm{d}x-\sum_{k=0}^{n}\frac{2}{2k+1}a_k^{*2}. \tag{3.66}$$

由定理3.11可得

$$\lim_{m\to\infty}\|f(x)-S_n^*(x)\|_2=0.$$

对于首项系数为1的勒让德多项式$\widetilde{P}_n(x)$有以下性质.

定理3.12 在区间$[-1,1]$上,所有的最高次项系数为1的n次多项式中,勒让德多项式$\widetilde{P}_n(x)$与零的平方误差最小.

证明 设$Q_n(x)$为任意一个最高次项系数为1的n次多项式,它可表示为

$$Q_n(x)=\widetilde{P}_n(x)+\sum_{k=0}^{n-1}a_k\widetilde{P}_k(x),$$

于是

$$\begin{aligned}\|Q_n(x)\|_2^2&=(Q_n(x),Q_n(x))=\int_{-1}^{1}Q_n^2(x)\mathrm{d}x,\\&=(\widetilde{P}_n(x),\widetilde{P}_n(x))+\sum_{k=0}^{n-1}a_k^2(\widetilde{P}_k(x),\widetilde{P}_k(x))\\&\geqslant(\widetilde{P}_n(x),\widetilde{P}_n(x))=\|\widetilde{P}_n(x)\|_2^2,\end{aligned}$$

当且仅当$a_0=a_1=\cdots=a_{n-1}=0$时等号成立,即当$Q_n(x)\equiv\widetilde{P}_n(x)$时平方误差最小.

例3.6 求$f(x)=\mathrm{e}^x$在区间$[-1,1]$上的三次最佳平方逼近多项式.

解 选取勒让德正交多项式作逼近,设

$$S_3^*(x)=a_0^*P_0(x)+a_1^*P_1(x)+a_2^*P_2(x)+a_3^*P_3(x), \tag{3.67}$$

先计算$(f(x),P_k(x))=\int_{-1}^{1}f(x)P_k(x)\mathrm{d}x\,(k=0,1,2,3)$.

$$(f(x),P_0(x))=\int_{-1}^{1}e^x dx == e-\frac{1}{e}\approx 2.3504;$$

$$(f(x),P_1(x))=\int_{-1}^{1}xe^x dx = 2e^{-1}\approx 0.7358;$$

$$(f(x),P_2(x))=\int_{-1}^{1}(\frac{3}{2}x^2-\frac{1}{2})e^x dx = e-\frac{7}{e}\approx 0.1431;$$

$$(f(x),P_3(x))=\int_{-1}^{1}(\frac{5}{2}x^3-\frac{3}{2}x)e^x dx = 37\frac{1}{e}-5e\approx 0.02013.$$

则由式(3.60)可得

$$a_0^* = (f(x),P_0(x))/2\approx 1.1752,\ a_1^* = 3(f(x),P_1(x))/2\approx 1.1036,$$

$$a_2^* = 5(f(x),P_2(x))/2\approx 0.3578,\ a_3^* = 7(f(x),P_3(x))/2\approx 0.07046.$$

代入式(3.67)得三次最佳平方逼近多项式为

$$S_3^*(x)=0.9963+0.9979x+0.5367x^2+0.1761x^3.$$

平方误差为

$$\|\delta_n(x)\|_2=\|e^x-S_3^*(x)\|_2=\sqrt{\int_{-1}^{1}e^{2x}dx-\sum_{k=0}^{3}\frac{2}{2k+1}a_k^{*2}}\leqslant 0.0084.$$

如果$f(x)\in C[a,b]$，求一般区间$[a,b]$上的最佳平方逼近多项式，只要作变换

$$x=\frac{b-a}{2}t+\frac{b+a}{2}\quad(-1\leqslant t\leqslant 1),$$

于是

$$F(t)=f\left(\frac{b-a}{2}t+\frac{b+a}{2}\right),$$

权函数为$\rho(x)=1$，可用勒让德多项式作最佳平方逼近多项式$S_n^*(t)$，从而得到区间$[a,b]$上的最佳平方逼近多项式$S_n^*\left(\frac{1}{b-a}(2x-a-b)\right)$.

3.4.4　用幂函数作最佳平方逼近

当取基函数$\varphi_k(x)=x^k(k=0,1,\cdots,n)$，相应的函数空间为$H_n=span\{1,x,\cdots,x^n\}$，则要在区间$[0,1]$上求函数$f(x)$的$n$次最佳平方逼近多项式$S(x)=\sum_{j=0}^{n}a_k x^k\in H_n$.若取权函数$\rho(x)=1$，此时有

$$(\varphi_j(x),\varphi_k(x))=(x^j,x^k)=\int_0^1 x^{k+j}dx=\frac{1}{k+j+1},$$

$$(f(x),\varphi_k(x))=(f(x),x^k)=\int_0^1 f(x)x^k\mathrm{d}x\equiv d_k.$$

方程组的系数矩阵为

$$\boldsymbol{H}=\begin{bmatrix}1 & 1/2 & \cdots & 1/(n+1)\\ 1/2 & 1/3 & \cdots & 1/(n+2)\\ \vdots & \vdots & & \vdots\\ 1/(n+1) & 1/(n+2) & \cdots & 1/(2n+1)\end{bmatrix}$$

称为**希尔伯特(Hilbert)矩阵**. 记 $\boldsymbol{a}=(a_0,a_1,\cdots,a_n)^{\mathrm{T}}$, $\boldsymbol{d}=(d_0,d_1,\cdots,d_n)^{\mathrm{T}}$,则

$$\boldsymbol{Ha}=\boldsymbol{d}$$

的解 $a_k=a_k^*(k=0,1,\cdots,n)$ 即为所求. 希尔伯特矩阵是一种典型的病态矩阵,随着 n 的增大病态越严重. 法方程组是病态方程组,数值计算结果不稳定.

例 3.7 设 $f(x)=\sqrt{1+x^2}$,求$[0,1]$上的一次最佳平方逼近多项式.

解 法方程组的系数矩阵为希尔伯特矩阵,右端项为

$$d_0=\int_0^1\sqrt{1+x^2}\mathrm{d}x=\frac{1}{2}\ln(1+\sqrt{2})+\frac{\sqrt{2}}{2}\approx 1.148,$$

$$d_1=\int_0^1 x\sqrt{1+x^2}\mathrm{d}x=\frac{1}{3}(1+x^2)^{3/2}\Big|_0^1=\frac{2\sqrt{2}-1}{3}\approx 0.609,$$

于是得法方程组

$$\begin{bmatrix}1 & 1/2\\ 1/2 & 1/3\end{bmatrix}\begin{bmatrix}a_0\\ a_1\end{bmatrix}=\begin{bmatrix}1.148\\ 0.609\end{bmatrix},$$

解之得 $a_0=0.934$, $a_1=0.426$. 故所求的一次多项式为 $S_1^*(x)=0.934+0.426x$.
平方误差为

$$\begin{aligned}\|\delta(x)\|_2^2&=(f(x),f(x))-(S_1^*(x),f(x))\\&=\int_0^1(1+x^2)\mathrm{d}x-0.426d_1-0.934d_0\\&=0.0026.\end{aligned}$$

3.5 曲线拟合的最小二乘法

在科学实验中,常常从一组实验数据 $(x_i,y_i)(i=0,1,\cdots,m)$ 出发,构造一条能较好反映实验数据变化规律的函数曲线. 首先看下面的引例:

引例 已测得铜导线在温度 T_i(℃)时的电阻 $R_i(\Omega)$ 如表 3.1,求电阻 R 与温度 T 的近似函数关系.

表 3.1　引例中温度和电阻值

T_i(℃)	20.5	32.7	45.0	51.0	64.5	73.0	85.0	95.7
R_i(Ω)	765	816	835	873	899	942	1 001	1 032

若要求所求曲线通过所给所有数据点,就是第 2 章所述的插值问题.由于这些实验数据是由测量得到的,不可避免地带有测量误差,如果要求所得的近似函数曲线精确无误地通过所有的点,就会使曲线保留着一切测量误差.当个别数据的误差较大时,插值效果显然是不理想的.此外,由实验或观测提供的数据个数往往很多,如果用插值法,势必得到次数较高的插值多项式,使其通过所有的数据点不现实也不必要.若不要求曲线通过所有数据点,而是要求它反映对象整体的变化趋势,这就是数据拟合问题,又称曲线(面)拟合.

引例中,电阻随着温度的增加而增加,并且 8 个点大致分布在一条直线附近,如图 3.4 所示.因此可认为电阻 R 和温度 T 的主要函数关系为线性关系

$$P_1(T) = a_0 + a_1 T , \tag{3.68}$$

其中 a_0, a_1 为待定参数.我们希望该线性函数与所有数据点 (T_i,R_i) 越接近越好,为此必须寻求一种衡量接近程度的度量标准.

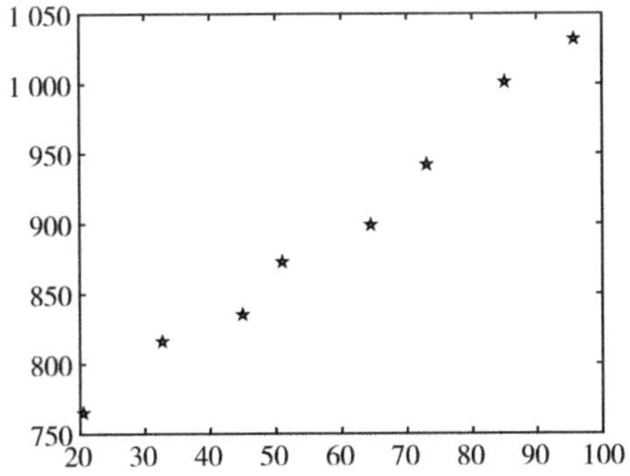

图 3.4　引例中温度和电阻散点图

令 $\delta_i = P_1(T_i) - R_i$,我们用平方误差 $\|\delta\|_2^2 = \sum_{i=0}^{m} \delta_i^2 = \sum_{i=0}^{m} (P_1(T_i) - R_i)^2$ 作为衡量 $P_1(T)$ 与数据点 (T_i,R_i) 偏离程度大小的度量标准.考虑使得上面平方误差的最小值时,来确定式(3.68)中的待定系数.

注意式(3.68)是一条直线,对于一般问题,函数关系不一定是线性函数,下面给出一般问题的曲线拟合的有关概念.

3.5.1　基本概念

定义 3.12　设 $\Phi = span\{\varphi_0(x),\varphi_1(x),\cdots,\varphi_n(x)\}$,给定一组数据 (x_i,y_i) ,其中 $y_i =$

$f(x_i)$，$x_i\in[a,b](i=0,1,2,\cdots,m)$，记误差 $\delta_i=S^*(x_i)-y_i(i=0,1,2,\cdots,m)$，并记 $\delta=(\delta_0,\delta_1,\cdots,\delta_m)^{\mathrm{T}}$，若存在 $S^*(x)=\sum_{j=0}^{n}a_j^*\varphi_j(x)\in\Phi\ (n+1\leqslant m)$，使得

$$\|\delta\|_2^2=\sum_{i=0}^{m}\rho(x_i)\delta_i^2=\sum_{i=0}^{m}\rho(x_i)[S^*(x_i)-y_i]^2=\min_{\forall S(x)\in\Phi}\sum_{i=0}^{m}\rho(x_i)[S(x_i)-y_i]^2,\tag{3.69}$$

其中 $\rho(x)\geqslant0$ 是 $[a,b]$ 上的权函数，没有特别说明 $\rho(x)\equiv1$，$\rho(x_i)$ 表示在 (x_i,y_i) 处所占的权重，则称 $S^*(x)$ 是离散点组 $(x_i,y_i)(i=0,1,2,\cdots,m)$ 的**拟合曲线**，如图 3.5 所示.

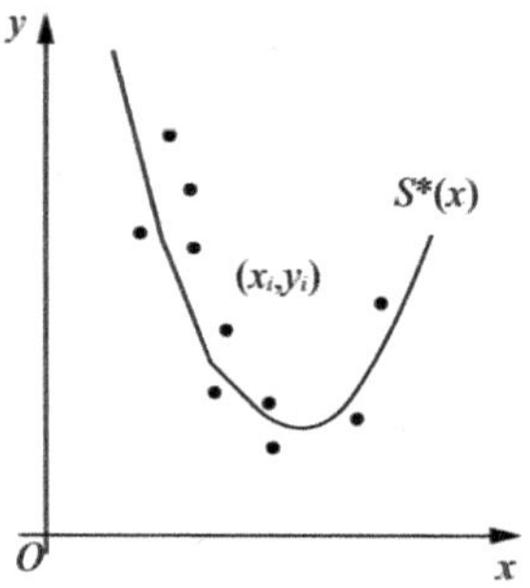

图 3.5　数据的拟合曲线

3.5.2　求法

用最小二乘法求拟合曲线的问题，就是在函数空间 Φ 中求一函数 $S^*(x)$，使得式(3.69)成立. 设 $S(x)=\sum_{j=0}^{n}a_j\varphi_j(x)$，该问题转化为求多元函数

$$I(a_0,a_1,\cdots,a_n)=\sum_{i=0}^{m}\rho(x_i)\left[\sum_{j=0}^{n}a_j\varphi_j(x_i)-y_i\right]^2\tag{3.70}$$

的极小值点 $(a_0^*,a_1^*,\cdots,a_n^*)$ 的问题. 由多元函数求极值的必要条件得

$$\frac{\partial I}{\partial a_k}=2\sum_{i=0}^{m}\rho(x_i)\left[\sum_{j=0}^{n}a_j\varphi_j(x_i)-f(x_i)\right]\varphi_k(x_i)=0\ (k=0,1,2,\cdots,n)\ .\tag{3.71}$$

若记

$$(\varphi_k,\varphi_j)=\sum_{i=0}^{m}\rho(x_i)\varphi_j(x_i)\varphi_k(x_i)\ ,\ (f,\varphi_k)=\sum_{i=0}^{m}\rho(x_i)f(x_i)\varphi_k(x_i)\equiv d_k(k=0,1,\cdots,n)\ ,$$

可得

$$\sum_{j=0}^{n}(\varphi_k,\varphi_j)a_j=d_k\ (k=0,1,\cdots,n)\ .\tag{3.72}$$

式(3.72)称为**正规方程组**或**法方程组**.

把式(3.72)写成矩阵形式

$$\boldsymbol{G}\boldsymbol{a} = \boldsymbol{d}\ , \tag{3.73}$$

其中 $\boldsymbol{a} = (a_0, a_1, \cdots, a_n)^{\mathrm{T}}$, $\boldsymbol{d} = (d_0, d_1, \cdots, d_n)^{\mathrm{T}}$,

$$\boldsymbol{G} = \begin{bmatrix} (\varphi_0,\varphi_0) & (\varphi_0,\varphi_1) & \cdots & (\varphi_0,\varphi_n) \\ (\varphi_1,\varphi_0) & (\varphi_1,\varphi_1) & \cdots & (\varphi_1,\varphi_n) \\ \vdots & \vdots & & \vdots \\ (\varphi_n,\varphi_0) & (\varphi_n,\varphi_1) & \cdots & (\varphi_n,\varphi_n) \end{bmatrix}.$$

要使法方程组 $\sum\limits_{j=0}^{n} (\varphi_k, \varphi_j) a_j = d_k\ (k = 0, 1, \cdots, n)$ 有唯一解，就要求使矩阵 $\boldsymbol{G}$ 非奇异. 而 $\varphi_0(x), \varphi_1(x), \cdots, \varphi_n(x)$ 在 $[a, b]$ 上线性无关不能得出矩阵 $\boldsymbol{G}$ 非奇异，必须附加另外的条件，即**哈尔(Haar)条件**. 下面给出哈尔条件的定义.

定义 3.13　设 $\varphi_0(x), \varphi_1(x), \cdots, \varphi_n(x)$ 的任意线性组合 $\sum\limits_{j=0}^{n} a_j\varphi_j(x)$ 在点集 $\{x_i\}, i = 0, 1, \cdots, m(m \geqslant n)$ 上至多有 n 个不同的零点. 则称函数族 $\varphi_0(x), \varphi_1(x), \cdots, \varphi_n(x)$ 在该点集上满足**哈尔(Haar)条件**.

易知幂函数 $1, x, \cdots, x^n$ 在任意 $m(m \geqslant n)$ 个点上满足哈尔条件.

如果函数族 $\varphi_0(x), \varphi_1(x), \cdots, \varphi_n(x)$ 在点集 $\{x_i\}_0^m$ 上满足哈尔条件，则法方程的系数矩阵非奇异，于是法方程组存在唯一的解 $a_k = a_k^*, k = 0, 1, \cdots, n$. 从得拟合曲线为

$$S^*(x) = a_0^* \varphi_0(x) + a_1^* \varphi_1(x) + \cdots + a_n^* \varphi_n(x)\ , \tag{3.74}$$

且满足

$$\sum_{i=0}^{m} \rho(x_i)[S^*(x_i) - y_i]^2 \leqslant \sum_{i=0}^{m} \rho(x_i)[S(x_i) - x_i]^2, \forall S(x) \in \Phi\ ,$$

从而 $S^*(x)$ 为最小二乘解.

若函数空间 Φ 为多项式空间 $H_n = span\{1, x, \cdots, x^n\}$ ，式(3.72)变为

$$\sum_{k=0}^{n} \Big(\sum_{i=0}^{m} x_i^{j+k} \Big) a_k = \sum_{i=0}^{m} x_i^j y_i (j = 0, 1, \cdots, n,)\ , \tag{3.75}$$

把它写成矩阵形式

$$\begin{bmatrix} m+1 & \sum\limits_{i=0}^{m} x_i & \cdots & \sum\limits_{i=0}^{m} x_i^n \\ \sum\limits_{i=0}^{m} x_i & \sum\limits_{i=0}^{m} x_i^2 & \cdots & \sum\limits_{i=0}^{m} x_i^{n+1} \\ \vdots & \vdots & & \vdots \\ \sum\limits_{i=0}^{m} x_i^n & \sum\limits_{i=0}^{m} x_i^{n+1} & \cdots & \sum\limits_{i=0}^{m} x_i^{2n} \end{bmatrix} \begin{bmatrix} a_0 \\ a_1 \\ \vdots \\ a_n \end{bmatrix} = \begin{bmatrix} \sum\limits_{i=0}^{m} y_i \\ \sum\limits_{i=0}^{m} x_i y_i \\ \vdots \\ \sum\limits_{i=0}^{m} x_i^n y_i \end{bmatrix}. \tag{3.76}$$

设点 $\{x_i, i = 0,1,\cdots,m\}$ $(n+1 \leqslant m)$ 互异，则法方程组(3.76)的解 $a_k = a_k^*$，$k = 0,1,\cdots,n$ 存在且唯一，则 $S_n^*(x) = \sum_{k=0}^{m} a_k^* x^k$ 就是最小二乘拟合多项式.

对于一个实际的曲线拟合问题，一般先按观测值在直角坐标平面上描出散点图，看一看散点的分布同哪类曲线图形接近，然后选用相接近的曲线拟合方程.

例 3.8 已知一组实验数据见表 3.2，求这些实验点的拟合曲线.

表 3.2 例 3.8 中拟合数据

x_i	1	2	3	4	5
f_i	4	4.5	6	8	8.5
ρ_i	2	1	3	1	1

解 首先根据离散数据绘草图，从草图形状可以看出它们分布在一条直线附近，见图 3.6，故用线性函数拟合这组实验数据.

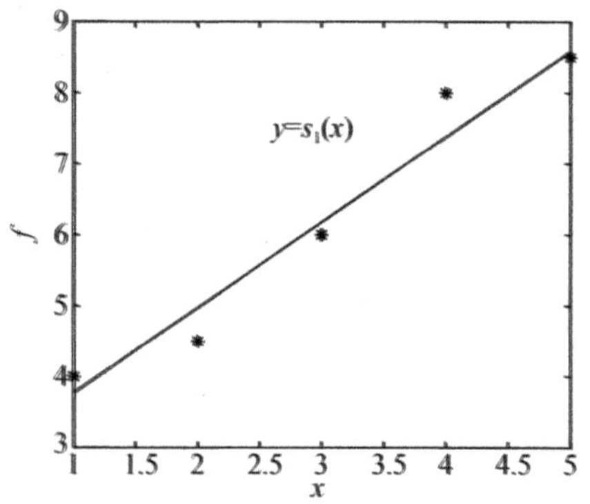

图 3.6 例 3.8 中线性拟合曲线

令 $S_1(x) = a_0 + a_1 x$，这里 $m = 4, n = 1, \varphi_0(x) = 1, \varphi_1(x) = x$，

于是有

$$(\varphi_0,\varphi_0) = \sum_{i=0}^{4}\rho_i = 8\,,\ (\varphi_0,\varphi_1) = (\varphi_1,\varphi_0) = \sum_{i=0}^{4}\rho_i x_i = 22\,,\ (\varphi_1,\varphi_1) = \sum_{i=0}^{4}\rho_i x_i^2 = 74\,,$$

$$(\varphi_0, f) = \sum_{i=0}^{4}\rho_i f_i = 47\,,\ (\varphi_1, f) = \sum_{i=0}^{4}\rho_i x_i f_i = 145.5\,,$$

得法方程组 $\begin{cases} 8a_0 + 22a_1 = 47 \\ 22a_0 + 74a_1 = 145.5 \end{cases}$，解之得 $a_0 \approx 2.564\,8, a_1 \approx 1.203\,7$，

故所求拟合曲线为 $S_1(x) = 2.564\,8 + 1.203\,7x$.

3.5.3 可化为线性拟合的非线性模型

有些非线性拟合曲线可以通过适当的变量替换转化为线性曲线，按线性拟合解出后再还原为原变量所表示的曲线拟合方程. 表3.3列举了几类经适当变换后化为线性拟合求解的曲线拟合及变换关系.

表3.3 可化为线性拟合的情形

曲线类型	非线性拟合曲线	变量替换	线性拟合曲线
指数函数	$y = ae^{bx}(a > 0)$	$\bar{y} = \ln y, \bar{x} = \ln x$, $A = \ln a$	$\bar{y} = A + b\bar{x}$
指数函数	$y = ae^{b/x}(x > 0, a > 0)$	$\bar{y} = \ln y, \bar{x} = \frac{1}{x}$, $A = \ln a$	$\bar{y} = A + b\bar{x}$
双曲线	$\frac{1}{y} = a + \frac{b}{x}(a > 0)$	$\bar{y} = \frac{1}{y}, \bar{x} = \frac{1}{x}$	$\bar{y} = a + b\bar{x}$
幂函数	$y = ax^{\mu} + b$	$\bar{x} = x^{\mu}$	$y = a\bar{x} + b$

例3.9 已知数据表3.4

表3.4 例3.9中拟合数据

x_i	0	1	2	4
y_i	2.01	1.21	0.74	0.45

求形如 $y = ae^{-bx}$ 的拟合曲线.

解 $y = ae^{-bx}$ 可变形为 $\ln y = \ln a - bx$,令 $\tilde{y} = \ln y$, $A = \ln a$, $\tilde{b} = -b$,则有

$$\tilde{y} = A + \tilde{b}x .$$

取 $\tilde{y}_i = \ln y_i$,于是可得数据表3.5.

表3.5 $\tilde{y}_i$ 的计算结果

i	0	1	2	3
x_i	0	1	2	4
$\tilde{y}_i$	0.698	0.191	-0.301	-0.799

取 $\varphi_0(x) = 1$, $\varphi_1(x) = x$,则

$$(\varphi_0,\varphi_0) = 4 , (\varphi_0,\varphi_1) = \sum_{i=0}^{3} x_i = 7 , (\varphi_1,\varphi_1) = \sum_{i=0}^{3} x_i^2 = 21 ,$$

$$(\varphi_0,\tilde{y}) = \sum_{i=0}^{3} \tilde{y}_i = -0.211 , (\varphi_1,\tilde{y}) = \sum_{i=0}^{3} x_i\tilde{y}_i = -3.607 .$$

于是正规方程组为

$$\begin{bmatrix}4 & 7\\7 & 21\end{bmatrix}\begin{bmatrix}A\\\tilde{b}\end{bmatrix}=\begin{bmatrix}-0.211\\-3.607\end{bmatrix},$$

解得 $A = 0.5948$, $\tilde{b} = -0.37$,于是有 $a = e^A = 1.8127$, $b = 0.37$,故

$$y = 1.8127e^{-0.37x}.$$

3.6 移动最小二乘(MLS)法

P. Lancaster 在研究曲面拟合时建立了移动最小二乘(moving least squares,简称 MLS)方法. MLS 方法在求解域 Ω 内采用具有 k 阶连续导数的基函数,使节点处的误差的加权平方和最小,得到了近似函数的系数,进而得到逼近函数. 通过 MLS 得到的逼近函数具有精度高、光滑性好和导数连续的特性.

假设待求函数 $u(x)$ 在求解域 Ω 中的 N 个节点 $x_I(I = 1,2,\cdots,N)$ 处的函数值 $u_I = u(x_I)$ 是已知的,我们的目的是在域 Ω 内构造待求函数 $u(x)$ 的全局近似函数 $u^h(x)$. 待求函数 $u(x)$ 在计算点 x 的邻域 Ω_x 内可以局部近似为

$$u^h(x,\bar{x}) = \sum_{i=1}^{m} p_i(\bar{x})a_i(x) = p^{\mathrm{T}}(\bar{x})a(x), \tag{3.77}$$

其中 $\bar{x} = [x,y,z]^{\mathrm{T}}$ 是计算点 x 的邻域 Ω_x 内各点的坐标, $p^{\mathrm{T}}(\bar{x}) = [p_1(\bar{x}),p_2(\bar{x}),\cdots,p_m(\bar{x})]$, $p_i(\bar{x})$ 是基函数, m 是基函数的个数, $a(x) = [a_1(x),a_2(x),\cdots,a_m(x)]^{\mathrm{T}}$, $a_i(x)$ 是待定系数. 基函数 $p_i(\bar{x})$ 应满足下面条件:

$$\begin{aligned}&p_1(\bar{x}) = 1,\\&p_i(\bar{x}) \in C^k(\Omega),\end{aligned} \tag{3.78}$$

其中 $C^k(\Omega)$ 表示域 Ω 内具有直到 k 阶连续导数的函数空间. 通常使用单项式作为基函数,也可以使用其他函数,比如奇异函数和三角函数等.

二维(2D)空间中单项式基函数为

$$\begin{aligned}&\text{线性基}: \boldsymbol{p}^{\mathrm{T}}(\bar{x}) = [1,x,y], m = 3,\\&\text{二次基}: \boldsymbol{p}^{\mathrm{T}}(\bar{x}) = [1,x,y,x^2,xy,y^2], m = 6.\end{aligned} \tag{3.79}$$

三维(3D)空间中单项式基函数为

$$\text{线性基}: \boldsymbol{p}^{\mathrm{T}}(\bar{x}) = [1,x,y,z], m = 4,$$

二次基：

$$\boldsymbol{p}^{\mathrm{T}}(\bar{x}) = [1, x, y, z, x^2, xy, y^2, yz, z^2, xz], m = 10. \tag{3.80}$$

基函数的个数 m 和基函数所包含的最高阶完备多项式的阶数 k 以及待求问题的维数 n_d 之间的关系为

$$m = \frac{(k+1)(k+2)\cdots(k+n_d)}{n_d!}. \tag{3.81}$$

在移动最小二乘近似中，系数 $a_i(x)$ 的选取使得近似函数 $u^h(x,\bar{x})$ 在计算点 x 的邻域 Ω_x 内是待求函数 $u(x)$ 在某种最小二乘意义下的最佳近似. 计算点 x 的邻域 Ω_x 成为 MLS 近似函数在该计算点处的定义域，简称计算点 x 的定义域.

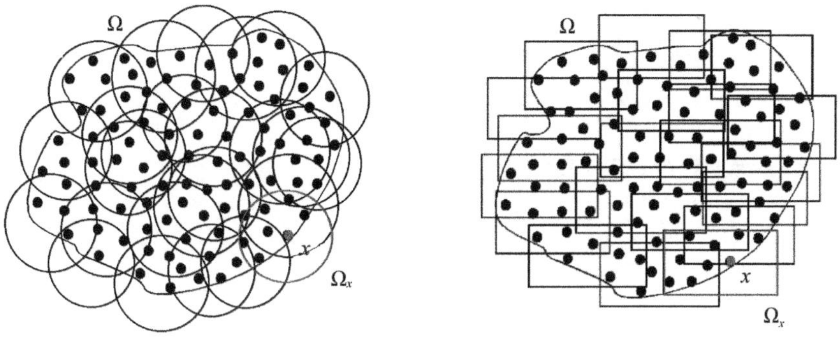

(a) 圆形支撑域　　(b) 矩形支撑域

图 3.7　支撑域

将求解域 Ω 用 N 个节点离散，在每个节点 x_I $(I = 1,2,\cdots,N)$ 处定义一个权函数 $\omega_I(x) = \omega(x - x_I)$. 权函数 $\omega_I(x)$ 只在节点 x_I 周围的一个有限区域 Ω_I 中大于零，而在该邻域外为零. 区域 Ω_I 称为权函数 $\omega_I(x)$ 的支撑域，也称为节点 x_I 的支撑域或节点 x_I 的影响域. 只有支撑域覆盖了计算点 x 的那些节点（即 $\omega_I(\bar{x}) \neq 0$）才对 MLS 近似函数有贡献，因此 MLS 近似函数 $u^h(x)$ 在计算点 x 处的定义域 Ω_x 为这些节点的支撑域的并集. 在二维问题中，节点 x_I 的支撑域一般取半径为 d_{m_I} 的圆形或边长分别为 d_{x_I} 和 d_{y_I} 的矩形区域，如图 3.7，而 MLS 近似函数 $u^h(x)$ 在计算点 x 处的定义域 Ω_x 的形状比较复杂. 设计算点 x 的邻域 Ω_x 包括 N 个节点，近似函数 $u^h(x,\bar{x})$ 在这些节点 $\bar{x} = x_I$ 处的误差加权平方和为

$$\begin{aligned} J &= \sum_{I=1}^{N} \omega_I(x)\left[u^h(x,\bar{x}) - u(x_I)\right]^2 \\ &= \sum_{I=1}^{N} \omega_I(x)\left[\sum_{i=1}^{m} p_i(\bar{x}) a_i(x) - u_I\right]^2, \end{aligned} \tag{3.82}$$

由 J 取极值的必要条件得

$$\frac{\partial J}{\partial a_j(x)} = 2\sum_{I=1}^{N} \omega_I(x)\left[\sum_{i=1}^{m} p_i(\bar{x}) a_i(x) - u_I\right] p_j(x_I) = 0 \quad j = 1,2,\cdots,m, \tag{3.83}$$

由此得

$$\sum_{i=1}^{m}\left[\sum_{I=1}^{N}\omega_I(x)p_i(x)p_j(x)\right]a_i(x)=\left[\sum_{I=1}^{N}\omega_I(x)p_j(x_I)\right]u_I\ , \tag{3.84}$$

即

$$\boldsymbol{A}(x)\boldsymbol{a}(x)=\boldsymbol{B}(x)\boldsymbol{u}\ . \tag{3.85}$$

式中

$$A(x)=\sum_{I=1}^{N}\omega_I p(x_I)p^{\mathrm{T}}(x_I)\ , \tag{3.86}$$

$$\boldsymbol{B}(x)=[\omega_1(x)\boldsymbol{p}(x_1)\omega_2(x)\boldsymbol{p}(x_2)\cdots\omega_N(x)\boldsymbol{p}(x_N)]\ , \tag{3.87}$$

由式(3.85)可得待定系数向量 $\boldsymbol{a}(x)$ 形式

$$\boldsymbol{a}(x)=\boldsymbol{A}^{-1}(x)\boldsymbol{B}(x)\boldsymbol{u}\ , \tag{3.88}$$

将式(3.88)代入式(3.77)中,可得

$$u^h(x,\bar{x})=\boldsymbol{p}^{\mathrm{T}}(\bar{x})\boldsymbol{A}^{-1}(x)\boldsymbol{B}(x)\boldsymbol{u}=\boldsymbol{N}(x,\bar{x})\boldsymbol{u}\ , \tag{3.89}$$

其中形函数 $\boldsymbol{N}(x,\bar{x})$ 为

$$\boldsymbol{N}(x,\bar{x})=\boldsymbol{p}^{\mathrm{T}}(\bar{x})\boldsymbol{A}^{-1}(x)\boldsymbol{B}(x)\ . \tag{3.90}$$

近似函数 $u^h(x,\bar{x})$ 是待求函数 $u(x)$ 在计算点 x 邻域 Ω_x 内的加权最小二乘意义下的局部最佳近似. 对求解域 Ω 中的所有点 x 都可以在其邻域 Ω_x 内建立待求函数 $u(x)$ 的局部最佳近似,这些局部近似函数 $u^h(x,\bar{x})$ 在点 $\bar{x}=x$ 处的值的集合就构成了待求函数 $u(x)$ 在求解域 Ω 内的全局近似函数 $u^h(x)$,如图 3.8 所示,即

$$u(x)\approx u^h(x)=u^h(x,\bar{x})\big|_{\bar{x}=x}=\boldsymbol{N}(x)\boldsymbol{u}\ , \tag{3.91}$$

其中 $\boldsymbol{N}(x)$ 为

$$\boldsymbol{N}(x)=\boldsymbol{N}(x,\bar{x})\big|_{\bar{x}=x}=\boldsymbol{p}^{\mathrm{T}}(\bar{x})\boldsymbol{A}^{-1}(x)\boldsymbol{B}(x)\ . \tag{3.92}$$

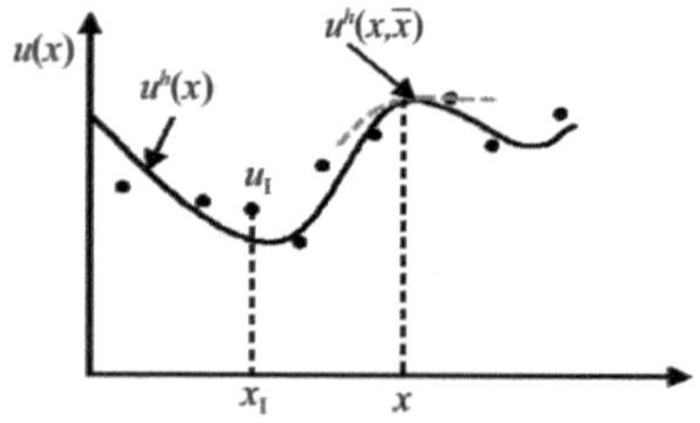

图 3.8　局部近似和全局近似

对于一个二维问题，基函数使用线性基（$m=3$），即

$$\boldsymbol{p}^{\mathrm{T}}(x)=[1,x,y]. \tag{3.93}$$

此时 $\boldsymbol{A}$ 为一对称的 3×3 的矩阵，并且可以表示为

$$\begin{aligned}\boldsymbol{A}_{3\times3}(x)&=\sum_{I=1}^{N}\boldsymbol{\omega}_I(x)\boldsymbol{p}(x_I)\,\boldsymbol{p}^{\mathrm{T}}(x_I)\\&=\omega_1(x)\begin{bmatrix}1&x_1&y_1\\x_1&x_1^2&x_1y_1\\y_1&x_1y_1&y_1^2\end{bmatrix}+\omega_2(x)\begin{bmatrix}1&x_2&y_2\\x_2&x_2^2&x_2y_2\\y_2&x_2y_2&y_2^2\end{bmatrix}+\\&\quad\cdots+\omega_N(x)\begin{bmatrix}1&x_N&y_N\\x_N&x_N^2&x_Ny_N\\y_N&x_Ny_N&y_N^2\end{bmatrix}\\&=\begin{bmatrix}\sum_{I=1}^{N}\omega_I(x)&\sum_{I=1}^{N}x_I\omega_I(x)&\sum_{I=1}^{N}y_I\omega_I(x)\\\sum_{I=1}^{N}x_I\omega_I(x)&\sum_{I=1}^{N}x_I^2\omega_I(x)&\sum_{I=1}^{N}x_Iy_I\omega_I(x)\\\sum_{I=1}^{N}y_I\omega_I(x)&\sum_{I=1}^{N}x_Iy_I\omega_I(x)&\sum_{I=1}^{N}y_I^2\omega_I(x)\end{bmatrix}.\end{aligned} \tag{3.94}$$

矩阵 $\boldsymbol{B}$ 为 $3\times N$ 的矩阵，可以表示为

$$\begin{aligned}\boldsymbol{B}_{3\times N}(x)&=[\omega_1(x)p(x_1)\ \ \omega_2(x)p(x_2)\ \ \cdots\ \ \omega_N(x)p(x_N)]\\&=\left[\omega_1(x)\begin{bmatrix}1\\x_1\\y_1\end{bmatrix}\ \ \omega_2(x)\begin{bmatrix}1\\x_2\\y_2\end{bmatrix}\ \ \cdots\ \ \omega_N(x)\begin{bmatrix}1\\x_N\\y_N\end{bmatrix}\right]\\&=\begin{bmatrix}\omega_1(x)&\omega_2(x)&\cdots&\omega_N(x)\\x_1\omega_1(x)&x_2\omega_2(x)&\cdots&x_N\omega_N(x)\\y_1\omega_1(x)&y_2\omega_2(x)&\cdots&y_N\omega_N(x)\end{bmatrix}.\end{aligned} \tag{3.95}$$

将式(3.95)代入到式(3.92)，再把求得的 $\boldsymbol{N}(x)$ 代入到式(3.91)可以得到

$$u^h(x)=\sum_{I=1}^{N}N_I(x)u_I=N(x)u\ , \tag{3.96}$$

其中 $\boldsymbol{N}(x)$ 为 $1\times N$ 的矩阵，可以表示为

$$\boldsymbol{N}(x)=\boldsymbol{p}^{\mathrm{T}}(x)\boldsymbol{A}^{-1}(x)\boldsymbol{B}(x)=[N_1(x)\ \ N_2(x)\ \ \cdots\ \ N_N(x)]\ , \tag{3.97}$$

其中

$$N_I(x)=\sum_{i=1}^{m}p_i(x)(\boldsymbol{A}^{-1}(x)\boldsymbol{B}(x))_{iI}=\boldsymbol{p}^{\mathrm{T}}(x)(\boldsymbol{A}^{-1}\boldsymbol{B})_I. \tag{3.98}$$

为了计算形函数的偏导数方便起见,令

$$r=\boldsymbol{A}^{-1}\boldsymbol{p}, \tag{3.99}$$

由于矩阵 $\boldsymbol{A}(x)$ 是对称的,所以有

$$\boldsymbol{r}^{\mathrm{T}}=\boldsymbol{P}^{\mathrm{T}}\boldsymbol{A}^{-1}, \tag{3.100}$$

对式(3.97)求导,可以得到形函数的一阶和二阶导数为

$$\begin{aligned}N_{,i}&=\boldsymbol{r}_{,i}^{\mathrm{T}}\boldsymbol{B}+\boldsymbol{r}^{\mathrm{T}}\boldsymbol{B}_{,i},\\ N_{,ij}&=\boldsymbol{r}_{,ij}^{\mathrm{T}}\boldsymbol{B}+\boldsymbol{r}_{,i}^{\mathrm{T}}\boldsymbol{B}_{,j}+\boldsymbol{r}_{,j}^{\mathrm{T}}\boldsymbol{B}_{,i}+\boldsymbol{r}^{\mathrm{T}}\boldsymbol{B}_{,ij},\end{aligned} \tag{3.101}$$

式中下标“$,i$”表示对空间坐标 x^i 的导数,即 $\boldsymbol{B}_{,i}$ 表示导数 $\mathrm{d}\boldsymbol{B}/\mathrm{d}x^i$, $\boldsymbol{B}_{,ij}$ 表示导数 $\mathrm{d}^2\boldsymbol{B}/\mathrm{d}x^i\mathrm{d}x^j$, x^1 表示 x, x^2 表示 y,

$$\begin{aligned}r_{,i}&=\boldsymbol{A}^{-1}(p_{,i}-A_{,i}r),\\ r_{,ij}&=\boldsymbol{A}^{-1}(p_{,ij}-A_{,i}r_{,j}-A_{,j}r_{,i}-A_{,ij}r).\end{aligned} \tag{3.102}$$

为了保证 MLS 近似的局部特性,节点 x_I 的支撑域半径 d_{m_I} 应该取得足够小. 为了保证式(3.86)中的矩阵 $\boldsymbol{A}(x)$ 可逆,使得在每个节点 x 处的定义域中包括足够多的节点,半径 d_{m_I} 又应该取得足够大,所以合适的支撑域半径 d_{m_I} 很重要.

MLS 的近似效果与权函数选取有很大的关系,权函数一般要满足以下性质:

①在支持域中 $\omega(x-x_i)>0$.

②在支持域外 $\omega(x-x_i)=0$.

③ $\omega(x-x_i)$ 从计算点 x 开始单调递减.

常用的权函数有:

$$\omega(r)=\begin{cases}\dfrac{\mathrm{e}^{-r^2\beta^2}-\mathrm{e}^{-\beta^2}}{1-\mathrm{e}^{-\beta^2}} & r\leqslant 1,\\ 0 & r>1,\end{cases} \tag{3.103}$$

$$\omega(r)=\begin{cases}\mathrm{e}^{-(r/\alpha)^2} & r\leqslant 1,\\ 0 & r>1,\end{cases} \tag{3.104}$$

$$\omega(r)=\begin{cases}1-6r^2+8r^3-3r^4 & r\leqslant 1,\\ 0 & r>1,\end{cases} \tag{3.105}$$

$$\omega(r)=\begin{cases}1-10r^3+15r^4-6r^5 & r\leqslant 1,\\ 0 & r>1,\end{cases} \tag{3.106}$$

$$\omega(r)=\begin{cases}\dfrac{2}{3}-4r^2+4r^3 & r\leqslant 1/2,\\ \dfrac{4}{3}-4r+4r^2-\dfrac{4}{3}r^3 & 1/2<r\leqslant 1,\\ 0 & r>1,\end{cases}\tag{3.107}$$

$$\omega(r)=\begin{cases}1-3r^2+2r^3 & r\leqslant 1,\\ 0 & r>1,\end{cases}\tag{3.108}$$

$$\omega(r)=\begin{cases}1-2r^2 & r\leqslant 1/2,\\ 2(1-r)^2 & 1/2<r\leqslant 1,\\ 0 & r>1,\end{cases}\tag{3.109}$$

$$\omega(r)=\begin{cases}(1-r^2)^n & r\leqslant 1,n\geqslant 2,\\ 0 & r>1.\end{cases}\tag{3.110}$$

其中 $r=\sqrt{(x-x_I)^2+(y-y_I)^2}\ /d_{m_I}$，$d_{m_I}$ 为圆形支撑域的半径.

3.7　数据拟合编程实例

作多项式 $P_m(x)=a_1x^m+a_2x^{m-1}+\cdots+a_mx+a_{m+1}$ 拟合，可用 MATLAB 提供的函数 'polyfit'，调用格式如下：

```
a=polyfit(x,y,m)
```

其中参数 x，y 表示已知数据，是相同长度的数值，参数 m 表示拟合多项式的次数，参数 a 表示输出拟合多项式系数生成的数组.

求多项式在 x 处的值 y 可用'polyval'函数，调用格式如下：

```
y=polyval(a, x).
```

例 3.10　3.5 节引例中电阻 R 与温度 T 的近似函数关系的 MATLAB 程序如下：

```
x=[20.5 32.7 45.0 51.0 64.5 73.0 85.0 95.7];
y=[765 816 835 873 899 942 1001 1032];
A=polyfit(x,y,1);
z=polyval(A,x);
plot(x,y,'k*',x,z,'r','LineWidth',3);
```

运行结果见图 3.9.

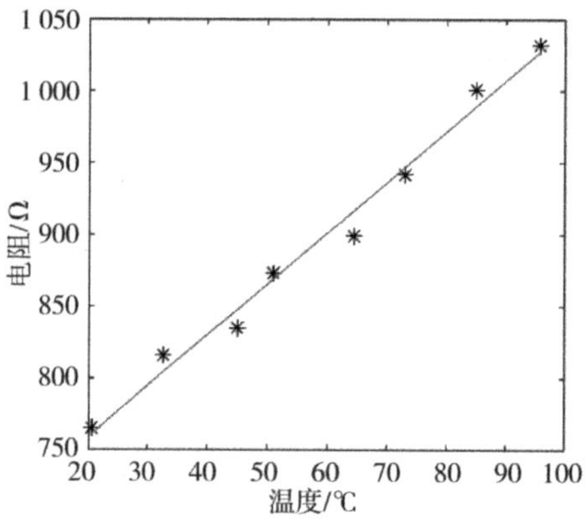

图 3.9　例 3.10 中一次函数拟合曲线

例 3.11　3.5 节例 3.8 的 MATLAB 程序为:

```
x=[1 1 2 3 3 3 4 5];
f=[4 4 4.5 6 6 6 8 8.5];
aa=polyfit(x,f,1);
y=polyval(aa,x);
plot(x,f,'r+',x,y,'k')
xlabel('x');
ylabel('y');
gtext('y=s1(x)')
```

运行结果见图 3.10.

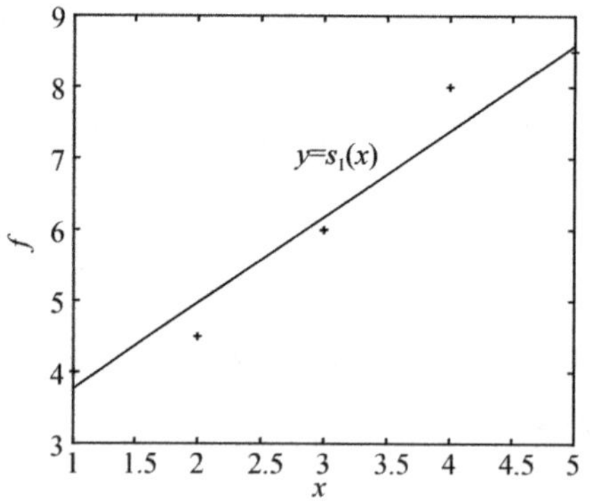

图 3.10　例 3.11 中一次函数拟合曲线

例 3.12　已知实验数据如表 3.6.

表 3.6　例 3.12 中拟合数据

x_i	0	0.1	0.2	0.3	0.4	0.5	0.6	0.7	0.8	0.9	1.0
y_i	−0.447	1.978	3.28	6.16	7.08	7.34	7.66	9.56	9.48	9.30	11.2

用 MATLAB 拟合二次多项式 $P_2(x) = a_1x^2 + a_2x + a_3$.

解 MATLAB 程序如下:

```
x=0:0.1:1;
y=[-0.447 1.978 3.28 6.16 7.08 7.34 7.66 9.56 9.48 9.30 11.2];
A=polyfit(x,y,2);
z=polyval(A,x);
plot(x,y,'k pentagram',x,z,'r','LineWidth',3)%作出数据点和拟合曲线的图形
```

运行结果如图 3.11 所示.

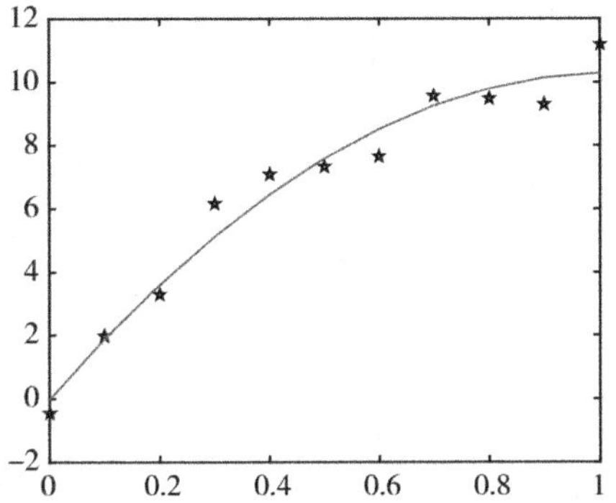

图 3.11 例 3.12 中二次多项式拟合曲线

例 3.13(给药方案) 一种新药用于临床之前,必须设计给药方案.药物进入机体后经血液输送到全身,在这个过程中不断地被吸收、分布、代谢,最终排出体外.医生对某人用快速静脉注射方式一次注入该药物 300 μg ,在一定时刻 t (小时)后测得血药浓度 C(μg/mL) 如表 3.7.

表 3.7 不同时刻的血药浓度

t	0.25	0.5	1.0	1.5	2.0	3.0	4.0	6.0	8.0
C	19.21	18.15	15.36	14.10	12.89	9.32	7.45	5.24	3.01

问题:

(1) 在快速静脉注射的给药方式下,研究血药浓度(单位体积血液中的药物含量)的变化规律;

(2) 给定药物的最小有效浓度 C_1 和最大有效浓度 C_2,本题设 $C_1 = 10$(μg/mL), $C_2 = 25$(μg/mL) .设计给药方案:每次注射剂量多大;间隔时间多长.

解 一、问题假设

(1) 将整个机体看作一个房室,称中心室,室内血药浓度是均匀的一室模型;

(2) 药物排除速率与血药浓度成正比,比例系数 $k(>0)$;

(3) 血液容积 V , $t=0$ 注射剂量 d ,血药浓度立即为 d/V .

二、模型分析

将整个机体看作一个房室，称中心室，室内血药浓度是均匀的。快速静脉注射后，浓度立即上升；然后迅速下降。当浓度太低时，达不到预期的治疗效果；当浓度太高，又可能导致药物中毒或副作用太强。临床上，每种药物有一个最小有效浓度 C_1 和一个最大有效浓度 C_2. 设计给药方案时，要使血药浓度保持在 $C_1 \sim C_2$ 之间。首先在坐标平面上画出离散数据 (t_i, C_i) 的草图，发现图形符合负指数函数曲线特点，如图 3.12.

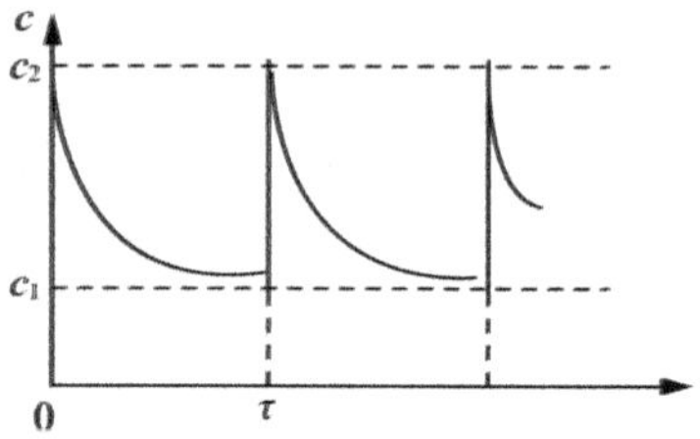

图 3.12　负指数函数曲线

三、模型建立和求解

由假设(2)建立血药浓度 C 与时间 t 之间关系：

$$\frac{\mathrm{d}C}{\mathrm{d}t} = -kC \,, \tag{3.111}$$

再由假设(3)得

$$C(t)\big|_{t=0} = d/V \,. \tag{3.112}$$

解(3.111)和(3.112)得

$$C(t) = \frac{d}{V}\mathrm{e}^{-kt} \,, \tag{3.113}$$

其中 $d = 300\ \mu\mathrm{g}$，下面通过曲线拟合求参数 k 和 V.

对式(3.113)取自然对数得

$$\ln C = \ln(d/V) - kt \,,$$

令 $y = \ln C$，$A = \ln(d/V)$，$B = -k$，则化为线性模型

$$y = A + Bt \,.$$

取 $y_i = \ln C_i$，列表计算见表 3.8.

表 3.8　$y_i = \ln C_i$ 的计算结果

t_i	0.25	0.5	1.0	1.5	2.0	3.0	4.0	6.0	8.0
y_i	2.955 4	2.898 7	2.731 8	2.646 2	2.556 5	2.232 2	2.008 2	1.656 3	1.101 9

故设血药浓度 C 与时间 t 之间的拟合函数为

$$C(t)=ae^{-bt}(a>0,b>0),$$

两边取对数得 $\ln C=\ln a-bt$，令 $\bar{y}=\ln C$，$A=\ln a$，$B=-b$，则化为线性模型

$$\bar{y}=A+Bt.$$

$\omega_i=1(i=0,1,\cdots,8)$，于是有

$$(\varphi_0,\varphi_0)=\sum_{i=0}^{8}\omega_i=9,\ (\varphi_0,\varphi_1)=(\varphi_1,\varphi_0)=\sum_{i=0}^{8}\omega_i t_i=26.25,$$

$$(\varphi_1,\varphi_1)=\sum_{i=0}^{4}\omega_i t_i^2=132.5625,\ (\varphi_0,f)=\sum_{i=0}^{4}\omega_i f_i=20.7872,$$

$$(\varphi_1,f)=\sum_{i=0}^{4}\omega_i x_i f_i=47.4847,$$

于是得关于 A，B 的法方程组

$$\begin{cases}9A+26.25B=20.7872\\26.25A+132.5625B=47.4847\end{cases},$$

解之得 $A\approx2.9943$，$B\approx-0.2347$.
于是有

$$k=-B\approx0.2347,\ V=d/e^A\approx300/e^{2.9943}\approx15.0215,\ d/V=e^A\approx19.9714.$$

故血药浓度与时间的函数关系为 $C(t)=19.9714e^{-0.2347t}$.

该曲线拟合的 MATLAB 程序如下：

```
t=[0.25  0.5  1.0  1.5  2.0  3.0  4.0  6.0  8.0];
c=[19.21 18.15 15.36 14.10 12.89 9.32 7.45 5.24 3.01];
y=log(c);
aa=polyfit(t,y,1);
b=-aa(1);
a=exp(aa(2));
y1=a*exp(-b*t);
plot(t,c,'r+',t,y1,'k')
xlabel('t');
ylabel('C');
text(4.5,8,'C=a*exp(-bt)')
```

程序运行结果见图 3.13.

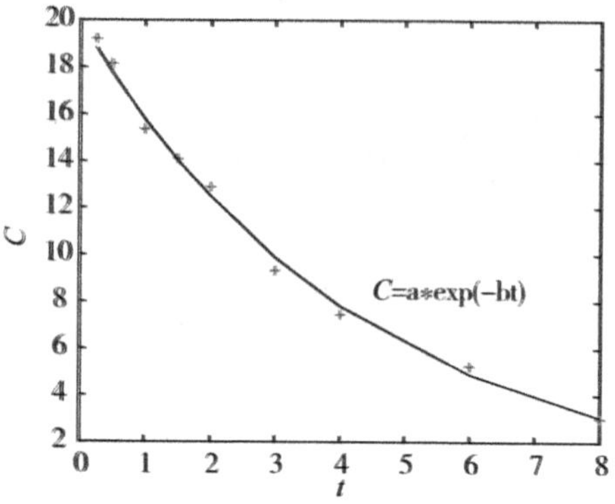

图 3.13　例 3.13 中拟合曲线

综上所述，记初次注射的剂量为 D_0，每次注射的剂量为 D，时间间隔为 τ，血药浓度 $C_1 \leqslant C(t) \leqslant C_2$，于是有如下结论：

(1) $D_0 = VC_2 \approx 15.0215 \times 25 = 375.5375$，初始剂量应加大；

(2) $D = V(C_2 - C_1) \approx 225.3225$；

(3) 由 $C_1 = C_2 e^{-k\tau}$ 得 $\tau = \dfrac{1}{k}\ln\dfrac{C_2}{C_1} \approx 3.9041$.

即：首次注射约 375 μg，其余每次注射约 225 μg，注射的间隔时间约为 4 小时.

习题 3

1. 设函数 $f(x) = 2x^3 + x^2$，求：

(1) $f(x)$ 在区间 $[-1,1]$ 上关于权函数 $\rho(x) = 1$ 的二次最佳平方逼近多项式；

(2) $f(x)$ 在区间 $[0,1]$ 上的 $\rho(x) = 1$ 二次最佳一致逼近多项式及其最大误差（已知三次切比雪夫(Chebyshev)多项式为 $T_3(x) = 4x^3 - 3x$）.

2. 求 $f(x) = x^4 + 3x^3 - 1$ 在区间 $[1,5]$ 上的三次最佳一致逼近多项式.

3. 设 $\Phi = span\{1, x^2\}$，试在 Φ 中求 $f(x) = |x|$ 在区间 $[-1,1]$ 上关于权函数 $\rho(x) = 1$ 的最佳平方逼近多项式.

4. 试用 Legendre 多项式构造 $f(x) = |x|$ 在区间 $[-1,3]$ 上的二次最佳平方逼近多项式.

5. 设 $\Phi = span\{1, x^2, x^4\}$，在 Φ 中求 $f(x) = |x|$ 在 $[-1,1]$ 上的最佳平方逼近多项式.

6. 选取常数 a，使 $\max\limits_{0 \leqslant x \leqslant 1} |x^3 - ax|$ 达到最小值.

7. 求常数 a，b，c 的值，使定积分 $\int_{-1}^{1} (x^4 - a - bx - cx^2)^2 dx$ 最小.

8. 设 $f(x) = x^4$，求 $f(x)$ 在 $[-1,1]$ 上关于权函数 $\rho(x) = \dfrac{1}{\sqrt{1-x^2}}$ 的二次最佳平方逼

近多项式.

9. 已知数据表如下：

x_i	2	4	6	8
y_i	2	11	28	48
ω_i	14	27	12	1

ω_i 为权系数，试用一次多项式拟合这组数据.

10. 测量物体的直线运动得到如下数据：

t (s)	0	0.9	1.9	3.0	3.9	5.0
s (m)	0	10	30	51	80	111

求形如 $s = at + bt^2$ 的运动方程.

11. 已知数据表如下：

x_i	1.00	1.25	1.50	1.75
$f(x_i)$	5.10	5.79	6.53	7.45

分别求形如 $y = a + bx^2$ 和 $y = ae^{bx}$ 的拟合曲线，选出较好者并说明理由.

12. 已知数据表如下：

x_i	1.0	1.4	1.8	2.2	2.6
y_i	0.931	0.473	0.297	0.224	0.168

求形如 $y = \dfrac{1}{a + bx}$ 拟合曲线.

13. 给定数据表如下：

x_i	0	1	2	3
y_i	1	0.5	0.2	0.1

试用拟合函数 $S(x) = \dfrac{1}{a + bx^2}$ 拟合所给的数据.

14. 设函数 $f(x) = e^x$，$x \in [-1,1]$

(1) 用节点 $x_0 = -1$, $x_1 = 0$, $x_2 = 1$ 构造 2 次 Lagrange 插值多项式；

(2) 用 3 次 Chebyshev 多项式的零点构造 2 次 Lagrange 插值多项式；

(3) 分别用(1)和(2)的插值多项式计算 $f(0.25)$ 的近似值，比较二者的误差.

15. 已知实验数据如下表：

x_i	2.2	2.6	3.4	4.0	1.0
y_i	65	61	54	50	90

试用最小二乘法确定拟合曲线 $y = ax^b$ 中的参数 a , b .

16. 实验测量水分的渗透速度,测得水分渗透时间 t 与水的质量 m 的数据如下表：

t(s)	1	2	4	8	16	32	64
m(g)	4.22	4.02	3.85	4.59	3.44	3.02	2.59

若 t 与 m 之间的关系为 $m = At^s$,试用最小二乘法确定参数 A , s .

第 4 章
数值积分与数值微分

4.1 数值积分概论

在实际科学与工程计算中常常遇到计算函数的导数和定积分，比如求解微分方程与积分方程都与导数和积分的计算有关. 在一元函数积分学中，如果被积函数 $f(x)$ 的原函数 $F(x)$ 存在，可用牛顿-莱布尼茨(Newton-Leibniz)公式

$$I(f)=\int_a^b f(x)\,dx = F(b) - F(a)$$

计算定积分. 但是在实际应用中，往往遇到如下困难而不能使用牛顿-莱布尼茨公式：

① 被积函数 $f(x)$ 的原函数 $F(x)$ 不能用初等函数表达，例如 $f(x)=\dfrac{\sin x}{x}$，e^{-x^2}，$\dfrac{1}{\ln x}$，$\sqrt{1+x^3}$ 等.

② 有些被积函数的原函数虽然能够用初等函数表示，但表达式过于复杂，不便于计算.

③ 被积函数没有解析表达式，仅仅是由测量或计算给出有限个离散点上的函数值 $y_i=f(x_i)\,(i=0,1,\cdots,n)$，这时也无法求出原函数.

针对上述情况，有必要研究积分的数值计算问题.

4.1.1 数值积分的基本思想

由积分中值定理可知，若 $f(x)$ 在区间 $[a,b]$ 上连续，则存在一点 $\xi\in[a,b]$，使得

$$I(f)=\int_a^b f(x)\,dx = (b-a)f(\xi). \tag{4.1}$$

由定积分的几何意义上，$I(f)=\int_a^b f(x)\,dx$ 表示由曲线 $y=f(x)$ 和直线 $x=a$ 和 $x=b$ 及 x 轴所围成的曲边梯形的面积. 式(4.1)表明曲边梯形的面积等于以 $b-a$ 为底，高为 $f(\xi)$

的矩形的面积,如图 4.1 所示.

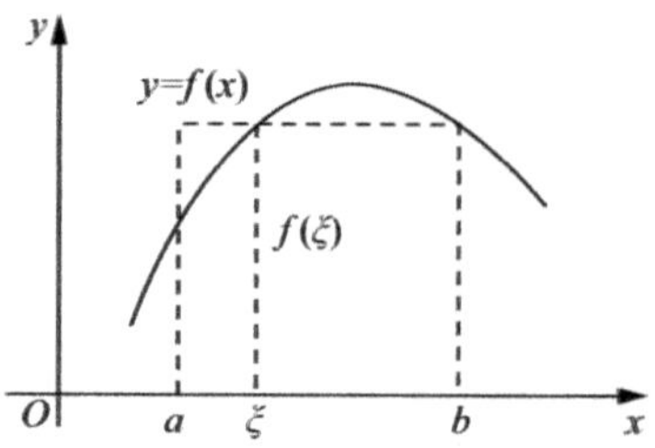

图 4.1　矩形公式

$f(\xi)$ 可理解为平均高度,平均高度的准确值一般很难得到,可取近似平均高度代替.若取区间 $[a,b]$ 左端点的函数值 $f(a)$ 近似平均高度 $f(\xi)$ 则可得**左矩形公式**

$$I(f) \approx (b-a)f(a);$$

若取区间 $[a,b]$ 右端点的函数值 $f(b)$ 近似平均高度 $f(\xi)$ 则可得**右矩形公式**

$$I(f) \approx (b-a)f(b);$$

若取区间 $[a,b]$ 中点的函数值 $f(\frac{a+b}{2})$ 近似平均高度 $f(\xi)$ 则可得**中矩形公式**

$$I(f) \approx (b-a)f\left(\frac{a+b}{2}\right);$$

若取区间左右两端点上函数值的平均值作为近似平均高度则得**梯形公式**

$$I(f) \approx \frac{a+b}{2}[f(a)+f(b)].$$

一般地,在区间 $[a,b]$ 上适当地选取节点 $x_k(k=0,1,\cdots,n)$,用 $f(x_k)$ 的加权平均得到平均高度 $f(\xi)$ 的近似值,这样构造的求积公式具有如下形式:

$$I(f) \approx \sum_{k=0}^{n} A_k f(x_k). \tag{4.2}$$

其中 x_k 称为**求积节点**, A_k 称为**求积系数**. 公式 (4.2) 的特点是将积分求值问题转化为函数值的计算,避免了求原函数的困难. 数值积分公式 (4.2) 由求积节点 x_k 和求积系数 A_k 完全决定,每选择一组节点 x_k 和系数 A_k ,即可得到一个相应的求积公式. 一般说来,求积公式中的节点 x_k 和系数 A_k 可以按照所希望的方式随意选取. 自然,总是希望所构造的求积公式能够对尽可能多的函数准确成立,这就引出了代数精度的概念.

4.1.2　代数精度的概念

定义 4.1　$I(f)=\int_a^b f(x)\,dx$ 为定积分, $I_n(f)=\sum_{k=0}^{n} A_k f(x_k)$ 是求该定积分的数值积分

公式,数值积分公式具有 m 次**代数精度**是指当 $f(x)$ 为次数不超过 m 的幂函数 $1,x,\cdots,x^m$ 都能准确成立,但对于 $f(x)=x^{m+1}$ 不能准确成立,即

$$I_n(x^k)=I(x^k)\ ,k=0,1,\cdots,m\ , \tag{4.3}$$

但

$$I_n(x^{m+1})\neq I(x^{m+1})\ . \tag{4.4}$$

式(4.3)具体可表示为

$$\begin{cases}\sum_{k=0}^{n}A_k=b-a\\ \sum_{k=0}^{n}A_kx_k=\frac{1}{2}(b^2-a^2)\\ \cdots\cdots\cdots\cdots\\ \sum_{k=0}^{n}A_kx_k^m=\frac{1}{m+1}(b^{m+1}-a^{m+1})\end{cases}\ . \tag{4.5}$$

该定义可以等价地说成:如果某个求积公式对于次数 $\leqslant m$ 的多项式均能准确地成立,但对于 $m+1$ 次多项式就不准确成立,则称该求积公式具有 ***m* 次代数精度**.

例 4.1　考察梯形公式 $\int_a^b f(x)\mathrm{d}x\approx\frac{a+b}{2}[f(a)+f(b)]$ 的代数精度.

解　①当 $f(x)=1$ 时,$I(1)=\int_a^b 1\mathrm{d}x=b-a\ ,I_1(1)=\frac{b-a}{2}(1+1)=b-a\ ,$

有 $I_1(1)=I(1)\ ;$

②当 $f(x)=x$ 时,$I(x)=\int_a^b x\mathrm{d}x=\frac{1}{2}(b^2-a^2)\ ,$

$I_1(x)=\frac{b-a}{2}(a+b)=\frac{1}{2}(b^2-a^2)$,有 $I_1(x)=I(x)\ ;$

③当 $f(x)=x^2$ 时,$I(x^2)=\int_a^b x^2\mathrm{d}x=\frac{1}{3}(b^3-a^3)\ ,I_1(x^2)=\frac{b-a}{2}(a^2+b^2)$,有 $I_1(x^2)\neq I(x^2)\ .$

所以梯形公式具有 1 次代数精度,可见梯形公式的求积精度不高,如图 4.2.

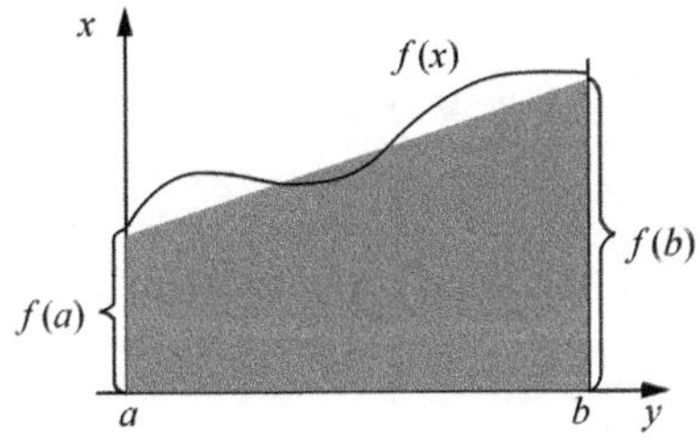

图 4.2　梯形公式

4.1.3 求积公式的构造

①如果事先选定求积节点 $x_k(k=0,1,\cdots,n)$，比如，以区间 $[a,b]$ 的等距分点作为求积节点，这时取 $m=n$，求解方程组(4.5)即可确定求积系数 $A_k(k=0,1,\cdots,n)$.

例 4.2 试构造形如 $\int_0^{3h} f(x)\mathrm{d}x \approx A_0 f(0)+A_1 f(h)+A_2 f(2h)$ 的数值求积公式，使其代数精度尽可能高，并指出其代数精度的阶数.

解 令公式对于 $f(x)=1,x,x^2$ 准确成立，则有

$$\begin{cases} A_0+A_1+A_2=3h \\ 0+A_1 h+2A_2 h=\dfrac{9}{2}h^2 \\ 0+A_1 h^2+4A_2 h^2=9h^3 \end{cases},$$

解之得 $A_0=\dfrac{3}{4}h, A_1=0, A_2=\dfrac{9}{4}h$，故所求的求积公式为

$$\int_0^{3h} f(x)\mathrm{d}x \approx \frac{3}{4}hf(0)+\frac{9}{4}f(2h).$$

由公式的构造知，公式至少具有 2 次代数精度；而当 $f(x)=x^3$ 时，公式左边 $=\dfrac{81}{4}h^4$，右边 $=18h^4$，公式左边 $\neq$ 右边，说明此公式对 $f(x)=x^3$ 不能准确成立. 因此，公式只具有 2 次代数精度.

例 4.3 给定形如 $\int_0^1 f(x)\mathrm{d}x \approx A_0 f(0)+A_1 f(1)+B_0 f'(0)$ 的求积公式，试确定求积系数 A_0，A_1 和 B_0，使公式具有尽可能高的代数精度.

解 令 $f(x)=1,x,x^2$ 分别代入求积公式使它精确成立，可得

$$\begin{cases} A_0+A_1=\int_0^1 1\cdot \mathrm{d}x=1 \\ A_1+B_0=\int_0^1 x\mathrm{d}x=\dfrac{1}{2} \\ A_1=\int_0^1 x^2\mathrm{d}x=\dfrac{1}{3} \end{cases},$$

解之得 $A_0=\dfrac{2}{3}, A_1=\dfrac{1}{3}, B_0=\dfrac{1}{6}$，于是得求积公式

$$\int_0^1 f(x)\mathrm{d}x \approx \frac{2}{3}f(0)+\frac{1}{3}f(1)+\frac{1}{6}f'(0),$$

当 $f(x)=x^3$ 时，左端为 $\int_0^1 x^3\mathrm{d}x=\dfrac{1}{4}$，而代入上式右端等于 $\dfrac{1}{3}$，故公式对 $f(x)=x^3$ 不

精确成立，其代数精度为 2.

②在式(4.2)中如果求积节点 x_k 和求积系数 A_k 都不确定，那么式(4.5)就是关于 x_k 及 A_k 的 $2n+2$ 个参数的非线性方程组，该方程组在 $n>1$ 时求解是很困难的.

当 $n=0$ 时，求积公式为 $I(f)=\int_a^b f(x)\mathrm{d}x \approx A_0 f(x_0)$，令 $f(x)=1,x$，由式(4.5)可得

$$\begin{cases} A_0 = b-a, \\ A_0 x_0 = \dfrac{1}{2}(b^2-a^2) \end{cases},$$

于是 $x_0=\dfrac{1}{2}(a+b)$，所以求积公式为 $\int_a^b f(x)\mathrm{d}x \approx (b-a)f\left(\dfrac{a+b}{2}\right)$，此为**中矩形公式**.

当 $f(x)=x^2$ 时，$A_0x_0^2=(b-a)\left(\dfrac{a+b}{2}\right)^2=\dfrac{b-a}{4}(a^2+b^2)\neq\int_a^b x^2\mathrm{d}x=\dfrac{1}{3}(b^3-a^3)$，故它的代数精度为 1.

4.1.4　插值型求积公式

常用的一类构造求积公式的方法是用简单函数对被积函数 $f(x)$ 作插值逼近. 设给定一组求积节点 $a\leqslant x_0<x_1<\cdots<x_n\leqslant b$，$f(x)$ 在这些点上的函数值为 $f(x_0),f(x_1),\cdots,f(x_n)$，过 $(x_k,f(x_k))(k=0,1,\cdots,n)$ 构造 $f(x)$ 的 n 次拉格朗日插值多项式 $f(x)\approx L_n(x)=\sum_{k=0}^{n}f(x_k)l_k(x)$，其中 $l_k(x)$ 为拉格朗日插值基函数，用 $L_n(x)$ 的积分作为 $f(x)$ 积分的近似，则得如下求积公式

$$\int_a^b f(x)\mathrm{d}x \approx \int_a^b L_n(x)\mathrm{d}x = \sum_{k=0}^{n}A_k f(x_k)\ , \tag{4.6}$$

其中求积系数 $A_k=\int_a^b l_k(x)\mathrm{d}x$. 按上述方式构造的求积公式(4.6)称为**插值型求积公式**.

插值型求积公式(4.6)的截断误差(余项)为

$$\begin{aligned} R_n(f) = I(f)-I_n(f) &= \int_a^b f(x)\mathrm{d}x - \int_a^b L_n(x)\mathrm{d}x, \\ &= \int_a^b [f(x)-L_n(x)]\mathrm{d}x \\ &= \int_a^b \frac{f^{(n+1)}(\xi_x)}{(n+1)!}\omega_{n+1}(x)\mathrm{d}x\ , \end{aligned} \tag{4.7}$$

其中 $\xi_x\in(a,b)$ 且与 x 有关，$\omega_{n+1}(x)=\prod_{k=0}^{n}(x-x_k)$.

定理 4.1　$n+1$ 个节点的求积公式 $I_n(f)=\sum_{k=0}^{n}A_k f(x_k)$ 为插值型求积公式的充分必要条件是它至少具有 n 次代数精度.

证明 必要性. 设求积公式是插值型的,则它的插值余项为式(4.7),$f(x)$ 为任意次不超过 n 的多项式时,余项 $R_n(f)=I(f)-I_n(f)=0$,即有 $I_n(f)=I(f)$. 因此对任意次数不超过 n 的多项式都能准确成立,所以它至少具有 n 次代数精度.

充分性. 设求积公式 $I_n(f)$ 至少具有 n 次代数精度,则它对 n 次拉格朗日插值基函数 $l_k(x)$ 准确成立,即有 $\int_a^b l_k(x)\mathrm{d}x=\sum_{j=0}^{n}A_j l_k(x_j)=A_k l_k(x_k)=A_k$,这说明求积公式 $I_n(f)$ 是插值型的.

4.1.5 求积公式余项的求法

若求积公式(4.2)的代数精度为 m ,则根据(4.7)式,余项应有如下形式

$$R[f]=\int_a^b f(x)\mathrm{d}x-\sum_{k=0}^{n}A_k f(x_k)=Kf^{(m+1)}(\eta)\ , \tag{4.8}$$

其中 K 是不依赖于 $f(x)$ 的待定参数, $\eta\in(a,b)$. 显然地,当 $f(x)$ 是次数小于等于 m 的多项式时,由于 $f^{(m+1)}(x)=0$,故此时 $R[f]=0$,即求积公式精确成立.

当 $f(x)=x^{m+1}$ 时, $f^{(m+1)}(x)=(m+1)!$,此时 $R[f]\neq 0$,于是由(4.8)式可求得

$$\begin{aligned}K&=\frac{1}{(m+1)!}\left[\int_a^b x^{m+1}\mathrm{d}x-\sum_{k=0}^{n}A_k x_k^{m+1}\right]\\&=\frac{1}{(m+1)!}\left[\frac{1}{(m+2)}(b^{m+2}-a^{m+2})-\sum_{k=0}^{n}A_k x_k^{m+1}\right]\ .\end{aligned} \tag{4.9}$$

代入式(4.8)即可得余项表达式.

例如 梯形公式 $\int_a^b f(x)\mathrm{d}x\approx\frac{b-a}{2}[f(a)+f(b)]$ 的代数精度为 1,所以它的余项可表示为

$$R[f]=Kf''(\eta),\eta\in(a,b)\ ,$$

待定常数 K 由(4.9)式求得,即

$$K=\frac{1}{2}[\frac{1}{3}(b^3-a^3)-\frac{b-a}{2}(a^2+b^2)]=\frac{1}{2}[-\frac{1}{6}(b-a)^3]=-\frac{1}{12}(b-a)^3\ ,$$

于是得到梯形公式的余项为

$$R[f]=-\frac{(b-a)^3}{12}f''(\eta),\eta\in(a,b)\ . \tag{4.10}$$

中矩形公式 $R[f]=-\frac{(b-a)^3}{12}f''(\eta),\eta\in(a,b)$ 的代数精度为 1,故设其余项为

$$R[f]=Kf''(\eta),\eta\in(a,b)\ ,$$

待定常数 K 由(4.9)式求得,即

$$K=\frac{1}{2}\left[\frac{1}{3}(b^3-a^3)-(b-a)\left(\frac{a+b}{2}\right)^2\right]=\frac{(b-a)^3}{24},$$

于是得到中矩形公式的余项为

$$R[f]=\frac{(b-a)^3}{24}f''(\eta),\eta\in(a,b).\tag{4.11}$$

例 4.4　求例 4.3 中求积公式 $\int_0^1 f(x)\mathrm{d}x\approx\frac{2}{3}f(0)+\frac{1}{3}f(1)+\frac{1}{6}f'(0)$ 的余项.

解　由于此求积公式的代数精度为 2,故设余项为

$$R[f]=Kf'''(\eta),$$

式中待定常数 K 由(4.9)式求得,即

$$K=\frac{1}{3!}\left[\int_0^1 x^3\mathrm{d}x-\left(\frac{2}{3}f(0)+\frac{1}{3}f(1)+\frac{1}{6}f'(0)\right)\right]=\frac{1}{3!}\left(\frac{1}{4}-\frac{1}{3}\right)=-\frac{1}{72},$$

于是求积公式余项为

$$R[f]=-\frac{1}{72}f'''(\eta),\eta\in(0,1).\tag{4.12}$$

4.2　牛顿-科特斯(Newton-Cotes)公式

4.2.1　科特斯系数

将积分区间 $[a,b]$ 划分为 n 等分,步长 $h=\frac{b-a}{n}$,取 $x_k=a+kh(k=0,1,\cdots,n)$ 为求积节点,构造出的插值型求积公式

$$I_n=\sum_{k=0}^{n}A_kf(x_k),\tag{4.13}$$

由于

$$A_k=\int_a^b l_k(x)\mathrm{d}x=\int_{x_0}^{x_n}\prod_{j=0,j\neq k}^{n}\frac{(x-x_j)}{(x_k-x_j)}\mathrm{d}x,\tag{4.14}$$

引进积分变换 $x=a+th$,注意到求积节点是等距的,于是上式变为

$$\begin{aligned}A_k&=\int_{x_0}^{x_n}\prod_{j=0,j\neq k}^{n}\frac{(t-j)h}{(k-j)h}h\mathrm{d}t\\&=(b-a)\frac{(-1)^{n-k}}{nk!\,(n-k)!}\int_0^n\prod_{j=0,j\neq k}^{n}(t-j)\mathrm{d}t,\end{aligned}\tag{4.15}$$

记

$$C_k^{(n)}=\frac{(-1)^{n-k}}{nk!\ (n-k)!}\int_0^n\prod_{\substack{j=0\\j\neq k}}^n(t-j)\mathrm{d}t\ ,\tag{4.16}$$

于是有 $A_k=(b-a)C_k^{(n)}$，其中 $C_k^{(n)}$ 称为**科特斯(Cotes)系数**. 注意到 Cotes 系数仅与 n 和 k 有关，与 $f(x)$ 及区间 $[a,b]$ 均无关.

①当 $n=1$ 时，求积节点 $x_0=a,x_1=b$，步长 $h=b-a$. 由(4.16)式得科特斯系数为

$$C_0^{(1)}=-\int_0^1(t-1)\mathrm{d}t=\frac{1}{2}\ ,\ C_1^{(1)}=\int_0^1 t\mathrm{d}t=\frac{1}{2}\ ,$$

于是有

$$T=(b-a)\sum_{k=0}^{1}C_k^{(1)}f(x_k)=\frac{b-a}{2}[f(a)+f(b)]\ ,\tag{4.17}$$

称为**梯形公式**或**两点公式**.

②当 $n=2$ 时，求积节点为 $x_0=a,x_1=\frac{1}{2}(a+b),x_2=b$，步长为 $h=\frac{1}{2}(b-a)$. 由(4.16)式得科特斯系数为

$$C_0^{(2)}=\frac{1}{4}\int_0^2(t-1)(t-2)\mathrm{d}t=\frac{1}{6}\ ,\ C_2^{(2)}=\frac{1}{4}\int_0^2(t-1)t\mathrm{d}t=\frac{1}{6}\ ,$$

于是

$$S=(b-a)\sum_{k=0}^{2}C_k^{(2)}f(x_k)=\frac{b-a}{6}\left[f(a)+4f\left(\frac{a+b}{2}\right)+f(b)\right]\ ,\tag{4.18}$$

称为**辛普森(Simpson)公式**，也称**三点公式**或**抛物线公式**.

③当 $n=4$ 时，求积节点 $x_k=a+kh(k=0,1,\cdots,4)$，步长 $h=\frac{b-a}{4}$. 由(4.16)式得科特斯系数为

$$C_0^{(4)}=\frac{1}{4\cdot 4!}\int_0^4(t-1)(t-2)(t-3)(t-4)\mathrm{d}t=\frac{7}{90}\ ,$$

$$C_1^{(4)}=-\frac{1}{4\cdot 3!}\int_0^4 t(t-2)(t-3)(t-4)\mathrm{d}t=\frac{32}{90}\ ,$$

$$C_2^{(4)}=\frac{1}{4\cdot 2!\ \cdot 2!}\int_0^4 t(t-1)(t-3)(t-4)\mathrm{d}t=\frac{12}{90}\ ,$$

$$C_3^{(4)}=-\frac{1}{4\cdot 3!}\int_0^4 t(t-1)(t-2)(t-4)\mathrm{d}t=\frac{32}{90}\ ,$$

$$C_4^{(4)}=-\frac{1}{4\cdot 4!}\int_0^4 t(t-1)(t-2)(t-3)\mathrm{d}t=\frac{7}{90}\ ,$$

于是

$$C = \frac{b-a}{90}[7f(x_0) + 32f(x_1) + 12f(x_2) + 32f(x_3) + 7f(x_4)]. \tag{4.19}$$

称为**五点公式**，也称**科特斯(Cotes)公式**.

Cotes 系数仅取决于 n 和 k，表 4.1 给出了 $n = 1,2,\cdots,8$ 时的科特斯系数.

表 4.1　科特斯系数表

n	$C_k^{(n)}$								
1	1/2	1/2							
2	$\frac{1}{6}$	$\frac{2}{3}$	$\frac{1}{6}$						
3	$\frac{1}{8}$	$\frac{3}{8}$	$\frac{3}{8}$	$\frac{1}{8}$					
4	$\frac{7}{90}$	$\frac{16}{45}$	$\frac{2}{15}$	$\frac{16}{45}$	$\frac{7}{90}$				
5	$\frac{19}{288}$	$\frac{25}{96}$	$\frac{25}{144}$	$\frac{25}{144}$	$\frac{25}{96}$	$\frac{19}{288}$			
6	$\frac{41}{840}$	$\frac{9}{35}$	$\frac{9}{280}$	$\frac{34}{105}$	$\frac{9}{280}$	$\frac{9}{35}$	$\frac{41}{840}$		
7	$\frac{751}{17\,280}$	$\frac{3\,577}{17\,280}$	$\frac{1\,323}{17\,280}$	$\frac{2\,989}{17\,280}$	$\frac{2\,989}{17\,280}$	$\frac{1\,323}{17\,280}$	$\frac{3\,577}{17\,280}$	$\frac{751}{17\,280}$	
8	$\frac{989}{28\,350}$	$\frac{5\,888}{28\,350}$	$\frac{-928}{28\,350}$	$\frac{10\,496}{28\,350}$	$\frac{-4\,540}{28\,350}$	$\frac{10\,496}{28\,350}$	$\frac{-928}{28\,350}$	$\frac{5\,888}{28\,350}$	$\frac{989}{28\,350}$

从表 4.1 中可以看到当 $n \geqslant 8$ 时，$C_k^{(n)}$ 出现负值，有 $\sum\limits_{k=0}^{n} |C_k^{(n)}| > \sum\limits_{k=0}^{n} C_k^{(n)} = 1$，用这样的求积公式，会出现初始数据误差引起计算结果误差增大的情况，即计算不稳定，故一般不采用 $n \geqslant 8$ 时的牛顿-科特斯求积公式. 科特斯系数有以下特点：

①对称性 $C_k^{(n)} = C_{n-k}^{(n)}$.

事实上，

$$C_{n-k}^{(n)} = \frac{1}{n}\frac{(-1)^k}{k!\,(n-k)!}\int_0^n \Big(\prod_{\substack{j=0\\ j\neq n-k}}^{n}(t-j)\Big)\mathrm{d}t$$

$$\overset{t=n-u}{=} \frac{1}{n}\frac{(-1)^k}{k!\,(n-k)!}\int_n^0 \Big(\prod_{\substack{j=0\\ j\neq n-k}}^{n}(n-u-j)\Big)\mathrm{d}(-u)$$

$$= \frac{1}{n}\frac{(-1)^{n+k}}{k!\,(n-k)!}\int_0^n \Big[\prod_{\substack{j=0\\ j\neq n-k}}^{n}(u-(n-j))\Big]\mathrm{d}u = C_k^{(n)}.$$

②
$$\sum_{k=0}^{n} C_k^{(n)} = 1. \tag{4.20}$$

因为 $C_k^{(n)}$ 与 $f(x)$ 无关,数值积分公式 $\int_a^b f(x)\mathrm{d}x \approx (b-a)\sum_{k=0}^{n} C_k^{(n)} f(x_k)$ 至少具有 n 次代数精度,令 $f(x)=1$ 有 $b-a=\int_a^b 1\mathrm{d}x=(b-a)\sum_{k=0}^{n} C_k^{(n)}\cdot 1$,因此 $\sum_{k=0}^{n} C_k^{(n)}=1$.

例 4.5 分别利用梯形公式、Simpson 公式、Cotes 公式计算积分 $f(x)=\dfrac{1}{1+x}$ 的近似值.

解 $a=0,\ b=1,\ f(x)=\dfrac{1}{1+x}$.

用梯形公式计算得 $T(f)=\dfrac{1-0}{2}[f(0)+f(1)]=\dfrac{1}{2}[1+0.5]=0.75$,

用 Simpson 公式计算得 $S(f)=\dfrac{1-0}{6}\left[f(0)+4f\left(\dfrac{1}{2}\right)+f(1)\right]\approx 0.694\,444\,44$,

用 Cotes 公式计算得

$$C(f)=\frac{1}{90}\left[7f(0)+32f\left(\frac{1}{4}\right)+12f\left(\frac{1}{2}\right)+32f\left(\frac{3}{4}\right)+7f(1)\right]\approx 0.693\,174\,60\ ,$$

而该积分值为 $I\approx 0.693\,147\,18$. 可见,一般情况下,随着 n 的增大,求积精度越高.

4.2.2 偶数阶求积公式的代数精度

我们知道,插值型求积公式(4.6)至少具有 n 次代数精度,求积节点是等距节点的牛顿-科特斯求积公式的代数精度是否会高于 n 呢?我们首先看下面的例子.

例 4.6 试确定 Simpson 求积公式 $S=\dfrac{b-a}{6}\left[f(a)+4f\left(\dfrac{a+b}{2}\right)+f(b)\right]$ 的代数精度.

解 由于 Simpson 求积公式是 $n=2$ 时的插值型求积公式,所以它至少具有 2 次代数精度.

当 $f(x)=x^3$ 时, $I=\int_a^b x^3\mathrm{d}x=\dfrac{b^4-a^4}{4}$,又 $S=\dfrac{b-a}{6}\left[a^3+4\left(\dfrac{a+b}{2}\right)^3+b^3\right]=\dfrac{1}{4}(b^4-a^4)$, 这时有 $S=I$;

当 $f(x)=x^4$ 时, $I=\int_a^b x^4\mathrm{d}x=\dfrac{b^5-a^5}{5}$,又 $S=\dfrac{b-a}{6}\left[a^4+4\left(\dfrac{a+b}{2}\right)^4+b^4\right]$,这时有 $S\neq I$;故 Simpson 求积公式实际上具有 3 次代数精度.

定理 4.2 当 n 为偶数时,牛顿-科特斯求积公式 $I_n=(b-a)\sum_{k=0}^{n} C_k^{(n)} f(x_k)$ 至少具有 $n+1$ 次代数精度.

证明 由于牛顿-科特斯求积公式是插值型的,由定理 4.1 知它至少具有 n 次代数精度. 下面只要证明牛顿-科特斯求积公式对于 $f(x)=x^{n+1}$ 时求积公式的余项为零.

当 $f(x)=x^{n+1}$ 时,有 $f^{(n+1)}(x)=(n+1)!$,于是根据余项表达式(4.7)有

$$R_n(f)=\int_a^b \frac{f^{(n+1)}(\xi_x)}{(n+1)!}\omega_{n+1}(x)\mathrm{d}x=\int_a^b \prod_{j=0}^{m}(x-x_j)\mathrm{d}x \overset{x=a+th}{=} h^{n+2}\int_0^n \prod_{j=0}^{n}(t-j)\mathrm{d}t,$$

由于 n 为偶数时,则 $\frac{n}{2}$ 为整数,再令 $t=u+\frac{n}{2}$,上式化为

$$R[f]=h^{n+2}\int_{-\frac{n}{2}}^{\frac{n}{2}} \prod_{j=0}^{m}\left(u+\frac{n}{2}-j\right)\mathrm{d}u,$$

记被积函数 $H(u)=\prod_{j=0}^{n}\left(u+\frac{n}{2}-j\right)=\prod_{j=-n/2}^{n/2}(u-j)$,易证 $H(u)$ 满足 $H(-u)=-H(u)$,故为奇函数. 由定积分的性质可知 $R[f]=0$,证毕.

4.2.3　几种低价求积公式的余项

(1) $n=1$ 时,梯形公式(4.17)的余项为(4.10)式,即

$$R[f]=-\frac{(b-a)^3}{12}f''(\eta),\ \eta\in(a,b). \tag{4.21}$$

(4.21)式还可以用如下方法证明:

根据(4.7)式,当 $n=1$ 时,余项为

$$R[f]=\frac{1}{2!}\int_a^b f''(\xi_x)(x-a)(x-b)\mathrm{d}x,$$

由于 $f''(\xi_x)$ 在 $[a,b]$ 连续,且 $(x-a)(x-b)$ 在 $[a,b]$ 不变号,由第一积分中值定理,至少存在一点 $\eta\in[a,b]$,使得

$$R[f]=\frac{f''(\eta)}{2}\int_a^b (x-a)(x-b)\mathrm{d}x=-\frac{(b-a)^3}{12}f''(\eta).$$

(2) $n=2$ 时,Simpson 公式(4.18)的代数精度为 3,故设其余项表达式为

$$R[f]=Kf^{(4)}(\eta),\ \eta\in(a,b),$$

待定常数 K 由(4.9)式求得,即

$$K=\frac{1}{4!}\left[\frac{1}{5}(b^5-a^5)-\frac{b-a}{6}\left\{a^4+4\left(\frac{a+b}{2}\right)^4+b^4\right\}\right]$$
$$=-4!\ \frac{(b-a)^5}{120}=-\frac{(b-a)^5}{2\,880}f^{(4)}(\eta),$$

于是 Simpson 公式的余项为

$$R[f]=-\frac{(b-a)^5}{2\,880}f^{(4)}(\eta),\ \eta\in(a,b). \tag{4.22}$$

(4.22)式还可以用如下方法证明:

首先构造三次 Hermite 插值多项式 $H_3(x)$，使其满足 $H_3(a)=f(a)$，$H_3(b)=f(b)$，$H_3\left(\frac{a+b}{2}\right)=f\left(\frac{a+b}{2}\right)$，$H_3'\left(\frac{a+b}{2}\right)=f'\left(\frac{a+b}{2}\right)$，由于 Simpson 公式具有 3 次代数精度，它对于 $H_3(x)$ 是准确成立的，即有

$$\int_a^b H_3(x)\,dx=\frac{b-a}{6}\left[f(a)+4f\left(\frac{a+b}{2}\right)+f(b)\right],$$

于是当 $n=2$ 时的余项为

$$\begin{aligned}R[f]&=\int_a^b f(x)\,dx-\frac{b-a}{6}\left[f(a)+4f\left(\frac{a+b}{2}\right)+f(b)\right]\\&=\int_a^b f(x)\,dx-\int_a^b H_3(x)\,dx\\&=\int_a^b \frac{f^{(4)}(\xi_x)}{4!}(x-a)\left(x-\frac{a+b}{2}\right)^2(x-b)\,dx.\end{aligned}$$

由第一积分中值定理，至少存在一点 $\eta\in[a,b]$，使得

$$R[f]=\frac{f^{(4)}(\eta)}{4!}\int_a^b(x-a)\left(x-\frac{a+b}{2}\right)^2(x-b)\,dx=-\frac{(b-a)^5}{2\,880}f^{(4)}(\eta).$$

(3) $n=4$ 时，Cotes 公式(4.19)的代数精度为 5，故设其余项表达式为

$$R[f]=Kf^{(6)}(\eta),\eta\in(a,b),$$

待定常数 K 由(4.9)式同理可得，于是 Cotes 公式的余项为

$$R[f]=-\frac{2(b-a)}{945}\left(\frac{b-a}{4}\right)^6f^{(6)}(\eta),\quad \eta\in(a,b). \tag{4.23}$$

Newton-Cotes 求积方法的缺陷：

从余项公式可以看出，要提高求积公式的代数精度，必须增加节点个数，而节点个数的增加，会导致

(1) 插值多项式出现 Runge 现象；

(2) Newton-Cotes 数值稳定性不能保证 ($n>7$).

为此，我们要寻求其他途径提高数值积分的精度，4.3 节的复合求积公式就是其中的一种途径.

4.3 复合求积公式

数值积分公式与多项式插值有很大的关系. 由于 Runge 现象的存在，使得我们不能用太多的积分点计算. 与分段插值的思想类似，为了提高数值积分的精度，可以采用分段、低阶的方法构造数值积分公式. 复合求积公式的基本思想是把积分区间分成若干子

区间(通常是等分),再在每个子区间上用低阶求积公式,然后把他们加起来作为整个区间上的积分,以此提高数值积分的精度.

4.3.1　复合梯形公式

将积分区间 $[a,b]$ 划分为 n 等份,分点为 $x_k = a + kh$, $h = \frac{b-a}{n}$, $k = 0,1,\cdots,n$,在每个子区间 $[x_k,x_{k+1}]$ $(k = 0,1,\cdots,n-1)$ 上使用梯形公式 $T_k = \frac{h}{2}[f(x_k) + f(x_{k+1})]$,然后求其和,可得

$$I = \int_a^b f(x)\,\mathrm{d}x = \sum_{k=0}^{n-1}\int_{x_k}^{x_{k+1}} f(x)\,\mathrm{d}x = \frac{h}{2}\sum_{k=0}^{n-1}[f(x_k) + f(x_{k+1})] + R_n(f) ,$$

称式(4.24)为**复合梯形公式**

$$T_n = \frac{h}{2}\sum_{k=0}^{n-1}[f(x_k) + f(x_{k+1})] = \frac{h}{2}[f(a) + 2\sum_{k=1}^{n-1}f(x_k) + f(b)] . \tag{4.24}$$

下面讨论复合梯形公式的余项,首先在子区间 $[x_k,x_{k+1}]$ $(k = 0,1,\cdots,n-1)$ 上梯形公式的余项为

$$R_k[f] = -\frac{h^3}{12}f''(\eta_k) ,\ \eta_k \in [x_k,x_{k+1}] .$$

于是复合求积公式的余项为

$$\begin{aligned} R_n[f] &= I - T_n = \sum_{k=0}^{n-1}\left[-\frac{h^3}{12}f''(\eta_k)\right] \\ &= -\frac{(b-a)}{12}h^2\left[\frac{1}{n}\sum_{k=0}^{n-1}[f''(\eta_k)]\right] ,\ \eta_k \in (x_k,x_{k+1}) . \end{aligned} \tag{4.25}$$

由于 $f(x) \in C^2[a,b]$,且

$$\min_{a\leqslant x\leqslant b}f''(x) \leqslant \min_{0\leqslant k\leqslant n-1}f''(\eta_k) \leqslant \frac{1}{n}\sum_{k=0}^{n-1}f''(\eta_k) \leqslant \max_{0\leqslant k\leqslant n-1}f''(\eta_k) \leqslant \max_{a\leqslant x\leqslant b}f''(x) ,$$

由连续函数的介值定理可知,至少存在一点 $\eta \in [a,b]$,使得

$$f''(\eta) = \frac{1}{n}\sum_{k=0}^{n-1}f''(\eta_k) ,$$

代入式(4.25)得复合梯形公式的余项

$$R_n(f) = -\frac{b-a}{12}h^2f''(\eta) = O(h^2) . \tag{4.26}$$

由(4.26)式可以看出,当 $h \to 0$ 时,有 $R_n(f) \to 0$,即有 $T_n \to I$,所以复合梯形公式是收敛

的，还可证明复合梯形公式也是稳定的.

4.3.2 复合辛普森(Simpson)公式

将积分区间 $[a,b]$ 划分为 n 等份，分点为 $x_k = a + kh$ ，$h = \frac{b-a}{n}$ ，$k = 0,1,\cdots,n$ ，在子区间 $[x_k,x_{k+1}]$ 的中点为 $x_{k+1/2} = x_k + \frac{1}{2}h$ $(k = 0,1,\cdots,n-1)$ ，在每个子区间上使用辛普森公式 $S_k = \frac{h}{6}[f(x_k) + 4f(x_{k+1/2}) + f(x_{k+1})]$ 并求其和得

$$\begin{aligned} I &= \int_a^b f(x)\,\mathrm{d}x = \sum_{k=0}^{n-1}\int_{x_k}^{x_{k+1}} f(x)\,\mathrm{d}x \\ &= \frac{h}{6}\sum_{k=0}^{n-1}[f(x_k) + 4f(x_{k+1/2}) + f(x_{k+1})] + R_n(f), \end{aligned}$$

记

$$\begin{aligned} S_n &= \frac{h}{6}\sum_{k=0}^{n-1}[f(x_k) + 4f(x_{k+1/2}) + f(x_{k+1})] \\ &= \frac{h}{6}\left[f(a) + 4\sum_{k=0}^{n-1}f(x_{k+1/2}) + 2\sum_{k=1}^{n-1}f(x_k) + f(b)\right]. \end{aligned} \tag{4.27}$$

式(4.27)称为**复合辛普森(Simpson)公式**.

下面讨论复合辛普森公式的余项，首先在子区间 $[x_k,x_{k+1}]$ $(k = 0,1,\cdots,n-1)$ 上辛普森公式的余项为

$$R_k[f] = -\frac{h^3}{12}f''(\eta_k), \quad \eta_k \in [x_k,x_{k+1}].$$

于是复合辛普森公式的余项为

$$\begin{aligned} R_n[f] = I - S_n &= -\frac{h^5}{2\,880}\sum_{k=0}^{n-1}f^{(4)}(\eta_k) \\ &= -\frac{(b-a)}{2\,880}h^4\left[\frac{1}{n}\sum_{k=0}^{n-1}[f^{(4)}(\eta_k)]\right]. \end{aligned} \tag{4.28}$$

由于 $f(x) \in C^4[a,b]$ ，且

$$\min_{a\le x\le b} f^{(4)}(x) \le \min_{0\le k\le n-1} f^{(4)}(\eta_k) \le \frac{1}{n}\sum_{k=0}^{n-1}f^{(4)}(\eta_k) \le \max_{0\le k\le n-1} f^{(4)}(\eta_k) \le \max_{a\le x\le b} f^{(4)}(x),$$

由连续函数的介值定理可知，至少存在一点 $\eta \in [a,b]$ ，使得

$$f^{(4)}(\eta) = \frac{1}{n}\sum_{k=0}^{n-1}[f^{(4)}(\eta_k)],$$

代入式(4.28)得复合辛普森公式的余项

$$R_n[f] = -\frac{b-a}{2\,880}h^4 f^{(4)}(\eta) = O(h^4)\ . \tag{4.29}$$

同理,复合辛普森公式(4.29)是收敛的,也是稳定的.

类似地,可得复合科特斯(Cotes)公式为

$$\begin{aligned} C_n = \frac{h}{90}\Big[&7f(a) + 32\sum_{i=0}^{n-1} f(x_{i+\frac{1}{4}}) + 12\sum_{i=0}^{n-1} f(x_{i+\frac{1}{2}}) \\ &+ 32\sum_{i=0}^{n-1} f(x_{i+\frac{3}{4}}) + 14\sum_{i=1}^{n-1} f(x_i) + 7f(b)\Big]\ . \end{aligned} \tag{4.30}$$

复合科特斯(Cotes)公式的余项为

$$R_n[f] = I - C_n = -\frac{2(b-a)}{945}\left(\frac{h}{4}\right)^6 f^{(6)}(\eta) = O(h^6)\ ,\ \eta \in [a,b]\ . \tag{4.31}$$

同理,复合科特斯公式(4.30)是收敛的,也是稳定的.

例 4.7　计算积分 $I = \int_0^1 \frac{\sin x}{x}\mathrm{d}x$,

①若用复合梯形公式 T_n 求 I 的近似值,要使误差 $|I - T_n| \leqslant \frac{1}{2}\times 10^{-3}$,区间 $[0,1]$ 等分的份数 n 是多少？并计算 T_n ;

②取与①中同样的求积节点,改用复合辛普森公式求 I 的近似值,并估计误差.

解　由于 $f(x) = \frac{\sin x}{x} = \int_0^1 \cos(xu)\mathrm{d}u$,于是有

$$f^{(k)}(x) = \int_0^1 \frac{\mathrm{d}^k}{\mathrm{d}x^k}[\cos(xu)]\,\mathrm{d}u = \int_0^1 u^k \cos\left(xu + \frac{k}{2}\pi\right)\mathrm{d}u\ ,$$

故

$$|f^{(k)}(x)| \leqslant \int_0^1 u^k \left|\cos\left(xu + \frac{k}{2}\pi\right)\right| \mathrm{d}u \leqslant \int_0^1 u^k \mathrm{d}u = \frac{1}{k+1}\ .$$

这里 $a=0$, $b=1$,要使误差满足 $|I - T_n| \leqslant \frac{1}{2}\times 10^{-3}$,由复合梯形公式的余项(4.26)式可知,只要

$$|I - T_n| = \left|-\frac{b-a}{12}h^2 f''(\eta)\right| \leqslant \frac{1}{12n^2}\times\frac{1}{2+1} \leqslant \frac{1}{2}\times 10^{-3}\ ,$$

解此不等式得 $n \geqslant 7.453\,56$,故应取 $n=8$,则有步长 $h = \frac{1}{8}$,共 9 个求积节点,计算相应节点上的函数值见表 4.2.

表 4.2　计算结果

x_i	$f(x_i)$	x_i	$f(x_i)$
0	1	5/8	0.936 155 6
1/8	0.997 397 8	6/8	0.908 851 6
2/8	0.989 615 8	7/8	0.877 192 5
3/8	0.976 726 7	1	0.841 470 9
4/8	0.958 851 0		

用复合梯形公式(4.24)得

$$\begin{aligned}T_8 &= \frac{1}{2\times 8}(1 + 0.997\,397\,8\times 2 + 0.989\,615\,8\times 2 + 0.976\,726\,7\times 2 + 0.958\,851\,0\times \\ &\quad 2 + 0.936\,155\,6\times 2 + 0.9\,088\,516\times 2 + 0.877\,192\,5\times 2 + 0.841\,470\,9)\\ &= 0.945\,690\,8\end{aligned}$$

用复合辛普森公式(4.27)得

$$\begin{aligned}S_4 &= \frac{1}{6\times 4}[1 + 4\times(0.997\,397\,8 + 0.976\,726\,7 + 0.936\,155\,6 + 0.877\,192\,5)\\ &\quad + 2\times(0.9\,896\,158 + 0.958\,851\,0 + 0.908\,851\,6) + 0.841\,470\,9]\\ &= 0.946\,083\,3\end{aligned}$$

由复合辛普森公式的余项(4.29)式得

$$|I - S_4| = \left|-\frac{b-a}{2\,880}h^4 f^{(4)}(\eta)\right| \leqslant \frac{1}{2\,880}\left(\frac{1}{4}\right)^4 \frac{1}{4+1} = 0.271\times 10^{-6}.$$

比较上面两个结果 T_8 和 S_4，它们都需要 9 个点上的函数值，计算量基本相同，然而精度却相差很大，与积分的准确值 $I = 0.946\,083\,1$ 相比较，复合梯形公式的计算结果 $T_8 = 0.945\,690\,8$ 只有 2 位有效数字，而复合辛普森公式的计算结果 $S_4 = 0.946\,083\,3$ 却有 6 位有效数字.

使用复合梯形公式、Simpson 公式时，首先要根据余项确定步长，这必然要涉及到高阶导数的估计；对于比较复杂的函数，高阶导数的估计一般比较困难，且估计值往往偏大，这样在计算机上实现起来不方便，故通常采用“事后估计法”.

4.4　龙贝格(Romberg)求积公式

4.4.1　梯形法的递推化

4.3 节学习的复合求积公式可以提高求积精度，实际计算时若精度达不到计算要求可将步长逐次分半，建立递推公式，直到满足精度要求，这就是复合求积公式递推化的做法，在此主要介绍梯形公式的递推化方法.

设将区间 $[a,b]$ 进行 n 等分，共有 $n+1$ 个分点，此时复合梯形公式为

$$T_n = \frac{h_n}{2}\left[f(a) + 2\sum_{k=1}^{n-1} f(x_k) + f(b)\right]，其中 h_n = \frac{b-a}{n}.$$

如果将求积区间再二分一次，每个子区间 $[x_k, x_{k+1}]$$(k=0,1,\cdots,n)$ 经过二分增加了一个分点 $x_{k+\frac{1}{2}} = \frac{1}{2}(x_k + x_{k+1})$，则分点增至 $2n+1$ 个，用复合梯形公式求该子区间上的积分值

$$\begin{aligned} T_{2n} &= \frac{h_n}{4}\left[f(x_k) + 2f(x_{k+\frac{1}{2}}) + f(x_{k+1})\right] \\ &= \frac{h_n}{4}\sum_{k=0}^{n-1}\left[f(x_k) + f(x_{k+1})\right] + \frac{h_n}{2}\sum_{k=0}^{n-1} f(x_{k+\frac{1}{2}}), \end{aligned}$$

于是有

$$T_{2n} = \frac{1}{2}T_n + \frac{h_n}{2}\sum_{k=0}^{n-1} f(x_{k+\frac{1}{2}}). \tag{4.32}$$

实际计算时，用如下的递推公式进行计算

$$\begin{cases} T_{2^0} = T_1 = \dfrac{b-a}{2}\left[f(a) + f(b)\right] \\ T_{2^k} = \dfrac{T_{2^{k-1}}}{2} + \dfrac{b-a}{2^k}\displaystyle\sum_{i=1}^{2^{k-1}} f\left(a + \frac{(2i-1)(b-a)}{2^k}\right), k = 1,2,3,\cdots \end{cases}, \tag{4.33}$$

直到 $|T_{2^k} - T_{2^{k-1}}| < \varepsilon$ 为止，用 T_{2^k} 作为积分 I 的近似值.

首先从 $n=1$ 开始，步长为 $h_1 = b-a$，梯形公式为 $T_1 = \frac{b-a}{2}[f(a) + f(b)]$；增加一个中点，将区间 $[a,b]$ 分半，步长为 $h_{2^1} = \frac{b-a}{2}$，于是得到 $n=2$ 时的复合梯形公式为

$$T_2 = \frac{1}{2}T_1 + \frac{h_1}{2}f\left(a + \frac{b-a}{2}\right);$$

在每个区间再增加一个中点，将区间 $[a,b]$ 四等分，步长为 $h_{2^2} = \frac{b-a}{4}$，于是得到 $n=4$ 时的复合梯形公式为

$$T_4 = \frac{1}{2}T_2 + \frac{h_{2^1}}{2}\left[f\left(a + \frac{b-a}{4}\right) + f\left(a + \frac{3(b-a)}{4}\right)\right];$$

重复上面的过程，直到满足精度要求为止，以上就是梯形公式递推化的一般过程.

梯形法的递推公式(4.33)的意义在于：二分后的复合梯形公式可用二分前的近似值折半，再加上新增节点的函数值之和乘以二分后的步长即可. 在区间逐次分半的过程中，

利用此递推公式计算近似值和直接用复合梯形公式(4.24)计算相比,可以避免重复的计算,减少计算量.

例 4.8 用复合梯形公式的递推化方法计算积分 $I=\int_0^1 \frac{\sin x}{x}dx$.

解 先对整个区间[0,1]使用梯形公式,被积函数 $f(x)=\frac{\sin x}{x}$ 在区间端点的函数值为 $f(0)=1$, $f(1)=0.841\,470\,9$,于是有 $T_1=\frac{1}{2}[f(0)+f(1)]=0.920\,735\,5$. 将区间二等分, $f(x)=\frac{\sin x}{x}$ 中点处的函数值为 $f\left(\frac{1}{2}\right)=0.958\,851\,0$,利用递推公式(4.32)得 $T_2=\frac{1}{2}T_1+\frac{1}{2}f\left(\frac{1}{2}\right)=0.939\,793\,3$;进一步二分求积区间,并计算新分点上的函数值 $f(\frac{1}{4})=0.989\,615\,8$, $f(\frac{3}{4})=0.908\,851\,6$,再利用递推公式(4.32)得 $T_4=\frac{1}{2}T_2+\frac{1}{4}\left[f\left(\frac{1}{4}\right)+f\left(\frac{3}{4}\right)\right]=0.944\,513\,5$;这样重复上面的过程,计算结果见表 4.3.

表 4.3 计算结果

k	1	2	3	4	5
T_n	0.939 793 3	0.944 513 5	0.945 690 9	0.945 985 0	0.946 059 6
k	6	7	8	9	10
T_n	0.946 076 9	0.946 081 5	0.946 082 7	0.946 083 0	0.946 083 1

计算结果表明用复合梯形公式计算积分 I 要达到 7 位有效数字的精度需要二分区间 10 次,即要有分点 1 025 个,计算量很大.

4.4.2 龙贝格(Romberg)公式

复合梯形公式的递推化方法提高求积精度算法简单,但是其精度差,收敛速度慢.用这种方法计算更复杂的、精度要求高的积分近似值,显然费时又费力.为此,我们寻求把精度低的求积公式迅速地加工成具有较高精度的算法.

由复合梯形公式的余项(4.26)式得

$$I-T_n=-\frac{b-a}{12}\left(\frac{b-a}{n}\right)^2 f''(\eta_1)\ , \tag{4.34}$$

$$I-T_{2n}=-\frac{b-a}{12}\left(\frac{b-a}{2n}\right)^2 f''(\eta_2)\ , \tag{4.35}$$

假设 $f''(x)$ 变化不大时,即 $f''(\eta_1)\approx f''(\eta_2)$,比较(4.34)式和(4.35)式得如下的近似关系

$$\frac{I-T_{2n}}{I-T_n}\approx\frac{1}{4},\tag{4.36}$$

将上式移项整理得事后误差估计式

$$I-T_{2n}\approx\frac{1}{3}(T_{2n}-T_n).\tag{4.37}$$

(4.37)式表明用二分后的复合梯形公式得到的积分近似值 T_{2n} 的误差大致是 $\frac{1}{3}(T_{2n}-T_n)$，因此人们期望，如果用这个误差作为 T_{2n} 的一种修正，则得到的求积公式为

$$I=\int_a^b f(x)\,\mathrm{d}x\approx T_{2n}+\frac{1}{3}(T_{2n}-T_n)=\frac{4}{3}T_{2n}-\frac{1}{3}T_n,\tag{4.38}$$

它应该具有更高的求积精度. 下面证明

$$S_n=\frac{4}{3}T_{2n}-\frac{1}{3}T_n\tag{4.39}$$

成立，这是因为

$$\begin{aligned}\frac{4}{3}T_{2n}-\frac{1}{3}T_n&=\frac{4}{3}\sum_{k=0}^{n-1}\left\{\frac{h}{4}[f(x_k)+f(x_{k+1/2})]+\frac{h}{4}[f(x_{k+1/2})+f(x_{k+1})]\right\}\\&\quad-\frac{1}{3}\sum_{k=0}^{n-1}\frac{h}{2}[f(x_k)+f(x_{k+1})]\\&=\sum_{k=0}^{n-1}\left\{\frac{h}{3}[f(x_k)+2f(x_{k+1/2})+f(x_{k+1})]-\frac{h}{6}\sum_{k=0}^{n-1}[f(x_k)+f(x_{k+1})]\right\}\\&=\sum_{k=0}^{n-1}\frac{h}{6}[f(x_k)+4f(x_{k+1/2})+f(x_{k+1})]=S_n,\end{aligned}$$

故(4.39)式得证.

(4.39)式表明用复合梯形公式二分前后的两个积分值 T_n 与 T_{2n} 按照公式(4.39)做线形组合，其结果正好是用复合辛普森公式得到的积分值 S_n.

根据复合辛普森公式的余项(4.29)式，同理可得

$$\frac{I-S_{2n}}{I-S_n}\approx\frac{1}{16},\tag{4.40}$$

将上式移项整理得事后误差估计式

$$I-S_{2n}\approx\frac{1}{15}(S_{2n}-S_n),\tag{4.41}$$

(4.41)式表明用二分后的复合辛普森公式得到的积分近似值 S_{2n} 的误差大致是 $\frac{1}{15}(S_{2n}-S_n)$，因此人们期望，如果用这个误差作为 S_{2n} 的一种修正，则得到的求积公式为

$$I=\int_a^b f(x)\,dx \approx S_{2n}+\frac{1}{15}(S_{2n}-S_n)=\frac{16}{15}S_{2n}-\frac{1}{15}S_n\,, \tag{4.42}$$

公式(4.42)的求积精度会进一步得到提高,通过证明得

$$C_n=\frac{16}{15}S_{2n}-\frac{1}{15}S_n\,. \tag{4.43}$$

也就是说,用复合辛普森公式二分前后的两个积分值 S_n 与 S_{2n} 按照公式(4.43)做线形组合,其结果正好是用复合科特斯公式得到的积分值 C_n.

继续上面的根据复合科特斯公式的余项(4.31)式,同理可得

$$\frac{I-C_{2n}}{I-C_n}\approx\frac{1}{64}\,, \tag{4.44}$$

将上式移项整理得事后误差估计式

$$I-C_{2n}\approx\frac{1}{63}(C_{2n}-C_n)\,, \tag{4.45}$$

如果用这个误差作为 C_{2n} 的一种修正,则得到的求积公式为

$$I=\int_a^b f(x)\,dx \approx C_{2n}+\frac{1}{63}(C_{2n}-C_n)=\frac{64}{63}C_{2n}-\frac{1}{63}C_n\,, \tag{4.46}$$

公式(4.46)的求积精度会进一步得到提高,记

$$R_n=\frac{64}{63}C_{2n}-\frac{1}{63}C_n\,. \tag{4.47}$$

可以验证 R_n 不再属于牛顿-科特斯求积公式的范畴,称之为**龙贝格(Romberg)公式**.

由以上讨论可知,应用公式(4.39),(4.43)和(4.47)可以把精度较低的梯形公式 T_n 逐步加工成精度较高的辛普森公式 S_n 、科特斯公式 C_n 和龙贝格公式 R_n .

4.4.3 龙贝格(Romberg)求积算法

若龙贝格(Romberg)公式的计算精度仍然达不到实际要求,还可以继续对龙贝格公式进行修正,将计算 I 的近似值的误差阶逐步提高,这种方法称为**理查森(Richardson)外推算法**,也称为**龙贝格求积算法**.

设以 $T_m^{(k)}$ 表示二分 k 次后求得的近似值,上标 k 表示二分的次数,下标 m 表示加速的次数. $T_0^{(k)}$ 表示对区间 2^k 等分的复合梯形公式,即 $T_0^{(k)}=T_{2^k}$; $T_1^{(k)}$ 表示对区间 2^k 等分的复合辛普森公式, $T_1^{(k)}=S_{2^k}$; $T_2^{(k)}$ 表示对区间 2^k 等分的复合科特斯公式, $T_2^{(k)}=C_{2^k}$; $T_3^{(k)}$ 表示对区间 2^k 等分的复合龙贝格公式, $T_3^{(k)}=R_{2^k}$. 可将加速过程统一写成如下形式

$$T_m^{(k)}=\frac{4^m T_{m-1}^{(k+1)}-T_{m-1}^{(k)}}{4^m-1}\,,\ k=0,1,2,\cdots,\ m=1,2,3,\cdots. \tag{4.48}$$

具体计算公式为

$$\begin{cases} T_0^{(0)} = \dfrac{b-a}{2}[f(a)+f(b)], \\ T_0^{(k)} = \dfrac{T_0^{(k-1)}}{2} + \dfrac{b-a}{2^k}\sum_{i=1}^{2^{k-1}} f\left(a + \dfrac{(2i-1)(b-a)}{2^k}\right), k = 1,2,3,\cdots, \\ T_m^{(k)} = \dfrac{4^m T_{m-1}^{(k+1)} - T_{m-1}^{(k)}}{4^m - 1}, k = 0,1,2,3,\cdots, m = 1,2,3,\cdots \end{cases}$$

龙贝格求积算法从 $T_0^{(0)} = \frac{h}{2}[f(a)+f(b)]$ 开始计算,计算顺序见表 4.4.

表 4.4　龙贝格求积算法计算顺序

k	h	$T_0^{(k)}$	$T_1^{(k)}$	$T_2^{(k)}$	$T_3^{(k)}$	$T_4^{(k)}$	$\cdots$
0	$b-a$	$T_0^{(0)}$	$T_1^{(0)}$	$T_2^{(0)}$	$T_3^{(0)}$	$T_4^{(0)}$	
1	$\frac{b-a}{2}$	$T_0^{(1)} \downarrow \overset{1}{\nearrow}$	$T_1^{(1)} \downarrow \overset{3}{\nearrow}$	$T_2^{(1)} \downarrow \overset{6}{\nearrow}$	$T_3^{(1)} \downarrow \overset{10}{\nearrow}$	$\vdots$	$\ddots$
2	$\frac{b-a}{4}$	$T_0^{(2)} \downarrow \overset{2}{\nearrow}$	$T_1^{(2)} \downarrow \overset{5}{\nearrow}$	$T_2^{(2)} \downarrow \overset{9}{\nearrow}$	$\vdots$		
3	$\frac{b-a}{8}$	$T_0^{(3)} \downarrow \overset{4}{\nearrow}$	$T_1^{(3)} \downarrow \overset{8}{\nearrow}$	$\vdots$			
4	$\frac{b-a}{16}$	$T_0^{(4)} \downarrow \overset{7}{\nearrow}$	$\vdots$				
$\vdots$	$\vdots$	$\vdots$					

表 4.4 中给出了计算过程,第 2 列给出了第 k 次二分的步长为 $h = \frac{b-a}{2^k}$,斜箭头上方的数字 i 表示第 i 步外推. 可以证明,如果 $f(x)$ 充分光滑,那么 T 表每一列的元素及对角线元素均收敛到所求的积分值 I,即 $\lim\limits_{k\to\infty} T_m^{(k)} = I$ (m 固定), $\lim\limits_{m\to\infty} T_m^{(0)} = I$. 对于 $f(x)$ 不充分光滑的函数也可用龙贝格算法计算,只是收敛慢一些.

例 4.9　用龙贝格求积算法计算积分 $I = \int_0^1 \frac{4}{1+x^2}\mathrm{d}x$ 的近似值,要求二分 5 次,计算过程保留到小数点后 5 位.

解　设 $a = 0, b = 1, f(x) = \frac{4}{1+x^2}$,则有

(1) $f(0) = 4, f(1) = 2$, $T_0^{(0)} = \frac{b-a}{2}[f(a)+f(b)] = \frac{1}{2}[f(0)+f(1)] = 3.$

(2) $f\left(\frac{1}{2}\right) = 3.2$, $T_0^{(1)} = \frac{T_0^{(0)}}{2} + \frac{b-a}{2^1}\sum_{i=1}^{2^0} f\left[a + \frac{(2i-1)(b-a)}{2^1}\right] = \frac{1}{2} + \frac{1}{2}f\left(\frac{1}{2}\right) = 3.1$,

$$T_1^{(0)}=\frac{4}{3}T_0^{(1)}-\frac{1}{3}T_0^{(0)}=3.133\,33.$$

(3) $f\left(\frac{1}{4}\right)=3.764\,71,f\left(\frac{3}{4}\right)=2.56,$

$$T_0^{(2)}=\frac{T_0^{(1)}}{2}+\frac{b-a}{2^2}\sum_{i=1}^{2^1}f\left[a+\frac{(2i-1)(b-a)}{2^2}\right]$$

$$=\frac{T_0^{(1)}}{2}+\frac{1}{4}\left[f\left(\frac{1}{4}\right)+f\left(\frac{3}{4}\right)\right]=3.131\,18,$$

$$T_1^{(1)}=\frac{4}{3}T_0^{(2)}-\frac{1}{3}T_0^{(1)}=3.141\,57,$$

$$T_2^{(0)}=\frac{16}{15}T_1^{(1)}-\frac{1}{15}T_1^{(0)}=3.142\,12.$$

(4) $f\left(\frac{1}{8}\right)=3.938\,64,f\left(\frac{3}{8}\right)=3.506\,85,f\left(\frac{5}{8}\right)=2.876\,40,f\left(\frac{7}{8}\right)=2.265\,49,$

$$T_0^{(3)}=\frac{T_0^{(2)}}{2}+\frac{b-a}{2^3}\sum_{i=1}^{2^2}f\left[a+\frac{(2i-1)(b-a)}{2^3}\right]$$

$$=\frac{T_0^{(2)}}{2}+\frac{1}{8}\left[f\left(\frac{1}{8}\right)+f\left(\frac{3}{8}\right)+f\left(\frac{5}{8}\right)+f\left(\frac{7}{8}\right)\right]$$

$$=3.138\,99,$$

$$T_1^{(2)}=\frac{4}{3}T_0^{(3)}-\frac{1}{3}T_0^{(2)}=3.141\,59,$$

$$T_2^{(1)}=\frac{16}{15}T_1^{(2)}-\frac{1}{15}T_1^{(1)}=3.141\,59,$$

$$T_3^{(0)}=\frac{64}{63}T_2^{(1)}-\frac{1}{63}T_2^{(0)}=3.141\,58.$$

(5) $T_0^{(4)}=3.140\,94$, $T_1^{(3)}=3.141\,59$, $T_2^{(2)}=3.141\,59$, $T_3^{(1)}=3.141\,59$, $T_4^{(0)}=3.141\,59$.

(6) $T_0^{(5)}=3.141\,43$, $T_1^{(4)}=3.141\,59$, $T_2^{(3)}=3.151\,59$, $T_3^{(2)}=3.141\,59$, $T_4^{(1)}=3.141\,59$, $T_5^{(0)}=3.141\,59$.

计算结果见表 4.5.

表 4.5　例 4.9 计算结果

k	$T_0^{(k)}$	$T_1^{(k)}$	$T_2^{(k)}$	$T_3^{(k)}$	$T_4^{(k)}$	$T_5^{(k)}$
0	3.0	3.133 33	3.142 12	3.141 58	3.141 59	3.141 59
1	3.1	3.141 57	3.141 59	3.141 59	3.141 59	
2	3.131 18	3.141 59	3.151 59	3.141 59		
3	3.138 99	3.141 59	3.141 59			

续表

k	$T_0^{(k)}$	$T_1^{(k)}$	$T_2^{(k)}$	$T_3^{(k)}$	$T_4^{(k)}$	$T_5^{(k)}$
4	3.140 94	3.141 59				
5	3.141 43					

所以 $\int_0^1 \frac{4}{1+x^2}\mathrm{d}x \approx 3.141\,59$，事实上，$I$ 的准确值为

$$I = \int_0^1 \frac{4}{1+x^2}\mathrm{d}x = 4\arctan x\Big|_0^1 = \pi = 3.151\,592\,65\cdots$$，所求得的近似值有 6 位有效数字.

4.5　高斯(Gauss)求积公式

前面介绍的 $n+1$ 个节点的 Newton-Cotes 求积公式，其特征是节点是等距的. 这种特点使得求积公式便于构造，复合求积公式易于形成. 但同时也限制了公式的精度. n 是偶数时，代数精度至少为 $n+1$，n 是奇数时，代数精度为 n . 我们知道 $n+1$ 个节点的插值型求积公式的代数精确度不低于 n . 设想：能不能在区间 $[a,b]$ 上适当选择 $n+1$ 个节点 $x_0, x_1, \cdots, x_n$，使插值求积公式的代数精度高于 n？答案是肯定的，适当选择节点，可使公式的精度最高达到 $2n+1$，这就是本节所要介绍的高斯求积公式.

4.5.1　高斯求积公式

设求积公式 $\int_a^b f(x)\mathrm{d}x \approx \sum_{k=0}^{n} A_k f(x_k)$，求积节点和求解系数为 $x_k, A_k (k=0,1,\cdots,n)$，共 $2n+2$ 个待定参数. 当 x_k 为等距节点时得到的插值求积公式其代数精度至少为 n 次. 求积公式的代数精度是否会提高？首先看下面的引例.

例 4.10　求积公式

$$\int_{-1}^{1} f(x)\mathrm{d}x \approx A_0 f(x_0) + A_1 f(x_1), \tag{4.49}$$

试确定节点 x_0, x_1 和系数 A_0, A_1，使其具有尽可能高的代数精度.

解　令公式(4.49)对于 $f(x) = 1, x, x^2, x^3$ 准确成立，得

$$\begin{cases} A_0 + A_1 = 2 & (1) \\ x_0 A_0 + x_1 A_1 = 0 & (2) \\ x_0^2 A_0 + x_1^2 A_1 = \frac{2}{3} & (3) \\ x_0^3 A_0 + x_1^3 A_1 = 0 & (4) \end{cases}$$

(4) − (2) × x_0^2 得 $A_1 x_1 (x_1^2 - x_0^2) = 0$，由此得 $x_1 = \pm x_0$，

(2) − (1) × x_0 得 $A_1(x_0 - x_1) = 2x_0$，

(3) - (2) × x_0 得 $A_1x_1(x_1 - x_0) = \frac{2}{3}$，$x_0x_1 = -\frac{1}{3}$，

由此得出 x_0 与 x_1 异号，即 $x_1 = -x_0$，从而有 $A_1 = 1$，$x_1^2 = \frac{1}{3}$，于是可取 $x_0 = -\frac{\sqrt{3}}{3}$，$x_1 = \frac{\sqrt{3}}{3}$，再由第(1)式得 $A_0 = A_1 = 1$，于是有

$$\int_{-1}^{1} f(x)\mathrm{d}x \approx f\left(-\frac{\sqrt{3}}{3}\right) + f\left(\frac{\sqrt{3}}{3}\right). \tag{4.50}$$

当 $f(x) = x^4$ 时，(4.50)式左端 $=\frac{2}{5}$，右端 $=\frac{2}{9}$．(4.50)式对 $f(x) = x^4$ 不精确成立，故公式(4.50)的代数精度为3.

为了使问题更具一般性，我们研究带权函数的积分 $I = \int_a^b \rho(x)f(x)\mathrm{d}x$，其中 $\rho(x)$ 为权函数.

定义 4.2 设插值型求积公式

$$\int_a^b \rho(x)f(x)\mathrm{d}x \approx \sum_{k=}^{n} A_kf(x_k), \tag{4.51}$$

适当选择求积节点和求解系数 $x_k, A_k(k = 0,1,\cdots,n)$ 使其具有 $2n+1$ 次代数精度，则称该求积公式为**高斯(Gauss)求积公式**，简称**高斯公式**，相应的求积节点称为**高斯点**.

例 4.10 中得到的求积公式(4.49)就是高斯公式，它是 $n = 1$ 时的插值型求积公式，具有 $2n+1 = 2\times1+1 = 3$ 次代数精度．实际上，对于一般 $n+1$ 节点的插值型求积公式，我们有下面的结论：

定理 4.3 $n+1$ 节点的插值型求积公式(4.51)的代数精度不超过 $2n+1$ 次.

证明 令 $f(x) = \omega_{n+1}^2(x)$ 为 $2n+2$ 次多项式，其中

$$\omega_{n+1}(x) = \prod_{k=0}^{n}(x - x_k). \tag{4.52}$$

将其代入求积公式，左端 $=\int_a^b \rho(x)\omega_{n+1}^2(x)dx > 0$，右端等于0．求积公式(4.51)对 $f(x) = \omega_{n+1}^2(x)$ 不精确成立，故其代数精度不高于 $2n+1$ 次.

如何确定高斯点和求积系数，使(4.51)式成为高斯公式呢？一般而言，只要令 $f(x) = x^m$，$(m = 0,1,\cdots,2n+1)$ 代入(4.51)式得

$$\sum_{k=0}^{n} A_kx_k^m = \int_a^b x^m\rho(x)\mathrm{d}x \quad m = 0,1,\cdots,2n+1,$$

这是关于 x_k，$A_k(k = 0,1,\cdots,n)$ 的 $2n+2$ 阶非线性方程组，当 $n > 1$ 时求解是很困难的．为了避免解非线性方程组，下面先讨论如何选择 x_k $(k = 0,1,\cdots,n)$ 才能使求积公式(4.51)达到 $2n+1$ 次代数精度.

由于求积公式(4.51)是插值型的,于是由拉格朗日插值多项式得

$$f(x)=\sum_{k=0}^{n}f(x_k)l_k(x)+\frac{1}{(n+1)!}f^{(n+1)}(\xi_x)\omega_{n+1}(x),$$

其中 $\xi_x\in(a,b)$ 且与 x 有关, $l_k(x)$, $\omega_{n+1}(x)$ 由(2.14)式和(2.16)式给出. 于是有

$$\int_a^b\rho(x)f(x)\,dx=\sum_{k=0}^{n}A_kf(x_k)+R_n[f],\tag{4.53}$$

其中 $A_k=\int_a^b l_k(x)\rho(x)\,dx$, $R_n[f]=\frac{1}{(n+1)!}\int_a^b f^{(n+1)}(\xi_x)\omega_{n+1}(x)\rho(x)\,dx$ 为余项. 显然当 $f(x)=x^m(m=0,1,\cdots,n)$ 时,余项 $R[f]=0$,故求积公式(4.51)至少具有 n 次代数精度.

下面先讨论如何选择 x_k $(k=0,1,\cdots,n)$ 才能使求积公式(4.51)达到 $2n+1$ 次代数精度,即使式(4.53)中的余项为零. 对任意的 $f(x)\in H_{2n+1}$ 时,有 $f^{(n+1)}(x)\in H_n$,记 $p(x)=f^{(n+1)}(x)$. 要使 $R_n[f]=0$,只要 $\int_a^b f^{(n+1)}(\xi_x)\omega_{n+1}(x)\rho(x)\,dx=\int_a^b p(x)\omega_{n+1}(x)\rho(x)\,dx=0$ 即可,这相当于要求 $n+1$ 次多项式 $\omega_{n+1}(x)$ 与任意次数不超过 n 的多项式在区间 $[a,b]$ 上关于权函数 $\rho(x)$ 正交. 于是有下面的定理.

定理 4.4 插值型求积公式(4.51)的求积节点 $a\leqslant x_0<x_1<\cdots<x_n\leqslant b$ 是高斯点的充要条件是以这些点为零点的多项式 $\omega_{n+1}(x)=\prod_{k=0}^{n}(x-x_k)$ 与任意次数不超过 n 的多项式 $p(x)$ 带权 $\rho(x)$ 正交,即

$$\int_a^b p(x)\omega_{n+1}(x)\rho(x)\,dx=0.\tag{4.54}$$

证明 第 1 步,先证充分性. $\forall f(x)\in H_{2n+1}$,用 $\omega_{n+1}(x)$ 去除 $f(x)$,记商式为 $p(x)$,余式为 $r(x)$,由多项式的除法有

$$f(x)=p(x)\omega_{n+1}(x)+r(x),\text{其中 } p(x),\ r(x)\in H_n.$$

于是有

$$\int_a^b f(x)\rho(x)\,dx=\int_a^b p(x)\omega_{n+1}(x)\rho(x)\,dx+\int_a^b r(x)\rho(x)\,dx,\tag{4.55}$$

由于求积公式(4.51)是插值型的,因此它对于 $r(x)$ 准确成立,即

$$\int_a^b r(x)\rho(x)\,dx=\sum_{k=0}^{n}A_kr(x_k),\tag{4.56}$$

不难看出 $\omega_{n+1}(x_k)=0(k=0,1,\cdots,n)$,故 $f(x_k)=p(x_k)\omega_{n+1}(x_k)+r(x_k)=r(x_k)$,

将(4.54)式和(4.56)式代入(4.55)式得

$$\int_a^b f(x)\rho(x)\,dx=0+\sum_{k=0}^{n}A_kr(x_k)=\sum_{k=0}^{n}A_kf(x_k).$$

可见,求积公式(4.51)对于任意次数不超过 $2n+1$ 的多项式都精确成立,故为高斯

求积公式，相应的求积节点 $x_k(k=0,1,\cdots,n)$ 为高斯点.

第 2 步，再证必要性. 设 $\forall p(x) \in H_n$，则有 $p(x)\omega_{n+1}(x) \in H_{2n+1}$. 若 $x_k(k=0,1,\cdots,n)$ 为高斯点，即求积公式(4.51)是高斯公式，它对于 $f(x)=p(x)\omega_{n+1}(x)$ 精确成立，于是有

$$\int_a^b f(x)\mathrm{d}x = \int_a^b p(x)\omega_{n+1}(x)\rho(x)\mathrm{d}x = \sum_{k=0}^{n} A_k p(x_k)\omega_{n+1}(x_k), \tag{4.57}$$

注意到 $\omega_{n+1}(x_k)=0(k=0,1,\cdots,n)$，由式(4.57)得

$$\int_a^b p(x)\omega_{n+1}(x)\rho(x)\mathrm{d}x = 0.$$

定理 4.4 表明在区间 $[a,b]$ 上带权 $\rho(x)$ 的 $n+1$ 次正交多项式的零点就是高斯公式(4.51)的高斯点. 下面给出利用正交多项式构造高斯求积公式的基本步骤：

构造区间 $[a,b]$ 上带权 $\rho(x)$ 的 $n+1$ 次正交多项式，求该多项式的零点 $x_k(k=0,1,\cdots,n)$ 作为高斯点.

第 1 步中求得的 $x_k(k=0,1,\cdots,n)$ 作为已知，解线性方程组

$$\sum_{k=0}^{n} A_k x_k^m = \int_a^b x^m \rho(x)\mathrm{d}x \quad (m=0,1,\cdots,n),$$

或者由

$$A_k = \int_a^b \rho(x) l_k(x)\mathrm{d}x \quad (k=0,1,\cdots,n)$$

得求积系数为 $A_k(k=0,1,\cdots,n)$.

将第 1 步和第 2 步中求得的高斯点 $x_k(k=0,1,\cdots,n)$ 和求积系数 $A_k(k=0,1,\cdots,n)$ 代入公式(4.51)即得高斯公式.

例 4.11 确定求积公式 $\int_0^1 \sqrt{x} f(x)\mathrm{d}x \approx A_0 f(x_0) + A_1 f(x_1)$ 中的求积节点 x_0，x_1 和求积系数 A_0，A_1，使其为高斯公式.

解 设在区间 $[0,1]$ 上带权 $\rho(x)=\sqrt{x}$ 的二次正交多项式为

$$\omega_2(x) = (x-x_0)(x-x_1) = x^2 + bx + c,$$

$\omega_2(x)$ 在与 1，x 在区间 $[0,1]$ 上关于 $\rho(x)=\sqrt{x}$ 正交，即

$$(\omega_2(x),1) = \int_0^1 \sqrt{x}(x^2+bx+c)\mathrm{d}x = 0,\ (\omega_2(x),x) = \int_0^1 \sqrt{x}(x^2+bx+c)x\mathrm{d}x = 0,$$

即

$$\begin{cases} \dfrac{2}{7} + \dfrac{2}{5}b + \dfrac{2}{3}c = 0 \\ \dfrac{2}{9} + \dfrac{2}{7}b + \dfrac{2}{5}c = 0 \end{cases},$$

解之得 $b=-\dfrac{10}{9}$，$c=\dfrac{5}{21}$.

于是 $\omega_2(x)=x^2-\dfrac{10}{9}x+\dfrac{5}{21}$，令 $\omega_2(x)=0$ 得高斯点为 $x_0=0.289\,949$，$x_1=0.821\,162$.

再令 $f(x)=1,x$ 代入得 $\begin{cases} A_0+A_1=\int_0^1\sqrt{x}\,\mathrm{d}x=\dfrac{2}{3} \\ A_0x_0+A_1x_1=\int_0^1 x\sqrt{x}\,\mathrm{d}x=\dfrac{2}{5} \end{cases}$，

解之得 $A_0=0.277\,556$，$A_1=0.389\,111$. 将求得的 x_0，x_1，A_0 和 A_1 代入即得高斯公式，它具有 3 次代数精度.

设 $I=\int_a^b f(x)\rho(x)\,\mathrm{d}x\approx\sum_{k=0}^{n}A_kf(x_k)$ 为高斯求积公式，下面讨论其余项表达式.

设 $H_{2n+1}(x)$ 为 $f(x)$ 在节点 $x_k(k=0,1,\cdots,n)$ 上的 Hermite 插值多项式，满足插值条件 $H_{2n+1}(x_k)=f(x_k)$，$H'_{2n+1}(x_k)=f'(x_k)$，$k=0,1,\cdots,n$，则有

$$f(x)=H_{2n+1}(x)+\frac{f^{(2n+2)}(\xi)}{(2n+2)!}\omega_{n+1}^2(x),$$

于是有

$$I=\int_a^b f(x)\rho(x)\,\mathrm{d}x=\int_a^b H_{2n+1}(x)\rho(x)\,\mathrm{d}x+\int_a^b\frac{f^{(2n+2)}(\xi)}{(2n+2)!}\omega_{n+1}^2(x)\rho(x)\,\mathrm{d}x, \tag{4.58}$$

高斯公式(4.51)对于 $H_{2n+1}(x)$ 精确成立，于是上式右端第一项为

$$\int_a^b H_{2n+1}(x)\rho(x)\,\mathrm{d}x=\sum_{k=0}^{n}A_kH_{2n+1}(x_k),$$

再由 $H_{2n+1}(x_k)=f(x_k)$，可得

$$\int_a^b H_{2n+1}(x)\rho(x)\,\mathrm{d}x=\sum_{k=0}^{n}A_kf(x_k),$$

代入(4.58)式得

$$I-\sum_{k=0}^{n}A_kf(x_k)=\int_a^b\frac{f^{(2n+2)}(\xi)}{(2n+2)!}\omega_{n+1}^2(x)\rho(x)\,\mathrm{d}x,$$

于是高斯公式的余项为

$$I_n[f]=\int_a^b\frac{f^{(2n+2)}(\xi)}{(2n+2)!}\omega_{n+1}^2(x)\rho(x)\,\mathrm{d}x. \tag{4.59}$$

定理 4.5　高斯求积公式(4.51)的求积系数 $A_k(k=0,1,\cdots,n)$ 全为正.

证明　若 n 次多项式 $l_k(x)=\prod_{\substack{j=0\\j\neq k}}^{n}\dfrac{x-x_j}{x_k-x_j}$，则 $l_k^2(x)$ 是 $2n$ 次多项式，故

$$0 < \int_a^b l_k^2(x)\rho(x)\,\mathrm{d}x = \sum_{i=0}^{n} A_i l_k^2(x_i)\text{ ,由于 } l_k(x_i) = \delta_{ki}\ ,$$

于是有

$$A_k = \int_a^b l_k^2(x)\rho(x)\,\mathrm{d}x > 0\ ,$$

定理得证.

由定理 4.5 可知,高斯求积公式是稳定的.由余项表达式(4.59)易得如下定理.

定理 4.6 设 $f(x) \in C[a,b]$,则高斯求积公式(4.51)是收敛的,即

$$\lim_{n\to\infty}\sum_{k=0}^{n} A_k f(x_k) = \int_a^b f(x)\rho(x)\,\mathrm{d}x\ .$$

4.5.2 高斯-勒让德求积公式

在高斯公式(4.51)中,若取积分区间为 $[-1,1]$,权函数取为 $\rho(x)=1$,则得

$$\int_{-1}^{1} f(x)\,\mathrm{d}x \approx \sum_{k=0}^{n} A_k f(x_k)\ , \tag{4.60}$$

称为**高斯-勒让德求积公式**.由于勒让德多项式是区间 $[-1,1]$ 上的正交多项式,所以求积公式(4.60)的高斯点是勒让德多项式 $\mathrm{P}_{n+1}(x)$ 的零点.

当 $n=0$ 时,由 $\mathrm{P}_1(x)=x=0$ 得 $x_0=0$,令 $f(x)=1$ 代入 $\int_{-1}^{1} f(x)\,\mathrm{d}x \approx A_0 f(0)$ 让其精确成立,得 $A_0=2$.于是一点的高斯-勒让德求积公式为

$$\int_{-1}^{1} f(x)\,\mathrm{d}x \approx 2f(0)\ , \tag{4.61}$$

也称**中矩形公式**.

当 $n=1$ 时,由 $\mathrm{P}_2(x)=\dfrac{1}{2}(3x^2-1)=0$ 得 $x_0=-\dfrac{\sqrt{3}}{3}$, $x_1=\dfrac{\sqrt{3}}{3}$,令 $f(x)=1,x$ 代入 $\int_{-1}^{1} f(x)\,\mathrm{d}x \approx A_0 f\left(-\dfrac{\sqrt{3}}{3}\right)+A_1 f\left(\dfrac{\sqrt{3}}{3}\right)$,于是有

$$\begin{cases} A_0 + A_1 = 2 \\ -\dfrac{\sqrt{3}}{3}A_0 + \dfrac{\sqrt{3}}{3}A_1 = 0 \end{cases},$$

解之得 $A_0 = A_1 = 1$,于是两点高斯-勒让德求积公式为

$$\int_{-1}^{1} f(x)\,\mathrm{d}x \approx f\left(-\frac{\sqrt{3}}{3}\right) + f\left(\frac{\sqrt{3}}{3}\right)\ . \tag{4.62}$$

类似地,可得三点高斯-勒让德求积公式为

$$\int_{-1}^{1} f(x)dx \approx \frac{5}{9}f\left(-\frac{\sqrt{15}}{5}\right) + \frac{8}{9}f(0) + \frac{5}{9}f\left(\frac{\sqrt{15}}{5}\right). \tag{4.63}$$

表 4.6 列出高斯-勒让德求积公式 $n = 0 \sim 5$ 时的高斯点 x_k 和求积系数 A_k .

表 4.6　高斯-勒让德求积公式的节点和系数

点数	x_k	A_k	点数	x_k	A_k
0	0.000 000 0	2.000 000 0	4	±0.906 179 8	0.236 926 9
1	±0.577 350 3	1.000 000 0		±0.538 469 3	0.478 628 7
2	±0.774 596 7	0.555 555 56		0.000 000 0	0.568 888 9
	0.000 000 0	0.888 888 9	5	±0.932 469 5	0.171 324 5
3	±0.861 136 3	0.347 854 8		±0.661 209 4	0.360 761 6
	±0.339 981 0	0.652 145 2		±0.238 619 2	0.467 913 9

下面讨论高斯-勒让德求积公式的余项估计. 由于最高次项系数为 1 的勒让德多项式为 $\widetilde{P}_{n+1}(x) = \dfrac{2^{n+1}[(n+1)!]^2}{(2n+2)!}P_{n+1}(x)$,将其代入高斯公式的余项(4.59)式并用积分中值定理得

$$R_n[f] = \frac{f^{(2n+2)}(\eta)}{(2n+2)!}\int_{-1}^{1}\widetilde{P}_{n+1}^2(x)\mathrm{d}x, \eta \in [-1,1],$$

又 $\int_{-1}^{1} P_{n+1}^2(x)\mathrm{d}x = \dfrac{2}{2n+3}$,于是有

$$R_n[f] = \frac{2^{2n+3}[(n+1)!]^4}{(2n+3)[(2n+2)!]^3}f^{(2n+2)}(\eta), \eta \in [-1,1]. \tag{4.64}$$

当积分区间是一般 $[a,b]$ 时,作变换 $x = \dfrac{b-a}{2}t + \dfrac{a+b}{2}$,可将区间 $[a,b]$ 化为 $[-1,1]$,从而有

$$\int_a^b f(x)\mathrm{d}x = \frac{b-a}{2}\int_{-1}^{1} f\left(\frac{b-a}{2}t + \frac{a+b}{2}\right)\mathrm{d}t,$$

再使用高斯-勒让德求积公式计算.

例 4.12　用 4 点的高斯-勒让德求积公式计算积分 $I = \int_0^{\frac{\pi}{2}} x^2 \cos x \mathrm{d}x$.

解　作变换 $x = \dfrac{\pi}{4}t + \dfrac{\pi}{4}$,将区间 $[0,\dfrac{\pi}{2}]$ 化为 $[-1,1]$ 得

$$I = \int_{-1}^{1}\left(\frac{\pi}{4}\right)^3 (1+t)^2 \cos\frac{\pi}{4}(1+t)\mathrm{d}t,$$

根据表4.6中4点（$n=3$）的节点及系数值可求得

$$I\approx\sum_{k=0}^{3}A_kf(x_k)\approx 0.467\,402,\text{准确值 } I=0.467\,401\cdots.$$

4.5.3 高斯-切比雪夫求积公式

在高斯公式(4.51)中,若取积分区间为$[-1,1]$,权函数取为$\rho(x)=\dfrac{1}{\sqrt{1-x^2}}$,则得

$$\int_{-1}^{1}\frac{f(x)}{\sqrt{1-x^2}}\mathrm{d}x\approx\sum_{k=0}^{n}A_kf(x_k),\tag{4.65}$$

称为**高斯-切比雪夫求积公式**.由于切比雪夫多项式是区间$[-1,1]$上的正交多项式,所以求积公式(4.65)的高斯点是$n+1$次切比雪夫多项式$T_{n+1}(x)$的零点,即

$$x_k=\cos\left(\frac{2k+1}{2n+2}\pi\right)\ (k=0,1,\cdots,n),\tag{4.66}$$

求积系数为

$$A_k=\frac{\pi}{n+1}.\tag{4.67}$$

注意到$\displaystyle\int_{-1}^{1}\frac{T_{n+1}^2(x)}{\sqrt{1-x^2}}\mathrm{d}x=\frac{\pi}{2}$,根据(4.59)式并用积分中值定理得高斯-切比雪夫求积公式的余项为

$$R[f]=\frac{2\pi}{2^n(2n)!}f^{(2n)}(\eta),\eta\in[-1,1].\tag{4.68}$$

4.5.4 其他类型的求积公式

1. 高斯-拉盖尔求积公式

对于权函数为$\rho(x)=\mathrm{e}^{-x}$,区间$[0,+\infty)$上高斯公式为

$$\int_{-1}^{1}\mathrm{e}^{-x}f(x)\mathrm{d}x\approx\sum_{k=0}^{n}A_kf(x_k).$$

拉盖尔多项式$\mathrm{L}_{n+1}(x)=\mathrm{e}^n\dfrac{\mathrm{d}^n}{\mathrm{d}x^n}(x^n\mathrm{e}^{-x})$的零点为高斯点,求积系数为

$$A_k=\frac{[(n+1)]^2}{[\mathrm{L}_{n+1}(x_k)]^2}.$$

2. 高斯-埃尔米特求积公式

对于权函数为 $\rho(x)=e^{-x^2}$，区间 $(-\infty,+\infty)$ 上高斯公式为

$$\int_{-\infty}^{+\infty} e^{-x^2}f(x)\,dx \approx \sum_{k=0}^{n} A_k f(x_k).$$

Hermite 多项式 $H_n(x)=(-1)^n e^{x^2}\frac{d^n}{dx^n}(e^{-x^2})$ 的零点为高斯点，求积系数为

$$A_k=2^{n+1}(n+1)!\,\frac{\sqrt{\pi}}{[H'_{n+1}(x_k)]^2}.$$

4.6 数值微分

在实际问题中，往往会遇到某函数 $f(x)$ 是用离散点表示的或者函数表达式非常复杂等情况，用通常的导数定义无法求导，因此要寻求其他方法近似求导. 本节讨论的函数在某点的导数值一般都可以表示为函数值的线性组合，常用的数值微分方法有：运用差商求数值微分、运用插值函数求数值微分、运用样条插值函数求数值微分以及运用外推算法求数值微分.

4.6.1 差商型求导公式

最简单直接的数值微分方法就是用差商代替微商. 根据导数的定义

$$f'(a)=\lim_{h\to 0}\frac{f(a+h)-f(a)}{h}=\lim_{h\to 0}\frac{f(a)-f(a-h)}{h}$$
$$=\lim_{h\to 0}\frac{f(a+h/2)-f(a-h/2)}{h},$$

其中 h 为一增量，称为步长. 当 h 很小时，取差商作为导数得近似值得

$$f'(a)\approx\frac{f(a+h)-f(a)}{h}, \tag{4.69}$$

$$f'(a)\approx\frac{f(a)-f(a-h)}{h}, \tag{4.70}$$

$$f'(a)\approx\frac{f(a+h)-f(a-h)}{2h}. \tag{4.71}$$

式(4.69)~(4.71)分别为向前差商、向后差商和中心差商，(4.71)式也称为中点公式. 下面分析差商求导公式(4.69)~(4.71)的误差，分别将 $f(a\pm h)$ 在 $x=a$ 处作 Taylor 展开，有

$$f(a \pm h) = f(a) \pm hf'(a) + \frac{h^2}{2!}f''(a) \pm \frac{h^3}{3!}f'''(a) + \frac{h^4}{4!}f^{(4)}(a) \pm \frac{h^5}{5!}f^{(5)}(a) + \cdots .$$

移项后两边同除以步长 h 得

$$f'(a) = \frac{f(a+h) - f(a)}{h} + O(h) , \tag{4.72}$$

$$f'(a) = \frac{f(a) - f(a-h)}{h} + O(h) , \tag{4.73}$$

把展开式相减得

$$\frac{f(a+h) - f(a-h)}{2h} = f'(a) + \frac{h^2}{3!}f'''(a) + \frac{h^4}{5!}f^{(5)}(a) + \cdots , \tag{4.74}$$

于是得中点公式的截断误差为

$$f'(a) = \frac{f(a+h) - f(a-h)}{2h} + O(h^2) . \tag{4.75}$$

由截断误差可以看出,步长 h 越小用公式(4.69)~(4.71)求得的近似值越精确. 但是,当 h 很小时,公式(4.69)~(4.71)右端,分子部分为两个相近的数直接相减会造成有效数字的严重损失. 因此,从舍入误差的角度来看,步长是不宜太小的.

4.6.2 插值型求导公式

若函数 $y=f(x)$ 没有具体表达式,而是以表4.7形式给出,$x_k \in [a,b]$,$i=0,1,\cdots,n$.

表4.7 $y=f(x)$ 函数值表

x_k	x_0	x_1	x_2	$\cdots$	x_n
y_k	y_0	y_1	y_2	$\cdots$	y_n

设 $L_n(x)$ 是 $f(x)$ 的过点 $x_k(k=0,1,\cdots,n)$ 的次数不超过 n 的拉格朗日多项式,由拉格朗日多项式,对任意的 $x \in [a,b]$,有

$$f(x) = L_n(x) + \frac{f^{(n+1)}(\xi_x)}{(n+1)!}\omega_{n+1}(x), \quad \xi_x \in [a,b] .$$

取 $L'_n(x)$ 作为 $f'(x)$ 的近似值,即

$$f'(x) \approx L'_n(x) ,$$

这样建立的数值公式称为**插值型求导公式**.

插值型求导公式的余项为

$$f'(x) - L_n'(x) = \frac{f^{(n+1)}(\xi_x)}{(n+1)!}\omega_{n+1}'(x) + \frac{\omega_{n+1}(x)}{(n+1)!}\frac{\mathrm{d}}{\mathrm{d}x}f^{(n+1)}(\xi_x), \tag{4.76}$$

其中 $\omega_{n+1}(x) = \prod_{k=0}^{n}(x - x_k)$. 由于式(4.76)中第二项中的 ξ_x 是 x 的函数,故对任意的点 x,第二项的值无法进一步说明,这导致整个余项无法预估. 但是如果限定求节点 x_k 上的导数值,那么第二项中 $\omega_{n+1}(x_k) = 0$,于是有余项为

$$f'(x_k) - L_n'(x_k) = \frac{f^{(n+1)}(\xi_{x_k})}{(n+1)!}\omega_{n+1}'(x_k). \tag{4.77}$$

下面仅考虑节点处的导数值,假设节点是等距的.

1. 两点公式

设已给出函数 $y = f(x)$ 在节点 x_0, x_1 上的函数值为 $f(x_0)$ 和 $f(x_1)$,过两点作线性插值多项式

$$L_1(x) = \frac{x - x_1}{x_0 - x_1}f(x_0) + \frac{x - x_0}{x_1 - x_0}f(x_1),$$

上式两端求导,记 $h = x_1 - x_0$,有

$$L_1'(x) = \frac{1}{h}[-f(x_0) + f(x_1)],$$

于是有

$$f'(x_0) \approx L_1'(x_0) = \frac{f(x_1) - f(x_0)}{h}, \tag{4.78}$$

$$f'(x_1) \approx L_1'(x_1) = \frac{f(x_1) - f(x_0)}{h}, \tag{4.79}$$

(4.78)式和(4.79)式称为两点公式.

由(4.77)式得带余项的两点公式为

$$f'(x_0) = \frac{1}{h}[f(x_1) - f(x_0)] - \frac{h}{2}f''(\xi), \tag{4.80}$$

$$f'(x_1) = \frac{1}{h}[f(x_1) - f(x_0)] + \frac{h}{2}f''(\xi). \tag{4.81}$$

2. 三点公式

设已给出函数 $y = f(x)$ 在节点 x_0, $x_1 = x_0 + h$, $x_2 = x_0 + 2h$ 上的函数值为 $f(x_0)$, $f(x_1)$ 和 $f(x_2)$,过三点作抛物插值多项式

$$L_2(x)=\frac{(x-x_1)(x-x_2)}{(x_0-x_1)(x_0-x_2)}f(x_0)+\frac{(x-x_0)(x-x_2)}{(x_1-x_0)(x_1-x_2)}f(x_1)+\frac{(x-x_0)(x-x_1)}{(x_2-x_0)(x_2-x_1)}f(x_2),$$

令 $x=x_0+th$，上式变为

$$L_2(x_0+th)=\frac{1}{2}(t-1)(t-2)f(x_0)-t(t-2)f(x_1)+\frac{1}{2}t(t-1)f(x_2), \tag{4.82}$$

两端对 t 求导得

$$L_2'(x_0+th)=\frac{1}{2h}[(2t-3)f(x_0)-(4t-4)f(x_1)+(2t-1)f(x_2)], \tag{4.83}$$

分别取 $t=0,1,2$ 得三点公式

$$f'(x_0)\approx L_2'(x_0)=\frac{1}{2h}[-3f(x_0)+4f(x_1)-f(x_2)], \tag{4.84}$$

$$f'(x_1)\approx L_2'(x_1)=\frac{1}{2h}[-f(x_0)+f(x_2)], \tag{4.85}$$

$$f'(x_1)\approx L_2'(x_1)=\frac{1}{2h}[f(x_0)-4f(x_1)+3f(x_2)]. \tag{4.86}$$

其中公式(4.85)称为中点公式. 由(4.77)式得带余项的三点公式为

$$f'(x_0)=\frac{1}{2h}[-3f(x_0)+4f(x_1)-f(x_2)]+\frac{h^2}{3}f'''(\xi_{x_0}), \tag{4.87}$$

$$f'(x_1)=\frac{1}{2h}[-f(x_0)+f(x_2)]-\frac{h^2}{6}f'''(\xi_{x_1}), \tag{4.88}$$

$$f'(x_2)=\frac{1}{2h}[f(x_0)-4f(x_1)+3f(x_2)]+\frac{h^2}{3}f'''(\xi_{x_2}). \tag{4.89}$$

用插值多项式 $L_n(x)$ 作为 $f(x)$ 的近似函数，还可以建立高阶数值微分公式，即

$$f^{(k)}(x)\approx L_n^{(k)}(x), k=1,2,\cdots.$$

对(4.83)式两端再求导得

$$L_2''(x_0+th)=\frac{1}{h^2}[f(x_0)-2f(x_1)+f(x_2)], \tag{4.90}$$

于是得二阶三点公式为

$$f''(x_1)\approx L_2''(x_1)=\frac{1}{h^2}[f(x_1-h)-2f(x_1)+f(x_1+h)], \tag{4.91}$$

由 Taylor 展开式容易推导带余项的二阶三点公式为

$$f''(x_1)=\frac{1}{h^2}[f(x_1-h)-2f(x_1)+f(x_1+h)]-\frac{h^2}{12}f^{(4)}(\xi).\tag{4.92}$$

4.6.3　三次样条求导

设函数 $y=f(x)$ 的三次样条插值函数为 $S(x)$，因此利用三次样条函数 $S(x)$ 的导数值近似 $f(x)$ 的导数值，即 $f^{(k)}(x)\approx S^{(k)}(x)(k=0,1,2)$，并且截断误差为

$$\|f^{(k)}(x)-S^{(k)}(x)\|_\infty\leqslant C_k\|f^{(4)}\|_\infty h^{4-k}(k=0,1,2),\tag{4.93}$$

证明见参考文献[1]，从略.

由第 2 章三次样条插值的知识可得

$$S'(x_j+0)=-\frac{h_j}{3}M_j-\frac{h_j}{6}M_{j+1}+\frac{y_{j+1}-y_j}{h_j},$$

于是有

$$f'(x_k)\approx S'(x_k)=-\frac{h_k}{3}M_k-\frac{h_k}{6}M_{k+1}+f[x_k,x_{k+1}],f''(x_k)=M_k,\tag{4.94}$$

其中 $f[x_k,x_{k+1}]$ 为一阶均差. 由(4.93)式得其误差为

$$\|f'(x)-S'(x)\|_\infty\leqslant\frac{1}{24}\|f^{(4)}(x)\|_\infty h^3,$$

$$\|f''(x)-S''(x)\|_\infty\leqslant\frac{3}{8}\|f^{(4)}(x)\|_\infty h^2.$$

4.7　数值积分编程实例

用 MATLAB 求积分，可调用函数库中的 int 函数，具体调用格式如下：

s=int(fun,v,a,b)

其中参数 fun 表示被积函数的符号表达式，可以是函数变量或函数矩阵；参数 v 表示积分变量. 参数 a，b 表示定积分的积分限；参数 s 为输出结果.

MATLAB 中，用内置函数'trapz'实现复合梯形求积计算，调用格式如下：

z=trapz(x,y)

其中输入参数 x，y 分别表示已知数据的自变量和因变量构成的向量，输出积分值为 z.

例 4.13　用 MATLAB 编程计算 $I=\int_0^1\frac{4}{1+x^2}dx$.

解　给出三种 MATLAB 编程方法.

1. 用内置函数 int 计算

```
syms x;
f=4/(1+x^2);
a=int(f,0,1)
```

运行结果:

```
a=
  pi
```

2. 利用 MATLAB 内置函数 trapz 计算.

```
x=[0:0.1:1];
y=4*(1+x.^2).^(-1);
z=trapz(x,y)
```

运行结果:

```
z=
  3.1399
```

3. 复合梯形公式程序.

```
function comptrap
clc
k=1:1:36;%k 为等分区间的份数,Tn 存储积分值.
Tn=1:1:36;
disp('等分区间数   积分值')
for i=1:1:36
   Tn(i)=trap(0,1,k(i));
   disp([sprintf('%3d',k(i)),'   ',sprintf('\t%3.6f',Tn(i))]);
end
plot(k,Tn,'.k','MarkerSize',20)
xlabel('等分区间数')
ylabel('积分值')
function s=trap(a,b,n)
   %输出 Tn 为复合求积公式的计算结果,输入 [a,b]为积分区间,n 为等分区间的份数.
x=a:(b-a)/n:b;
f=@(x)4*(1+x.^2).^(-1);
s=(b-a)/n/2*(f(x(1))+f(x(n+1)));
for i=2:n
   s=s+(b-a)/n*f(x(i));
end
```

不同等分区间数下得到的数值积分值见表 4.8,等分区间数与积分值之间的变化关系见图 4.3.

表 4.8　计算结果

等分区间数	积分值	等分区间数	积分值
1	3.000 000	19	3.141 131
2	3.100 000	20	3.141 176
3	3.123 077	21	3.141 215
4	3.131 176	22	3.141 248
5	3.134 926	23	3.141 278
6	3.136 963	24	3.141 303
7	3.138 191	25	3.141 326
8	3.138 988	26	3.141 346
9	3.139 535	27	3.141 364
10	3.139 926	28	3.141 380
11	3.140 215	29	3.141 394
12	3.140 435	30	3.141 407
13	3.140 606	31	3.141 419
14	3.140 742	32	3.141 430
15	3.140 852	33	3.141 440
16	3.140 942	34	3.141 448
17	3.141 016	35	3.141 457
18	3.141 078	36	3.141 464

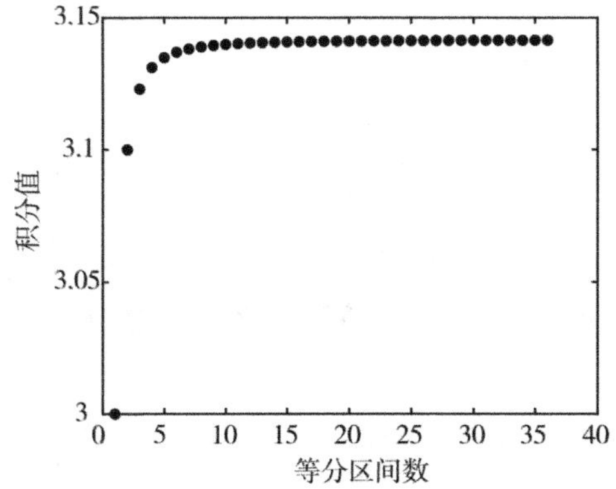

图 4.3　积分值随着等分区间数增加的变化情况

例 4.14 如图 4.4 所示,苏联科学家早在 1903 年提出了著名的齐奥尔科夫斯基公式,即在不考虑空气动力和地球引力的理想情况下计算火箭发动机工作期间获得速度增量的公式为

$$V = V_0 \ln\left(\frac{m_0}{m_k}\right) ,$$

其中 V 表示速度增量, V_0 为喷流相对于火箭的速度, m_0 和 m_k 分别为发动机工作开始和结束时的火箭质量。速度增量称为理想速度或特征速度.用这个公式可以近似地估计火箭需要携带的推进剂的数量以及发动机参数对理想速度的影响.

设 $V_0 = 1\,800\ \mathrm{m/s}$, $m_0 = 160\,000\ \mathrm{kg}$,燃料消耗的速度为 $q = 2\,500\ \mathrm{kg/s}$. 如果不考虑空气阻力,只考虑地球引力的影响,问

(1) 在 30 s 时间内火箭上升的高度是多少?

(2) 绘制加速度与时间的函数关系图.

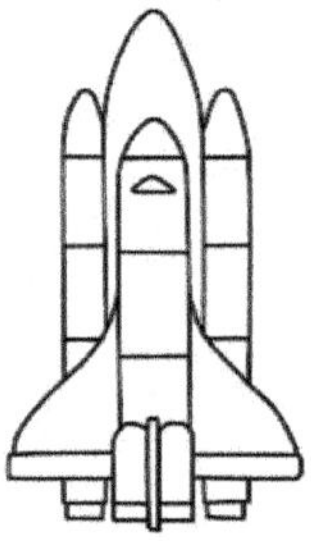

图 4.4 火箭示意图

解 现在假设初始时刻 $t=0$ 时火箭燃料开始点火, $v(t)$ 表示为火箭向上的速度, $t=0$ 时,火箭初始速度为 $v=0$,向下的重力加速度为 $g=9.8\ \mathrm{m/s^2}$,因而可得火箭的速度 v 与时间 t 之间的函数关系为

$$v(t) = V_0 \ln\left(\frac{m_0}{m_0 - qt}\right) - gt . \tag{4.95}$$

于是 30 s 内火箭上升的高度应为

$$s = \int_0^{30} \left[V_0 \ln\left(\frac{m_0}{m_0 - qt}\right) - gt \right] \mathrm{d}t . \tag{4.96}$$

下面用两种方法求积分(4.96)的近似值:

(1) 用复合辛普森求积公式,将区间 $[0,30]$ n 等分进行计算, $n = 6,8,10,12,14,16$.

(2) 龙贝格求积算法进行计算,精度要求 $\varepsilon = 10^{-10}$,比较两种计算结果.

编写 MATLAB 程序如下:

(1) 复合辛普森求积公式.

```
close all;
a=0;b=30;n=10;
g=9.8;v0=1 800;m0=160 000;q=2 500;
v=@(t) v0.*log(m0./(m0-q.*t))-g.*t;
h=(b-a)/n;
s0=feval(v,a)+ feval(v,b);%计算区间端点 a,b 处的函数值.
s1=0;s2=0;
for i=1:n-1
   x=a+i*h;
   if mod(i,2)==0
      s1=s1+feval(v,x); %x 下标为 2k 时求和.
   else
      s2=s2+feval(v,x); %x 下标为 2k-1 时求和.
   end
end
s=(h/3)*(s0+4*s1+2*s2);
format long
```

对于复合辛普森公式,当积分区间分别进行 $n = 6,8,10,12,14,16$ 等分时,得到的积分近似值见表 4.9.

表 4.9 复合辛普森公式的积分值

n	6	8	10	12	14	16
积分值10^4	1.087 988 093 6	1.087 970 333 2	1.087 965 401 3	1.087 963 615 7	1.087 962 846 8	1.087 962 472 5

从表 4.9 可以看出,随着积分区间等分数增加,得到的积分近似值越接近准确值.

(2) 龙贝格求积算法.

```
%龙贝格求积算法
   a=0;b=30;eps=1e-10;
   g=9.8;v0=1 800;m0=160 000;q=2 500;
   v=@(t)v0.*log(m0./(m0-q.*t))-g.*t;
   h=b-a;
   R(1,1)=(h/2)*(feval(v,a)+feval(v,b));%R 为龙贝格表
   n=1;J=0;k=0;
   err=1;%err 为误差估计.
   while err>eps
      k=k+1;
      J=J+1;
```

```
      h=h/2;
      T=0;%T 表示二分后,复合梯形公式中新的计算点.
      for i=1:n
          x=a+h*(2*i-1);
          T=T+feval(v,x);
      end
      R(J+1,1)=R(J,1)/2+h*T;%R(J+1,1)为二分后复合梯形公式都值.
      for k=1:J
          R(J+1,k+1)=R(J+1,k)+(R(J+1,k)-R(J,k))/(4^k-1);%龙贝格加速算法.
      end
      err=abs(R(J+1,J+1)-R(J+1,J));%计算误差.
      n=2*n;
  end
  s=R(J+1,J+1)
  k
  format long
```

通过改变精度 eps,运行上面的程序,满足精度要求所需的循环次数见表 4.10.

表 4.10 Romberg 算法的精度和循环次数

循环次数 n	4	5	5	6	7	7
精度	1.0e − 4	1.0e − 6	1.0e − 8	1.0e − 10	1.0e − 12	1.0e − 14

从上表可以看出,Romberg 求积算法收敛的非常快,只需要几次循环就可以得到精度很高的积分近似值,因而是一种很好的求积算法.

习题 4

1. 确定下列求积公式中的待定系数,使求积公式的代数精度尽可能高,并指明所确定求积公式的代数精度.

(1) $\int_0^2 f(x)\mathrm{d}x \approx A_0 f(0) + A_1 f(x_1)$;

(2) $\int_0^2 x f(x)\mathrm{d}x \approx A_0 f(0) + A_1 f(1) + A_2 f(2)$;

(3) $\int_{-2h}^{2h} f(x)\mathrm{d}x \approx A_0 f(-h) + A_1 f(0) + A_2 f(h)$;

(4) $\int_1^2 f(x)\mathrm{d}x \approx A_0 f(1) + A_1 f(2) + A_3 f'(1) + A_4' f(2)$.

2. 证明牛顿-科特斯求积公式中的科特斯系数 $C_k^{(n)}$ 满足 $\sum_{k=0}^{n} C_k^{(n)} \equiv 1$.

3. 证明 $n+1$ 个节点的插值型求积公式 $\int_a^b f(x)\mathrm{d}x \approx \sum_{k=0}^{n} A_k f(x_k)$ 至少有 n 阶代数精度,但不超过 $2n+1$ 阶代数精度.

4. 分别用梯形公式、辛普森公式和科特斯公式计算下列积分,并与准确值比较.

(1) $\int_{0.5}^{1} \sqrt{x}\,\mathrm{d}x$;

(2) $\int_1^2 \ln x\,\mathrm{d}x$.

5. 设 $f(x) \in C[a,b]$,试构造两点的高斯-勒让德求积公式 $\int_{-1}^{1} f(x)\mathrm{d}x \approx A_0 f(x_0) + A_1 f(x_1)$,用此求积公式计算积分 $\int_0^2 \sqrt{1+x^2}\,\mathrm{d}x$.

6. 确定求积节点 x_0, x_1 和求积系数 A_0, A_1,使求积公式成为高斯公式.

$$\int_0^1 \sqrt{x} f(x)\mathrm{d}x \approx A_0 f(x_0) + A_1 f(x_1) .$$

7. 对于积分 $\int_0^1 f(x)(1-x^2)\mathrm{d}x$,

(1) 求在 $[0,1]$ 上带权函数 $\rho(x) = 1 - x^2$ 的二次正交多项式;

(2) 用(1)中的正交多项式构造该积分的两点 Gauss 求积公式.

8. 分别用复合梯形公式和复合辛普森公式计算下列积分.

(1) $\int_0^1 \frac{4}{1+x^2}\mathrm{d}x$,积分区间 8 等分;

(2) $\int_1^9 \sqrt{x}\,\mathrm{d}x$,积分区间 4 等分;

(3) $\int_0^{\frac{\pi}{6}} \sqrt{4-\sin^2 x}\,\mathrm{d}x$,积分区间 6 等分.

9. 若分别用复合梯形公式和复合 Simpson 公式计算积分 $\int_0^1 \mathrm{e}^x \mathrm{d}x$,应将积分区间至少划分多少等份才能保证有 6 位有效数字?

10. 用复合 Simpson 公式求积分 $I = \int_0^1 \mathrm{e}^{-\frac{x}{4}}\mathrm{d}x$,要求误差限小于 0.5×10^{-7}.

11. 设 $f(x) \in C[a,b]$,试构造两点的高斯-勒让德求积公式

$$\int_{-1}^{1} f(x)\mathrm{d}x \approx A_0 f(x_0) + A_1 f(x_1) ,$$

用此求积公式计算积分 $\int_0^2 \sqrt{1+x^2}\,\mathrm{d}x$.

12. 用 Romberg 算法计算下列积分

(1) $\int_0^3 x\sqrt{1+x^2}\,dx$；

(2) $\int_0^{2\pi} x\sin x\,dx$.

13. 用下列方法计算积分 $\int_1^3 \frac{dy}{y}$.

(1) 龙贝格求积公式;

(2) 用三点和五点高斯-勒让德公式计算上述积分;

(3) 将积分区间分为四等份,用复合两点 Gauss 公式.

14. 已知列表函数:

x_i	1.0	1.1	1.2
$f(x_i)$	0	2	4

用三点公式计算 $f'(1.1)$.

15. 用两点高斯-切比雪夫求积格式计算积分 $I=\int_{-1}^{1}\sqrt{1-x^2}\,dx$.

16. 已知 $y=f(x)$ 函数值表

x_i	1.8	1.9	2.0	2.1	2.2
$f(x_i)$	10.889 4	12.703 2	14.778 1	17.149 0	19.855 0

(1) 用两点公式计算 $f'(2.0)$;

(2) 用三点公式计算 $f'(2.0)$;

(3) 用二阶导数公式求 $f''(2.0)$.

第 5 章
非线性方程(组)的数值解法

在科学研究和工程技术中,常常会遇到解非线性方程和非线性方程组的问题.我们在中学阶段就学过一元二次方程的非常实用的求根公式,对于 3 次和 4 次的代数方程,虽有求根公式可在数学手册中查到,但比较复杂,已不适合计算.而对于高于 4 次的代数方程,无精确的求根公式,至于一般的超越方程,更没有求根公式求其根的精确值.在实际应用中,并不一定要得到根的准确值,而只需要求得满足一定精度的根的近似值即可,因此本章将介绍几种常见的求非线性方程近似根的数值方法.

5.1 方程求根与二分法

5.1.1 基本概念

记非线性方程为

$$f(x)=0. \tag{5.1}$$

若 $f(x)$ 为多项式函数,则相应的方程

$$a_nx^n+a_{n-1}x^{n-1}+\cdots a_1x+a_0=0(a_n\neq 0) \tag{5.2}$$

称为 n 次**代数方程**;当 $f(x)$ 包含指数函数、对数函数、三角函数、反三角函数等特殊函数时,则相应的方程(5.1)称为**超越方程**.例如 $3x^5-x^3+8x+1=0$ 为代数方程,而 $e^{-x}-\sin x=0$ 称为超越方程.若 x^* 满足非线性方程(5.1)条件,即有 $f(x^*)=0$,则称 x^* 为方程(5.1)的**根**或函数 $f(x)$ 的**零点**.若 $f(x)$ 可以表示为 $f(x)=(x-x^*)^mg(x)$,其中 m 为大于 1 的整数且 $g(x^*)\neq 0$,则称 x^* 为方程(5.1)的 $\boldsymbol{m}$ **重根**,或函数 $f(x)$ 的 $\boldsymbol{m}$ **重零点**.根据代数基本定理可知,n 次代数方程(5.2)在复数域有且只有 n 个根(含复根,m 重根为 m 个根).

5.1.2 求有根区间的一般方法

定理 5.1(零点定理) 设 $f(x)\in C[a,b]$,且满足 $f(a)f(b)<0$,则 $f(x)$ 在区间

(a,b) 内至少存在一个零点,即至少存在一点 $x^* \in (a,b)$,使得 $f(x^*)=0$;若 $f(x)$ 在 $[a,b]$ 内还是严格单调的,则 $f(x)$ 在区间 (a,b) 内只有一个零点.

据此定理可得求有根区间的两种方法:作图法和逐步搜索法.

1. 作图法

画出 $y=f(x)$ 的粗略草图, 由 $f(x)$ 与横轴交点的大概位置来确定有根区间;若 $f(x)$ 比较复杂, 还可将方程 $f(x)=0$ 化为一个等价方程 $\varphi(x)=\psi(x)$,则曲线 $y=\varphi(x)$ 与 $y=\psi(x)$ 之交点的横坐标 x^* 即为原方程之根, 据此可通过作图求得有根区间. 或者利用函数 $f(x)$ 的连续性、导函数 $f'(x)$ 的符号分析单调性和介值定理确定有根区间和唯一根的区间.

例 5.1 判别方程 $xe^x-2=0$ 有几个实根,并求有根区间.

解 将原方程化为 $e^x=\dfrac{2}{x}(x\neq 0)$,则方程的根是曲线 $y=e^x$ 与曲线 $y=\dfrac{2}{x}$ 的交点的横坐标. 分别在平面直角坐标系中画出这两条曲线如图 5.1 所示,可以看出方程的根在区间(0.5,1)内.

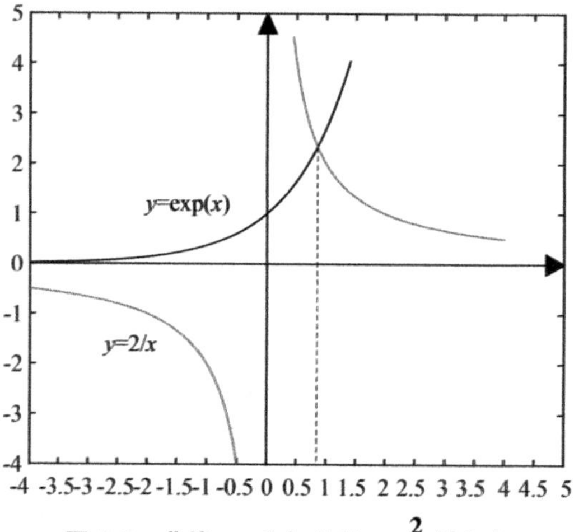

图 5.1 曲线 $y=e^x$ 与曲线 $y=\dfrac{2}{x}$ 的交点

例 5.2 求方程 $f(x)=x^4-4x^3+1=0$ 的有根区间.

解 若用作图法直接作出函数 $f(x)$ 的草图求解方程的根,则较为复杂. 注意到导函数 $f'(x)=4x^2(x-3)$,令 $f'(x)=0$ 得驻点 $x_1=0$, $x_2=3$,这两个驻点把实轴分为三个区间 $(-\infty,0)$,$(0,3)$ 和 $(3,+\infty)$,导函数 $f'(x)$ 在此三区间的符号分别为"-""-""+", 又知 $f(-\infty)>0$, $f(0)=1>0$, $f(3)=-26<0$, $f(+\infty)>0$. 可见 $f(x)=0$ 仅有两个实根,分别位于 $(0,3)$ 和 $(3,+\infty)$. 又有 $f(4)=1>0$,所以第二根的隔根区间可缩小为 $(3,4)$. 以上分析可用表 5.1 表示.

表 5.1　例 5.2 计算结果

x	$(-\infty,0)$	0	$(0,3)$	3	$(3,4)$	4	$(4,+\infty)$
$f(x)'$	-	0	-	0	+	+	+
$f(x)$	↘	1	↘	-26	↗	1	↗
有根区间			$(0,3)$		$(3,4)$		

2. 逐步搜索法

选取某一有根的区间 $[a,b]$，从 $x_0=a$ 出发，按事先选择的步长 $h=\dfrac{b-a}{N}$（N 为正整数）出发，逐点计算 $x_k=a+kh$ 处的函数值 $f(x_k)$. 若 $f(x_k)=0$，则 x_k 记为方程的根 x^*；若 $f(x_k)f(x_{k+1})>0$，则区间 (x_k,x_{k+1}) 内无根；若 $f(x_k)f(x_{k+1})<0$，则 (x_k,x_{k+1}) 就是方程 $f(x)=0$ 的一个有根区间. 容易发现，利用逐次搜索法得到的有根区间的长度与步长 h 的选择有关，步长越小，有根区间的长度越小，只要步长选取的足够小，就可以得到任意精度的近似根. 然而，当要求计算方程的根精度很高时，搜索的步数越大，计算量越大.

5.1.3　二分法

用求有根区间的方法，把方程 $f(x)=0$ 的实根用一个一个的小区间分隔开，使得在每个小区间内只有一个实根，然后采用适当的方法使其进一步精确化. 本节介绍的二分法就是一种进一步求方程近似根的最直观、最简单的精确化方法. 若 $f(x)$ 在区间 $[a,b]$ 连续，$f(a)f(b)<0$，且 $f(x)$ 在 $[a,b]$ 内还是严格单调的，由零点定理知方程 $f(x)=0$ 在区间 (a,b) 内只有一个实根. 二分法的基本思想是：将方程的有根区间 $[a,b]$ 用中点一分为二，计算每个小区间两个端点的函数值是否异号，根据连续函数的零点定理将有根区间的长度减半，对压缩了的有根区间实施同样的步骤，直至把有根区间缩小到满足根的精度要求，这样就生成了一系列的有根区间套，从而用最后二分得到的有根区间的中点作为方程的近似根. 二分法的具体过程如下：

1. 计算 $f(x)$ 在区间 $[a,b]$ 两端点处的函数值 $f(a)$ 和 $f(b)$；

2. 取有根区间 $[a,b]$ 的中点 $x_0=\dfrac{a+b}{2}$，计算中点处的函数值 $f(x_0)$. 若 $f(x_0)=0$，则 x_0 就是方程的根 x^*，计算终止；若 $f(x_0)f(a)<0$，则方程的根 x^* 必在 $[a,x_0]$ 内，取 $a_1=a$，$b_1=x_0$；否则方程的根 x^* 必在 $[x_0,b]$ 内，取 $a_1=x_0$，$b_1=b$，从而得到新的有根区间 $[a_1,b_1]$，它的长度是原区间 $[a,b]$ 长度的一半.

3. 对压缩了的有根区间 $[a_1,b_1]$，施行上述①、②的过程，如此反复进行下去可得一系列有根区间 $[a,b]\supset[a_1,b_1]\supset\cdots\supset[a_n,b_n]\supset\cdots$，且每一个区间长度都是前一区间长度的一半. 若每次二分时所取区间中点都不是根，则上述过程将无限进行下去，区间必将最终收缩为一点，即为所求方程的根 x^*.

在实际计算中，不可能无限次进行下去，只要满足允许的误差 ε 就终止. 由于每一个

区间长度都是前一区间长度的一半，二分 n 次得到的有根区间 $[a_n,b_n]$ 长度为

$$b_n - a_n = \frac{1}{2^n}(b - a) , \tag{5.3}$$

如取 $[a_n,b_n]$ 的中点 $x_n = \frac{a_n + b_n}{2}$ 作为根 x^* 的近似，则有误差估计式

$$|x^* - x_n| \leqslant \frac{1}{2}(b_n - a_n) \leqslant \frac{1}{2^{n+1}}(b - a) . \tag{5.4}$$

由此可知，只要 n 足够大，即区间二分次数足够多，误差就可足够小. 对所给的精度 ε，若取 n 使得 $\frac{1}{2^{n+1}}(b - a) \leqslant \varepsilon$，则有 $|x^* - x_n| \leqslant \varepsilon$.

例 5.3 求方程 $f(x)=x^3+4x^2-10=0$ 在区间 $[1,2]$ 内的近似根，若使其具有 3 位有效数字，应二分几次？并用二分法求出满足该精度要求的近似根.

解 记 $a_0=1$，$b_0=2$，由 $f(1)=-5<0$，$f(2)=14>0$ 可知 $f(1)f(2)<0$. 对 $\forall x \in [1,2]$，有 $f'(x)=3x^2+8x>0$，单调递增. 由零点定理 5.1 知，方程在区间 $[1,2]$ 上有唯一的根. 要使近似根具有 3 位有效数字，就是要使其误差限满足 $|x^* - x_n| \leqslant \frac{1}{2}\times 10^{-2}$，于是

$$\frac{1}{2^{n+1}}(2-1) \leqslant \frac{1}{2}\times 10^{-2} , \; n \geqslant \frac{2}{\lg 2} \approx 6.54 .$$

故取 $n=7$，即至少二分 7 次可得到具有 3 位有效数字的近似根. 取区间 $[a_0,b_0]$ 的中点 $x_0=1.5$，$f(x_0)=2.375>0$，于是有 $f(a_0)f(x_0)<0$，所以取 $a_1=1$，$b_1=1.5$. 如此继续计算下去，计算结果见表 5.2.

表 5.2 计算结果

n	a_n	b_n	x_n	$f(x_n)$
0	1	2	1.5	2.375
1	1	1.5	1.25	−1.798 67
2	1.25	1.5	1.375	0.162 11
3	1.25	1.375	1.312 5	−0.848 39
4	1.312 5	1.375	1.343 75	−0.350 98
5	1.343 75	1.375	1.359 375	−0.096 41
6	1.359 375	1.375	1.367 187 5	0.032 36
7	1.359 375	1.367 181 75	1.363 281 25	−0.032 15

由上表可知具有 3 位有效数字的近似根 $x_7 = 1.363\,281\,25$ 即为所求.

二分法的优点是算法简单，且总是收敛的，缺点是收敛的太慢，故一般不单独将其用

于求方程的根,只是用其为根求得一个较好的近似值.

5.2　不动点迭代及收敛性

迭代法是数值计算中一类典型的逐次逼近的方法,在线性方程组、非线性方程(组)和矩阵特征值问题的计算等方面都有重要的应用.本节主要讨论在非线性方程求根的应用.

5.2.1　不动点迭代法

迭代法的基本过程如下:将方程 $f(x)=0$ 改写成等价的形式

$$x=\varphi(x)\ , \tag{5.5}$$

然后在有根区间内取一点 x_0,按下式计算

$$x_{k+1}=\varphi(x_k)\,(k=0,1,2,\cdots)\ , \tag{5.6}$$

生成数列: $x_0,x_1,\cdots,x_k,\cdots$,记为 $\{x_k\}$.如果这个数列有极限

$$\lim_{k\to\infty}x_k=x^*\ .$$

当 $\varphi(x)$ 连续时,显然 x^* 就是方程 $x=\varphi(x)$ 之根,即有 $x^*=\varphi(x^*)$,从而 x^* 也是方程 $f(x)=0$ 之根.这种求根方法称为**不动点迭代法**或称**简单迭代法**, x^* 称为 $\varphi(x)$ 的**不动点**.(5.6)式称为**迭代格式**, $\varphi(x)$ 称为**迭代函数**, x_0 称为**迭代初值**,数列 $\{x_k\}$ 称为**迭代序列**.如果迭代序列收敛,则称**迭代格式收敛**,否则称为**发散**.

若迭代格式收敛,可以从迭代序列中求得满足精度要求的近似根.在实际计算中,设 ε 为计算精度,当 $|x_k-x_{k-1}|<\varepsilon$ 时,取 x_k 作为原方程的近似根即可.

例 5.4　用迭代法求方程 $x^4+2x^2-x-3=0$ 在区间[1,1.2]内的实根.

解　对方程进行如下三种变形

$$x=\varphi_1(x)=(3+x-2x^2)^{\frac{1}{4}}\ ,$$

$$x=\varphi_2(x)=\sqrt{\sqrt{x+4}-1}\ ,$$

$$x=\varphi_3(x)=x^4+2x^2-3\ .$$

分别按以上三种形式建立迭代格式,并取 $x_0=1$ 进行迭代计算,结果如下:

① $x_{k+1}=\varphi_1(x_k)=(3+x_k-2x_k^2)^{\frac{1}{4}}$, $x_{26}=x_{27}=1.124\,123$,

② $x_{k+1}=\varphi_2(x_k)=\sqrt{\sqrt{x_k+4}-1}$, $x_6=x_7=1.124\,123$,

③ $x_{k+1}=\varphi_3(x_k)=x_k^4+2x_k^2-3$, $x_3=96$, $x_4=8.495\,307\times10^7$.

方程的准确根 $x^*=1.124\,123\,029$,可见迭代格式不同,收敛情况也不同.第二种迭代格式比第一种迭代格式收敛快得多,而第三种迭代格式不收敛.

当方程有多个解时,同一个迭代法的不同初值也可能收敛到不同的根.

例 5.5 用迭代法求方程 $f(x)=x^3+4x^2-10=0$ 在区间 $[1,2]$ 内的近似根,取初值 $x_0=1.5$.

解 原方程的等价方程可以有以下不同形式

$$x=\varphi_1(x)=x-x^3-4x^2+10,$$

$$x=\varphi_2(x)=\sqrt{\frac{10}{x}-4x},$$

$$x=\varphi_3(x)=\frac{1}{2}\sqrt{10-x^3},$$

$$x=\varphi_4(x)=\sqrt{\frac{10}{4+x}}.$$

分别按以上四种形式建立迭代格式,

$$①\ x_{k+1}=x_k-x_k^3-4x_k^2+10,$$

$$②\ x_{k+1}=\sqrt{\frac{10}{x_k}-4x_k},$$

$$③\ x_{k+1}=\frac{1}{2}\sqrt{10-x_k^3},$$

$$④\ x_{k+1}=\sqrt{\frac{10}{4+x_k}}.$$

取 $x_0=1.5$ 进行迭代计算,计算结果见表 5.3.

表 5.3 计算结果

k	①	②	③	④
0	1.5	1.5	1.5	1.5
1	−0.875	0.816 5	1.28 695 377	1.34 839 973
2	6.732	2.996 9	1.40 254 080	1.36 737 637
3	−469.7		1.34 545 838	1.36 495 701
4			1.37 517 025	1.36 526 475
5			1.36 009 419	1.36 522 559
6			1.36 784 697	1.36 522 306
7			1.36 388 700	1.36 522 994
8			1.36 591 673	1.36 523 002

由上表可见,第四种迭代格式比第三种格式收敛得快,而第一、二种迭代格式不收敛.

例 5.6　用迭代法求方程 $f(x)=x^2-2=0$ 的实根.

解　把 $f(x)=0$ 变形得 $x=\varphi(x)=\frac{1}{2}\left(x+\frac{2}{x}\right)$，相应的迭代格式为 $x_{k+1}=\frac{1}{2}\left(x_k+\frac{2}{x_k}\right)$，取初值 $x_0=\pm1$，迭代格式分别收敛到 $x^*=\pm\sqrt{2}$，计算结果如表 5.4 所示.

表 5.4　计算结果

k	0	1	2	3	4	5
x_k	1	1.5	1.416 666 67	1.414 215 69	1.414 213 56	1.414 213 56
x_k	−1	−1.5	−1.416 666 67	−1.414 215 69	−1.414 213 56	−1.414 213 56

例 5.4、例 5.5 表明原方程变形为不同形式的 $x=\varphi(x)$，可建立不同的迭代格式，有的收敛得快，有的收敛得慢，有的发散. 例 5.6 表明同一个迭代法的不同初值可能收敛到不同的根. 只有收敛的迭代过程才有意义，为此我们首先要研究 $\varphi(x)$ 的不动点的存在性及迭代法的收敛性.

5.2.2　不动点迭代法的收敛性

为了便于考察迭代格式(5.6)的收敛性，首先用几何图像描述迭代过程. 把方程 $f(x)=0$ 转化成 $x=\varphi(x)$ 的求根问题，实际上是把问题转化为求两条曲线 $y=x$ 和 $y=\varphi(x)$ 的交点 P^*，P^* 的横坐标 x^* 就是方程的根. 迭代过程(5.6)可以看成是在 x 轴上取初始近似根 x_0，过 x_0 作 y 轴的平行线与曲线 $y=\varphi(x)$ 相交于 $P_0(x_0,\varphi(x_0))$，即 $P_0(x_0,x_1)$. 再过 P_0 点作平行于 x 轴的直线交 $y=x$ 于 $Q_1(x_1,x_1)$ 点，过 Q_1 作 y 轴的平行线与曲线 $y=\varphi(x)$ 相交于 $P_1(x_1,\varphi(x_1))$，即 $P_1(x_1,x_2)$，按这种方式继续做下去，在曲线 $y=\varphi(x)$ 得到点列：$P_0(x_0,x_1)$，$P_1(x_1,x_2)$，$P_2(x_2,x_3)$，…. 当 $k\to\infty$ 时，若点列 $\{P_k\}$ 趋于点 P^*，即迭代序列 $\{x_k\}$ 收敛到方程的根 x^*，则迭代法收敛，此时迭代函数的导函数 $\varphi'(x)$ 在区间 $[a,b]$ 上满足 $|\varphi'(x)|<1$，如图 5.2(a) 和 5.2(b) 所示. 若点列 $\{P_k\}$ 不趋于点 P^*，即迭代序列 $\{x_k\}$ 发散，此时在区间 $[a,b]$ 上有 $|\varphi'(x)|>1$，如图 5.2(c) 和 5.2(d) 所示.

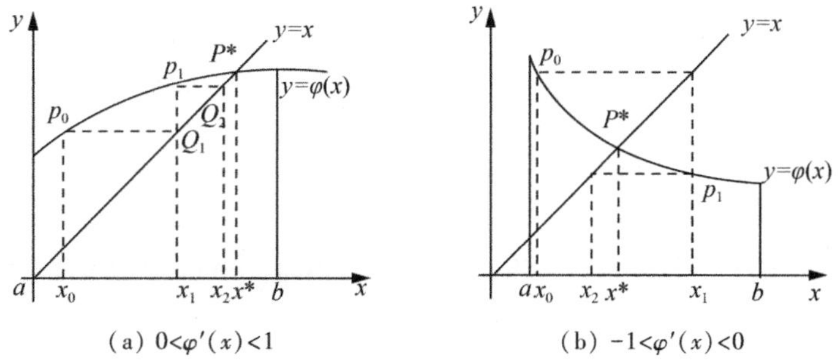

(a) $0<\varphi'(x)<1$　　(b) $-1<\varphi'(x)<0$

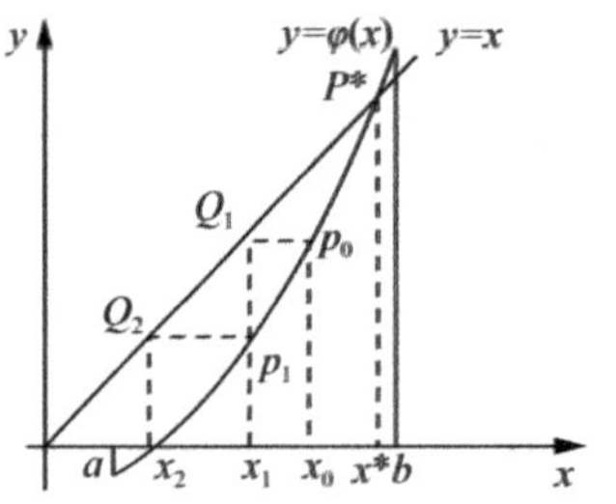

(c) $\varphi'(x)>1$

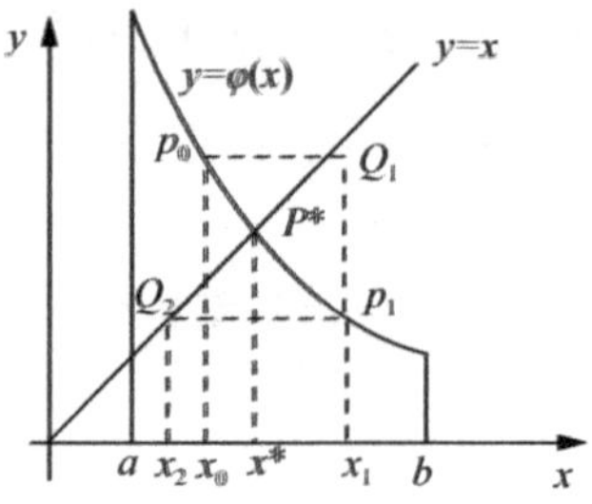

(d) $\varphi'(x)<-1$

图 5.2 迭代法的几何意义

首先,考察迭代函数 $\varphi(x)$ 在区间 $[a,b]$ 上的不动点存在唯一性.

定理 5.2 设 $\varphi(x) \in C^1[a,b]$,且满足下列条件:

条件 1 对任意的 $x \in [a,b]$,有 $a \leqslant \varphi(x) \leqslant b$;

条件 2 存在常数 $0 < L < 1$,对 $\forall x,y \in [a,b]$ 有

$$|\varphi(x) - \varphi(y)| \leqslant L|x - y|. \tag{5.7}$$

则 $\varphi(x)$ 在 $[a,b]$ 上存在唯一的不动点 x^*;

对 $\forall x_0 \in [a,b]$,迭代格式 $x_{k+1} = \varphi(x_k)$ 生成的数列 $\{x_k\}$ 收敛于不动点 x^*,即有 $\lim\limits_{k\to\infty} x_k = x^*$.

有如下误差估计式

$$|x^* - x_k| \leqslant \frac{L^k}{1 - L}|x_1 - x_0|, \tag{5.8}$$

$$|x^* - x_k| \leqslant \frac{1}{1 - L}|x_{k+1} - x_k|. \tag{5.9}$$

需要说明的是:定理中的条件 2 可改为导数,即在使用时如果 $\varphi(x) \in C^1[a,b]$ 且对 $\forall x \in [a,b]$ 有

$$|\varphi'(x)| \leqslant L < 1, \tag{5.10}$$

则由微分中值定理可知对任意对 $\forall x,y \in [a,b]$ 有

$$|\varphi(x) - \varphi(y)| = |\varphi'(\xi)(x - y)| \leqslant L|(x - y)|, \xi \in (a,b), \tag{5.11}$$

故定理 5.2 中的条件 2 成立.

证明 先证不动点的存在性.

令 $h(x) = x - \varphi(x)$,显然 $h(x)$ 在 $[a,b]$ 上连续,由条件 1 知 $h(a) = a - \varphi(a) \geqslant 0$, $h(b) = b - \varphi(b) \leqslant 0$,由零点定理知 $\exists x^* \in [a,b]$ 使得 $h(x^*) = 0$,即有 $x^* = \varphi(x^*)$,存在性得证.

再证唯一性.

假设 $\varphi(x)$ 在 $[a,b]$ 上存在与 x^* 互异的不动点 y^*. 由条件 2 得

$$|x^* - y^*| = |\varphi(x^*) - \varphi(y^*)| \leqslant L|x - y| < |x^* - y^*|,$$

显然上式矛盾，故有 $x^* = y^*$，即 $\varphi(x)$ 在 $[a,b]$ 上存在唯一的不动点 x^* 得证.

$\forall x_0 \in [a,b]$，由条件 1 知迭代格式 $x_{k+1} = \varphi(x_k)$ 生成的数列 $\{x_k\} \in [a,b]$，再由(5.7)式得

$$\begin{aligned}|x^* - x_k| &= |\varphi(x^*) - \varphi(x_{k-1})| \leqslant L|x^* - x_{k-1}| \\ &\leqslant \cdots \leqslant L^k|x^* - x_0|,\end{aligned}$$

因 $0 < L < 1$，故当 $k \to \infty$ 时，$L^k \to 0$，于是有数列 $\{x_k\}$ 收敛到 x^*，即有 $\lim\limits_{k\to\infty} x_k = x^*$.

下面证明估计式(5.8)，由(5.7)式

$$\begin{aligned}|x_{k+1} - x_k| &= |\varphi(x_k) - \varphi(x_{k-1})| \leqslant L|x_k - x_{k-1}| \\ &\leqslant L^2|x_{k-1} - x_{k-2}| \leqslant \cdots \leqslant L^k|x_1 - x_0|,\end{aligned}$$

于是对任意的正整数 p，由

$$\begin{aligned}|x_{k+p} - x_k| &\leqslant |x_{k+p} - x_{k+p-1}| + |x_{k+p-1} - x_{k+p-2}| + \cdots + |x_{k+1} - x_k| \\ &\leqslant (L^{k+p-1} + L^{k+p-2} + \cdots + L^k)|x_1 - x_0| \\ &= \frac{L^k(1 - L^p)}{1 - L}|x_1 - x_0| \leqslant \frac{L^k}{1 - L}|x_1 - x_0|.\end{aligned}$$

令 $p \to \infty$，注意到 $\lim\limits_{p\to\infty} x_{k+p} = x^*$，即得误差估计式(5.8).

又由于对任意正整数 p 有

$$\begin{aligned}|x_{k+p} - x_k| &\leqslant |x_{k+p} - x_{k+p-1}| + |x_{k+p-1} - x_{k+p-2}| + \cdots + |x_{k+1} - x_k| \\ &\leqslant (L^{p-1} + L^{p-2} + \cdots + 1)|x_{k+1} - x_k| \\ &= \frac{1 - L^p}{1 - L}|x_{k+1} - x_k| \leqslant \frac{1}{1 - L}|x_{k+1} - x_k|,\end{aligned}$$

令 $p \to \infty$，有 $x_{k+p} \to x^*$，于是得误差估计式(5.9). 证毕.

由(5.8)式可以看出，迭代过程的收敛速度与常数 L 的大小有关，L 越小，L^k 趋于 0 的速度越快，从而(5.8)式的右端项趋于 0 的速度越快，于是(5.8)式的左端项趋于 0 的速度就越快，即 x_k 趋于 x^* 的速度就越快.(5.9)式表明只要相邻两次迭代值 x_k 和 x_{k+1} 之差的绝对值充分小，就能使迭代近似值 x_k 充分接近精确值 x^*. 若 $|\varphi'(x)|$ 的上界 L 已知，给定精度 ε，可以用(5.8)式求出迭代次数. 但在实际应用时，上界 L 一般是难以确定的，可转变为用相邻两次迭代值 x_k 和 x_{k+1} 满足 $|x_{k+1} - x_k| < \varepsilon$ 时，迭代过程终止.

用上述结论分析前面的例 5.4 中采用的三种迭代公式，在有根区间 $[1,1.2]$ 内，估计三个导函数的绝对值的上界，有

$$|\varphi_1'(x)| = \left|\frac{x - 0.25}{(3 + x - 2x^2)^{\frac{3}{4}}}\right| < \frac{1.2 - 0.25}{(3 + 1 - 2 \times 1.2^2)^{\frac{3}{4}}} < 0.87 < 1,$$

$$|\varphi_2'(x)|=\left[4\sqrt{\sqrt{x+4}-1}\sqrt{x+4}\right]^{-1}<\left[4\sqrt{\sqrt{5}-1}\sqrt{5}\right]^{-1}$$
$$<0.11<1,$$

$$|\varphi_3'(x)|=|4x^3+4x|>8.$$

故前两个迭代公式收敛,第三个迭代公式不收敛. 又因 $0.11<0.87$,故第二种迭代格式比第一种迭代格式收敛快得多.

上面的定理 5.2 给出了迭代序列 $\{x_k\}$ 在区间 $[a,b]$ 上的收敛性,通常称为全局收敛性. 但是条件 1 却不易检验. 实际应用时通常只在不动点 x^* 的邻近考察其收敛性,下述定理可避免条件 1 的判别,这就是局部收敛性定理.

定理 5.3 设 x^* 为 $\varphi(x)$ 的不动点,若在 x^* 的某邻域 $U(x^*,\delta)=\{x\mid |x-x^*|\leqslant\delta\}$ 内 $\varphi'(x)$ 的导数存在,且存在正的常数 $L<1$,使得对 $\forall x\in U(x^*,\delta)$,有 $|\varphi'(x)|\leqslant L<1$,则对任意的初值 $x_0\in U(x^*,\delta)$,迭代格式 $x_{k+1}=\varphi(x_k)$ 生成的数列 $\{x_k\}$ 收敛于 x^*. 反之,若在根 x^* 的邻域 $U(x^*,\delta)$ 内有 $|\varphi'(x)|\geqslant 1$,迭代格式发散.

上述定理称为**局部收敛性定理**,下面给出定理的证明.

证明 对 $\forall x\in U(x^*,\delta)$,有

$$|\varphi(x)-x^*|=|\varphi(x)-\varphi(x^*)|=|\varphi'(\xi)||x-x^*|$$
$$\leqslant L|x-x^*|\leqslant|x-x^*|,$$

于是当 $|x-x^*|\leqslant\delta$ 时,必有 $|\varphi(x)-x^*|\leqslant\delta$,即若 $x\in U(x^*,\delta)$ 时,必有 $\varphi(x)\in U(x^*,\delta)$.

又对 $\forall x\in U(x^*,\delta)$,有 $|\varphi'(x)|\leqslant L<1$. 于是依据定理 5.2 可以断定迭代过程 $x_{k+1}=\varphi(x_k)$ 对于任意初值 $x_0\in U(x^*,\delta)$ 均收敛. 证毕.

上述局部收敛性定理虽然避免了定理 5.2 中条件 1 的检验,但由于 x^* 是不知道的,故 x^* 的某邻域一般无法得到. 在实际应用时通常取 x^* 的某一近似值,用该点处导数的绝对值是否小于 1 考察其收敛性.

比如用上述定理考察前面的例 5.5 中采用四种迭代公式,在有根区间 $[1,2]$ 内,估计四个导函数在 1.5 处的绝对值,有

第一种迭代格式: $\varphi_1'(x)=1-3x^2-8x$, $|\varphi_1'(1.5)|=17.75>1$,发散;

第二种迭代格式: $\varphi_2'(x)=\dfrac{1}{2}\left(\dfrac{10}{x}-4x\right)^{\frac{1}{2}}\left(-\dfrac{10}{x^2}-4\right)$, $|\varphi_2'(1.5)|\approx 5.128>1$,发散;

第三种迭代格式: $\varphi_3'(x)=\dfrac{-3}{4}x^2(10-x^3)^{-\frac{1}{2}}$, $|\varphi_3'(1.5)|\approx 0.656<1$,收敛;

第四种迭代格式: $\varphi_4'(x)=-5\left(\dfrac{10}{4+x}\right)^{-\frac{1}{2}}\dfrac{1}{(4+x)^2}$, $|\varphi_4'(1.5)|\approx 0.122<1$,收敛,且比第三种迭代格式收敛得快.

5.3　迭代法的加速

若迭代过程 $x_{k+1}=\varphi(x_k)$ 产生的数列 $\{x_k\}$ 是收敛的,只要迭代的次数足够多,就可以使计算结果达到任意的精度,但是如果数列 $\{x_k\}$ 收敛速度很慢会导致计算量变得很大.为了加速收敛速度,可考虑对迭代过程进行修正.

5.3.1　埃特金(Aitken)加速法

设迭代格式 $x_{k+1}=\varphi(x_k)$ 产生的数列 $\{x_k\}$ 收敛到 x^*,由微分中值定理有

$$x_{k+1}-x^*=\varphi(x_k)-\varphi(x^*)=\varphi'(\xi)(x_k-x^*)\ , \tag{5.12}$$

ξ 介于 x^* 和 x_k 之间.同理有

$$x_{k+2}-x^*=\varphi(x_{k+1})-\varphi(x^*)=\varphi'(\eta)(x_{k+1}-x^*)\ , \tag{5.13}$$

η 介于 x^* 和 x_{k+1} 之间.假设 $\varphi'(x)$ 变化不大,即有 $\varphi'(\xi)\approx\varphi'(\eta)$,于是由(5.12)式和(5.13)式得

$$\frac{x_{k+1}-x^*}{x_{k+2}-x^*}\approx\frac{x_k-x^*}{x_{k+1}-x^*}\ , \tag{5.14}$$

由此解出

$$x^*\approx\frac{x_kx_{k+2}-x_{k+1}^2}{x_k-2x_{k+1}+x_{k+2}}=x_k-\frac{(x_{k+1}-x_k)^2}{x_k-2x_{k+1}+x_{k+2}}\ , \tag{5.15}$$

作为 x^* 新的近似,记

$$\bar{x}_{k+1}=x_k-\frac{(x_{k+1}-x_k)^2}{x_k-2x_{k+1}+x_{k+2}}=x_k-\frac{(\varphi(x_k)-x_k)^2}{x_k-2\varphi(x_k)+\varphi(\varphi(x_k))}\ , \tag{5.16}$$

式(5.16)称为**埃特金(Aitken)加速公式**.

下面给出埃特金加速方法的几何解释,如图 5.3 所示.曲线 $y=\varphi(x)$ 和 $y=x$ 的交点 P^* 的横坐标 x^* 是所求方程的根.过 x 轴上的点 x_k 和 x_{k+1} 作 y 轴的平行线与曲线 $y=\varphi(x)$ 分别相交于点 $P_0(x_k,x_{k+1})$ 和 $P_1(x_{k+1},x_{k+2})$,引弦线 $\overline{P_0P_1}$ 与直线 $y=x$ 交于点 P_3,则点 P_3 的横坐标 $\bar{x}_{k+1}$ 满足

$$\bar{x}_{k+1}=x_{k+1}+\frac{x_{k+2}-x_{k+1}}{x_{k+1}-x_k}(\bar{x}_{k+1}-x_k)\ ,$$

由此解出 $\bar{x}_{k+1}$ 可得埃特金加速公式(5.16).

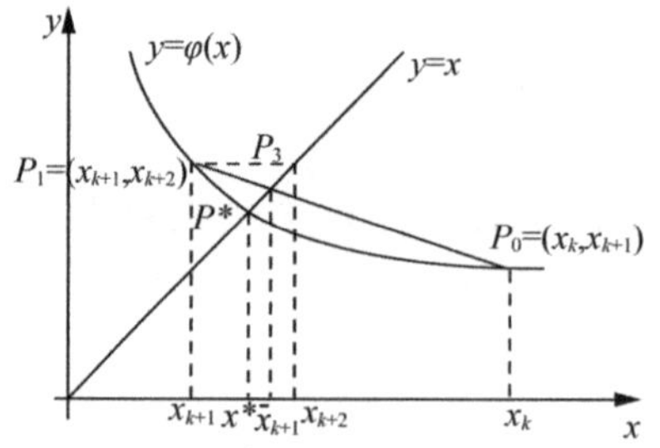

图 5.3　埃特金公式的几何解释

关于迭代格式(5.16)收敛的阶,有如下的定理.

定理 5.4　设 x^* 是方程 $x=\varphi(x)$ 的根,

(1) 设 $\varphi(x)$ 在 x^* 的邻近具有连续的二阶导数,若迭代格式 $x_{k+1}=\varphi(x_k)$ 是线性收敛的,则迭代格式(5.16)是平方收敛的.

(2) $\varphi(x)$ 在 x^* 的邻近具有连续的 $p+1$ 阶导数,若迭代格式 $x_{k+1}=\varphi(x_k)$ 是 $p(p\geqslant 2)$ 收敛的,则埃特金法(5.16)式是 $2p-1$ 阶收敛的.

证明见文献[4]和[5].此定理表明迭代序列 $\{\bar{x}_k\}$ 的收敛速度比 $\{x_k\}$ 的收敛速度快.

例 5.7　求方程 $x=\mathrm{e}^{-x}$ 在 $x=0.5$ 附近的根.

解　取初始值 $x_0=0.5$,用迭代格式 $x_{k+1}=\mathrm{e}^{-x_k}$ 计算得 $x_{25}=x_{26}=0.567\,143\,3$;

若用埃特金加速方法:$x_{k+1}^{(1)}=\mathrm{e}^{-x_k}$, $x_{k+1}^{(2)}=\mathrm{e}^{-x_{k+1}^{(1)}}$,

$$x_{k+1}=x_{k+1}^{(2)}-\frac{(x_{k+1}^{(2)}-x_{k+1}^{(1)})^2}{x_{k+1}^{(2)}-2x_{k+1}^{(1)}+x_k}.$$

取初始值 $x_0=0.5$,迭代计算得

$$x_1^{(1)}=0.606\,530\,7, x_1^{(2)}=0.545\,239\,2, x_1=0.567\,627\,9;$$
$$x_2^{(1)}=0.566\,870\,8, x_2^{(2)}=0.567\,297\,9, x_2=0.567\,143\,3;$$
$$x_3^{(1)}=0.567\,143\,3, x_3^{(2)}=0.567\,143\,3, x_3=0.567\,143\,3.$$

由此可见,埃特金法加速收敛效果是相当显著的.

5.4　牛顿法

5.4.1　牛顿法公式

对于非线性方程 $f(x)=0$,若能用某个线性方程近似,求出它的根作为原方程的近似根是比较容易的.牛顿法实质上就是一种线性化方法,其基本思想是将非线性方程逐步归结为某种线性方程来求解.

设 x_k 是非线性方程 $f(x)=0$ 的近似根,把 $f(x)$ 在 x_k 处泰勒展开得

$$f(x) \approx f(x_k) + f'(x_k)(x - x_k) + f''(x_k)(x - x_k)^2 + \cdots ,$$

取展开式的前两项,即线性部分作为 $f(x)$ 的近似,于是原方程可用线性方程近似

$$f(x_k) + f'(x_k)(x - x_k) = 0 ,$$

解之得 $x = x_k - \dfrac{f(x_k)}{f'(x_k)}$,

用其作为原方程新的近似根 x_{k+1},即令

$$x_{k+1} = x_k - \frac{f(x_k)}{f'(x_k)}(k = 0,1,2\cdots) . \tag{5.17}$$

式(5.17)称为**牛顿(Newton)迭代公式**,简称**牛顿法**.

牛顿法有直接的几何解释,如图 5.4 所示. 方程 $f(x)=0$ 的根 x^* 可解释为曲线 $y=f(x)$ 与 x 轴交点的横坐标. 设 x_k 是根 x^* 的某个近似值,过曲线 $y=f(x)$ 上横坐标为 x_k 的点 P_k 引切线为 $y=f(x_k)+f'(x_k)(x-x_k)$,并将该切线与 x 轴交点的横坐标 x_{k+1} 作为 x^* 的新的近似值,这样求得的 x_{k+1} 满足牛顿迭代公式(5.17). 类似地,再过曲线 $y=f(x)$ 上横坐标为 x_{k+1} 的点 P_{k+1} 引切线得与 x 轴交点的横坐标 x_{k+2},依次继续下去生成数列 $\{x_k\}$,若牛顿法是收敛的,则 $k\to\infty$ 时,有 $x_k \to x^*$. 基于这种几何背景,所以牛顿迭代法也称**牛顿切线法**.

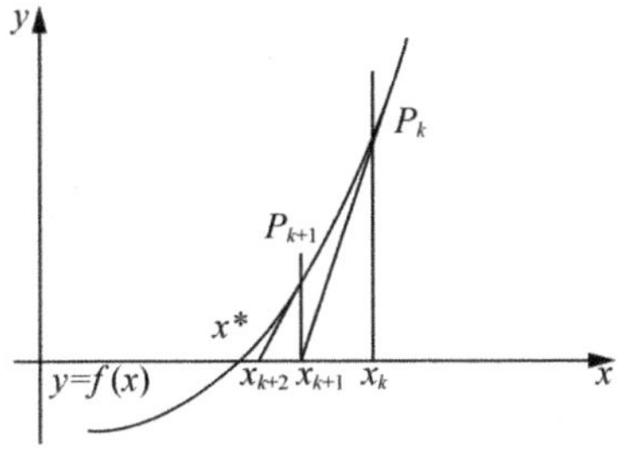

图 5.4 牛顿法的几何解释

5.4.2 迭代法的收敛速度

一个实用的迭代算法除了要保证收敛性,还要考虑收敛速度问题. 用迭代误差的下降速度来描述迭代法的收敛速度,给出如下定义.

定义 5.1 设迭代过程 $x_{k+1}=\varphi(x_k)$ 生成的数列 $\{x_k\}$ 收敛于 x^*,记迭代误差 $e_k = x_k - x^*$,若存在正常数 p 使得,$\lim\limits_{k\to\infty}\dfrac{e_{k+1}}{e_k^{\,p}} = \lim\limits_{k\to\infty}\dfrac{x_{k+1}-x^*}{(x_k - x^*)^p} = C$($C$ 为不等于 0 的常数),则迭代格式是 p **阶收敛**的. 特别的,当 $p=1$ 时称为**线性收敛**,当 $p=2$ 时称为**二阶收敛**或**平方收敛**,$p>1$ 时称为**超线性收敛**,显然,收敛阶越大,收敛越快.

下面给出迭代过程 p 阶收敛的充分条件.

定理 5.5 设迭代过程 $x_{k+1}=\varphi(x_k)$ 收敛于方程 $x=\varphi(x)$ 的根 x^*，$\varphi^{(p)}(x)$ 在 x^* 的邻近连续,

(1) 若 $0<|\varphi'(x^*)|<1$,则该迭代过程在 x^* 的邻近是线性收敛的;

(2) 若

$$\varphi'(x^*)=\varphi''(x^*)=\cdots=\varphi^{(p-1)}(x^*)=0\,, \tag{5.18}$$

但 $\varphi^{(p)}(x^*)\neq 0$,则该迭代过程在 x^* 的邻近是 p 阶收敛的.

证明 (1)由于 $|\varphi'(x^*)|<1$ 且 $\varphi'(x)$ 在 x^* 的邻近连续,必存在 x^* 的某邻域 U，使得对 $\forall x\in U$,有 $|\varphi'(x)|<1$. 根据定理 5.3 立即可以断定迭代过程 $x_{k+1}=\varphi(x_k)$ 具有局部收敛性. 注意到 $x_{k+1}=\varphi(x_k)$，$x^*=\varphi(x^*)$ 并用微分中值定理得

$$x_{k+1}-x^*=\varphi(x_k)-\varphi(x^*)=\varphi'(\xi)(x_k-x^*)\,, \tag{5.19}$$

其中 ξ 介于 x^* 和 x_k 之间,于是 $\lim\limits_{k\to\infty}\dfrac{e_{k+1}}{e_k}=\lim\limits_{k\to\infty}\dfrac{x_{k+1}-x^*}{x_k-x^*}=\lim\limits_{k\to\infty}\varphi'(\xi)$.

由于当 $k\to\infty$ 时,有 $x_k\to x^*$，必有 $\xi\to x^*$，再由 $\varphi'(x)$ 的连续性知 $\varphi'(\xi)\to\varphi(x^*)$，于是

$$\lim_{k\to\infty}\frac{x_{k+1}-x^*}{x_k-x^*}=\varphi'(x^*)\neq 0\,, \tag{5.20}$$

故迭代过程是线性收敛的.

(2) 根据 $\varphi'(x^*)=0$ 和 $\varphi'(x)$ 在 x^* 邻近的连续性,故在 x^* 的某邻域 $U(x^*,\delta)$ 内有 $|\varphi'(x)|<1$. 根据定理 5.3 可知迭代过程 $x_{k+1}=\varphi(x_k)$ 具有局部收敛性.

再把 $\varphi(x_k)$ 在根 x^* 处进行泰勒展开，利用条件(5.18)，则有

$$\varphi(x_k)=\varphi(x^*)+\frac{\varphi^{(p)}(\xi)}{p!}(x_k-x^*)^p\,, \tag{5.21}$$

其中 ξ 介于 x^* 和 x_k 之间. 于是 $\lim\limits_{k\to\infty}\dfrac{e_{k+1}}{(e_k)^p}=\lim\limits_{k\to\infty}\dfrac{x_{k+1}-x^*}{(x_k-x^*)^p}=\dfrac{\varphi^{(p)}(\xi)}{p!}$,

$\varphi(x)$ 在 x^* 的邻近具有连续的 p 阶导数且 x_k 收敛到 x^*，故 $\varphi^{(p)}(\xi)$ 收敛到 $\varphi^{(p)}(x^*)$，于是

$$\lim_{k\to\infty}\frac{x_{k+1}-x^*}{(x_k-x^*)^p}=\frac{\varphi^{(p)}(x^*)}{p!}\neq 0\,, \tag{5.22}$$

故迭代过程是 p 阶收敛的.

例 5.8 设初值 x_0 充分接近 $x^*=\sqrt{a}$ 接近($a>0$ 为常数),证明:迭代格式 $x_{k+1}=\dfrac{x_k(x_k^2+3a)}{3x_k^2+a}$,$(k=0,1,2,\cdots)$ 三阶收敛到 x^*,并求极限 $\lim\limits_{k\to\infty}\dfrac{x_{k+1}-\sqrt{a}}{(x_k-\sqrt{a})^3}$.

解　迭代函数为 $\varphi(x)=\dfrac{x(x^2+3a)}{3x^2+a}$,

一阶导数 $\varphi'(x)=\dfrac{3(x^2-a)^2}{(3x^2+a)^2}$,故 $\varphi'(\sqrt{a})=0$;

二阶导数 $\varphi''(x)=\dfrac{48ax(x^2-a)}{(3x^2+a)^3}$,故 $\varphi''(\sqrt{a})=0$;

三阶导数 $\varphi'''(x)=\dfrac{-48a(9x^4-18ax^2+a^2)}{(3x^2+a)^4}$,故 $\varphi'''(\sqrt{a})=\dfrac{3}{2a}\neq 0.$

由定理 5.5 知该迭代过程在 $x^*=\sqrt{a}$ 的邻近是三阶收敛的. 由(5.22)式得

$$\lim_{k\to\infty}\frac{x_{k+1}-\sqrt{a}}{(x_k-\sqrt{a})^3}=\frac{\varphi'''(\sqrt{a})}{3!}=\frac{1}{4a}.$$

5.4.3　牛顿法收敛性

下面讨论牛顿法的收敛性.

1. 单根的情况

设 x^* 是 $f(x)$ 的一个单根,即 $f(x^*)=0, f'(x^*)\neq 0$. 牛顿法的迭代函数为

$$\varphi(x)=x-\frac{f(x)}{f'(x)},$$

对 $\varphi(x)$ 在 $x=x^*$ 求导得

$$\varphi'(x^*)=\frac{f(x^*)f''(x^*)}{[f'(x^*)]^2}=0,$$

$$\varphi''(x^*)=\frac{f''(x^*)}{f'(x^*)}\neq 0.$$

由定理 5.5 知牛顿法是二阶收敛的.

也可根据定义 5.1,由于

$$\lim_{k\to\infty}\frac{x_{k+1}-x^*}{(x_k-x^*)^2}=\lim_{k\to\infty}\frac{\frac{1}{2!}\varphi''(\xi)(x_k-x^*)^2}{(x_k-x^*)^2}=\frac{1}{2!}\varphi''(x^*)=\frac{f''(x^*)}{2f'(x^*)}\neq 0,$$

由此得到,当 x^* 为单根时,牛顿迭代法在根 x^* 的邻近是二阶(平方)收敛的.

2. 重根的情况

当 x^* 为 $f(x)$ 的 $m(m\geqslant 2)$ 重根时,则 $f(x)$ 可表示为

$$f(x)=(x-x^*)^m g(x), \tag{5.23}$$

其中 $g(x^*)\neq 0$. 此时用牛顿迭代法(5.17)求 x^* 仍然收敛,只是收敛速度将大大减慢. 事实上,因为迭代公式

$$x_{k+1}=x_k-\frac{f(x_k)}{f'(x_k)}=x_k-\frac{(x_k-x^*)g(x_k)}{mg(x_k)+(x_k-x^*)g'(x_k)},$$

令 $e_k=x_k-x^*$,则有

$$e_{k+1}=x_{k+1}-x^*=e_k-\frac{e_kg(x_k)}{mg(x_k)+e_kg'(x_k)},$$

从而有

$$\lim_{k\to\infty}\frac{e_{k+1}}{e_k}=\lim_{k\to\infty}\left[1-\frac{g(x_k)}{mg(x_k)+e_kg'(x_k)}\right]=1-\frac{1}{m}\neq 0, \tag{5.24}$$

可见用牛顿法求方程的重根时仅为线性收敛.

下面给出两种提高求重根的收敛速度的方法.

①把迭代函数修改为 $\varphi(x)=x-m\dfrac{f(x)}{f'(x)}$,于是得迭代公式为

$$x_{k+1}=x_k-m\frac{f(x_k)}{f'(x_k)}(k=0,1,\cdots). \tag{5.25}$$

由(5.24)式可知 $\lim\limits_{k\to\infty}\dfrac{e_{k+1}}{e_k}=\varphi'(x^*)=1-m\dfrac{1}{m}=0$. 可见,迭代格式(5.25)是二阶收敛的. 值得注意的是,建立求 m 重根具有二阶收敛的迭代公式(5.25),要事先计算 x^* 的重数 m.

②将求重根问题化为求单根问题(去重数).

当 x^* 为 $f(x)$ 的 $m(m\geqslant 2)$ 重根时,由于 $f(x)$ 可表示为(5.23)式,构造函数 $\mu(x)$ 得

$$\mu(x)=\frac{f(x)}{f'(x)}=\frac{(x-x^*)g(x)}{mg(x)+(x-x^*)g'(x)}, \tag{5.26}$$

则 x^* 是 $\mu(x)=0$ 的单根,对它用牛顿法是二阶(平方)收敛的. 其迭代函数为

$$\varphi(x)=x-\frac{\mu(x)}{\mu'(x)}=x-\frac{f(x)f'(x)}{[f'(x)]^2-f(x)f''(x)},$$

建立相应的迭代格式为

$$x_{k+1}=x_k-\frac{f(x_k)f'(x_k)}{[f'(x_k)]^2-f(x_k)f''(x_k)}(k=0,1,2,\cdots). \tag{5.27}$$

例 5.9 用牛顿法求方程 $x=e^{-x}$ 在 $x=0.5$ 附近的根.

解 把原方程化为 $x-e^{-x}=0$.

$$f(x)=x-e^{-x},f'(x)=1+e^{-x},$$

所以牛顿迭代公式为

$$x_{k+1}=x_k-\frac{x_k-e^{-x_k}}{1+e^{-x_k}},$$

取 $x_0=0.5$,迭代3次得 $x_1=0.566\ 311$,$x_2=0.567\ 143\ 1$,$x_3=0.567\ 143\ 3$.

5.5 弦截法与抛物线法

用牛顿法的迭代公式(5.17)求方程 $f(x)=0$ 的根,每步除计算 $f(x_k)$ 外还要算 $f'(x_k)$,当函数 $f(x)$ 比较复杂时,计算 $f'(x)$ 往往比较困难,为此可以利用已求函数值 $f(x_k)$,$f(x_{k-1})$,…,插值近似 $f'(x_k)$,从而规避导数值 $f'(x_k)$ 的直接计算. 下面介绍两种常用方法:弦截法和抛物线法.

5.5.1 弦截法

设 x_k,x_{k-1} 是 $f(x)=0$ 的近似根,过 $(x_k,f(x_k))$ 和 $(x_{k-1},f(x_{k-1}))$ 构造 Lagrange 线性插值多项式 $L_1(x)$,并用 $L_1(x)=0$ 的根作为方程 $f(x)=0$ 的新的近似根 x_{k+1},由于

$$L_1(x)=f(x_k)+\frac{f(x_k)-f(x_{k-1})}{x_k-x_{k-1}}(x-x_k),\tag{5.28}$$

于是有

$$x_{k+1}=x_k-\frac{x_k-x_{k-1}}{f(x_k)-f(x_{k-1})}f(x_k).\tag{5.29}$$

这样导出的迭代公式(5.29)可以看成是把牛顿迭代公式(5.17)中的导数 $f'(x_k)$ 用差商 $\frac{f(x_k)-f(x_{k-1})}{x_k-x_{k-1}}$ 近似得到的.

(5.29)式有明显的几何意义,如图5.5所示. 设曲线 $y=f(x)$ 上横坐标为 x_{k-1},x_k 的点分别为 P_{k-1} 和 P_k,则差商 $\frac{f(x_k)-f(x_{k-1})}{x_k-x_{k-1}}$ 表示弦 $\overline{P_{k-1}P_k}$ 的斜率,弦 $\overline{P_{k-1}P_k}$ 的方程为(5.28)式. 因此,按(5.29)式求得 x_{k+1} 实际上是两点弦线 $\overline{P_{k-1}P_k}$ 与 x 轴交点的横坐标,令 $L_1(x)=0$ 解出 x 即可,这种算法因而形象地称为**割线(弦截)法**.

弦截法与牛顿法切线法都是线性化分法,但两者有本质的区别. 牛顿法在计算 x_{k+1} 时只用到前一步的值 x_k,而割线法要用到前面两步的结果 x_{k-1} 和 x_k,因此使用这种方法必须先给出两个初始值 x_0,x_1. 因为(5.29)式用到前两点 x_{k-1} 和 x_k 的值,故此方法又称为**双点割线法**.

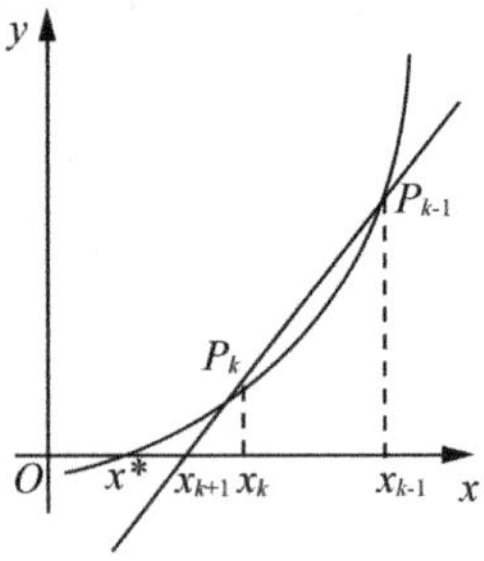

图 5.5 弦截法的几何意义

如果把(5.29)式中的 x_{k-1} 改为 x_0,即迭代公式为

$$x_{k+1} = x_k - \frac{x_k - x_0}{f(x_k) - f(x_0)} f(x_k) \ , \tag{5.30}$$

每步只用一个新点 x_k 的值,此方法称为**单点割线法**.

单点割线法的几何意义见图 5.6,由单点割线法的迭代序列 $\{x_k\}$ 可以看成是由点 $(x_0,f(x_0))$ 出发的弦与 x 坐标轴交点的横坐标生成的.

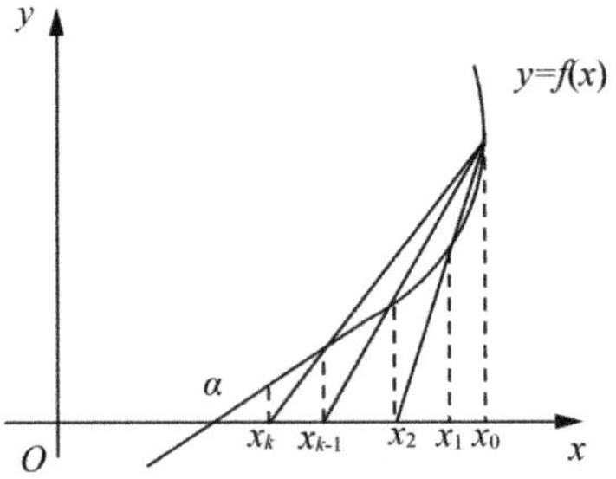

图 5.6 单点割线法的几何意义

定理 5.6 设 $f(x)=0$ 的根为 x^*. 若 $f(x)$ 在 x^* 邻近有连续的二阶导数且 $f'(x^*) \neq 0$,初始值 x_0, x_1 充分接近 x^*,则双点割线法的迭代过程收敛,且按 $p=(1+\sqrt{5})/2 \approx 1.618$ 阶收敛到 x^*.

定理的证明可参考文献[16],此处从略.

例 5.10 分别用单点割线法、割线法和牛顿法解方程

$$f(x) = x^3 + 2x^2 + 10x - 20 = 0 \ ,$$

迭代 5 次求 x_5,并比较它们的精度.

解 先求有根区间,由于 $f'(x) = 3x^2 + 4x + 10 = 3\left(x + \frac{2}{3}\right)^2 + \frac{26}{3} > 0$,故 $f(x)$ 单调递增;又 $f(1) = -7 < 0$, $f(2) = 12 > 0$,故在 $(1,2)$ 内仅有一根.

对单点割线法和割线法取 $x_0 = 1$, $x_1 = 2$,对牛顿法取 $x_0 = 2$. 根据公式(5.17)、(5.29)

和(5.30)建立三种迭代公式并进行计算,生成的迭代序列见表 5.5.

表 5.5　三种迭代法的计算结果

x_k	x_1	x_2	x_3	x_4	x_5
牛顿法	1.466 666 667	1.383 388 704	1.368 869 419	1.368 808 109	1.368 808 108
割线法	1	1.368 421 053	1.368 850 469	1.368 808 104	1.368 808 108
单点割线法	1	1.368 421 053	1.368 851 263	1.368 803 298	1.368 808 644

比较计算结果,对单点割线法有 $|x_5 - x_4| \leqslant 0.5 \times 10^{-5}$,对割线法有 $|x_5 - x_4| \leqslant 0.4 \times 10^{-8}$,对牛顿法有 $|x_5 - x_4| \leqslant 0.1 \times 10^{-8}$,割线法和牛顿法收敛速度相近,单点割线法收敛得最慢.

5.5.2　抛物线法

设 x_k, x_{k-1}, x_{k-2} 是 $f(x)=0$ 的近似根,过三点 $(x_k, f(x_k))$、$(x_{k-1}, f(x_{k-1}))$ 和 $(x_{k+1}, f(x_{k+1}))$ 构造二次 Lagrange 插值多项式 $L_2(x)$,并用 $L_2(x)=0$ 的根作为方程 $f(x)=0$ 的新的近似根 x_{k+1},这样得到的迭代公式称为**抛物线法**,亦称为**密勒(Müller)法**. 在几何图形上,这种方法的基本思想是用抛物线 $y=L_2(x)$ 与 x 轴的交点横坐标 x_{k+1} 作为所求根 x^* 的近似位置,见图 5.7.

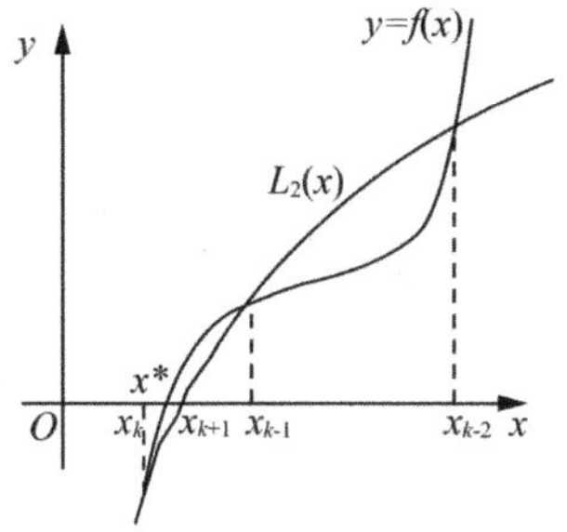

图 5.7　抛物线法的几何意义

现推导抛物线法的计算公式,由二次拉格朗日插值多项式

$$L_2(x) = f(x_k) + f[x_k, x_{k-1}](x - x_k) + f[x_k, x_{k-1}, x_{k-2}](x - x_k)(x - x_{k-1}),$$

它的两个零点为

$$x_{k+1} = x_k - \frac{2f(x_k)}{\omega_k \pm \sqrt{\omega_k^2 - 4f(x_k)f[x_k, x_{k-1}, x_{k-2}]}}, \tag{5.31}$$

其中

$$\omega_k = f[x_k, x_{k-1}] + f[x_k, x_{k-1}, x_{k-2}](x_k - x_{k-1}).$$

为了在式(5.31)定出一个值 x_{k+1},我们需要讨论根式前正负号的取舍问题. 在 x_k, x_{k-1},

x_{k-2} 三个近似值中，自然假定 x_k 更接近所求的根 x^*，这时，为了保证精度，选择式(5.31)中接近 x_k 的一个值作为新的近似根 x_{k+1}. 为此，只要取根式前的符号与 ω_k 的符号相同，即

$$x_{k+1} = x_k - \frac{2f(x_k)}{\omega_k + \operatorname{sgn}(\omega_k)\sqrt{\omega_k^2 - 4f(x_k)f[x_k,x_{k-1},x_{k-2}]}}. \tag{5.32}$$

定理 5.7 设 $f(x)=0$ 的根为 x^*. 若 $f(x)$ 在 x^* 邻近有连续的二阶导数且 $f'(x^*)\neq 0$，初始值 x_0, x_1 充分接近 x^*，则双点割线法的迭代过程收敛，且按 $p=(1+\sqrt{5})/2\approx 1.618$ 阶收敛到 x^*.

类似于定理 5.7 的结论，若 $f(x)$ 在 x^* 邻近有连续的三阶导数且 $f''(x^*)\neq 0$，初始值 x_0, x_1, x_2 充分接近 x^*，可以证明由式(5.32)产生的序列局部收敛到 x^*，收敛的阶数为 $p\approx 1.839$. 因而抛物线法的收敛速度比割线法更接近于牛顿法.

5.6 非线性方程组的迭代法

5.6.1 不动点迭代法

设含有 n 个方程 n 个未知数的非线性方程组

$$\begin{cases} f_1(x_1,\cdots,x_n)=0, \\ f_2(x_1,\cdots,x_n)=0, \\ \cdots\cdots \\ f_n(x_1,\cdots,x_n)=0. \end{cases} \tag{5.33}$$

其中 $f_1,\cdots,f_n$ 中至少有一个是 $x_1,\cdots,x_n$ 的非线性函数. 若记向量 $\boldsymbol{x}=(x_1,\cdots,x_n)^{\mathrm T}\in \mathbf{R}^n$，$\boldsymbol{F}(\boldsymbol{x})=(f_1(x),\cdots,f_n(x))^{\mathrm T}$，则(5.33)可简写成

$$\boldsymbol{F}(\boldsymbol{x})=0. \tag{5.34}$$

多元非线性方程组(5.34)与一元非线性方程 $f(x)=0$ 具有相同的形式，类似于一元非线性方程，也可以建立多元非线性方程组的不动点迭代法和牛顿迭代法.

将方程组(5.34)改写成如下便于迭代的等价形式

$$\boldsymbol{x}=\boldsymbol{\Phi}(x)=[\varphi_1(x),\varphi_2(x),\cdots,\varphi_n(x)]^{\mathrm T}, \tag{5.35}$$

建立不动点迭代格式

$$\boldsymbol{x}^{(k+1)}=\boldsymbol{\Phi}(x^{(k)})=[\varphi_1(x^{(k)}),\varphi_2(x^{(k)}),\cdots,\varphi_n(x^{(k)})]^{\mathrm T}, \tag{5.36}$$

给定初值 $\boldsymbol{x}^{(0)}$，按(5.36)式生成向量序列 $\{\boldsymbol{x}^{(k)}\}$，若 $\lim\limits_{k\to\infty}x^{(k)}=x^*$，且 $\varphi_i(x)\ (i=1,2,\cdots,n)$ 是连续函数，则 x^* 满足 $x^*=\boldsymbol{\Phi}(x^*)$，从而 x^* 也为方程组(5.34)的解，x^* 称为迭代函数 $\boldsymbol{\Phi}(x)$ 的**不动点**，(5.36)式称为**不动点迭代格式**.

例5.11 用不动点迭代法解非线性方程组

$$\begin{cases}x_1^2+x_2^2-10x_1+8=0,\\ x_1x_2^2+x_1^2-10x_2+8=0.\end{cases}$$

解 把方程组化为等价式

$$\begin{cases}x_1=\varphi_1(x_1,x_2)=(x_1^2+x_2^2+8)/10,\\ x_2=\varphi_2(x_1,x_2)=(x_1x_2^2+x_1+8)/10.\end{cases}$$

建立迭代格式

$$\begin{cases}x_1^{(k+1)}=\varphi_1(x_1^{(k)},x_2^{(k)})=((x_1^{(k)})^2+(x_2^{(k)})^2+8)/10,\\ x_2^{(k+1)}=\varphi_2(x_1^{(k)},x_2^{(k)})=(x_1^{(k)}(x_2^{(k)})^2+x_1^{(k)}+8)/10.\end{cases}$$

$k=0,1,2,\cdots.$

取初始值 $\boldsymbol{x}^{(0)}=(0,0)^{\mathrm{T}}$,计算结果见表5.6,可见 $x^{(k)}\rightarrow x^*=(1,1)^{\mathrm{T}}$.

表5.6 例5.11中不动点迭代法解非线性方程组的计算结果

k	0	1	…	18	19
$x_1^{(k)}$	0	0.8	…	0.999 999 72	0.999 999 89
$x_2^{(k)}$	0	0.8	…	0.999 999 72	0.999 999 89

5.6.2 牛顿迭代法

设 $\boldsymbol{x}^{(k)}=(x_1^{(k)},x_2^{(k)},\cdots,x_n^{(k)})^{\mathrm{T}}$ 为方程组(5.34)的一个近似值,将 $\boldsymbol{F}(\boldsymbol{x})$ 的分量 $f_i(x)(i=1,2,\cdots,n)$ 在 $\boldsymbol{x}^{(k)}$ 用多元函数 Taylor 展开,并取其线性部分,则可表示为

$$\boldsymbol{F}(\boldsymbol{x})\approx\boldsymbol{F}(\boldsymbol{x}^{(k)})+\boldsymbol{F}'(\boldsymbol{x}^{(k)})(\boldsymbol{x}-\boldsymbol{x}^{(k)}),\tag{5.37}$$

其中

$$\boldsymbol{F}'(\boldsymbol{x}^{(k)})=\begin{bmatrix}\frac{\partial f_1(\boldsymbol{x})}{\partial x_1} & \frac{\partial f_1(\boldsymbol{x})}{\partial x_2} & \cdots & \frac{\partial f_1(\boldsymbol{x})}{\partial x_n}\\ \frac{\partial f_2(\boldsymbol{x})}{\partial x_1} & \frac{\partial f_2(\boldsymbol{x})}{\partial x_2} & \cdots & \frac{\partial f_2(\boldsymbol{x})}{\partial x_n}\\ \vdots & \vdots & & \vdots\\ \frac{\partial f_n(\boldsymbol{x})}{\partial x_1} & \frac{\partial f_n(\boldsymbol{x})}{\partial x_n} & \cdots & \frac{\partial f_n(\boldsymbol{x})}{\partial x_n}\end{bmatrix}.\tag{5.38}$$

式(5.38)称为 $\boldsymbol{F}(\boldsymbol{x})$ 的**雅可比(Jacobi)矩阵**.于是方程组(5.34)用线性化方程组代替为

$$\boldsymbol{F}(\boldsymbol{x}^{(k)})+\boldsymbol{F}'(\boldsymbol{x}^{(k)})(\boldsymbol{x}-\boldsymbol{x}^{(k)})=0.\tag{5.39}$$

解此线性方程组其解记为 $\boldsymbol{x}^{(k+1)}$，于是得

$$\boldsymbol{x}^{(k+1)} = \boldsymbol{x}^{(k)} - \boldsymbol{F}'(\boldsymbol{x}^{(k)})^{-1}\boldsymbol{F}(\boldsymbol{x}^{(k)})\ (k=0,1,\cdots)\ , \tag{5.40}$$

这就是解非线性方程组(5.34)的**牛顿迭代法**.

例 5.12 用牛顿迭代法解非线性方程组

$$\begin{cases} f_1(x_1,x_2) = x_1 + 2x_2 - 3 = 0, \\ f_2(x_1,x_2) = 2x_1^2 + x_2^2 - 5 = 0. \end{cases}$$

取初始值 $\boldsymbol{x}^{(0)}=(1.5,1)^{\mathrm{T}}$.

解 Jacobi 矩阵为

$$\boldsymbol{F}'(\boldsymbol{x}) = \begin{bmatrix} 1 & 2 \\ 4x_1 & 2x_2 \end{bmatrix},$$

求矩阵的逆得

$$\boldsymbol{F}'(\boldsymbol{x})^{-1} = \frac{1}{2x_2 - 8x_1}\begin{bmatrix} 2x_2 & -2 \\ -4x_1 & 1 \end{bmatrix}.$$

建立牛顿迭代格式为

$$\boldsymbol{x}^{(k+1)} = \boldsymbol{x}^{(k)} - \frac{1}{2x_2^{(k)} - 8x_1^{(k)}}\begin{bmatrix} 2x_2^{(k)} & -2 \\ -4x_1^{(k)} & 1 \end{bmatrix}\begin{bmatrix} x_1^{(k)} + 2x_2^{(k)} - 3 \\ 2(x_1^{(k)})^2 + (x_2^{(k)})^2 - 5 \end{bmatrix},$$

即

$$\begin{cases} x_1^{(k+1)} = x_1^{(k)} - \dfrac{(x_2^{(k)})^2 - 2(x_1^{(k)})^2 - x_1^{(k)}x_2^{(k)} - 3x_2^{(k)} + 5}{x_2^{(k)} - 4x_1^{(k)}}, \\ x_2^{(k+1)} = x_2^{(k)} - \dfrac{(x_2^{(k)})^2 - 2(x_1^{(k)})^2 - 8x_1^{(k)}x_2^{(k)} + 12x_2^{(k)} - 5}{2x_2^{(k)} - 8x_1^{(k)}}. \end{cases}$$

$$(k=0,1,\cdots).$$

代入初始值 $\boldsymbol{x}^{(0)}=(1.5,1)^{\mathrm{T}}$，生成向量序列：

$$\boldsymbol{x}^{(1)}=(1.5,0.75)^{\mathrm{T}},\boldsymbol{x}^{(2)}=(1.488\,095,0.755\,952)^{\mathrm{T}},\boldsymbol{x}^{(3)}=(1.488\,034,0.755\,983)^{\mathrm{T}},$$

可见，牛顿迭代法收敛得很快.

5.7 解非线性方程编程实例

下面给出用 MATLAB 编程求非线性方程的根的几种方法.

1. 用内置函数‘roots’直接求代数方程的根，调用格式如下：

t=roots(p)

其中输入参数 p 为多项式的系数组成的向量，输出参数 t 为多项式所有的实根和复根.

2. MATLAB 还提供了求一般非线性方程 $f(x)=0$ 的实根的内置函数为'fzero'，调用格式为

x = fzero('fun', x0)

其中输入参数'fun'为非线性函数 f(x)，x0 为根的初始近似值，也可以用有根区间 $[a,b]$ 代替.

例 5.13　用 MATLAB 编程求方程 $3x^2-e^x=0$ 的根.

解(1)用内置函数求根的 MATLAB 程序如下：

```
ezplot('3*x^2-exp(x)'),grid   %画 f(x)的图像,观察有根的区间.
fzero('3*x^2-exp(x)',[-1 0])   %用内置函数'fzero'求第 1 个根.
fzero('3*x^2-exp(x)',[0 2])   %用内置函数'fzero'求第 2 个根.
fzero('3*x^2-exp(x)',3.5)   %用内置函数'fzero'求第 3 个根.
```

运行结果见图 5.8 和表 5.7，观察图 5.8 容易得到有根区间.

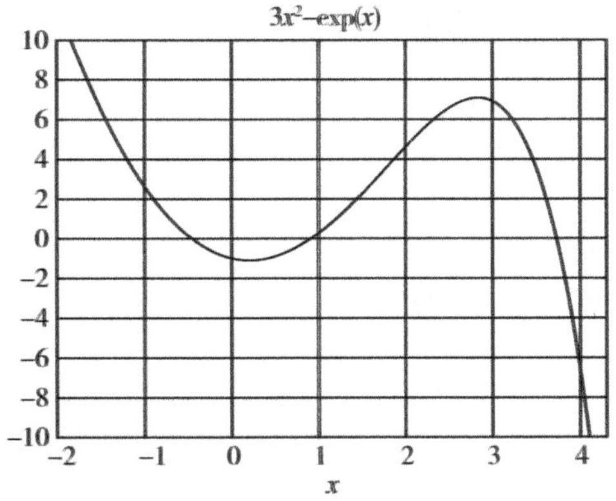

图 5.8　例 5.13 中函数 $f(x)$ 的图像

表 5.7　例 5.13 中内置函数 fzero 的计算结果

有根区间	[−1 0]	[0 1]	[3 4]
近似根	−0.459 0	0.910 0	3.733 1

(2) 用二分法求第 3 个根的 MATLAB 程序如下：

```
clc
format long;
k=0;a=3;b=4;eps=10^(-6);
%输入(a,b)为初始有根的区间,eps 为要求的精度.
f=@(x)3*x^2-exp(x); %函数 f(x)
```

```
disp('二分次数          有根区间           近似根')
while abs(b-a)>eps
k=k+1;
fa=f(a);
fm=f((a+b)/2);
if fm==0
x=(a+b)/2;
return
end
if fa*fm<0
   b=(a+b)/2;
else
   a=(a+b)/2;
end
x=(a+b)/2;
%输出 k 为迭代二分次数,x 为方程的近似根,[a,b]为有根区间.
d1=sprintf('%3d',k);
d2=sprintf('%3.8f', a);
d3=sprintf('%3.8f', b);
d4=sprintf('%3.8f', x);
dd=[d1,'   [',d2,'   ',d3,']   ',d4];
disp(dd)
y(k)=x;
end
i=1:k;
plot(i,y,'kD-')
grid on
xlabel('二分次数')
ylabel('近似根')
```

运行结果见表 5.8 和图 5.9.

表 5.8　例 5.13 二分法的计算结果

二分次数	有根区间	近似根
1	[3.500 000 00　4.000 000 00]	3.750 000 00
2	[3.500 000 00　3.750 000 00]	3.625 000 00
3	[3.625 000 00　3.750 000 00]	3.687 500 00

续表

二分次数	有根区间	近似根
4	[3.687 500 00　3.750 000 00]	3.718 750 00
5	[3.718 750 00　3.750 000 00]	3.734 375 00
6	[3.718 750 00　3.734 375 00]	3.726 562 50
7	[3.726 562 50　3.734 375 00]	3.730 468 75
8	[3.730 468 75　3.734 375 00]	3.732 421 88
9	[3.732 421 88　3.734 375 00]	3.733 398 44
10	[3.732 421 88　3.733 398 44]	3.732 910 16
11	[3.732 910 16　3.733 398 44]	3.733 154 30
12	[3.732 910 16　3.733 154 30]	3.733 032 23
13	[3.733 032 23　3.733 154 30]	3.733 093 26
14	[3.733 032 23　3.733 093 26]	3.733 062 74
15	[3.733 062 74　3.733 093 26]	3.733 078 00
16	[3.733 078 00　3.733 093 26]	3.733 085 63
17	[3.733 078 00　3.733 085 63]	3.733 081 82
18	[3.733 078 00　3.733 081 82]	3.733 079 91
19	[3.733 078 00　3.733 079 91]	3.733 078 96
20	[3.733 078 96　3.733 079 91]	3.733 079 43

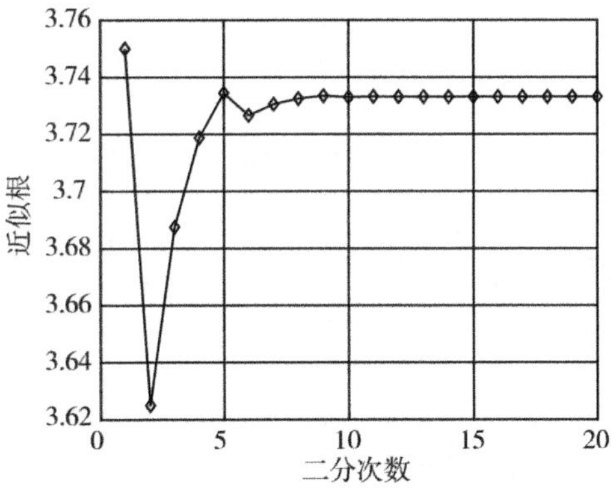

图 5.9　例 5.13 二分法求根与二分次数间的关系

（3）用牛顿法求第 3 个根的 MATLAB 程序如下：

```
clc
format long;
k=0;x0=4;x1=0;x2=x0;eps=1e-6;N=100;
%输入 x0 为迭代初值,eps 为要求的精度,N 为最大迭代次数.
```

```
f=@(x)3*x^2-exp(x); %函数 f(x).
df=@(x)6*x-exp(x);%f(x)的导数.
disp('迭代次数    近似根')
while abs(x2-x1)>eps
x1=x2;
x2=x1-f(x1)./df(x1);
k=k+1;
if k>N
return;
end
%输出结果.
d1=sprintf('%3d',k);
d2=sprintf('%3.8f',x2);
dd=[d1,'   ',d2];
disp(dd)
y(k)=x2;
end
i=1:k;
plot(i,y,'kD-')
grid on
xlabel('迭代次数')
ylabel('近似根')
```

运行结果见表 5.9 和图 5.10.

表 5.9　例 5.13 牛顿法的计算结果

迭代次数	1	2	3	4	5
近似根	3.784 361 15	3.735 379 38	3.733 083 90	3.733 079 03	3.733 079 03

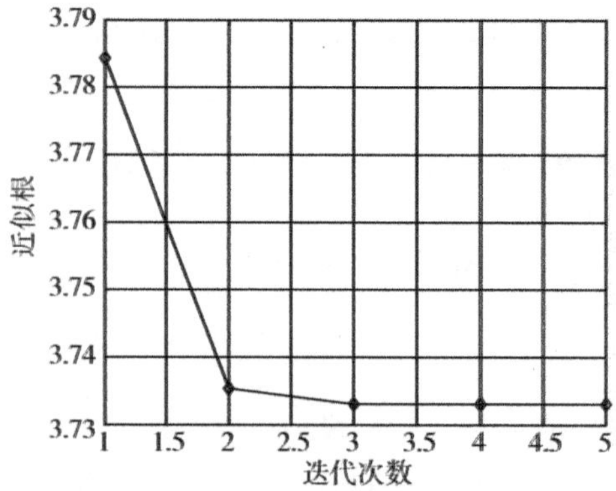

图 5.10　牛顿法求根与迭代次数间的关系

(4) 用弦截法求第 3 个根的 MATLAB 程序.

编写用弦截法求根的 MATLAB 程序供调用,文件名为'xianjie. m',程序如下:

```
function [xk,zk]=xianjie(fun,x0,x1,eps)
%求方程根的弦截法;
%fun(x)为函数 f(x);x0,x1 为初始点;
%eps 为精度要求;
%k_max 为最大迭代次数;
%xk 为所求的解,zk 为所需的迭代次数.
k_max=100;
k=1;
while k<=k_max
    f0=feval(fun,x0);
    f1=feval(fun,x1);
    if abs(f1-f0)<1e-10
        error('%两点函数值相同,求根失败');
    end
    x2=x1-(x1-x0)/(f1-f0)*f1;
    if abs(x2-x1)<eps
        break;
    end
    x0=x1;x1=x2;
    k=k+1;
%输出结果.
  d1=sprintf('%3d',k);
  d2=sprintf('%3.8f',x2);
  dd=[d1,'  ',d2];
  disp(dd);
  y(k)=x2;
end
  %画图
  i=1:k;
  plot(i,y,'kD-')
  grid on
  xlabel('迭代次数')
  ylabel('近似根')
  xk=x2;zk=k;
```

编写迭代函数'fun',并调用程序'xianjie. m',取初始值 $x_0=3$, $x_1=4$,程序如下:

```
fun=@(x)(3*x^2-exp(x));
[xk,k]=xianjie(fun,3,4,1e-6);
```

运行结果见表 5.10 和图 5.11.

表 5.10　例 5.13 弦截法的计算结果

迭代次数	2	3	4	5	6	7
近似根	3.511 704 36	3.680 658 26	3.745 598 50	3.732 460 65	3.733 071 93	3.733 079 03

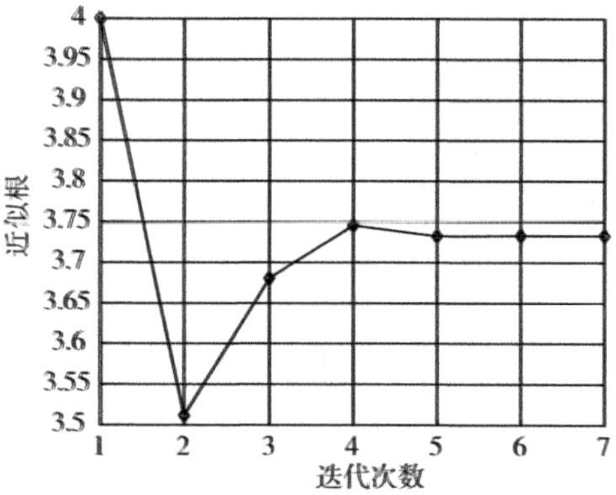

图 5.11　例 5.13 弦截法求根与迭代次数间的关系

由此可见,二分法的优点是算法简单,缺点是收敛太慢,故一般不采用二分法,只是用其为根求得一个较好的近似.实际求解非线性方程时用迭代解法,本例中的牛顿迭代法收敛速度很快,只需要迭代 5 次即可得到满足精度要求的近似解,而弦截法需要迭代 7 次,比牛顿法收敛速度稍慢.

习题 5

1. 用二分法求方程 $x^3+x-4=0$ 在区间[1,2]内的根,要求误差不超过 0.000 05.

2. 求方程 $x^3-x^2-x-1=0$ 在区间[1,2]内的根,给出以下几种不同的迭代格式:

(1) $x_{k+1}=1+\dfrac{1}{x_k}+\dfrac{1}{x_k^2}$;

(2) $x_{k+1}=x_k^3-x_k-1$;

(3) $x_{k+1}=\sqrt[3]{x_k^2+x_k+1}$;

(4) $x_{k+1}=\dfrac{x_k^2+1}{x_k^2-1}$.

试分析每种迭代格式的收敛性,并用收敛的迭代格式计算方程的根,使其具有 5 位有效数字.

3. 求方程 $x^3-x^2-1=0$ 在 $x_0=1.5$ 附近的根,将方程改写成如下形式并建立相应的迭代格式：

（1）$x = 1 + \frac{1}{x^2}$，迭代格式 $x_{k+1} = 1 + \frac{1}{x_k^2}$；

（2）$x = \sqrt[3]{x^2 + 1}$，迭代格式 $x_{k+1} = \sqrt[3]{x_k^2 + 1}$；

（3）$x^2 = \frac{1}{x - 1}$，迭代格式 $x_{k+1}^2 = \frac{1}{x_k - 1}$.

判断它们的收敛性，并用收敛的迭代格式计算方程的近似根，要求误差不超过 0.5×10^{-3}.

4. 证明：对任意的 $x_0 \in \mathbf{R}$，由迭代格式 $x_{k+1} = 4 + \frac{1}{3}\sin 2x_k$ 生产的数列 $\{x_k\}$ 都是收敛的.

5. 给定函数 $f(x)$，设对一切的 x，$f'(x)$ 存在，且 $0 < m \leqslant f'(x) \leqslant M$，证明对任意的 $\lambda \in \left(0, \frac{2}{M}\right)$，迭代过程 $x_{k+1} = x_k - \lambda f(x_k)$ 收敛于 $f(x)$ 的零点 x^*.

6. 用迭代法的收敛性定理证明

$$\lim_{n\to\infty}\underbrace{\sqrt{2 + \sqrt{2 + \sqrt{2 + \cdots + \sqrt{2}}}}}_{n} = 2 .$$

7. 用下列方法求方程 $f(x) = x^3 - 3x - 1 = 0$ 在 $x_0 = 2$ 附近的根，使计算结果有4位有效数字，已知该方程的准确解为 $x^* = 1.879\,385\,24\cdots$.

（1）牛顿法；

（2）用弦截法，取 $x_0 = 2$, $x_1 = 1.9$；

（3）用抛物线法，取 $x_0 = 1$, $x_1 = 3$, $x_2 = 2$.

8. 用牛顿法求方程 $x^2 + 2xe^x + 2x = 0$ 的近似根，取 $x_0 = 0$，要求 $|x_{k+1} - x_k| \leqslant 10^{-4}$.

9. 用下列方法求方程 $x^3 + 3x^2 - x - 9 = 0$ 在区间 $(1,2)$ 上的近似根，使误差不超过 10^{-3}.

（1）弦截法；(2)埃特金加速法.

10. 用抛物线法求方程 $x^3 + 4x^2 - 9 = 0$ 在区间 $(1,2)$ 上的近似根，取 $x_0 = 1$, $x_1 = 1.5$, $x_2 = 2$，要求 $|x_{k+1} - x_k| \leqslant 10^{-6}$.

11. 证明迭代公式 $x_{k+1} = \frac{x_k^2 + a}{2x_k}$ 是求 $\sqrt{a}\,(a > 0)$ 二阶方法，假定 x_0 充分靠近 $x^* = \sqrt{a}$，求极限 $\lim_{k\to\infty}\frac{\sqrt{a} - x_{k+1}}{(\sqrt{a} - x_k)^2}$.

12. 当满足什么条件时迭代格式 $x_{k+1} = \frac{5}{6}x_k + \frac{a}{6x_k}$ 局部收敛到不动点 $x^* = \sqrt{2}$，此时迭代过程在 x^* 的邻近时是几阶收敛的？

13. 用迭代法求方程 $x - 2\cos x = 0$ 的所以实根，要求计算结果具有4位有效数字.

14. 已知方程 $3x^2-e^x=0$，试确定有根的区间 $[a,b]$，并用迭代法求满足 $|x_{k+1}-x_k|\leqslant 10^{-4}$ 的近似根.

15. 已知方程 $(x-2)e^x=1$.

(1) 确定有根的区间 $[a,b]$；

(2) 构造不动点迭代公式使其对任意的初始值 $x_0\in[a,b]$ 迭代方法均收敛，并说明理由；

(3) 用构造的公式计算根的近似值，要求 $|x_k-x_{k-1}|\leqslant 0.0001$.

16. 已知方程 $3x-2\cos x-12=0$，

(1) 估计出有根的区间；

(2) 讨论迭代格式 $x_{k+1}=\dfrac{2}{3}\cos x_k+4$ 的收敛性；

(3) 写出解此方程的牛顿迭代格式，取初值 $x_0=3.5$，迭代计算近似根，使其满足

$$|x_k-x_{k-1}|\leqslant 0.0001.$$

17. 确定常数 a，b，c，使迭代公式 $x_{k+1}=\varphi(x_k)=ax_k+\dfrac{b}{x_k^2}+\dfrac{c}{x_k^5}$ 局部收敛到不动点 $x^*=1$，并有尽可能高的收敛阶数，指出这个阶数.

18. 用牛顿法解下列非线性方程组

(1) $\begin{cases}x_1+2x_2-3=0\\2x_1^2+x_2^2-5=0\end{cases}$，取初始向量 $\boldsymbol{x}^{(0)}=(1.5,1)^{\mathrm{T}}$，求 $x^{(5)}$，计算过程取4位小数.

(2) $\begin{cases}x_1^2+2x_2^2-x_1=0\\x_1^2-x_2^2-x_2=0\end{cases}$，取初始向量 $\boldsymbol{x}^{(0)}=(1.0,0.5)^{\mathrm{T}}$，要求 $|x_k-x_{k-1}|\leqslant 10^{-4}$.

第 6 章 解线性方程组的直接法

6.1 引言

在自然科学和工程技术中，很多问题都涉及到线性方程组的求解，比如电路网络、弹性力学、振动等问题的解决都需要求解线性方程组. 有的问题的基本数学模型就是线性方程组，有的问题的数学模型中虽不直接表现为含线性方程组，但它的数值解法中将问题“离散化”或“线性化”为线性方程组. 有些数值计算方法的研究也归结为解线性方程组，比如：样条函数，曲线拟合的最小二乘法，最佳平方逼近，解偏微分方程的有限差分方法、有限元方法等. 线性方程组的求解是数值计算方法的重要组成部分，应用非常广泛.

本章将讨论 $m \times n$ 阶线性方程组的数值解法

$$\begin{cases} a_{11}x_1 + a_{12}x_2 + \cdots + a_{1n}x_n = b_1, \\ a_{21}x_1 + a_{22}x_2 + \cdots + a_{2n}x_n = b_2, \\ \cdots\cdots\cdots\cdots \\ a_{m1}x_1 + a_{m2}x_2 + \cdots + a_{mn}x_n = b_m. \end{cases} \tag{6.1}$$

用矩阵表示为

$$\boldsymbol{Ax} = \boldsymbol{b}, \tag{6.2}$$

其中 $\boldsymbol{A} = \begin{bmatrix} a_{11} & a_{12} & \cdots & a_{1n} \\ a_{21} & a_{22} & \cdots & a_{2n} \\ \vdots & \vdots & & \vdots \\ a_{m1} & a_{m2} & \cdots & a_{mn} \end{bmatrix}$，$\boldsymbol{x} = \begin{bmatrix} x_1 \\ x_2 \\ \vdots \\ x_n \end{bmatrix}$，$\boldsymbol{b} = \begin{bmatrix} b_1 \\ b_2 \\ \vdots \\ b_m \end{bmatrix}$ 分别称为线性方程组(6.1)的系数矩阵、解向量和右端向量. 若右端向量为零向量，则方程组(6.1)称其为**齐次线性方程组**，否则称为**非齐次线性方程组**. 若方程组(6.1)有解时，称其是**相容**的；若方程组(6.1)无解时，称其是**不相容**的.

线性方程组(6.1)的解法一般分为两大类:直接法和迭代法.

所谓直接法是指假定计算过程没有舍入误差,经过有限次的算术运算,可以求得方程组的精确解.但在实际计算中由于舍入误差的存在和影响,直接法也只能求得线性方程组的近似解.直接法的优点是得到的解误差小,缺点是所需存储单元较多,编写程序较复杂.如线性代数课程中提到的Cramer(克莱姆)法则就是一种直接法.但该法对高阶方程组计算量太大,计算一个方程的个数和未知数的个数相等的 n 阶线性方程需要计算 $n+1$ 个 n 阶行列式,按行列式的定义进行展开计算,每个 n 阶行列式需要 $n!\,(n-1)$ 次乘法,这样共需 $(n+1)!\,(n-1)$ 次乘法运算.比如,当计算一个 $n=20$ 阶的线性方程组需做 $21!\times 19=9.707\times 10^{20}$ 次乘法运算,另外再加上其他的加、减、除法运算,若用每秒万亿次的计算机解此方程组要算大约30万年,这显然不是一种实用的算法,若用本章介绍的高斯消去法只需要3 060次运算.可见,理论非常好的Cramer法则不适用于解线性方程组.本章将阐述直接法这类算法中最基本的和具有代表性的算法——高斯消去法,以及它的某些变形和应用.这类方法是解低阶稠密矩阵(即系数矩阵阶数不太高且零元素较少)方程组的有效方法.

迭代法是从解的某个近似值出发,按照某种规律构造向量序列,用向量序列的极限向量去逐步逼近方程组精确解的方法.迭代法是解大型稀疏矩阵(即系数矩阵阶数高且零元素较多)方程组的重要方法.迭代法具有所需存储单元较少、程序设计简单、原始系数矩阵在计算过程中始终不变等优点,缺点是只有迭代序列收敛时才能被采用,存在收敛条件和收敛速度问题.

为了讨论线性方程组(6.2)的数值解法,先介绍一些在线性代数中学过的关于线性方程组的基本知识.用 $rank(\boldsymbol{A})$ 和 $rank(\overline{\boldsymbol{A}})$ 分别表示 $m\times n$ 矩阵 $\boldsymbol{A}$ 和增广矩阵 $\overline{\boldsymbol{A}}=[A,b]$ 的秩,设方程组(6.2)为 n 元非齐次线性方程组,则下面的结论成立:

(1) 线性方程组(6.2)无解 $\Leftrightarrow rank(\boldsymbol{A})<rank(\overline{\boldsymbol{A}})$;

(2) 线性方程组(6.2)有唯一解 $\Leftrightarrow rank(\boldsymbol{A})=rank(\overline{\boldsymbol{A}})=n$,

特别地,当方程的个数 m 和未知数的个数 n 相等时,即 $m=n$ 时,方程组(6.2)的唯一解 $\boldsymbol{x}^*=(x_1^*,x_2^*,\cdots,x_n^*)^{\mathrm{T}}$ 表示为 $x_i^*=\dfrac{D_i}{D}(i=1,2,\cdots,n)$,其中 x_i^* 是解向量 $\boldsymbol{x}^*$ 的第 i 个分量,D 是系数矩阵 $\boldsymbol{A}$ 的行列式,即 $D=\det(\boldsymbol{A})$,D_i 是用 b 代替 $\boldsymbol{A}$ 的第 i 列所得的行列式.

(3) 线性方程组(6.2)有无穷多解 $\Leftrightarrow rank(\boldsymbol{A})=rank(\overline{\boldsymbol{A}})<n$.

若方程组(6.2)为 n 元齐次线性方程组,即

$$\boldsymbol{A}_{m\times n}\boldsymbol{x}=0, \tag{6.3}$$

则下面的结论成立:

(1) 齐次线性方程组(6.3)必有零解;

(2) 方程组(6.3)有非零解 $\Leftrightarrow rank(\boldsymbol{A})<n$;

(3) 方程组(6.3)只有零解 $\Leftrightarrow rank(\boldsymbol{A})=n$;

(4) 当 $m=n$ 时,$\boldsymbol{A}_{n\times n}x=0$ 只有零解 $\Leftrightarrow |\boldsymbol{A}|\neq 0$,即系数矩阵 $\boldsymbol{A}$ 可逆.

6.2 高斯(Gauss)消去法

6.2.1 高斯顺序消去法

本节考虑求解方程的个数和未知数的个数相等的 n 阶线性方程

$$\begin{cases} a_{11}x_1 + a_{12}x_2 + \cdots + a_{1n}x_n = b_1, \\ a_{21}x_1 + a_{22}x_2 + \cdots + a_{2n}x_n = b_2, \\ \quad \cdots\cdots \\ a_{n1}x_1 + a_{n2}x_2 + \cdots + a_{nn}x_n = b_n. \end{cases} \tag{6.4}$$

矩阵形式表示为

$$\boldsymbol{Ax} = \boldsymbol{b}\ , \tag{6.5}$$

其中 $\boldsymbol{A} \in \mathbf{R}^{n\times n}, \boldsymbol{b} = (b_1, b_2, \cdots, b_n)^{\mathrm{T}} \in \mathbf{R}^n, \boldsymbol{x} = (x_1, x_2, \cdots, x_n)^{\mathrm{T}} \in \mathbf{R}^n$.

高斯(Gauss)消去法虽然是一种古老的求解线性方程组的方法,但由它改进、变形得到的选主元素消去法、三角分解法仍然是目前计算机上常用的有效方法. 本节将介绍高斯消去法的基本过程以及高斯消去法和矩阵三角分解法之间的关系.

三角形方程组是最简单的线性方程组之一,易于求解,计算量小,包括上三角形方程组和下三角形方程组. 上三角形方程组的一般形式为

$$\begin{cases} u_{11}x_1 + u_{12}x_2 + \cdots + u_{1n}x_n = b_1, \\ \qquad\quad u_{22}x_2 + \cdots + u_{2n}x_n = b_2, \\ \qquad\quad \cdots\cdots \\ \qquad\qquad\qquad\quad u_{nn}x_n = b_n. \end{cases} \tag{6.6}$$

其中 $u_{ii} \neq 0 (i = 1, 2, \cdots, n)$,矩阵形式为

$$\boldsymbol{Ux} = \boldsymbol{b}\ , \tag{6.7}$$

其中 $\boldsymbol{U} = \begin{bmatrix} u_{11} & u_{12} & \cdots & u_{1n} \\ 0 & u_{22} & \cdots & u_{2n} \\ \vdots & \vdots & & \vdots \\ 0 & 0 & \cdots & u_{nn} \end{bmatrix} \in \mathbf{R}^{n\times n}$, $\boldsymbol{b} = (b_1, b_2, \cdots, b_n)^{\mathrm{T}} \in \mathbf{R}^n$, $\boldsymbol{x} = (x_1, x_2, \cdots, x_n)^{\mathrm{T}} \in \mathbf{R}^n$. $\boldsymbol{U}$ 中元素满足:当 $i > j$ 时, $u_{ij} = 0$,称为**上三角矩阵**.

解上三角方程组(6.7)时,从最后一个方程开始,先求出 x_n,将其代入倒数第二个方程求出 x_{n-1},以此类推可求出 $x_{n-2}, \cdots, x_1$,这个过程称为**回代法**,其计算公式为

$$x_n = \frac{b_n}{u_{nn}}, x_i = \frac{b_i - \sum_{k=i+1}^{n} u_{ik}x_k}{u_{ii}} (i = n-1, n-2, \cdots, 1)\ . \tag{6.8}$$

下三角形方程组的一般形式为

$$\begin{cases} l_{11}y_1 & = b_1, \\ l_{21}y_1 + l_{22}y_2 & = b_2, \\ \qquad \cdots\cdots \\ l_{n1}y_1 + l_{n2}y_2 + \cdots + l_{nn}y_n & = b_n. \end{cases} \tag{6.9}$$

其中 $l_{ii} \neq 0(i = 1,2,\cdots,n)$,矩阵形式为

$$\boldsymbol{Ly} = \boldsymbol{b} , \tag{6.10}$$

其中 $\boldsymbol{L} = \begin{bmatrix} l_{11} & 0 & \cdots & 0 \\ l_{21} & l_{22} & \cdots & 0 \\ \vdots & \vdots & & \vdots \\ l_{n1} & l_{n2} & \cdots & l_{nn} \end{bmatrix} \in \mathbf{R}^{n\times n}$, $\boldsymbol{b} =(b_1,b_2,\cdots,b_n)^{\mathrm{T}} \in \mathbf{R}^n$, $y =(y_1,y_2,\cdots,y_n)^{\mathrm{T}} \in \mathbf{R}^n$,

$\boldsymbol{L}$ 中元素满足:当 $i < j$ 时,$l_{ij} = 0$,称为**下三角矩阵**.

解下三角方程组(6.9)时,从第一个方程开始,先求出 y_1,将其代入第二个方程求出 y_2,以此类推可求出 $y_3,\cdots,y_n$,这个过程称为**前代法**,其计算公式为

$$y_1 = \frac{b_1}{l_{11}}, y_i = \frac{b_i - \sum_{k=1}^{i-1} l_{ik}x_k}{l_{ii}}(i = 2,3,\cdots,n) . \tag{6.11}$$

对于一般的线性方程组(6.4)的求解,高斯消去法是通过消元将其化为等价的上三角形方程组求解. 先用一个例子描述高斯顺序消去法求解线性方程组的基本过程.

例 6.1 用 Gauss 消去法求解线性方程组

$$\begin{cases} x_1 + 2x_2 + 3x_3 = 6, & (1) \\ 2x_1 + 3x_2 + 4x_3 = 9, & (2) \\ x_1 + 3x_2 + 2x_3 = 6, & (3) \end{cases}$$

解 **解法一** 第 1 步,将方程(1)乘以-2 加到方程(2)上去,消去方程(2)中未知数 x_1 得

$$- x_2 - 2x_3 =- 3 . \tag{6.12}$$

将方程(1)乘以-1 加到方程(3)上去,消去方程(3)中未知数 x_1 得

$$x_2 - x_3 = 0 . \tag{6.13}$$

第 2 步,将方程(6.12)加到方程(6.13)上去,消去方程(6.13)中未知数 x_2 得

$$- 3x_3 =- 3 . \tag{6.14}$$

于是得到与原方程组等价的上三角形方程组

$$\begin{cases} x_1 + 2x_2 + 3x_3 = 6, \\ \quad - x_2 - 2x_3 = - 3, \\ \quad\quad - 3x_3 = - 3. \end{cases} \tag{6.15}$$

用回代法解此上三角形方程组得 $x_3 = 1, x_2 = 1, x_1 = 1$.

解法二　上述过程相等于对增广矩阵作初等变换

$$\overline{A} = \overline{A}^{(1)} = (A, b) = \begin{bmatrix} 1 & 2 & 3 & 6 \\ 2 & 3 & 4 & 9 \\ 1 & 3 & 2 & 6 \end{bmatrix} \xrightarrow{r_2 - 2r_1, r_3 - r_1} \overline{A}^{(2)} = \begin{bmatrix} 1 & 2 & 3 & 6 \\ 0 & -1 & -2 & -3 \\ 0 & 1 & -1 & 0 \end{bmatrix}$$

$$\xrightarrow{r_3 + r_2} \overline{A}^{(3)} = \begin{bmatrix} 1 & 2 & 3 & 6 \\ 0 & -1 & -2 & -3 \\ 0 & 0 & -3 & -3 \end{bmatrix}.$$

其中 r_i 表示矩阵的第 i 行. 经过变换后得到等价的上三角形方程组为式(6.15),用回代法求得得 $x_3 = 1, x_2 = 1, x_1 = 1$.

从矩阵变换的角度看上述过程,第一步对增广矩阵 $\overline{A}^{(1)}$ 实施了行变换,相当于左乘矩阵 $L_1 = \begin{bmatrix} 1 & 0 & 0 \\ -2 & 1 & 0 \\ -1 & 0 & 1 \end{bmatrix}$,即 $L_1\overline{A}^{(1)} = \overline{A}^{(2)}$;第二步对矩阵 $\overline{A}^{(2)}$ 实施了行变换,相当于左乘矩阵 $L_2 = \begin{bmatrix} 1 & 0 & 0 \\ 0 & 1 & 0 \\ 0 & 1 & 1 \end{bmatrix}$,即 $L_2\overline{A}^{(2)} = \overline{A}^{(3)}$,于是有 $L_2L_1\overline{A} = \overline{A}^{(2)}$.

由此看出,用高斯消去法解方程组的基本思想是用逐次消去未知数的方法把原方程组 $Ax = b$ 化为与其等价的上三角形方程组,而求解上三角形方程组可用回代的方法求解. 换句话说,上述过程就是用初等行变换将原方程组系数矩阵化为上三角矩阵,从而将求解原方程组的问题转化为求解简单的上三角形方程组的问题. 或者从矩阵变换的角度看,对系数矩阵 A 施行一些行变换,即用一些简单矩阵左乘 A ,将其约化为上三角矩阵,同时右端项 b 也实施了和矩阵 A 相同的变换. 这就是高斯消去法.

下面讨论一般线性方程组(6.4)的高斯顺序消去法的计算过程. 记 $Ax = b$ 为 $A^{(1)}x = b^{(1)}$,即

$$\begin{cases} a_{11}^{(1)}x_1 + a_{12}^{(1)}x_2 + \cdots a_{1n}^{(1)}x_n = b_1^{(1)}, \\ a_{21}^{(1)}x_1 + a_{22}^{(1)}x_2 + \cdots a_{2n}^{(1)}x_n = b_2^{(1)}, \\ \cdots\cdots \\ a_{11}^{(1)}x_1 + a_{n2}^{(1)}x_2 + \cdots a_{nn}^{(1)}x_n = b_n^{(1)}. \end{cases} \tag{6.16}$$

(1) 第 1 次消元($k = 1$).

若 $a_{11}^{(1)} \neq 0$,先计算乘数 $l_{i1} = a_{i1}^{(1)}/a_{11}^{(1)} (i = 2,3,\cdots,n)$,用 $- l_{i1}$ 乘方程组(6.16) 的第

一个方程加到第$i(i=2,3,\cdots,n)$个方程上，消去(6.16)的从第二个方程到第n个方程中的未知数x_1，得到与式(6.16)等价的方程组

$$\begin{cases} a_{11}^{(1)}x_1+a_{12}^{(1)}x_2+\cdots a_{1n}^{(1)}x_n=b_1^{(1)}, \\ \qquad a_{22}^{(2)}x_2+\cdots a_{2n}^{(2)}x_n=b_2^{(2)}, \\ \qquad \cdots\cdots \\ \qquad a_{n2}^{(2)}x_2+\cdots a_{nn}^{(2)}x_n=b_n^{(2)}. \end{cases}$$

即

$$\begin{bmatrix} a_{11}^{(1)} & a_{12}^{(1)} & \cdots & a_{1n}^{(1)} \\ 0 & a_{22}^{(2)} & \cdots & a_{2n}^{(2)} \\ \vdots & \vdots & & \vdots \\ 0 & a_{n2}^{(2)} & \cdots & a_{nn}^{(2)} \end{bmatrix} \begin{bmatrix} x_1 \\ x_2 \\ \vdots \\ x_n \end{bmatrix} = \begin{bmatrix} b_1^{(1)} \\ b_2^{(2)} \\ \vdots \\ b_n^{(2)} \end{bmatrix},$$

简记为

$$\boldsymbol{A}^{(2)}\boldsymbol{x}=\boldsymbol{b}^{(2)},$$

其中$\boldsymbol{A}^{(2)},\boldsymbol{b}^{(2)}$的元素计算公式为

$$\begin{cases} a_{ij}^{(2)}=a_{ij}^{(1)}-l_{i1}a_{1j}^{(1)}(i=2,\cdots,n;j=2,\cdots,n), \\ b_i^{(2)}=b_i^{(1)}-l_{i1}b_1^{(1)}(i=2,\cdots,n). \end{cases}$$

若用矩阵表示，相当于用一个初等矩阵$\boldsymbol{L}_1=\begin{bmatrix} 1 & & & \\ -l_{21} & 1 & & \\ \vdots & \vdots & \ddots & \\ -l_{n1} & 0 & \cdots & 1 \end{bmatrix}$左乘$\boldsymbol{A}^{(1)}$和$\boldsymbol{b}^{(1)}$，即

$$\boldsymbol{L}_1\boldsymbol{A}^{(1)}=\boldsymbol{A}^{(2)},\boldsymbol{L}_1\boldsymbol{b}^{(1)}=\boldsymbol{b}^{(2)}.$$

(2) 第$k(k=2,3,\cdots,n-1)$次消元.

设上述第1步，…，第$k-1$次消元过程计算已经完成，即已得到与式(6.16)等价的方程组

$$\begin{bmatrix} a_{11}^{(1)} & a_{12}^{(1)} & \cdots & a_{1k}^{(1)} & \cdots & a_{1n}^{(1)} \\ & a_{22}^{(2)} & \cdots & a_{2k}^{(2)} & \cdots & a_{2n}^{(2)} \\ & & \ddots & \vdots & & \vdots \\ & & & a_{kk}^{(k)} & \cdots & a_{kn}^{(k)} \\ & & & \vdots & & \vdots \\ & & & a_{nk}^{(k)} & \cdots & a_{nn}^{(k)} \end{bmatrix} \begin{bmatrix} x_1 \\ x_2 \\ \vdots \\ x_k \\ \vdots \\ x_n \end{bmatrix} = \begin{bmatrix} b_1^{(1)} \\ b_2^{(2)} \\ \vdots \\ b_k^{(k)} \\ \vdots \\ b_n^{(k)} \end{bmatrix}, \tag{6.17}$$

简记为

$$A^{(k)}x = b^{(k)}, \tag{6.18}$$

若 $a_{kk}^{(k)} \neq 0$,先计算乘数 $l_{ik} = a_{ik}^{(k)}/a_{kk}^{(k)}(i = k+1,\cdots,n)$,用 $-l_{ik}$ 乘(6.17)的第 k 个方程加到第 $i(i=k+1,\cdots,n)$ 个方程上,消去(6.17)中的从第 $k+1$ 个方程到第 n 个方程中的未知数 x_k,得到与(6.16)等价的方程组

$$A^{(k+1)}x = b^{(k+1)}, \tag{6.19}$$

其中 $A^{(k+1)}, b^{(k+1)}$ 的元素计算公式为

$$\begin{cases} a_{ij}^{(k+1)} = a_{ij}^{(k)} - l_{ik}a_{kj}^{(k)}(i=k+1,\cdots,n;j=k+1,\cdots,n), \\ b_i^{(k+1)} = b_i^{(k)} - l_{ik}b_k^{(k)}(i=k+1,\cdots,n). \end{cases} \tag{6.20}$$

若用矩阵表示,相当于用一个初等矩阵 $L_k = \begin{bmatrix} 1 & & & & \\ & \ddots & & & \\ & & 1 & & \\ & & -l_{k+1,k} & & \\ & & \vdots & \ddots & \\ & & -l_{n,k} & & 1 \end{bmatrix}$ 左乘 $A^{(k)}$ 和 $b^{(k)}$,

即

$$L_kA^{(k)} = A^{(k+1)}, L_kb^{(k)} = b^{(k+1)}.$$

(3) 若 $a_{ii}^{(i)} \neq 0(i=1,2,\cdots,n-1)$,直到完成第 $n-1$ 次消元计算.最后得到与原方程组(6.16)等价的上三角形方程组

$$\begin{cases} a_{11}^{(1)}x_1 + a_{12}^{(1)}x_2 + \cdots a_{1n}^{(1)}x_n = b_1^{(1)}, \\ \qquad a_{22}^{(2)}x_2 + \cdots a_{2n}^{(2)}x_n = b_2^{(2)}, \\ \qquad \cdots\cdots \\ \qquad\qquad a_{nn}^{(n)}x_n = b_n^{(n)}. \end{cases}$$

即

$$\begin{bmatrix} a_{11}^{(1)} & a_{12}^{(1)} & \cdots & a_{1n}^{(1)} \\ & a_{22}^{(2)} & \cdots & a_{2n}^{(2)} \\ & & \ddots & \vdots \\ & & & a_{nn}^{(n)} \end{bmatrix} \begin{bmatrix} x_1 \\ x_2 \\ \vdots \\ x_n \end{bmatrix} = \begin{bmatrix} b_1^{(1)} \\ b_2^{(2)} \\ \vdots \\ b_n^{(n)} \end{bmatrix}, \tag{6.21}$$

简记为

$$A^{(n)}x = b^{(n)}. \tag{6.22}$$

由(6.16)约化为(6.22)的过程称为**消元过程**.

以上 $n-1$ 次消元用矩阵表示为

$$L_{n-1}L_{n-2}\cdots L_2L_1A^{(1)}=A^{(n)},L_{n-1}L_{n-2}\cdots L_2L_1b^{(1)}=b^{(n)}.$$

令

$$L=(L_{n-1}L_{n-2}\cdots L_2L_1)^{-1}=\begin{bmatrix}1&&&&\\l_{21}&1&&&\\l_{31}&l_{32}&\ddots&&\\\vdots&\vdots&&1&\\l_{n1}&l_{n2}&\cdots&l_{n,n-1}&1\end{bmatrix},$$

$$U=A^{(n)}=\begin{bmatrix}a_{11}^{(1)}&a_{12}^{(1)}&\cdots&a_{1n-1}^{(1)}&a_{1n}^{(1)}\\&a_{22}^{(2)}&\cdots&a_{2n-1}^{(2)}&a_{2n}^{(2)}\\&&\ddots&\vdots&\vdots\\&&&a_{n-1,n-1}^{(n-1)}&a_{n-1,n}^{(n-1)}\\&&&&a_{nn}^{(n)}\end{bmatrix},$$

于是

$$A=LU,\tag{6.23}$$

其中 L 为单位下三角矩阵,U 为上三角矩阵.

这就是说,高斯消去法实质上产生了一个将 A 分解为一个单位下三角矩阵 L 和一个上三角矩阵 U 的乘积,(6.23)式称为矩阵的**直接三角分解**或**矩阵的 LU 分解**,它在解线性方程组中有着重要的应用,将在本章后面的内容详细加以介绍.

高斯消去法消元过程也可对增广矩阵实施矩阵变换,其计算过程如下:

$$\begin{bmatrix}a_{11}^{(1)}&a_{12}^{(1)}&\cdots&a_{1n}^{(1)}&b_1^{(1)}\\a_{21}^{(1)}&a_{22}^{(1)}&\cdots&a_{2n}^{(1)}&b_2^{(1)}\\\vdots&\vdots&&\vdots&\vdots\\a_{n1}^{(1)}&a_{n2}^{(1)}&\cdots&a_{nn}^{(1)}&b_n^{(1)}\end{bmatrix}\xrightarrow[i=2,\cdots,n]{-l_{i1}r_1+r_i}\begin{bmatrix}a_{11}^{(1)}&a_{12}^{(1)}&\cdots&a_{1n}^{(1)}&b_1^{(1)}\\&a_{22}^{(2)}&\cdots&a_{2n}^{(2)}&b_2^{(2)}\\&\vdots&&\vdots&\vdots\\&a_{n2}^{(2)}&\cdots&a_{nn}^{(2)}&b_n^{(2)}\end{bmatrix}$$

$$\xrightarrow[i=3,\cdots,n]{-l_{i2}r_2+r_i}\cdots\xrightarrow{-l_{n(n-1)}r_{n-1}-r_n}\begin{bmatrix}a_{11}^{(1)}&a_{12}^{(1)}&\cdots&a_{1n}^{(1)}&b_1^{(1)}\\&a_{22}^{(2)}&\cdots&a_{2n}^{(2)}&b_2^{(2)}\\&&\ddots&\vdots&\vdots\\&&&a_{nn}^{(n)}&b_n^{(n)}\end{bmatrix},$$

其中 $l_{ik}=a_{ik}^{(k)}/a_{kk}^{(k)},k=1,2,\cdots,n-1,i=k+1,\cdots,n$,计算量为 $n^3/3$.

(4) 如果 A 是非奇异矩阵,则方程组有唯一解,求解上三角形方程组(6.22)的求解公式为

$$\begin{cases} x_n = b_n^{(n)} / a_{nn}^{(n)}, \\ x_k = \left(b_k^{(k)} - \sum\limits_{j=k+1}^{n} a_{kj}^{(k)} x_j\right) / a_{kk}^{(k)} (k = n-1, n-2, \cdots, 1). \end{cases} \tag{6.24}$$

上三角形方程组(6.21)的求解过程(6.24)称为**回代过程**.

定理 6.1　$n \times n$ 阶矩阵 $\boldsymbol{A}$ 的主元素 $a_{kk}^{(k)} \neq 0\ (k = 1,2,\cdots,n)$ 的充要条件是矩阵 $\boldsymbol{A}$ 的各阶顺序主子式不为零,即 $D_1 = |a_{11}| \neq 0, D_k = \begin{vmatrix} a_{11} & \cdots & a_{1k} \\ \vdots & & \vdots \\ a_{k1} & \cdots & a_{kk} \end{vmatrix} \neq 0, k = 2,3,\cdots,n$.

证明　用数学归纳法. 当 $k = 1$ 时,显然成立,有 $a_{11}^{(1)} \neq 0 \Leftrightarrow D_1 \neq 0$.

假设定理对于小于 k 时,结论都成立. 下证定理对于 k 也成立.

设主元素 $a_{ii}^{(i)} \neq 0\ (i = 1,2,\cdots,k-1)$,由高斯消元过程可知,存在 $k-1$ 个初等矩阵 $\boldsymbol{L}_1, \boldsymbol{L}_2, \cdots, \boldsymbol{L}_{k-1}$,使得

$$\boldsymbol{L}_{k-1} \cdots \boldsymbol{L}_2 \boldsymbol{L}_1 \boldsymbol{A} = \boldsymbol{A}^{(k)} = \begin{bmatrix} a_{11}^{(1)} & a_{12}^{(1)} & \cdots & a_{1k}^{(1)} & \cdots & a_{1n}^{(1)} \\ & a_{22}^{(2)} & \cdots & a_{2k}^{(2)} & \cdots & a_{2n}^{(2)} \\ & & \ddots & \vdots & & \vdots \\ & & & a_{kk}^{(k)} & \cdots & a_{kn}^{(k)} \\ & & & \vdots & & \vdots \\ & & & a_{nk}^{(k)} & \cdots & a_{nn}^{(k)} \end{bmatrix}, \tag{6.25}$$

用分块矩阵把 $\boldsymbol{A}^{(k)}$ 表示成

$$\boldsymbol{A}^{(k)} = \begin{bmatrix} \boldsymbol{A}_{11} & \boldsymbol{A}_{12} \\ 0 & \boldsymbol{A}_{22} \end{bmatrix},$$

其中 $\boldsymbol{A}_{11}$ 为 $k-1$ 阶方阵,由此可知 $\boldsymbol{A}^{(k)}$ 的 k 阶顺序主子阵有如下形式

$$\begin{bmatrix} \boldsymbol{A}_{11} & * \\ 0 & a_{kk}^{(k)} \end{bmatrix},$$

单位下三角矩阵 $\boldsymbol{L}_1, \boldsymbol{L}_2, \cdots, \boldsymbol{L}_{k-1}$ 的 k 阶顺序主子阵分别记为 $(\boldsymbol{L}_1)_k, (\boldsymbol{L}_2)_k, \cdots, (\boldsymbol{L}_{k-1})_k$,于是

$$(\boldsymbol{L}_{k-1})_k \cdots (\boldsymbol{L}_2)_k (\boldsymbol{L}_1)_k \boldsymbol{A}_k = \begin{bmatrix} \boldsymbol{A}_{11} & * \\ 0 & a_{kk}^{(k)} \end{bmatrix}, \tag{6.26}$$

其中 $\boldsymbol{A}_k$ 表示矩阵 $\boldsymbol{A}$ 的 k 阶顺序主子阵. 式(6.26)两边取行列式,于是

$$D_k = |A_k| = a_{kk}^{(k)} |A_{11}|,$$

由于 $|A_{11}| = a_{11}^{(1)} \cdots a_{k-1,k-1}^{(k-1)} \neq 0$,从而有 $D_k \neq 0$ 当且仅当 $a_{kk}^{(k)} \neq 0$.

证毕.

由定理 6.1 容易得到如下的推论:

推论 如果矩阵 A 的顺序主子式 $D_k \neq 0(k=1,2,\cdots,n-1)$,则

$$\begin{cases} a_{11}^{(1)} = D_1, \\ a_{kk}^{(k)} = D_k/D_{k-1}(k=2,3,\cdots,n). \end{cases}$$

定理 6.2(矩阵的 LU 分解) 设 $n\times n$ 阶矩阵 $\boldsymbol{A}$ 为非奇异矩阵,且 $\boldsymbol{A}$ 的顺序主子式 $D_k \neq 0(k=1,2,\cdots,n)$,则 $\boldsymbol{A}$ 可分解为一个单位下三角矩阵 $\boldsymbol{L}$ 和一个上三角矩阵 $\boldsymbol{U}$ 的乘积,即

$$\boldsymbol{A}=\boldsymbol{LU},$$

且这种分解是唯一的.

证明 由 $D_k \neq 0(k=1,2,\cdots,n)$,根据定理 6.1 知矩阵 $\boldsymbol{A}$ 的主元素 $a_{kk}^{(k)} \neq 0\ (k=1,2,\cdots,n)$,根据以上高斯消去法的矩阵分析,$\boldsymbol{A}=\boldsymbol{LU}$ 的存在性已经得到证明. 下证分解的唯一性.

设 $\boldsymbol{A}$ 有两种分解为

$$\boldsymbol{A}=\boldsymbol{LU}=\boldsymbol{L}_1\boldsymbol{U}_1, \tag{6.27}$$

其中 $\boldsymbol{L},\boldsymbol{L}_1$ 为单位下三角矩阵,$\boldsymbol{U},\boldsymbol{U}_1$ 为上三角矩阵.

由于 $\boldsymbol{L}^{-1},\boldsymbol{U}_1^{-1}$ 存在,故(6.27)式改写成

$$\boldsymbol{L}^{-1}\boldsymbol{L}_1=\boldsymbol{U}\boldsymbol{U}_1^{-1}.$$

其中右边为上三角矩阵,左边为单位下三角矩阵,从而两边都必须等于单位矩阵 $\boldsymbol{I}$,故有

$$\boldsymbol{L}=\boldsymbol{L}_1,\boldsymbol{U}=\boldsymbol{U}_1.$$

证毕.

6.2.2 选列主元素消去法

由高斯消去法可知,在消元过程中可能有主元素 $a_{kk}^{(k)}=0$ 的情况,这时消去法将无法进行;即使主元素 $a_{kk}^{(k)}\neq 0$ 但很小时,用其作除数,会导致其它元素的舍入误差的扩散,最后也使得计算解不准确. 为了避免给计算结果带来较大误差,下面介绍高斯选列主元素消去法,先看一个例子.

例 6.2 用 Gauss 消去法求解线性方程组

$$\begin{cases} 0.000\,01x_1+x_2=1.000\,01, \\ 2x_1+x_2=3. \end{cases}$$

该方程组的精确解为 $x^*=\begin{bmatrix}1\\1\end{bmatrix}$.

解　方法一　Gauss 顺序消去法，用 4 位有效数字计算.

$$\overline{A}=\begin{bmatrix}0.1000\times10^{-4} & 0.1000\times10 & 0.1000\times10\\ 0.2000\times10 & 0.1000\times10 & 0.3000\times10\end{bmatrix}$$

$$\xrightarrow{r_2-0.2\times10^6r_1}\begin{bmatrix}0.1000\times10^{-4} & 0.1000\times10 & 0.1000\times10\\ & -0.2000\times10^6 & -0.2000\times10^6\end{bmatrix}.$$

$$x_2=0.1000\times10=1,x_1=0.$$

可见，计算得到的解 $x_1=0$ 与准确解相差很大，不能作为方程组的近似解. 其原因是我们在消元计算时用了小主元 0.000 01 做分母，使得约化后的方程组元素数量级大大增长，再经舍入计算时发生了严重的相消情况，因此经消元后得到的三角形方程组就很不准确了，计算结果产生了很大的误差，是不能用的.

解法二　Gauss 列主元素消去法.

为了避免绝对值很小的元素作为主元，先交换两个方程.

$$\overline{A}=\begin{bmatrix}0.1000\times10^{-4} & 0.1000\times10 & 0.1000\times10\\ 0.2000\times10 & 0.1000\times10 & 0.3000\times10\end{bmatrix}$$

$$\xrightarrow{r_1\leftrightarrow r_2}\begin{bmatrix}0.2000\times10 & 0.1000\times10 & 0.3000\times10\\ 0.1000\times10^{-4} & 0.1000\times10 & 0.1000\times10\end{bmatrix}$$

$$\xrightarrow{r_2-0.5\times10^{-5}r_1}\begin{bmatrix}0.2000\times10 & 0.1000\times10 & 0.3000\times10\\ & 0.1000\times10 & 0.1000\times10\end{bmatrix},$$

再用回代法解得

$$x_2=0.1000\times10=1,\ x_1=0.1000\times10=1.$$

这个例子告诉我们，在采用高斯消去法解方程组时，小主元可能产生大误差，故应避免绝对值小的主元素 $a_{kk}^{(k)}$，对一般矩阵来说，最好每一步选取系数矩阵（或消元后的低阶矩阵）中绝对值最大的元素作为主元素，以使高斯消去法具有较好的数值稳定性，这就是全主元素消去法. 在选主元时要花费较多计算时间，目前主要使用的是列主元素消去法，下面介绍列主元素消去法，并假定线性方程组(6.4)的系数矩阵 $A\in\mathbf{R}^{n\times n}$ 为非奇异的.

方程组(6.4)的增广矩阵为

$$B=\begin{bmatrix}a_{11} & a_{12} & \cdots & a_{1n}\\ a_{21} & a_{22} & \cdots & a_{2n}\\ \vdots & \vdots & & \vdots\\ a_{n1} & a_{n2} & \cdots & a_{nn}\end{bmatrix}\begin{bmatrix}b_1\\ b_2\\ \vdots\\ b_n\end{bmatrix}.\tag{6.28}$$

首先在 A 的第 1 列中选取绝对值最大的元素作为主元素，例如

$$|a_{i_1,1}|=\max_{1\leqslant i\leqslant n}|a_{i1}|\neq0,$$

然后交换 B 的第 1 行与第 i_1 行，经第 1 次消元计算得

$$[\boldsymbol{A}|\boldsymbol{b}] \to [\boldsymbol{A}^{(2)}|\boldsymbol{b}^{(2)}] .$$

重复上述过程,设已完成第 $k-1$ 步的选主元素,交换两行并消元计算,$(\boldsymbol{A}|\boldsymbol{b})$ 约化为

$$[\boldsymbol{A}^{(k)}|\boldsymbol{b}^{(k)}] = \left[\begin{array}{cccccc|c} a_{11} & a_{12} & \cdots & a_{1k} & \cdots & a_{1n} & b_1 \\ & a_{22}^{(2)} & \cdots & a_{2k}^{(2)} & \cdots & a_{2n}^{(2)} & b_2^{(2)} \\ & & \ddots & \vdots & & \vdots & \vdots \\ & & & a_{kk}^{(k)} & \cdots & a_{kn}^{(k)} & b_k^{(k)} \\ & & & \vdots & & \vdots & \vdots \\ & & & a_{nk}^{(k)} & \cdots & a_{nn}^{(k)} & b_n^{(k)} \end{array}\right], \tag{6.29}$$

为了不改变零元素的分布,第 k 步选列主元素时,应在 $\boldsymbol{A}^{(k)}$ 右下角方阵的第 1 列内选,即确定 i_k ,使

$$| a_{i_k,k}^{(k)} | = \max_{k \leq i \leq n} | a_{ik}^{(k)} | \neq 0 . \tag{6.30}$$

交换 $[\boldsymbol{A}^{(k)}|\boldsymbol{b}^{(k)}]$ 第 k 行与 i_k 行的元素,再进行消元计算. $k=1,2,\cdots,n-1$ 如此依次进行下去,最后将原方程组化为

$$\boldsymbol{B} \to \left[\begin{array}{cccc|c} a_{11} & a_{12} & \cdots & a_{1n} & b_1 \\ & a_{22}^{(2)} & \cdots & a_{2n}^{(2)} & b_2^{(2)} \\ & & \ddots & \vdots & \vdots \\ & & & a_{nn}^{n} & b_n^{(n)} \end{array}\right], \tag{6.31}$$

回代求解得

$$\begin{cases} x_n = b_n^{(n)}/a_{nn}^{(n)}, \\ x_k = (b_k^{(k)} - \sum_{j=k+1}^{n} a_{kj}^{(k)} x_j)/a_{kk}^{(k)} (k = n-1, n-2, \cdots, 1). \end{cases} \tag{6.32}$$

在实际进行计算机编程实施列主元素消去法时,为了减少占用计算机存储空间,每步计算得到的 $\boldsymbol{A}^{(k)}$ 更新 $\boldsymbol{A}$,乘数 l_{ij} 更新 a_{ij},计算解 x 更新常数项 b ,行列式存放在 det 中.列主元素消去法的算法步骤如下:

1. det ← 1

2. 对 $k=1,2,\cdots,n-1$

(1) 按列选主元素 $| a_{i_k,k} | = \max_{k \leq i \leq n} | a_{ik} |$.

(2) 如果 $a_{i_k,k} = 0$,则 $\det(\boldsymbol{A}) = 0$,计算停止.

(3) 如果 $i_k = k$,则转(4),否则换行

$a_{kj} \leftrightarrow a_{i_k,j} (j = k+1, \cdots, n)$, $b_k \leftrightarrow b_{i_k}$, det ← − det .

(4) 消元计算,对于 $i = k+1, \cdots, n$

① $a_{ik} \leftarrow l_{ik} = - a_{ik}/a_{kk}$

②对于 $j = k + 1, \cdots, n$

$a_{ij} \leftarrow a_{ij} + l_{ik} a_{kj}$

③ $b_i \leftarrow b_i + l_{ik} b_k$

(5) $\det \leftarrow a_{kk} \det$

3. 如果 $a_{nn} = 0$,则 $\det(A) = 0$,计算停止.

4. 回代求解

(1) $b_n \leftarrow b_n / a_{nn}$

(2) 对于 $i = n - 1, \cdots, 2, 1$

$b_i \leftarrow (b_i - \sum_{j=i+1}^{n} a_{ij} \cdot b_i) / a_{ii}$

5. $\det \leftarrow a_{nn} \det$

下面用矩阵运算来描述解方程组(6.4)的列主元素消去法.

$$\left.\begin{aligned} &\boldsymbol{L}_1 \boldsymbol{I}_{1,i_1} \boldsymbol{A}^{(1)} = \boldsymbol{A}^{(2)}, \boldsymbol{L}_1 \boldsymbol{I}_{1,i_1} \boldsymbol{b}^{(1)} = \boldsymbol{b}^{(2)}, \\ &\boldsymbol{L}_k \boldsymbol{I}_{k,i_k} \boldsymbol{A}^{(k)} = \boldsymbol{A}^{(k+1)}, \boldsymbol{L}_k \boldsymbol{I}_{k,i_k} \boldsymbol{b}^{(k)} = \boldsymbol{b}^{(k+1)}. \end{aligned}\right\} \tag{6.33}$$

其中 L_k 的元素满足 $|l_{ik}| \leqslant 1 (k = 1, 2, \cdots, n - 1)$, $\boldsymbol{I}_{k,i_k}$ 是初等置换矩阵. 利用(6.33)式得

$$\boldsymbol{L}_{n-1} \boldsymbol{I}_{n-1,i_{n-1}} \cdots \boldsymbol{L}_2 \boldsymbol{I}_{2,i_2} \boldsymbol{L}_1 \boldsymbol{I}_{1,i_1} \boldsymbol{A} = \boldsymbol{A}^{(n)} = \boldsymbol{U}.$$

简记为

$$\widetilde{\boldsymbol{P}} \boldsymbol{A} = \boldsymbol{U}, \widetilde{\boldsymbol{P}} \boldsymbol{b} = \boldsymbol{b}^{(n)},$$

其中

$$\widetilde{\boldsymbol{P}} = \boldsymbol{L}_{n-1} \boldsymbol{I}_{n-1,i_{n-1}} \cdots \boldsymbol{L}_2 \boldsymbol{I}_{2,i_2} \boldsymbol{L}_1 \boldsymbol{I}_{1,i_1}.$$

比如 $n = 4$ 时考察矩阵 $\widetilde{\boldsymbol{P}}$,

$$\begin{aligned} \boldsymbol{U} = \boldsymbol{A}^{(4)} &= \boldsymbol{L}_3 \boldsymbol{I}_{3,i_3} \boldsymbol{L}_2 \boldsymbol{I}_{2,i_2} \boldsymbol{L}_1 \boldsymbol{I}_{1,i_1} \boldsymbol{A} \\ &= \boldsymbol{L}_3 (\boldsymbol{I}_{3,i_3} \boldsymbol{L}_2 \boldsymbol{I}_{3,i_3}) (\boldsymbol{I}_{3,i_3} \boldsymbol{I}_{2,i_2} \boldsymbol{L}_1 \boldsymbol{I}_{2,i_2} \boldsymbol{I}_{3,i_3}) \\ &(\boldsymbol{I}_{3,i_3} \boldsymbol{I}_{2,i_2} \boldsymbol{I}_{1,i_1}) \boldsymbol{A} = \widetilde{\boldsymbol{L}}_3 \widetilde{\boldsymbol{L}}_2 \widetilde{\boldsymbol{L}}_1 \boldsymbol{P} \boldsymbol{A} \end{aligned} \tag{6.34}$$

其中

$$\widetilde{\boldsymbol{L}}_1 = \boldsymbol{I}_{3,i_3} \boldsymbol{I}_{2,i_2} \boldsymbol{L}_1 \boldsymbol{I}_{2,i_2} \boldsymbol{I}_{3,i_3}, \widetilde{\boldsymbol{L}}_2 = \boldsymbol{I}_{3,i_3} \boldsymbol{L}_2 \boldsymbol{I}_{3,i_3}, \widetilde{\boldsymbol{L}}_3 = \boldsymbol{L}_3, \boldsymbol{P} = \boldsymbol{I}_{3,i_3} \boldsymbol{I}_{2,i_2} \boldsymbol{I}_{1,i_1}.$$

可以证明, $\widetilde{\boldsymbol{L}}_k (k = 1, 2, 3)$ 也为单位下三角矩阵,其元素的绝对值不超过 1. 令

$$\boldsymbol{L}^{-1} = \widetilde{\boldsymbol{L}}_3 \widetilde{\boldsymbol{L}}_2 \widetilde{\boldsymbol{L}}_1,$$

由式(6.34)得到

$$\boldsymbol{PA} = \boldsymbol{LU}.$$

其中 $\boldsymbol{P}$ 为排列矩阵,$\boldsymbol{L}$ 为单位下三角矩阵,$\boldsymbol{U}$ 为上三角矩阵.

这说明对方程组(6.4)应用列主元消去法相当于对 $(\boldsymbol{A}|\boldsymbol{b})$ 先进行一系列行交换后对 $\boldsymbol{PA}x = \boldsymbol{Pb}$ 再应用高斯消去法. 在实际计算中我们只能在计算过程中做行交换.

综上所述,有如下的定理:

定理 6.3(列主元素的三角分解定理) 如果 $\boldsymbol{A}$ 为非奇异矩阵,则存在排列矩阵 $\boldsymbol{P}$ 使

$$\boldsymbol{PA} = \boldsymbol{LU}, \tag{6.35}$$

其中 $\boldsymbol{L}$ 为单位下三角矩阵,$\boldsymbol{U}$ 为上三角矩阵.

6.2.3 完全主元素消去法

在消元计算过程中,若每次选主元素不局限在主元素所在的列中,而在整个主子矩阵中选取,则称为**完全主元素消去法**.

方程组(6.4)的增广矩阵为 $\boldsymbol{B} = (\boldsymbol{A}|\boldsymbol{b})$,首先在 $\boldsymbol{A}$ 中选取绝对值最大的元素作为主元素,例如

$$|a_{i_1j_1}| = \max_{\substack{1\leqslant i\leqslant n \\ 1\leqslant i\leqslant n}} |a_{ij}| \neq 0,$$

然后交换 $\boldsymbol{B}$ 的第 1 行与第 i_1 行,第 1 列与第 j_1 列,经第 1 步消元计算得

$$(\boldsymbol{A}|\boldsymbol{b}) \to (\boldsymbol{A}^{(2)}|\boldsymbol{b}^{(2)}).$$

重复上述过程,设已完成第 $k-1$ 步的选主元素,经过行列交换及消元计算,$(\boldsymbol{A}|\boldsymbol{b})$ 约化为

$$[\boldsymbol{A}^{(k)}|\boldsymbol{b}^{(k)}] = \left[\begin{array}{cccccc|c} a_{11} & a_{12} & \cdots & a_{1k} & \cdots & a_{1n} & b_1 \\ & a_{22}^{(2)} & \cdots & a_{2k}^{(2)} & \cdots & a_{2n}^{(2)} & b_2^{(2)} \\ & & \ddots & a_{k-1,k} & \cdots & a_{k-1,n} & \cdots \\ & & & \boxed{a_{kk}^{(k)}} & \cdots & a_{kn}^{(k)} & b_k^{(k)} \\ & & & \vdots & & \vdots & \vdots \\ & & & a_{nk}^{(k)} & \cdots & a_{nn}^{(k)} & b_n^{(k)} \end{array}\right]. \tag{6.36}$$

第 k 步消元要在式(6.36)的右下角方框内的主子阵,即在矩阵

$$\begin{bmatrix} a_{kk}^{(k)} & \cdots & a_{kn}^{(k)} \\ \vdots & & \vdots \\ a_{nk}^{(k)} & \cdots & a_{nn}^{(k)} \end{bmatrix} \tag{6.37}$$

中选取主元素,使其满足

$$|a_{i_k j_k}^{(k)}| = \max_{k \leqslant i,j \leqslant n} |a_{ij}^{(k)}| ,$$

若 $a_{i_k,j_k}^{(k)} = 0$,则给出 $|\boldsymbol{A}|=0$ 的信息,退出计算.

否则作如下行列交换:

行交换:$a_{kj}^{(k)} \leftrightarrow a_{i_k,j}^{(k)}, b_k^{(k)} \leftrightarrow b_{i_k}^{(k)}, (k \leqslant j \leqslant n)$;

列交换:$a_{ik}^{(k)} \leftrightarrow a_{i,j_k}^{(k)}, (k \leqslant i \leqslant n)$.

这样将 $a_{i_k,j_k}^{(k)}$ 调到第 k 行 k 列的位置,再进行消元计算,最后将原方程组化为下面形式

$$\begin{bmatrix} a_{11}^{(1)} & a_{12}^{(1)} & \cdots & a_{1n}^{(1)} \\ & a_{22}^{(2)} & \cdots & a_{2n}^{(2)} \\ & & \ddots & \vdots \\ & & & a_{nn}^{(n)} \end{bmatrix} \begin{bmatrix} x_{j_1} \\ x_{j_2} \\ \vdots \\ x_{j_n} \end{bmatrix} = \begin{bmatrix} b_1^{(1)} \\ b_2^{(2)} \\ \vdots \\ b_n^{(n)} \end{bmatrix} . \tag{6.38}$$

其中 $x_{j_1}, x_{j_2}, \cdots, x_{j_n}$ 的次序是未知数 $x_1, x_2, \cdots, x_n$ 的一种排列. 用回代法求解式(6.38)得

$$\begin{cases} x_{j_n} = b_n^{(n)} / a_{nn}^{(n)} , \\ x_{j_k} = \left(b_k^{(k)} - \sum\limits_{m=k+1}^{n} a_{km}^{(k)} x_{j_m}\right) / a_{kk}^{(k)} (k = n-1, n-2, \cdots, 1). \end{cases} \tag{6.39}$$

值得注意的是,在全主元的消去法中,由于进行了列交换,x 各分量的顺序已被打乱. 因此必须在每次列交换的同时,让机器“记住”作了一次怎样的交换,在回代解出后将 x 各分量换回原来相应的位置,这样增加了程序设计的复杂性. 此外完全主元素消去法将会耗用更多的机时. 但全主元消去法比列主元消去法数值稳定性更好一些. 实际应用中,这两种选主元技术都在使用.

6.2.4　高斯-若尔当(Gauss-Jordan)消去法

前面介绍的用高斯消去法解 $\boldsymbol{Ax}=\boldsymbol{b}$,消去的只是主对角线以下的元素. 进一步还可以将主元素化为 1,而后将主元素所在列的其它元素均化为零,最后将系数矩阵化为单位矩阵 $\boldsymbol{E}$,即把增广矩阵$(\boldsymbol{A}|\boldsymbol{b})$ 最后约化为$(\boldsymbol{I}|\boldsymbol{b}^{(n+1)})$. 因而无需回代,右端向量就是原方程的解,将此法称为高斯-若尔当(Gauss-Jordan)消去法.

设 Gauss-Jordan 消去法已完成 $k-1$ 步消元,$(\boldsymbol{A}|\boldsymbol{b})$ 约化为

$$[\boldsymbol{A}^{(k)} | \boldsymbol{b}^{(k)}] = \left[\begin{array}{cccccc|c} 1 & & & a_{1k} & \cdots & a_{1n} & b_1 \\ & \ddots & & \vdots & & \vdots & \vdots \\ & & 1 & a_{k-1,k} & \cdots & a_{k-1,n} & b_{k-1} \\ & & & a_{kk} & \cdots & a_{kn} & b_k \\ & & & \vdots & & \vdots & \vdots \\ & & & a_{nk} & \cdots & a_{nn} & b_n \end{array}\right], k = 1, 2, \cdots, n .$$

接着进行第 $k(k=1,2,\cdots,n)$ 步消元时,考虑对上述矩阵的第 k 行上、下都进行消元计算,算法步骤如下:

①按列选主元素,即确定 i_k ,使得

$$|a_{i_k}|=\max_{k\leqslant i\leqslant n}|a_{ik}|,$$

②换行. 当 $i_k\neq k$ 时,交换 $[\boldsymbol{A}^{(k)}|\boldsymbol{b}^{(k)}]$ 的第 i_k 行和第 k 行的元素.

③计算乘数 $l_{ik}=-a_{ik}/a_{kk}(i=1,2,\cdots,n,i\neq k),l_{kk}=1/a_{kk}$. l_{ik} 可存放在 a_{ik} 的单元中.

④消元计算.

$$a_{ij}\leftarrow a_{ij}+l_{ik}a_{kj}(i=1,2,\cdots,n;i\neq k;j=k+1,\cdots,n),$$

$$b_i\leftarrow b_i+l_{ik}b_k(i=1,2,\cdots,n;i\neq k).$$

⑤计算主行.

$$a_{kj}\leftarrow a_{kj}l_{kk}(j=k+1,\cdots,n),$$

$$b_k\leftarrow b_kl_{kk}(i=1,2,\cdots,n;i\neq k).$$

上述约化过程结束后,原方程组的增广矩阵约化为

$$[\boldsymbol{A}|\boldsymbol{b}]\rightarrow[\boldsymbol{I}|\boldsymbol{b}^{(n+1)}]=\boldsymbol{B}\rightarrow\left[\begin{array}{cccc|c}1&&&&\tilde{b}_1\\&1&&&\tilde{b}_2\\&&\ddots&&\vdots\\&&&1&\tilde{b}_n\end{array}\right].$$

这表明用 Gauss-Jordan 消去法将系数矩阵 $\boldsymbol{A}$ 约化为单位矩阵的同时,得到的右端项 $\boldsymbol{b}^{(n+1)}=(\tilde{b}_1,\tilde{b}_2,\cdots,\tilde{b}_n)^{\mathrm{T}}$ 就是线性方程组的解,因此无需回代求解。用 Gauss-Jordan 法解方程组的计算量约为 $n^3/2$ 次乘除法运算,比高斯消去法计算量大。由 Gauss-Jordan 法的约化过程,可以找到一种求矩阵的逆矩阵的一种方法。

由线性代数的知识可知,由于作一次初等变换相当于左乘一个初等矩阵,所以对 $\boldsymbol{A}$ 作一系列初等变换相等于对 $\boldsymbol{A}$ 左乘一系列初等矩阵,记这一系列初等矩阵的积为 $\boldsymbol{P}$. Gauss-Jordan 消去法将系数矩阵 $\boldsymbol{A}$ 约化为单位矩阵 $\boldsymbol{I}$,即 $\boldsymbol{PA}=\boldsymbol{I}$,两边右乘 $\boldsymbol{A}^{-1}$ 得 $\boldsymbol{PI}=\boldsymbol{A}^{-1}$. 这就是说,要求 n 阶可逆矩阵 $\boldsymbol{A}$ 的逆矩阵,只需要对分块矩阵 $(\boldsymbol{A}|\boldsymbol{I})$ 做一系列初等行变换,当把左边矩阵 $\boldsymbol{A}$ 约化为单位矩阵 $\boldsymbol{I}$ 时,相同的变换就把右边单位矩阵 $\boldsymbol{I}$ 化为矩阵 $\boldsymbol{A}$ 的逆矩阵.

例 6.3 用 Gauss-Jordan 消去法求解线性方程组

$$\begin{cases}2x_1+x_2+2x_3=5,\\5x_1-x_2+x_3=8,\\x_1-2x_2-4x_3=-4.\end{cases}$$

解　对增广矩阵实施初等变换

$$(\boldsymbol{A},\boldsymbol{b})=\begin{bmatrix}2&1&2&5\\5&-1&1&8\\1&-2&-4&-4\end{bmatrix}\longrightarrow\begin{bmatrix}5&-1&1&8\\2&1&2&5\\1&-2&-4&-4\end{bmatrix}$$

$$\longrightarrow\begin{bmatrix}5&-1&1&8\\0&1.4&1.6&1.8\\0&-2.8&-4.2&-5.6\end{bmatrix}\longrightarrow\begin{bmatrix}5&-1&1&8\\0&1.4&1.6&1.8\\0&0&-0.5&-1\end{bmatrix}$$

$$\longrightarrow\begin{bmatrix}5&-1&1&8\\0&1.4&1.6&1.8\\0&-2.8&-4.2&-5.6\end{bmatrix}\longrightarrow\begin{bmatrix}5&-1&1&8\\0&1.4&1.6&1.8\\0&0&-0.5&-1\end{bmatrix}$$

$$\longrightarrow\begin{bmatrix}5&0&0&5\\0&-2.8&0&2.8\\0&0&-0.5&-1\end{bmatrix}\longrightarrow\begin{bmatrix}1&0&0&1\\0&1&0&-1\\0&0&1&2\end{bmatrix}.$$

于是例 6.3 的线性方程组的解为 $x_1=1,x_2=-1,x_3=2$.

例 6.4　用 Gauss-Jordan 消去法求矩阵 $\boldsymbol{A}=\begin{bmatrix}1&2&3\\2&1&2\\1&3&4\end{bmatrix}$ 的逆矩阵 $\boldsymbol{A}^{-1}$.

解　将矩阵 $\boldsymbol{A}$ 与单位矩阵 $\boldsymbol{I}$ 组成分块矩阵 $(\boldsymbol{A}\,|\,\boldsymbol{I})$ ，并对其作初等行变换，具体过程如下：

$$\left[\begin{array}{ccc|ccc}1&3&1&1&0&0\\2&1&1&0&1&0\\2&2&1&0&0&1\end{array}\right]\rightarrow\left[\begin{array}{ccc|ccc}2&1&1&0&1&0\\1&3&1&1&0&0\\2&2&1&0&0&1\end{array}\right]\rightarrow\left[\begin{array}{ccc|ccc}1&1/2&1/2&0&1/2&0\\0&5/2&1/2&1&-1/2&0\\0&1&0&0&-1&1\end{array}\right]$$

$$\rightarrow\left[\begin{array}{ccc|ccc}1&1/2&1/2&0&1/2&0\\0&1&1/5&2/5&-1/5&0\\0&0&-1/5&-2/5&-4/5&1\end{array}\right]\rightarrow\left[\begin{array}{ccc|ccc}1&0&2/5&-1/5&3/5&0\\0&1&1/5&2/5&-1/5&0\\0&0&1&2&4&5\end{array}\right].$$

于是

$$\boldsymbol{A}^{-1}=\begin{bmatrix}-1&-1&2\\0&-1&1\\2&4&5\end{bmatrix}.$$

6.3　矩阵三角分解法

6.3.1　直接三角分解法

从 6.2 节用矩阵理论分析高斯消去法的过程可以看出，高斯消去法实质上得到了一个将 $\boldsymbol{A}$ 分解为一个单位下三角矩阵 $\boldsymbol{L}$ 和一个上三角矩阵 $\boldsymbol{U}$ 的乘积，即

$$A = LU \quad (6.40)$$

我们把这种分解称为矩阵的**直接三角分解**，矩阵的 **LU 分解或杜利特尔(Doolittle)分解**；如果 L 为下三角矩阵，U 为单位上三角矩阵，则称 $A=LU$ 为**克劳特(Crout)分解**.

实际计算中，在对 A 进行直接三角分解时可以不借助高斯消去法过程，而是利用矩阵的乘法，比较 $A=LU$ 两边的元素，按一定的次序就可以求出 L 和 U 中未知的元素，这种方法称为不选主元素的直接三角分解法. 设 A 为非奇异矩阵，且有分解式 $A=LU$，即

$$\underbrace{\begin{bmatrix} a_{11} & a_{12} & a_{13} & \cdots & a_{1n} \\ a_{21} & a_{22} & a_{23} & \cdots & a_{2n} \\ a_{31} & a_{32} & a_{33} & \cdots & a_{3n} \\ \vdots & \vdots & \vdots & \ddots & \vdots \\ a_{n1} & a_{n2} & a_{n3} & \cdots & a_{nn} \end{bmatrix}}_{A} = \underbrace{\begin{bmatrix} 1 & & & & \\ l_{21} & 1 & & & \\ l_{31} & l_{32} & 1 & & \\ \vdots & \vdots & \vdots & \ddots & \\ l_{n1} & l_{n2} & l_{n3} & \cdots & 1 \end{bmatrix}}_{L} \underbrace{\begin{bmatrix} u_{11} & u_{12} & u_{13} & \cdots & u_{1n} \\ & u_{22} & u_{23} & \cdots & u_{2n} \\ & & u_{33} & \cdots & u_{3n} \\ & & & \ddots & \vdots \\ & & & & u_{nn} \end{bmatrix}}_{U}. \quad (6.41)$$

首先用矩阵 A 第 1 行元素 $a_{1j}(j=1,2,\cdots,n)$ 和第 1 列元素 $a_{i1}(i=2,3,\cdots,n)$ 分别求 U 的第 1 行元素 $u_{1j}(j=1,2,\cdots,n)$ 和 L 第 1 列元素 l_{i1}，具体求法如下：

比较(6.41)式两边第 1 行元素，根据矩阵的乘法法则计算可得 U 的第 1 行的元素为

$$u_{1j} = a_{1j}(j=1,2,\cdots,n).$$

再比较(6.41)式两边第 1 列元素，利用矩阵的乘法法则得

$$a_{i1} = l_{i1}u_{11}(i=2,3,\cdots,n),$$

于是得 L 第 1 列元素为

$$l_{i1} = \frac{a_{i1}}{u_{11}}(i=2,3,\cdots,n).$$

按顺序依次求下去，假设已求得 U 的第 1 行到 $k-1$ 行元素和 L 的第 1 列到 $k-1$ 列元素，现在求 U 的第 k 行元素 $u_{kj}(j=k,k+1,\cdots,n)$ 和 L 的第 k 列元素 $l_{ik}(i=k+1,k+2,\cdots,n)$. 比较式(6.41)两边第 k 行和第 k 列元素，根据矩阵的乘法法则，$a_{kj}(j\geqslant k)$ 等于矩阵 L 的第 k 行 $(l_{k1},l_{k2},\cdots,l_{k,k-1},1,0,\cdots,0)$ 与矩阵 U 的第 j 列 $(u_{1j},u_{2j},\cdots,u_{k-1,j},u_{k,j},\cdots,u_{jj},0,\cdots,0)^{\mathrm{T}}$ 对应分量乘积之和，于是有

$$a_{kj} = \sum_{m=1}^{n} l_{km}u_{mj} = \sum_{m=1}^{k-1} l_{km}u_{mj} + u_{kj}(j=k,k+1,\cdots,n),$$

由此得 U 的第 k 行元素为

$$u_{kj} = a_{kj} - \sum_{m=1}^{k-1} l_{km}u_{mj}(j=k,k+1,\cdots,n). \quad (6.42)$$

同理，由

$$a_{ik} = \sum_{m=1}^{n} l_{im}u_{mk} = \sum_{m=1}^{k-1} l_{im}u_{mk} + l_{ik}u_{kk}(i = k+1, k+2, \cdots, n),$$

可得

$$l_{ik} = \frac{a_{ik} - \sum\limits_{m=1}^{k-1} l_{im}u_{mk}}{u_{kk}}(i = k+1, k+2, \cdots, n). \tag{6.43}$$

式(6.42)和(6.43)是计算矩阵 LU 分解的一般计算公式,与高斯消去法得到的结果是相同的,但是避免了复杂的计算过程. 当用计算机实现该算法时,$\boldsymbol{U}$ 和 $\boldsymbol{L}$ 中的未知元素是按行、列逐层计算得到的,计算出来的 $\boldsymbol{U}$ 的第 k 行元素 $u_{kj}(j = k, k+1, \cdots, n)$ 和 $\boldsymbol{L}$ 的第 k 列元素 $l_{ik}(i = k+1, k+2, \cdots, n)$ 存放在矩阵 $\boldsymbol{A}$ 的相应位置,形成紧凑格式如下:

$$\boldsymbol{A} \to \begin{bmatrix} u_{11} & u_{12} & u_{13} & \cdots & u_{2k} & u_{2,k+1} & \cdots & u_{2n} \\ l_{21} & u_{22} & u_{23} & \cdots & u_{2k} & u_{2,k+1} & \cdots & u_{2n} \\ l_{31} & l_{32} & u_{33} & \cdots & u_{3k} & u_{3,k+1} & \cdots & u_{3n} \\ \vdots & \vdots & \vdots & \ddots & & & & \\ l_{k1} & l_{k2} & l_{k3} & & u_{kk} & u_{k,k+1} & \cdots & u_{kn} \\ l_{k+1,1} & l_{k+1,2} & l_{k+1,3} & & l_{k+1,k} & \ddots & & \\ \vdots & \vdots & \vdots & & \vdots & & & \\ l_{n1} & l_{n2} & l_{n3} & & l_{nk} & & & u_{nn} \end{bmatrix} \begin{matrix} \text{第 1 框} \\ \text{第 2 框} \\ \text{第 3 框} \\ \vdots \\ \text{第 } k \text{ 框} \\ \\ \vdots \\ \text{第 } n \text{ 框} \end{matrix} \tag{6.44}$$

由此可以看出,按照第 1 框,第 2 框,…,第 n 框的顺序可求出 $\boldsymbol{L}$ 和 $\boldsymbol{U}$ 的未知元素. 当对矩阵 $\boldsymbol{A}$ 作 LU 分解后,解线性方程组 $\boldsymbol{Ax} = \boldsymbol{b}$ 就等价于求解两个三角形方程组:

①用前代法解 $\boldsymbol{Ly} = \boldsymbol{b}$,求出 y;

②再用回代法解 $\boldsymbol{Ux} = \boldsymbol{y}$,求出 x.

具体计算公式如下:

$$\begin{cases} y_k = b_k - \sum\limits_{s=1}^{k-1} l_{ks}y_s(k = 1, 2, \cdots, n), \\ x_k = \left(y_k - \sum\limits_{s=k+1}^{n} u_{ks}x_s\right)/u_{kk}(k = n, n-1, \cdots, 1). \end{cases} \tag{6.45}$$

例 6.5　用紧凑格式解线性方程组

$$\begin{bmatrix} 1 & 2 & 3 & 4 \\ 1 & 4 & 9 & 16 \\ 1 & 8 & 27 & 64 \\ 1 & 16 & 81 & 256 \end{bmatrix} \begin{bmatrix} x_1 \\ x_2 \\ x_3 \\ x_4 \end{bmatrix} = \begin{bmatrix} 2 \\ 10 \\ 44 \\ 190 \end{bmatrix}.$$

解　用紧凑格式对系数矩阵进行 LU 分解. 先计算第 1 框中 $\boldsymbol{U}$ 的第 1 行和 $\boldsymbol{L}$ 的第 1 列的未知元素,计算公式为

$$\begin{cases} u_{1j} = a_{1j}(j = 1,2,3,4), \\ l_{i1} = \dfrac{a_{i1}}{u_{11}}(i = 2,3,4). \end{cases}$$

接着计算第 2 框中 $\boldsymbol{U}$ 的第 2 行和 $\boldsymbol{L}$ 的第 2 列的未知元素，计算公式为

$$\begin{cases} u_{2j} = a_{2j} - l_{21}u_{1j}(j = 2,3,4), \\ l_{i2} = \dfrac{a_{i2} - l_{i1}u_{12}}{u_{22}}(i = 3,4). \end{cases}$$

类似地可以给出第 3 框直到第 n 框的计算公式，从而计算出各框的元素如下

$$\left[\begin{array}{c|c|c|c} 1 & 2 & 3 & 4 \\ 1 & 2 & 6 & 12 \\ 1 & 3 & 6 & 24 \\ 1 & 7 & 6 & 24 \end{array}\right],$$

从而得矩阵 $\boldsymbol{A}$ 的 LU 分解为

$$\begin{bmatrix} 1 & 2 & 3 & 4 \\ 1 & 4 & 9 & 16 \\ 1 & 8 & 27 & 64 \\ 1 & 16 & 81 & 256 \end{bmatrix} = \begin{bmatrix} 1 & 0 & 0 & 0 \\ 1 & 1 & 0 & 0 \\ 1 & 3 & 1 & 0 \\ 1 & 7 & 6 & 1 \end{bmatrix} \begin{bmatrix} 1 & 2 & 3 & 4 \\ 0 & 2 & 6 & 12 \\ 0 & 0 & 6 & 24 \\ 0 & 0 & 0 & 24 \end{bmatrix},$$

用前代法解 $\boldsymbol{Ly} = \boldsymbol{b}$ 得 $\boldsymbol{y} = (2,8,18,24)^{\mathrm{T}}$；再用回代法解 $\boldsymbol{Ux} = \boldsymbol{y}$ 得 $\boldsymbol{x} = (-1,1,-1,1)^{\mathrm{T}}$.

用直接分解法解线性方程组大约需要 $n^3/3$ 次乘除法运算，和高斯消去法的计算量相近.

6.3.2 平方根法

在实际问题中遇到的线性方程组 $\boldsymbol{Ax} = \boldsymbol{b}$，其系数矩阵 $\boldsymbol{A}$ 在很多情况下是对称正定的. 由于对称正定矩阵的各阶顺序主子式大于零，此时能保证对 $\boldsymbol{A}$ 直接作 LU 分解求解对称正定方程组. 由于对称正定矩阵的特殊性，现在研究其 LU 分解中元素之间的关系. 首先研究 $\boldsymbol{A}$ 为对称矩阵且各阶顺序主子式不为 0 的情况. 先给出对称矩阵三角分解的定理如下：

定理 6.4 若 $\boldsymbol{A}$ 为对称矩阵，且其顺序主子式均不等于 0，则 $\boldsymbol{A}$ 可唯一分解为

$$\boldsymbol{A} = \boldsymbol{LDL}^{\mathrm{T}}, \tag{6.46}$$

其中 $\boldsymbol{L}$ 为单位下三角矩阵，$\boldsymbol{D}$ 对角矩阵.

(6.46)式称为对称矩阵的 $\boldsymbol{LDL}^{\mathrm{T}}$ **分解法**或**改进的平方根法**.

证明 由于矩阵 $\boldsymbol{A}$ 的各阶顺序主子式均不等于 0，根据定理 6.2 可知 $\boldsymbol{A}$ 有唯一的 LU 分解为(6.41) 式，且 $\boldsymbol{U}$ 对角线上的元素 $u_{ii} \neq 0(i = 1,2,\cdots,n)$. 将 $\boldsymbol{U}$ 再分解为

$$U = \begin{bmatrix} u_{11} & & & \\ & u_{22} & & \\ & & \ddots & \\ & & & u_{nn} \end{bmatrix} \begin{bmatrix} 1 & \frac{u_{12}}{u_{11}} & \cdots & \frac{u_{1n}}{u_{11}} \\ & 1 & \cdots & \frac{u_{2n}}{u_{22}} \\ & & \ddots & \vdots \\ & & & 1 \end{bmatrix} = DU_0 \ ,$$

其中 D 对角矩阵,U_0 为单位上三角矩阵,于是有

$$A = LU = LDU_0 \ ,$$

再由 A 的对称性,$A = A^{\mathrm{T}} = U_0^{\mathrm{T}}D^{\mathrm{T}}L^{\mathrm{T}} = U_0^{\mathrm{T}}DL^{\mathrm{T}} = U_0^{\mathrm{T}}(DL^{\mathrm{T}})$,

易知上式中 U_0^{T} 为单位下三角矩阵,DL^{T} 为上三角矩阵. 由矩阵分解的唯一性知

$$L = U_0^{\mathrm{T}} \ ,$$

即

$$U_0 = L^{\mathrm{T}} \ ,$$

于是

$$A = LDL^{\mathrm{T}} \ .$$

证毕.

设

$$A = LDL^{\mathrm{T}} = \begin{bmatrix} 1 & & & \\ l_{21} & 1 & & \\ \vdots & \vdots & \ddots & \\ l_{n1} & l_{n2} & \cdots & 1 \end{bmatrix} \begin{bmatrix} d_1 & & & \\ & d_2 & & \\ & & \ddots & \\ & & & d_n \end{bmatrix} \begin{bmatrix} 1 & l_{21} & \cdots & l_{n1} \\ & 1 & \cdots & l_{n2} \\ & & \ddots & \vdots \\ & & & 1 \end{bmatrix}$$

$$= \begin{bmatrix} 1 & & & \\ l_{21} & 1 & & \\ \vdots & \vdots & \ddots & \\ l_{n1} & l_{n2} & \cdots & 1 \end{bmatrix} \begin{bmatrix} d_1 & d_1 l_{21} & \cdots & d_1 l_{n1} \\ & d_2 & \cdots & d_2 l_{n2} \\ & & \ddots & \vdots \\ & & & d_n \end{bmatrix} .$$

注意到 $l_{kk} = 1(k = 1,2,\cdots,n)$ 和 $l_{kj} = 0(k < j)$,由矩阵的乘法得 D 的第 1 行,L 的第 1 列元素为

$$d_1 = a_{11}, l_{i1} = a_{i1}/d_1(i = 2,3,\cdots,n) \ .$$

假定已经计算出了 D 的前 $k-1$ 行,L 的前 $k-1$ 列元素,则 D 的第 k 行,L 的第 k 列元素为

$$d_k = a_{kk} - \sum_{j=1}^{k-1} d_j l_{kj}^2 (k = 2,3,\cdots,n) \ ,$$

$$l_{ik}=\left(a_{ik}-\sum_{j=1}^{k-1}d_jl_{ij}l_{kj}\right)\Big/d_k\ (k=2,3,\cdots,n;i=k+1,k+2,\cdots,n)\ .$$

依次计算下去，计算顺序为 $\boldsymbol{D}$ 的第 1 行，L 的第 1 列，…，$\boldsymbol{D}$ 的第 n 行，$\boldsymbol{D}$ 的第 n 列，其计算公式为

$$\begin{cases}d_k=a_{kk}-\sum\limits_{j=1}^{k-1}d_jl_{kj}^2(k=1,2,\cdots,n)\,,\\ l_{ik}=\left(a_{ik}-\sum\limits_{j=1}^{k-1}d_jl_{ij}l_{kj}\right)\Big/d_k(k=1,2,\cdots,n;i=k+1,k+2,\cdots,n)\,.\end{cases}\tag{6.47}$$

这样，解线性方程组 $\boldsymbol{Ax}=\boldsymbol{b}$ 等价于解 $\boldsymbol{LDL}^{\mathrm{T}}\boldsymbol{x}=\boldsymbol{b}$，因而转化为两个三角形方程组：

①用前代法求 $\boldsymbol{Ly}=\boldsymbol{b}$ 求出 $\boldsymbol{y}$，计算公式为

$$y_k=b_k-\sum_{j=1}^{k-1}l_{kj}y_j(k=1,2,\cdots,n)\ .\tag{6.48}$$

②用回代法求 $\boldsymbol{L}^{\mathrm{T}}\boldsymbol{x}=\boldsymbol{D}^{-1}\boldsymbol{y}$ 求出 $\boldsymbol{x}$，计算公式为

$$x_k=y_k/d_k-\sum_{j=k+1}^{n}l_{jk}x_j(k=n,n-1,\cdots,1)\ .\tag{6.49}$$

下面讨论更为特殊的情况，若 $\boldsymbol{A}$ 为对称正定矩阵时，其各阶顺序主子式 $D_i(i=1,2,\cdots,n)$，显然有 $\boldsymbol{A}=\boldsymbol{LDL}^{\mathrm{T}}$ 分解. 记 $\boldsymbol{D}$ 的对角元素为 $d_i(i=1,2,\cdots,n)$. 由定理 6.1 的推论可知，

$$d_1=D_1>0,d_i=D_i/D_{i-1}>0(i=2,3,\cdots,n)\ ,$$

则有

$$\boldsymbol{D}=\begin{bmatrix}d_1&&\\&\ddots&\\&&d_n\end{bmatrix}=\begin{bmatrix}\sqrt{d_1}&&\\&\ddots&\\&&\sqrt{d_n}\end{bmatrix}\begin{bmatrix}\sqrt{d_1}&&\\&\ddots&\\&&\sqrt{d_n}\end{bmatrix}=\boldsymbol{D}^{\frac{1}{2}}\boldsymbol{D}^{\frac{1}{2}}\ .$$

于是有

$$\boldsymbol{A}=\boldsymbol{LDL}^{\mathrm{T}}=\boldsymbol{LD}^{\frac{1}{2}}\boldsymbol{D}^{\frac{1}{2}}\boldsymbol{L}^{\mathrm{T}}=(\boldsymbol{LD}^{\frac{1}{2}})(\boldsymbol{LD}^{\frac{1}{2}})^{\mathrm{T}}=\boldsymbol{L}_0\boldsymbol{L}_0^{\mathrm{T}}\ ,$$

其中 $\boldsymbol{L}_0$ 为下三角矩阵.

综上所述，可得如下的定理：

定理 6.5 若 $\boldsymbol{A}$ 为 n 阶对称正定矩阵，则必存在非奇异下三角矩阵 $\boldsymbol{L}$，使

$$\boldsymbol{A}=\boldsymbol{LL}^{\mathrm{T}}\ ,\tag{6.50}$$

当限定 $\boldsymbol{L}$ 的对角元素为正时，分解是唯一的.

式(6.50)称为对称正定矩阵的**平方根法，$\boldsymbol{LL}^{\mathrm{T}}$ 分解法或楚列斯基(Cholesky)分解**.

下面给出 LL^T 分解的计算公式,设

$$A = LL^T = \begin{bmatrix} l_{11} & & & \\ l_{21} & l_{22} & & \\ \vdots & \vdots & \ddots & \\ l_{n1} & l_{n2} & \cdots & l_{nn} \end{bmatrix} \begin{bmatrix} l_{11} & l_{21} & \cdots & l_{n1} \\ & l_{22} & \cdots & l_{n2} \\ & & \ddots & \vdots \\ & & & l_{nn} \end{bmatrix},$$

其中 $l_{kk} > 0(k = 1,2,\cdots,n)$,由 $l_{kj} = 0(k < j)$ 以及矩阵的乘法得

$$a_{ik} = \sum_{j=1}^{n} l_{ij}l_{kj} = \sum_{j=1}^{k-1} l_{ij}l_{kj} + l_{ik}l_{kk}, \tag{6.51}$$

由矩阵的乘法得 $l_{11} = \sqrt{a_{11}}, l_{i1} = a_{i1}/l_{11}(i=2,3,\cdots,n)$,这样便得到了矩阵$\boldsymbol{L}$的第1列的元素. 假定已经计算出了 $\boldsymbol{L}$ 的前 $k-1$ 列元素,下面计算第 k 列的元素. 由

$$a_{kk} = \sum_{j=1}^{k} l_{kj}^2 \tag{6.52}$$

得

$$l_{kk} = \left(a_{kk} - \sum_{j=1}^{k-1} l_{kj}^2\right)^{\frac{1}{2}},$$

再由(6.51)式得

$$l_{ik} = \left(a_{ik} - \sum_{j=1}^{k-1} l_{ij}l_{kj}\right) \Big/ l_{kk}, \ i = k+1,\cdots,n.$$

依次计算下去,计算顺序为 $\boldsymbol{L}$ 的第1列,第2列,…,第 n 列,其计算公式为

$$\begin{cases} l_{kk} = \left(a_{kk} - \sum_{j=1}^{k-1} l_{kj}^2\right)^{\frac{1}{2}}(k = 1,2,\cdots,n), \\ l_{ik} = \left(a_{ik} - \sum_{j=1}^{k-1} l_{ij}l_{kj}\right) \Big/ l_{kk}(k = 1,2,\cdots,n; i = k+1,k+2,\cdots,n). \end{cases} \tag{6.53}$$

求解对称正定方程组 $\boldsymbol{Ax} = \boldsymbol{b}$ 等价于求解两个三角形方程组:

①用前代法求 $\boldsymbol{Ly} = \boldsymbol{b}$ 求出 $\boldsymbol{y}$,计算公式为

$$y_k = \left(b_k - \sum_{j=1}^{k-1} l_{kj}y_j\right) \Big/ l_{kk}(k = 1,2,\cdots,n). \tag{6.54}$$

②用回代法求 $\boldsymbol{L}^T\boldsymbol{x} = \boldsymbol{y}$ 求出 $\boldsymbol{x}$,计算公式为

$$x_k = \left(y_k - \sum_{j=k+1}^{n} l_{jk}x_j\right) \Big/ l_{kk}(k = n,n-1,\cdots,1). \tag{6.55}$$

由(6.52)式可知

$$l_{kj}^2 \leqslant a_{kk} \leqslant \max_{1\leqslant k\leqslant n} a_{kk},$$

于是有

$$\max_{k,j}\{l_{kj}^2\} \leqslant a_{kk} \leqslant \max_{1\leqslant k\leqslant n}\{a_{kk}\}.$$

这表明,在 $\boldsymbol{LL}^{\mathrm{T}}$ 分解过程中得到的元素 l_{kj},它的数量级不会增长,且 $l_{kk}>0$,所以分解过程可以不必选主元,因而不选主元素的平方根法是数值稳定的. 当求出 $\boldsymbol{L}$ 的第 k 列元素时,也就是 $\boldsymbol{L}^{\mathrm{T}}$ 的第 k 行元素,所以平方根法大约需要 $n^3/6$ 次乘除运算,大约是直接 LU 分解法计算量的一半.

例 6.6 用平方根法解线性方程组

$$\begin{bmatrix}1 & 0 & 1 & 2\\ 0 & 4 & 4 & 2\\ 1 & 4 & 6 & 4\\ 2 & 2 & 4 & 6\end{bmatrix}\begin{bmatrix}x_1\\ x_2\\ x_3\\ x_4\end{bmatrix}=\begin{bmatrix}3\\ -2\\ 0\\ 6\end{bmatrix},$$

其中系数矩阵 $\boldsymbol{A}$ 是正定的.

解 根据(6.53)式计算矩阵 $\boldsymbol{A}$ 的 Cholesky 分解有

$$l_{11}=\sqrt{a_{11}}=1, l_{21}=a_{21}/l_{11}=0, l_{31}=a_{31}/l_{11}=1, l_{41}=a_{41}/l_{11}=2,$$

$$l_{22}=\sqrt{a_{22}-l_{21}^2}=2, l_{32}=(a_{32}-l_{31}l_{21})/l_{22}=(4-0)/2=2,$$

$$l_{42}=(a_{42}-l_{41}l_{21})/l_{22}=(2-0)/2=1,\ l_{33}=\left(a_{33}-\sum_{j=1}^{2}l_{3j}^2\right)^{\frac{1}{2}}=\sqrt{6-1^2-2^2}=1,$$

$$l_{43}=(a_{43}-l_{41}l_{31}-l_{42}l_{32})/l_{33}=(4-2\times1-1\times2)/1=0,$$

$$l_{44}=\left(a_{44}-\sum_{j=1}^{3}l_{kj}^2\right)^{\frac{1}{2}}=\sqrt{6-2^2-1^2-0^2}=1.$$

于是有

$$\boldsymbol{A}=\boldsymbol{LL}^{\mathrm{T}}=\begin{bmatrix}1 & & & \\ 0 & 2 & & \\ 1 & 2 & 1 & \\ 2 & 1 & 0 & 1\end{bmatrix}\begin{bmatrix}1 & 0 & 1 & 2\\ & 2 & 2 & 1\\ & & 1 & 0\\ & & & 1\end{bmatrix}.$$

用前代法解 $\boldsymbol{Ly}=\boldsymbol{b}$,得 $\boldsymbol{y}=(3,-1,-1,1)^{\mathrm{T}}$;再用回代法解 $\boldsymbol{Ux}=\boldsymbol{y}$ 得 $\boldsymbol{x}=(2,0,-1,1)^{\mathrm{T}}$.

6.3.3 追赶法

在用有限差分、有限元方法解偏微分方程,建立三次样条插值函数等实际问题中,经常会遇到解系数矩阵式对角占优的三对角方程组 $\boldsymbol{Ax}=\boldsymbol{f}$,即

$$\begin{bmatrix} b_1 & c_1 & & & \\ a_2 & b_2 & c_2 & & \\ & \ddots & \ddots & \ddots & \\ & & a_{n-1} & b_{n-1} & c_{n-1} \\ & & & a_n & b_n \end{bmatrix} \begin{bmatrix} x_1 \\ x_2 \\ \vdots \\ x_{n-1} \\ x_n \end{bmatrix} = \begin{bmatrix} f_1 \\ f_2 \\ \vdots \\ f_{n-1} \\ f_n \end{bmatrix}. \tag{6.56}$$

其中系数矩阵 $\boldsymbol{A}$ 为三对角矩阵，其元素满足当 $|i-j|>1$ 时有 $a_{ij}=0$，则方程组(6.56)称为三对角方程组.

用矩阵三角分解法解三对角方程组，由于三对角矩阵的特殊性，考虑其特殊形式的 LU 分解，并有下面存在唯一性定理.

定理 6.6　若 $\boldsymbol{A}$ 为 n 阶三对角矩阵，且满足如下对角占优条件：

条件 1　$|b_1|>|c_1|>0$；

条件 2　$|b_i|\geqslant|a_i|+|c_i|, a_i, c_i\neq 0, (i=2,3,\cdots,n-1)$；

条件 3　$|b_n|>|c_n|>0$.

则 $\boldsymbol{A}$ 可以唯一分解为一个下三角矩阵 $\boldsymbol{L}$ 和一个单位上三角矩阵 $\boldsymbol{U}$，即

$$\begin{bmatrix} b_1 & c_1 & & & \\ a_2 & b_2 & c_2 & & \\ & \ddots & \ddots & \ddots & \\ & & a_{n-1} & b_{n-1} & c_{n-1} \\ & & & a_n & b_n \end{bmatrix} = \begin{bmatrix} \alpha_1 & & & & \\ \gamma_2 & \alpha_2 & & & \\ & \ddots & \ddots & & \\ & & \gamma_{n-1} & \alpha_{n-1} & \\ & & & \gamma_n & \alpha_n \end{bmatrix} \begin{bmatrix} 1 & \beta_1 & & & \\ & 1 & \beta_2 & & \\ & & 1 & \ddots & \\ & & & \ddots & \beta_{n-1} \\ & & & & 1 \end{bmatrix}, \tag{6.57}$$

其中 $\alpha_i,\beta_i,\gamma_i$ 为常数，且 $0<|\beta_i|<1 (i=1,2,\cdots,n-1)$.

证明　(1)先证存在性.

利用矩阵的乘法法则，比较(6.57)式两端得 $\alpha_i,\beta_i,\gamma_i$ 满足

$$\begin{cases} b_1=\alpha_1, c_1=\alpha_1\beta_1, \\ a_i=\gamma_i, b_i=\gamma_i\beta_{i-1}+\alpha_i (i=2,3,\cdots,n), \\ c_i=\alpha_i\beta_i (i=1,2,\cdots,n-1). \end{cases} \tag{6.58}$$

下面用归纳法证明 $0<|\beta_i|<1 (i=1,2,\cdots,n-1)$ 成立.

当下标 $i=1$ 时，由定理的条件 1 $|b_1|>|c_1|>0$ 和(6.58)式得 $\alpha_1=b_1\neq 0$，$\beta_1=c_1/b_1$，于是

$$0<|\beta_1|=|c_1|/|b_1|<1.$$

假定对于下标小于等于 $i-1$ 时成立，有 $0<|\beta_{i-1}|<1$.

由于 $\alpha_i\neq 0$，由(6.58)式得 $\beta_i=c_i/\alpha_i (i=1,2,\cdots,n-1)$ 和 $\alpha_i=b_i-a_i\beta_{i-1} (i=2,3,\cdots,n)$，于是有

$$|\alpha_i| = |b_i - a_i\beta_{i-1}| \geq |b_i| - |a_i\beta_{i-1}| > |b_i| - |a_i| \geq |c_i| \neq 0,$$

所以有

$$0 < |\beta_i| = |c_i| / |\alpha_i| < 1.$$

从而 $0 < |\beta_i| < 1$ $(i = 1,2,\cdots,n-1)$ 成立,且有

$$\det \boldsymbol{A} = \alpha_1\alpha_2\cdots\alpha_n \neq 0,$$

即 $\boldsymbol{A}$ 是非奇异矩阵.

由(6.58)式可得到求 $\{\alpha_i\}$,$\{\beta_i\}$,$\{\gamma_i\}$ 的递推公式为

$$\begin{cases}\gamma_i = a_i(i = 2,3,\cdots,n), \\ \beta_1 = c_1/b_1, \beta_i = c_i/(b_i - a_i\beta_{i-1})(i = 2,\cdots,n-1), \\ \alpha_1 = b_1, \alpha_i = b_i - a_i\beta_{i-1}(i = 2,3,\cdots,n).\end{cases} \tag{6.59}$$

因而三对角矩阵 $\boldsymbol{A}$ 形如(6.57)式分解的存在性成立.

(2) 再证唯一性.

若 $\boldsymbol{A} = \boldsymbol{L}\boldsymbol{U} = \boldsymbol{L}_1\boldsymbol{U}_1$,其中 $\boldsymbol{L}$、$\boldsymbol{L}_1$ 为下三角矩阵,$\boldsymbol{U}$、$\boldsymbol{U}_1$ 为单位上三角矩阵,则 $\boldsymbol{L}$、$\boldsymbol{L}_1$、$\boldsymbol{U}$ 和 $\boldsymbol{U}_1$ 均为非奇异矩阵. 于是有

$$\boldsymbol{L}_1^{-1}\boldsymbol{L} = \boldsymbol{U}_1\boldsymbol{U}^{-1},$$

其中左端为下三角矩阵,右端为单位上三角矩阵. 根据矩阵相等知,两端都必须等于 n 阶单位矩阵 $\boldsymbol{I}$,于是有

$$\boldsymbol{L}_1 = \boldsymbol{L}, \boldsymbol{U}_1 = \boldsymbol{U}.$$

这样就可以唯一确定 $\{\alpha_i\}$,$\{\beta_i\}$,$\{\gamma_i\}$,从而实现三对角矩阵 $\boldsymbol{A}$ 的形如(6.57)式的 LU 分解. 证毕.

求解三对角方程组 $\boldsymbol{Ax} = \boldsymbol{f}$ 就等价于解两个三角形方程组:

① $\boldsymbol{Ly} = \boldsymbol{f}$,求 $\boldsymbol{y}$; ② $\boldsymbol{Ux} = \boldsymbol{y}$,求 $\boldsymbol{x}$.

在实际求解三对角方程组 $\boldsymbol{Ax} = \boldsymbol{f}$ 时,按如下步骤进行计算:

(1) 计算 $\{\beta_i\}$ 的递推公式. 由(6.59)式得

$$\beta_1 = c_1/b_1, \beta_i = c_i/(b_i - a_i\beta_{i-1})(i = 2,\cdots,n-1). \tag{6.60}$$

(2) 解 $\boldsymbol{Ly} = \boldsymbol{f}$,即

$$\begin{cases}\alpha_1 y_1 = f_1, \\ \gamma_i y_{i-1} + \alpha_i y_i = f_i(i = 2,3,\cdots,n).\end{cases}$$

用前代法解得

$$\begin{cases}y_1 = f_1/b_1, \\ y_i = (f_i - \gamma_i y_{i-1})/\alpha_i(i = 2,3,\cdots,n).\end{cases}$$

其中 γ_i、α_i 用(6.59)式替换得

$$\begin{cases} y_1 = f_1/b_1, \\ y_i = (f_i - a_i y_{i-1})/(b_i - a_i \beta_{i-1})(i = 2,3,\cdots,n). \end{cases} \tag{6.61}$$

(3) 解 $\boldsymbol{Ux} = \boldsymbol{y}$,即

$$\begin{cases} x_i + \beta_i x_{i+1} = y_i(i = 1,2,\cdots,n-1), \\ x_n = y_n. \end{cases}$$

用回代法解得

$$\begin{cases} x_n = y_n, \\ x_i = y_i - \beta_i x_{i+1}(i = n-1,\cdots,2,1). \end{cases} \tag{6.62}$$

(6.60)式计算顺序为 $\beta_1 \to \beta_2 \to \cdots \to \beta_{n-1}$,(6.61)式计算顺序为 $y_1 \to y_2 \to \cdots \to y_n$,下标是从小到大递增的,称为“追”的过程;(6.62)式计算顺序为 $x_n \to x_{n-1} \to \cdots \to x_1$,下标是从大到小递减的,称为“赶”的过程. (6.60)式、(6.61)式和(6.62)式合起来称为解三对角线性方程组的追赶法.

解三对角方程组的追赶法计算公式简单,在计算机上易于实现. 只需要 $5n-4$ 次乘除法运算和 $3n-3$ 次加减法运算,计算量是比较小的. 在计算机上实现该算法时,只需要设置 4 个一维数组存储 A 的三条对角线元素 $\{a_i\}$, $\{b_i\}$, $\{c_i\}$ 和右端项 $\{f_i\}$. 由(6.60)式顺序计算 β_i,依次存储在 c_i 所占用的单元中;由(6.61)式顺序计算 y_i,依次存储在 a_i 或者 b_i 所占用的单元中;由(6.62)式逆序计算 x_i,依次存储在 y_i 所占用的单元中.

6.4　向量和矩阵的范数

在实数域中,一个近似数的误差估计用绝对值来分析. 在分析 n 阶线性方程组 $\boldsymbol{Ax} = \boldsymbol{b}$ 近似解的误差和迭代法的收敛性等问题时,把绝对值的概念加以推广,在向量空间 $\mathbf{R}^n$ 和矩阵空间 $\mathbf{R}^{n\times n}$ 中依据某种规则引入新的度量描述向量和矩阵的大小,这就是本节要介绍的向量范数和矩阵范数.

6.4.1　向量范数

定义 6.1　(向量范数)对 $\forall \boldsymbol{x} \in \mathbf{R}^n$(或 $\mathbf{C}^n$),存在唯一的实数 $\|\boldsymbol{x}\|$ 与之对应,满足条件:

(1) $\|\boldsymbol{x}\| \geqslant 0$,当且仅当 $\boldsymbol{x} = 0$ 时 $\|\boldsymbol{x}\| = 0$;(正定性)

(2) 对 $\forall \lambda \in \mathbf{R}$(或 $\mathbf{C}^n$),有 $\|\lambda \boldsymbol{x}\| = |\lambda| \|\boldsymbol{x}\|$;(齐次性)

(3) 对 $\forall \boldsymbol{x},\boldsymbol{y} \in \mathbf{R}^n$(或 $\mathbf{C}^n$),有 $\|\boldsymbol{x}+\boldsymbol{y}\| \leqslant \|\boldsymbol{x}\| + \|\boldsymbol{y}\|$,(三角不等式).

则称 $\|\boldsymbol{x}\|$ 是 $\mathbf{R}^n$(或 $\mathbf{C}^n$)上的**向量范数**.

例如,对 $\forall \boldsymbol{x} = (x_1,\cdots,x_n)^{\mathrm{T}} \in \mathbf{R}^n$,$\mathbf{R}^n$ 中三种常用的范数为:

(1) $\|x\|_\infty=\max\limits_{1\leq i\leq n}|x_i|$,称为 ∞ **范数或最大范数**;

(2) $\|x\|_1=\sum\limits_{i=1}^{n}|x_i|$,称为**1-范数**,

(3) $\|x\|_2=(\sum\limits_{i=1}^{n}x_i^2)^{\frac{1}{2}}$,称为**2-范数或欧氏(Euclid)范数**.

一般的,$\|x\|_p=\left(\sum\limits_{i=1}^{n}|x_i|^p\right)^{\frac{1}{p}}(0<p<+\infty)$称为向量的**$p$-范数**. 容易证明上面给出的几种范数都满足向量范数的三个条件,且前三种范数是 p-范数的特殊情况.

向量的范数具有下面的性质.

性质 1 $|\|x\|-\|y\||\leq\|x-y\|\leq\|x\|+\|y\|$;

性质 2 向量范数的连续性.

$\|x\|$ 为 $\mathbf{R}^n$ 上的一种向量范数,则 $\|x\|$ 为 x 分量 $x_1,x_2,\cdots,x_n$ 的连续函数.

性质 3 向量范数的等价性.

设 $\|x\|_\alpha$ $\|x\|_\beta$ 为 $\mathbf{R}^n$ 上的任意两种向量范数,则存在与 x 无关的常数 $c_1,c_2>0$,使得对 $x\in\mathbf{R}^n$,有

$$c_1\|x\|_\alpha\leq\|x\|_\beta\leq c_2\|x\|_\alpha.$$

上述性质的证明从略.

定义 6.2 设向量 $x,y\in\mathbf{R}^n$,则称 $\|x-y\|$ 为**x 与 y 之间的距离**,这里 $\|\cdot\|$ 为 $\mathbf{R}^n$ 上的任何一种向量范数.

有了向量之间距离的概念,可以考虑线性方程组 $Ax=b$ 的计算解 $\tilde{x}$ 与准确解 x 之间的绝对误差 $\|\tilde{x}-x\|$ 和相对误差$\dfrac{\|\tilde{x}-x\|}{\|x\|}$.

定理 6.7 $\lim\limits_{k\to\infty}x^{(k)}=x^*\Leftrightarrow\lim\limits_{k\to\infty}\|x^{(k)}-x^*\|=0$,这里 $\|\cdot\|$ 为 $\mathbf{R}^n$ 上的任何一种向量范数.

证明 $\lim\limits_{k\to\infty}x^{(k)}=x^*\Leftrightarrow\lim\limits_{k\to\infty}(x_i^{(k)}-x_i^*)=0(i=1,2,\cdots,n)\Leftrightarrow\lim\limits_{k\to\infty}\|x^{(k)}-x^*\|_\infty=0$,

对于 $\mathbf{R}^n$ 上的任何一种范数 $\|\cdot\|$,由向量范数的等价性,存在常数 $c_1,c_2>0$,使得

$$c_1\|\tilde{x}-x\|_\infty\leq\|\tilde{x}-x\|\leq c_2\|\tilde{x}-x\|_\infty,$$

于是有

$$\lim_{k\to\infty}\|x^{(k)}-x^*\|_\infty=0\Leftrightarrow\lim_{k\to\infty}\|x^{(k)}-x^*\|=0.$$

6.4.2 矩阵范数

下面把 $\mathbf{R}^n$ 上向量范数推广到矩阵空间 $\mathbf{R}^{n\times n}$ 中,下面给出矩阵范数的一般定义.

定义 6.3(矩阵范数) 对 $\forall A\in\mathbf{R}^{n\times n}$,存在唯一的实数 $\|A\|$ 与之对应,满足条件:

(1) $\|A\|\geq0$,当且仅当 $A=0$ 时 $\|A\|=0$(正定性);

(2) 对 $\forall \lambda \in \mathbf{R}$, $\|\lambda \boldsymbol{A}\| = |\lambda| \|\boldsymbol{A}\|$（齐次性）；

(3) 对 $\forall \boldsymbol{A},\boldsymbol{B} \in \mathbf{R}^{n\times n}$,有 $\|\boldsymbol{A}+\boldsymbol{B}\| \leqslant \|\boldsymbol{A}\| + \|\boldsymbol{B}\|$（三角不等式）；

(4) 对 $\forall \boldsymbol{A},\boldsymbol{B} \in \mathbf{R}^{n\times n}$,有 $\|\boldsymbol{AB}\| \leqslant \|\boldsymbol{A}\| \|\boldsymbol{B}\|$（相容性）.

则称 $\|\boldsymbol{A}\|$ 是 $\mathbf{R}^{n\times n}$ 上的**矩阵范数**.

注:若用 $\mathbf{C}^{n\times n}$ 表示所有 $n\times n$ 阶复矩阵 $\boldsymbol{A} = \begin{bmatrix} a_{11} & a_{12} & \cdots & a_{1n} \\ a_{21} & a_{22} & \cdots & a_{2n} \\ \vdots & \vdots & & \vdots \\ a_{n1} & a_{n2} & \cdots & a_{nn} \end{bmatrix}$（其中 $a_{ij} \in \mathbf{C}$）组成的复矩阵空间,也可以在 $\mathbf{C}^{n\times n}$ 中类似地定义矩阵范数.

由于在大多数与误差估计有关的问题中,矩阵和向量会同时参与讨论，所以希望引进一种矩阵的范数，它是和向量范数相联系而且和向量范数相容的，即对任何向量 $\boldsymbol{x} \in \mathbf{R}^n$ 及矩阵 $\boldsymbol{A} \in \mathbf{R}^{n\times n}$ 满足不等式

$$\|\boldsymbol{Ax}\| \leqslant \|\boldsymbol{A}\| \|\boldsymbol{x}\|, \tag{6.63}$$

式(6.63)称为矩阵范数与向量范数的相容性条件.

下面给出矩阵范数的一种定义.

定义 6.4(矩阵的算子范数)　设 $\boldsymbol{x} \in \mathbf{R}^n$,$\boldsymbol{A} \in \mathbf{R}^{n\times n}$,用已给定的向量范数 $\|\boldsymbol{x}\|_v$(比如 $v = 1,2$ 或 ∞)相应地定义一个矩阵的非负函数

$$\|\boldsymbol{A}\|_v = \max_{x\neq 0} \frac{\|\boldsymbol{Ax}\|_v}{\|\boldsymbol{x}\|_v}, \tag{6.64}$$

可验证 $\|\boldsymbol{A}\|_v$ 满足定义6.3中矩阵范数的条件(本节定理6.8将给出证明)，所以 $\|\boldsymbol{A}\|_v$ 是 $\mathbf{R}^{n\times n}$ 上的一种矩阵范数,称为 $\boldsymbol{A}$ 的**算子范数**,也称**从属范数**.

定理 6.8　设 $\|\boldsymbol{x}\|_v$ 是 $\mathbf{R}^n$ 上的一种向量范数,则由(6.64)式定义的 $\|\boldsymbol{A}\|_v$ 是 $\mathbf{R}^{n\times n}$ 上的一种矩阵范数,且满足矩阵范数与向量范数相容性条件,即

$$\|\boldsymbol{Ax}\|_v \leqslant \|\boldsymbol{A}\|_v \|\boldsymbol{x}\|_v. \tag{6.65}$$

证明　(1)由(6.64)式显然有 $\|\boldsymbol{A}\|_v \geqslant 0$,当且仅当 $\boldsymbol{A}=0$ 时 $\|\boldsymbol{A}\|_v = 0$,

即正定性条件得到验证；

(2) 对 $\forall \lambda \in \mathbf{R}$, $\|\lambda \boldsymbol{A}\|_v = \max\limits_{x\neq 0} \dfrac{\|\lambda \boldsymbol{Ax}\|_v}{\|\boldsymbol{x}\|_v} = \max\limits_{x\neq 0} \dfrac{|\lambda| \|\boldsymbol{Ax}\|_v}{\|\boldsymbol{x}\|_v} = |\lambda| \max\limits_{x\neq 0} \dfrac{\|\boldsymbol{Ax}\|_v}{\|\boldsymbol{x}\|_v} = |\lambda| \|\boldsymbol{A}\|_v$,即齐次性成立；

(3) $\forall \boldsymbol{A},\boldsymbol{B} \in \mathbf{R}^{n\times n}$, $\|\boldsymbol{A}+\boldsymbol{B}\|_v = \max\limits_{x\neq 0} \dfrac{\|(\boldsymbol{A}+\boldsymbol{B})\boldsymbol{x}\|_v}{\|\boldsymbol{x}\|_v} \leqslant \max\limits_{x\neq 0} \dfrac{\|\boldsymbol{Ax}\|_v + \|\boldsymbol{Bx}\|_v}{\|\boldsymbol{x}\|_v}$

$\leqslant \max\limits_{x\neq 0} \dfrac{\|\boldsymbol{Ax}\|_v}{\|\boldsymbol{x}\|_v} + \max\limits_{x\neq 0} \dfrac{\|\boldsymbol{Bx}\|_v}{\|\boldsymbol{x}\|_v} = \|\boldsymbol{A}\|_v + \|\boldsymbol{B}\|_v$,即三角不等式成立；

(4) $\|\boldsymbol{ABx}\|_v \leqslant \|\boldsymbol{A}\|_v \|\boldsymbol{Bx}\|_v \leqslant \|\boldsymbol{A}\|_v \|\boldsymbol{B}\|_v \|\boldsymbol{x}\|_v$,

当 $\|\boldsymbol{x}\|_v \neq 0$ 时,有

$$\frac{\|ABx\|_v}{\|x\|_v} \leqslant \|A\|_v \|B\|_v ,$$

于是

$$\|AB\|_v = \max_{x\neq 0} \frac{\|ABx\|_v}{\|x\|_v} \leqslant \|A\|_v \|B\|_v ,$$

即相容性成立.

以上表明由(6.64)式定义的矩阵范数满足定义6.3的4个条件,因而是$\mathbf{R}^{n\times n}$上的一种矩阵范数.再由(6.64)式显然有

$$\|A\|_v = \max_{x\neq 0} \frac{\|Ax\|_v}{\|x\|_v} \geqslant \frac{\|Ax\|_v}{\|x\|_v} ,$$

上面不等式两端乘以$\|x\|_v$即得相容性条件(6.65)成立.

显然这种矩阵范数$\|A\|_v$的计算依赖于具体的向量范数$\|x\|_v$,直接由定义6.4求矩阵的范数是不实用的,下面由矩阵算子范数的定义导出几个常用的计算矩阵范数的公式.为此,先给出矩阵谱半径的定义.

定义6.5(谱半径) 设$A\in\mathbf{R}^{n\times n}$,$\lambda_i(i=1,2,\cdots,n)$为矩阵$A$的特征值,称

$$\rho(A) = \max_{1\leqslant i\leqslant n} |\lambda_i|$$

为矩阵A的**谱半径**.

定理6.9 设$x\in\mathbf{R}^n$,$A\in\mathbf{R}^{n\times n}$,则

① $\|A\|_\infty = \max\limits_{x\neq 0}\dfrac{\|ABx\|_\infty}{\|x\|_\infty} = \max\limits_{1\leqslant i\leqslant n}\sum\limits_{j=1}^{n}|a_{ij}|$(称为矩阵$A$的行范数或∞-范数);

② $\|A\|_1 = \max\limits_{x\neq 0}\dfrac{\|ABx\|_1}{\|x\|_1} = \max\limits_{1\leqslant j\leqslant n}\sum\limits_{i=1}^{n}|a_{ij}|$(称为矩阵$A$的列范数或1-范数);

③ $\|A\|_2 = \max\limits_{x\neq 0}\dfrac{\|ABx\|_2}{\|x\|_2} = \sqrt{\lambda_{\max}(A^{\mathrm{T}}A)}$(称为矩阵$A$的谱范数或2-范数),

其中$\lambda_{\max}(A^{\mathrm{T}}A)$表示矩阵$A^{\mathrm{T}}A$的特征值的最大值.

证明 ①记$\mu=\max\limits_{1\leqslant i\leqslant n}\sum\limits_{j=1}^{n}|a_{ij}|$,则存在$1\leqslant i_0\leqslant n$,使得$\mu=\sum\limits_{i=1}^{n}|a_{i_0 j}|$.

对$\forall x\in\mathbf{R}^n$,有

$$\|Ax\|_\infty = \max_{1\leqslant i\leqslant n}\left|\sum_{j=1}^{n}a_{ij}x_j\right| \leqslant \max_{1\leqslant i\leqslant n}\sum_{j=1}^{n}|a_{ij}||x_j| \leqslant \max_{1\leqslant i\leqslant n}\sum_{j=1}^{n}|a_{ij}|\max_{1\leqslant j\leqslant n}|x_j| = \mu\|x\|_\infty ,$$

当$x\neq 0$时有

$$\frac{\|Ax\|_\infty}{\|x\|_\infty} \leqslant \mu ,$$

下面证明必有一非零向量$\tilde{x}$,使得

$$\frac{\|A\widetilde{x}\|_\infty}{\|\widetilde{x}\|_\infty}=\mu. \tag{6.66}$$

取

$$\widetilde{x}=(\chi_1,\chi_2,\cdots,\chi_n)^{\mathrm{T}},$$

其中

$$\chi_j=\begin{cases}1 & a_{i_0j}=0\\ \operatorname{sgn}(a_{i_0j}) & a_{i_0j}\neq 0\end{cases}\quad(j=1,2,\cdots,n).$$

$A\widetilde{x}$ 的第 i_0 个分量为 $\sum\limits_{j=1}^{n}a_{i_0j}\chi_j=\sum\limits_{j=1}^{n}|a_{i_0j}|=\mu$，于是有

$$\|Ax_0\|_\infty=\mu,$$

又 $\|\widetilde{x}\|_\infty=1$，所以(6.66)式成立. 结论①得证.

②记 $\nu=\max\limits_{1\leqslant j\leqslant n}\sum\limits_{i=1}^{n}|a_{ij}|$，则存在 $1\leqslant j_0\leqslant n$，使得 $\nu=\sum\limits_{i=1}^{n}|a_{ij_0}|$.

对 $\forall x\in\mathbf{R}^n$，有

$$\|Ax\|_1=\sum_{i=1}^{n}\left|\sum_{j=1}^{n}a_{ij}x_j\right|\leqslant\sum_{i=1}^{n}\sum_{j=1}^{n}|a_{ij}||x_j|=\sum_{j=1}^{n}\left(\sum_{i=1}^{n}|a_{ij}|\right)|x_j|\leqslant\nu\sum_{j=1}^{n}|x_j|=\nu\|x\|_1,$$

当 $x\neq 0$ 时有

$$\frac{\|Ax\|_1}{\|x\|_1}\leqslant\nu,$$

下面证明必有一非零向量 $\widetilde{x}$，使得

$$\frac{\|A\widetilde{x}\|_1}{\|\widetilde{x}\|_1}=\nu. \tag{6.67}$$

取

$$\widetilde{x}=(0,\cdots,0,\underset{\substack{\uparrow\\ \text{第}j_0\text{个分量}}}{1},0,\cdots,0)$$

则有

$$A\widetilde{x}=(a_{1j_0},a_{2j_0},\cdots,a_{nj_0})^{\mathrm{T}},$$

于是有

$$\|\tilde{\boldsymbol{x}}\|_1 = 1,\ \|\boldsymbol{A}\tilde{\boldsymbol{x}}\|_1 = \sum_{i=1}^{n} |a_{ij_0}| = \nu\ ,$$

所以(6.67)式成立.结论②得证.

③对 $\forall \boldsymbol{x} \in \mathbf{R}^n$,有

$$\|\boldsymbol{A}\boldsymbol{x}\|_2^2 = (\boldsymbol{A}\boldsymbol{x})^{\mathrm{T}}(\boldsymbol{A}\boldsymbol{x}) = \boldsymbol{x}^{\mathrm{T}}\boldsymbol{A}^{\mathrm{T}}\boldsymbol{A}\boldsymbol{x} \geqslant 0\ ,$$

所以 $\boldsymbol{A}^{\mathrm{T}}\boldsymbol{A}$ 为半正定矩阵,其必有 n 个非负的实特征值 $\lambda_1 \geqslant \lambda_2 \geqslant \cdots \geqslant \lambda_n \geqslant 0$ 和相应的标准正交特征向量 $\xi_1,\xi_2,\cdots,\xi_n$,满足

$$\boldsymbol{A}^{\mathrm{T}}\boldsymbol{A}\xi_i = \lambda_i\xi_i(i = 1,2,\cdots,n)\ .$$

取任意 $\boldsymbol{x} \in \mathbf{R}^n$ 可表示为

$$\boldsymbol{x} = c_1\xi_1 + c_2\xi_2 + \cdots + c_n\xi_n = \sum_{i=1}^{n} c_i\xi_i\ ,$$

于是

$$\|\boldsymbol{x}\|_2^2 = \sum_{i=1}^{n} c_i^2 = 1\ .$$

$$\|\boldsymbol{A}\boldsymbol{x}\|_2^2 = (\boldsymbol{A}\boldsymbol{x},\boldsymbol{A}\boldsymbol{x}) = (\boldsymbol{A}^{\mathrm{T}}\boldsymbol{A}\boldsymbol{x},\boldsymbol{x}) = \left(\sum_{i=1}^{n} c_i\xi_i\right)^{\mathrm{T}}\left(\sum_{i=1}^{n} c_i\lambda_i\xi_i\right) = \sum_{i=1}^{n}\lambda_i c_i^2 \leqslant \lambda_1\sum_{i=1}^{n} c_i^2 = \lambda_1\|\boldsymbol{x}\|_2^2.$$

当 $\boldsymbol{x} \neq 0$ 时有

$$\frac{\|\boldsymbol{A}\boldsymbol{x}\|_2^2}{\|\boldsymbol{x}\|_2^2} \leqslant \lambda_1\ ,$$

下面证明必有一非零向量 $\tilde{\boldsymbol{x}}$,使得

$$\frac{\|\boldsymbol{A}\tilde{\boldsymbol{x}}\|_2}{\|\tilde{\boldsymbol{x}}\|_2} = \sqrt{\lambda_1}\ . \tag{6.68}$$

取 $\tilde{\boldsymbol{x}} = \xi_1$,则有

$$\frac{\|\boldsymbol{A}\tilde{\boldsymbol{x}}\|_2^2}{\|\tilde{\boldsymbol{x}}\|_2^2} = \frac{(\boldsymbol{A}^{\mathrm{T}}\boldsymbol{A}\tilde{\boldsymbol{x}},\tilde{\boldsymbol{x}})}{(\tilde{\boldsymbol{x}},\tilde{\boldsymbol{x}})} = \frac{(\lambda_1\tilde{\boldsymbol{x}},\tilde{\boldsymbol{x}})}{(\tilde{\boldsymbol{x}},\tilde{\boldsymbol{x}})} = \lambda_1\ ,$$

所以(6.68)式成立.结论③得证.

例 6.7 设 $\boldsymbol{x} = (3,\ -4)^{\mathrm{T}}$,$\boldsymbol{A} = \begin{bmatrix} 1 & 2 \\ -3 & 4 \end{bmatrix}$,求 $\boldsymbol{A}$ 的谱半径以及 $\boldsymbol{x}$,$\boldsymbol{A}\boldsymbol{x}$ 和 $\boldsymbol{A}$ 的各种范数,

并验证矩阵范数与向量范数的相容性条件是否成立.

解　A 的特征方程为

$$|\lambda I - A| = \begin{vmatrix} \lambda - 1 & -2 \\ 3 & \lambda - 4 \end{vmatrix} = \lambda^2 - 5\lambda + 10 = 0,$$

解得 $\lambda_1 = \frac{5}{2} + \frac{\sqrt{15}}{2}i, \lambda_2 = \frac{5}{2} - \frac{\sqrt{15}}{2}i$,因此 $\rho(A) = \sqrt{10}$.

$$\|x\|_\infty = 4, \|x\|_1 = 7, \|x\|_2 = 5.$$

$$\|A\|_\infty = \max\{1 + 2, |-3| + 4\} = 7, \|A\|_1 = \max\{1 + |-3|, 2 + 4\} = 6,$$

$$A^{\mathrm{T}}A = \begin{bmatrix} 1 & -3 \\ 2 & 4 \end{bmatrix} \begin{bmatrix} 1 & 2 \\ -3 & 4 \end{bmatrix} = \begin{bmatrix} 10 & -10 \\ -10 & 20 \end{bmatrix},$$

$A^{\mathrm{T}}A$ 的特征方程为

$$|\lambda I - A^{\mathrm{T}}A| = \begin{vmatrix} \lambda - 10 & 10 \\ 10 & \lambda - 20 \end{vmatrix} = \lambda^2 - 30\lambda + 100 = 0,$$

解得 $\lambda_1 = 15 + 5\sqrt{5}, \lambda_2 = 15 - 5\sqrt{5}$,因此 $\|A\|_2 = \sqrt{15 + 5\sqrt{5}} \approx 5.1167$.

$$Ax = (-5, -25)^{\mathrm{T}}, \|Ax\|_\infty = 25 < 7 \times 4 = \|A\|_\infty \|x\|_\infty,$$

$$\|Ax\|_1 = 30 < 6 \times 7 = \|A\|_1 \|x\|_1,$$

$$\|Ax\|_2 = \sqrt{(-5)^2 + (-25)^2} = 5\sqrt{26} \approx 25.4951 < 5.1167 \times 5 = \|A\|_2 \|x\|_2.$$

相容性条件成立.

定义 6.6　设矩阵序列 $A_k = (a_{ij}^{(k)}) \in \mathbf{R}^{n\times n}$ 及 $A \in \mathbf{R}^{n\times n}$,若 n^2 个极限存在且有

$$\lim_{k\to\infty} a_{ij}^{(k)} = a_{ij} (i,j = 1,2,\cdots,n),$$

则称 $\{A_k\}$ 收敛于 A,记为 $\lim\limits_{k\to\infty} A_k = A$.

类似于定理 6.7,关于矩阵范数有如下定理:

定理 6.10　$\lim\limits_{k\to\infty} A^{(k)} = A \Leftrightarrow \lim\limits_{k\to\infty} \|A^{(k)} - A\| = 0$,这里 $\|\cdot\|$ 为 $\mathbf{R}^{n\times n}$ 上的任何一种矩阵算子范数.

证明　$\lim\limits_{k\to\infty} A^{(k)} = A \Leftrightarrow \lim\limits_{k\to\infty} (a_{ij}^{(k)} - a_{ij}) = 0 (i,j = 1,2,\cdots,n) \Leftrightarrow \lim\limits_{k\to\infty} \|A^{(k)} - A\|_\infty = 0.$

再由矩阵范数的等价性,定理对其他算子范数也成立.

矩阵的谱半径与矩阵的算子范数之间有以下重要的关系.

定理 6.11　设 $A \in \mathbf{R}^{n\times n}$, $\|A\|$ 为矩阵的任一种算子范数,则

$$\rho(A) \leqslant \|A\|. \tag{6.69}$$

证明　设 λ 是矩阵 A 的任意一个特征值,相应的非零特征向量为 ξ,则有

$$A\xi = \lambda\xi.$$

于是

$$|\lambda|\cdot\|\boldsymbol{\xi}\| = \|\lambda\boldsymbol{\xi}\| = \|\boldsymbol{A\xi}\| \leqslant \|\boldsymbol{A}\|\ \|\boldsymbol{\xi}\|,$$

即

$$|\lambda| \leqslant \|\boldsymbol{A}\|.$$

得证.

定理 6.12 设 $\boldsymbol{A} \in \mathbf{R}^{m\times m}$ 为对称矩阵,则

$$\rho(\boldsymbol{A}) = \|\boldsymbol{A}\|_2. \tag{6.70}$$

证明 由 $\boldsymbol{A}^{\mathrm{T}} = \boldsymbol{A}$ 得 $\boldsymbol{A}^{\mathrm{T}}\boldsymbol{A} = \boldsymbol{A}^2$,若 λ 是 $\boldsymbol{A}$ 的一个特征根,则 λ^2 必是 $\boldsymbol{A}^2$ 的特征根,于是

$$\|\boldsymbol{A}\|_2 = \sqrt{\rho(\boldsymbol{A}^{\mathrm{T}}\boldsymbol{A})} = \sqrt{\rho(\boldsymbol{A}^2)} = \rho(\boldsymbol{A}).$$

定理 6.13 若矩阵 $\boldsymbol{A}$ 的算子范数满足 $\|\boldsymbol{A}\| < 1$,则

①$\boldsymbol{I} \pm \boldsymbol{A}$ 为非奇异矩阵,

② $\|(\boldsymbol{I} \pm \boldsymbol{A})^{-1}\| \leqslant \dfrac{1}{1 - \|\boldsymbol{A}\|}$.

证明 ①反证法. 若 $\boldsymbol{I} \pm \boldsymbol{A}$ 为奇异矩阵,即 $\det(\boldsymbol{I} \pm \boldsymbol{A}) = 0$,则齐次线性方程组 $(\boldsymbol{I} \pm \boldsymbol{A})\boldsymbol{x} = 0$ 有非零解 x_0,即

$$(\boldsymbol{I} \pm \boldsymbol{A})\boldsymbol{x}_0 = 0.$$

于是

$$\pm\boldsymbol{A}\boldsymbol{x}_0 = -\boldsymbol{x}_0,$$

于是有

$$1 = \frac{\|\boldsymbol{A}\boldsymbol{x}_0\|}{\|\boldsymbol{x}_0\|} \leqslant \frac{\|\boldsymbol{A}\|\ \|\boldsymbol{x}_0\|}{\|\boldsymbol{x}_0\|} = \|\boldsymbol{A}\|,$$

这与已知条件 $\|\boldsymbol{A}\| < 1$ 矛盾. 故 $\boldsymbol{I} \pm \boldsymbol{A}$ 为奇异矩阵.

②由 $(\boldsymbol{I} \pm \boldsymbol{A})(\boldsymbol{I} \pm \boldsymbol{A})^{-1} = \boldsymbol{I}$ 得

$$(\boldsymbol{I} \pm \boldsymbol{A})^{-1} \pm \boldsymbol{A}(\boldsymbol{I} \pm \boldsymbol{A})^{-1} = \boldsymbol{I},$$

移项得

$$(\boldsymbol{I} \pm \boldsymbol{A})^{-1} = \boldsymbol{I} \mp \boldsymbol{A}(\boldsymbol{I} \pm \boldsymbol{A})^{-1},$$

于是

$$\|(\boldsymbol{I} \pm \boldsymbol{A})^{-1}\| \leqslant 1 + \|\boldsymbol{A}\|\cdot\|(\boldsymbol{I} \pm \boldsymbol{A})^{-1}\|,$$

移项得

$$(1 - \|\boldsymbol{A}\|)\,\|(\boldsymbol{I} \pm \boldsymbol{A})^{-1}\| \leqslant 1,$$

又已知 $\|A\| < 1$ 得 $1 - \|A\| > 0$，两边同除以 $(1 - \|A\|)$ 即得

$$\|(I \pm A)^{-1}\| \leqslant \frac{1}{1 - \|A\|}.$$

6.5　误差分析

6.5.1　方程组的性态和条件数

本节将考虑线性方程 $Ax = b$ 原始数据的微小变化对解的影响的大小. 在实际计算过程中难免在系数矩阵 A 和右端项 b 中引入某些观测误差或舍入误差，现在我们来分析 A，b 的微小扰动引起精确解 x 误差变化，也称敏度分析. 先看一个具体的例子.

例 6.8　解方程组

$$\begin{bmatrix} 1 & 5 \\ 1 & 5.00001 \end{bmatrix} \begin{bmatrix} x_1 \\ x_2 \end{bmatrix} = \begin{bmatrix} 6 \\ 6.00001 \end{bmatrix}.$$

解　记为 $Ax = b$，它的精确解为 $x = (1,1)^T$. 现在对系数矩阵 A 和右端项 b 作微小变化

$$\begin{bmatrix} 1 & 5 \\ 1 & 4.99999 \end{bmatrix} \begin{bmatrix} \tilde{x}_1 \\ \tilde{x}_2 \end{bmatrix} = \begin{bmatrix} 6 \\ 6.00002 \end{bmatrix},$$

记 $\widetilde{A}\widetilde{x} = \widetilde{b}$，其解为

$$\widetilde{x} = (18, -2)^T.$$

可见系数矩阵和右端项微小变化为

$$\delta A = \widetilde{A} - A = \begin{bmatrix} 0 & 0 \\ 0 & -0.00002 \end{bmatrix}$$

和

$$\delta b = \widetilde{b} - b = (0, 0.00001)^T,$$

却带来解的巨大变化

$$\delta x = \widetilde{x} - x = (17, -3)^T.$$

像这样的方程组称为**“病态”方程组**，相应的系数矩阵 A 称为**“病态”矩阵**，否则称为**“良态”方程组**，A 称为**“良态”矩阵**.

应该指出的是矩阵的病态或良态是矩阵本身的特性，下面给出定量地刻画矩阵“病

态”程度的度量. 在下面的讨论中,假定 $\boldsymbol{A}$ 为非奇异矩阵, $\boldsymbol{b}\neq 0$,则有 $\boldsymbol{x}\neq 0$.

现分为三种情况进行讨论.

①为简单起见,现设 $\boldsymbol{A}$ 是精确的,$\boldsymbol{x}$ 为 $\boldsymbol{Ax}=\boldsymbol{b}$ 的精确解,当方程组右端有微小误差(小扰动)$\delta\boldsymbol{b}$,受扰解为 $\tilde{\boldsymbol{x}}=\boldsymbol{x}+\delta\boldsymbol{x}$,则有

$$\boldsymbol{A}(\boldsymbol{x}+\delta\boldsymbol{x})=\boldsymbol{b}+\delta\boldsymbol{b},$$

又

$$\boldsymbol{Ax}=\boldsymbol{b},$$

于是有

$$\delta\boldsymbol{x}=\boldsymbol{A}^{-1}\delta\boldsymbol{b}.$$

取范数

$$\|\delta\boldsymbol{x}\| = \|\boldsymbol{A}^{-1}\delta\boldsymbol{b}\| \leqslant \|\boldsymbol{A}^{-1}\| \|\delta\boldsymbol{b}\|. \tag{6.71}$$

又由

$$\|\boldsymbol{b}\| = \|\boldsymbol{Ax}\| \leqslant \|\boldsymbol{A}\| \|\boldsymbol{x}\|, \tag{6.72}$$

得

$$\frac{1}{\|\boldsymbol{x}\|}\leqslant\frac{\|\boldsymbol{A}\|}{\|\boldsymbol{b}\|}. \tag{6.73}$$

由(6.71)式和(6.73)式得

$$\frac{\|\delta\boldsymbol{x}\|}{\|\boldsymbol{x}\|}\leqslant \|\boldsymbol{A}^{-1}\| \|\boldsymbol{A}\| \frac{\|\delta\boldsymbol{b}\|}{\|\boldsymbol{b}\|}. \tag{6.74}$$

上式表明解 $\boldsymbol{x}$ 的相对误差的上界不超过右端项 $\boldsymbol{b}$ 的相对误差的 $\|\boldsymbol{A}^{-1}\| \|\boldsymbol{A}\|$ 倍,此放大倍数 $\|\boldsymbol{A}^{-1}\| \|\boldsymbol{A}\|$ 能刻画小扰动 $\delta\boldsymbol{b}$ 对解的影响大小.

②现设 $\boldsymbol{b}$ 是精确的,当 $\boldsymbol{A}$ 有微小误差 $\delta\boldsymbol{A}$,受扰解为 $\tilde{\boldsymbol{x}}=\boldsymbol{x}+\delta\boldsymbol{x}$,则有

$$(\boldsymbol{A}+\delta\boldsymbol{A})(\boldsymbol{x}+\delta\boldsymbol{x})=\boldsymbol{b}.$$

于是有

$$\delta\boldsymbol{A}(\boldsymbol{x}+\delta\boldsymbol{x})+\boldsymbol{A}\delta\boldsymbol{x}=0. \tag{6.75}$$

即

$$\delta\boldsymbol{x}=-\boldsymbol{A}^{-1}\delta\boldsymbol{A}(\boldsymbol{x}+\delta\boldsymbol{x}). \tag{6.76}$$

取范数

$$\|\delta\boldsymbol{x}\| \leqslant \|\boldsymbol{A}^{-1}\| \|\delta\boldsymbol{A}\| \|\boldsymbol{x}+\delta\boldsymbol{x}\|. \tag{6.77}$$

易知 $x+\delta x\neq 0$,否则由式(6.75)知 $\delta x=0$,从而必有 $x=0$,矛盾.于是上式两边同除以 $\|x+\delta x\|\neq 0$ 得

$$\frac{\|\delta x\|}{\|x+\delta x\|}\leqslant\|A^{-1}\|\,\|\delta A\|=\|A^{-1}\|\,\|A\|\frac{\|\delta A\|}{\|A\|},\tag{6.78}$$

上式表明解 x 的近似相对误差的上界不超过 A 的相对误差的 $\|A^{-1}\|\,\|A\|$ 倍,用此放大倍数 $\|A^{-1}\|\,\|A\|$ 能刻画解对小扰动 δA 的灵敏度.

③现设 b 有微小误差 δb,A 也有微小误差 δA,受扰解为 $\tilde{x}=x+\delta x$,有

$$(A+\delta A)(x+\delta x)=b+\delta b.$$

于是有

$$(A+\delta A)\delta x=\delta b-\delta Ax.\tag{6.79}$$

设 $\|A^{-1}\|\,\|\delta A\|<1$,由定理 6.13 知 $I+A^{-1}\delta A$ 为非奇异矩阵,则 $A+\delta A=A(I+A^{-1}\delta A)$ 也为非奇异矩阵,且 $(A+\delta A)^{-1}=(I+A^{-1}\delta A)^{-1}A^{-1}$,故由(6.79)式得

$$\delta x=(I+A^{-1}\delta A)^{-1}A^{-1}(\delta b-\delta Ax),$$

取范数并用定理 6.13 得

$$\begin{aligned}\|\delta x\|&\leqslant\frac{\|A^{-1}(\delta b-\delta Ax)\|}{1-\|A^{-1}\delta A\|}\leqslant\frac{\|A^{-1}\|(\|\delta b\|+\|\delta A\|\,\|x\|)}{1-\|A^{-1}\|\,\|\delta A\|}\\&=\frac{\|A\|\,\|A^{-1}\|\left(\dfrac{\|\delta b\|}{\|A\|}+\dfrac{\|\delta A\|}{\|A\|}\|x\|\right)}{1-\|A^{-1}\|\,\|\delta A\|}.\end{aligned}$$

再由(6.73)式将上式变为

$$\frac{\|\delta x\|}{\|x\|}\leqslant\frac{\|A\|\,\|A^{-1}\|}{1-\|A^{-1}\|\,\|\delta A\|}\left(\frac{\|\delta A\|}{\|A\|}+\frac{\|\delta b\|}{\|b\|}\right).\tag{6.80}$$

式(6.80)表明,当 $\|A^{-1}\|\,\|\delta A\|\ll 1$ 时,解 x 的相对误差的上界大致不超过 A 和 b 相对误差之和的 $\|A^{-1}\|\,\|A\|$ 倍,此放大倍数 $\|A^{-1}\|\,\|A\|$ 能刻画系数矩阵和右端项都有小扰动 δA 和 δb 时,解 x 受影响的大小.

定义 6.7(条件数)　设 $A\in\mathbf{R}^{n\times n}$ 是非奇异矩阵,称数

$$cond(A)_v=\|A^{-1}\|_v\|A\|_v(v=1,2\text{ 或 }\infty)$$

为矩阵 A 的条件数.

条件数的计算与范数有关,通常使用的条件数有

① $cond(A)_\infty=\|A^{-1}\|_\infty\|A\|_\infty$.

② $cond(A)_2=\|A^{-1}\|_2\|A\|_2=\sqrt{\dfrac{\lambda_{\max}(A^TA)}{\lambda_{\min}(A^TA)}}$ 称为**谱条件数**,其中 $\lambda_{\max}(A^TA)$ 和

$\lambda_{\min}(A^TA)$ 分别为矩阵 A^TA 的最大特征值和最小特征值.

特别当 A 为对称正定矩阵时, $cond(A)_2 = \lambda_1/\lambda_n$, 其中 λ_1 和 λ_n 分别为矩阵 A 的最大特征值和最小特征值.

矩阵的条件数是一个非常重要的概念. 由上面讨论知, 当 A 的条件数相对较大时, 则称线性方程组 $Ax = b$ 是"病态"的, 即 A 是"病态"矩阵, 或者说 A 是坏条件的; 当 A 的条件数相对较小, 则 是"良态"的, 或者说 A 是好条件的. A 的条件数越大, 即 $cond(A)_v \gg 1$ 时, 方程组的病态程度越严重, 此时在计算中引入微小误差会给方程组的解带来很大的误差. 多大的条件数才算病态则要视具体问题而定, 病态的说法只是相对而言.

比如在例 6.8 中,

$$A = \begin{bmatrix} 1 & 5 \\ 1 & 5.00001 \end{bmatrix}, A^{-1} = \frac{1}{0.00001}\begin{bmatrix} 5.00001 & -5 \\ -1 & 1 \end{bmatrix},$$

计算其条件数为

$$cond(A)_1 = \|A^{-1}\|_1 \|A\|_1 = 10.00001 \times 600001 > 6 \times 10^6,$$

由于条件数 $cond(A)_1$ 很大, 可见矩阵 A 的病态程度十分严重, 故微小扰动就会使方程组解的误差非常大.

条件数有如下性质:

①对任意的非奇异矩阵 A, 有 $cond(A)_v \geq 1$.

事实上, $cond(A)_v = \|A^{-1}\|_v \|A\|_v \geq \|A^{-1}A\|_v = \|I\|_v = 1$.

②设 A 为非奇异矩阵, 且 $c \neq 0$, 则有 $cond(cA)_v = cond(A)_v$.

③如果 A 为正交矩阵, 则 $cond(A)_2 = 1$; 如果 A 为非奇异矩阵, R 为正交矩阵, 则

$$cond(RA)_2 = cond(AR)_2 = cond(A)_2.$$

上述性质②和③的证明从略, 留给读者.

条件数的计算一般是比较困难的, 由于条件数的计算涉及要矩阵求逆, 而求 A^{-1} 比解 $Ax = b$ 的工作量还大, 当 A 确实病态时, A^{-1} 也求不准确; 其次要求范数, 特别是求 $\|A\|_2$, $\|A^{-1}\|_2$ 时还涉及求矩阵的特征值, 计算比较麻烦. 因此在解决实际问题时一般不计算条件数判断方程组的病态. 方程组的病态性完全取决于其系数矩阵 A, 在实际计算中, 如矩阵 A 出现以下几种情况, 可作为判定病态方程组或病态矩阵的参考依据.

①在把 A 约化为三角形矩阵时, 尤其是用选主元素消去法解 $Ax = b$ 时, 出现小主元;

②矩阵 A 按模或绝对值的最大特征值和最小特征值之比 $|\lambda_1|/|\lambda_n| \gg 1$, 则 A 是病态的;

事实上, 若 A 的特征值满足 $|\lambda_1| > |\lambda_1| > \cdots > |\lambda_n| > 0$, 则有 $|\lambda_1| < \|A\|$, $|1/\lambda_n| < \|A^{-1}\|$, 因而 $cond(A) \geq |\lambda_1|/|\lambda_n| \gg 1$.

③矩阵 A 行列式的值相对很小, 或系数矩阵某些行或列近似线性相关, 这时 A 可能是病态;

④系数矩阵 A 的元素间数量级相差很大, 并且无一定规律.

⑤如计算结果误差很大,同时数学模型中涉及线性方程组的求解,则要考虑可能是病态方程组所导致的.

6.5.2　病态方程组的改善

线性方程组的病态性是方程组本身固有的特性,即使采用全主元消去法也不能根本解决病态问题.一般可采用下面的方法:

(1) 使用双精度字长计算,可减轻病态矩阵的影响,使计算结果的精度得到改善.

(2) 采用预处理方法,即选择非奇异矩阵 $\boldsymbol{P},\boldsymbol{Q}$,一般选为对角阵或者三对角阵,把求解 $\boldsymbol{Ax}=\boldsymbol{b}$ 转化为与其等价的方程组

$$\begin{cases}\boldsymbol{PAQy}=\boldsymbol{Pb},\\ \boldsymbol{y}=\boldsymbol{Q}^{-1}\boldsymbol{x}.\end{cases} \tag{6.81}$$

且使 $\boldsymbol{PAQ}$ 的条件数得到明显改善.

当矩阵 $\boldsymbol{A}$ 的元素间数量级相差很大时,引进适当的比例因子,对 $\boldsymbol{A}$ 的行(或列)进行调整,使矩阵 $\boldsymbol{A}$ 的所有行或列按 ∞ 范数大体上有相同的长度,使 $\boldsymbol{A}$ 的系数均衡,这样使 $\boldsymbol{A}$ 的条件数发生改变,但不能保证 $\boldsymbol{A}$ 的条件一定得到改善.

例 6.9　设方程组

$$\begin{bmatrix}1 & 10^4\\ 1 & 1\end{bmatrix}\begin{bmatrix}x_1\\ x_2\end{bmatrix}=\begin{bmatrix}10^4\\ 2\end{bmatrix}, \tag{6.82}$$

记 $\boldsymbol{Ax}=\boldsymbol{b}$,求 $cond(\boldsymbol{A})_\infty$,设法变成与其等价的方程组 $\widetilde{\boldsymbol{A}}\boldsymbol{x}=\widetilde{\boldsymbol{b}}$,并使 $\widetilde{\boldsymbol{A}}$ 的条件数得到改善.

解　$\boldsymbol{A}=\begin{bmatrix}1 & 10^4\\ 1 & 1\end{bmatrix}$, $\boldsymbol{A}^{-1}=\dfrac{1}{10^4-1}\begin{bmatrix}-1 & 10^4\\ 1 & -1\end{bmatrix}$,则有 $cond(\boldsymbol{A})_\infty=\dfrac{(1+10^4)^2}{10^4-1}\approx10^4$.

对第一行引进比例因子 $\overline{\omega}=\max\limits_{1\leqslant j\leqslant 2}|a_{1j}|=10^4$,第一个方程除以 $\overline{\omega}$,相当于左乘对角阵 $\boldsymbol{P}=\begin{bmatrix}10^{-4} & 0\\ 0 & 1\end{bmatrix}$,而 $\boldsymbol{Q}=\boldsymbol{I}$,于是方程组等价于 $\boldsymbol{PAx}=\boldsymbol{Pb}$,即 $\widetilde{\boldsymbol{A}}\boldsymbol{x}=\widetilde{\boldsymbol{b}}$,具体为

$$\begin{bmatrix}10^{-4} & 1\\ 1 & 1\end{bmatrix}\begin{bmatrix}x_1\\ x_2\end{bmatrix}=\begin{bmatrix}1\\ 2\end{bmatrix}, \tag{6.83}$$

系数矩阵 $\widetilde{\boldsymbol{A}}=\boldsymbol{PA}=\begin{bmatrix}10^{-4} & 1\\ 1 & 1\end{bmatrix}$, $\widetilde{\boldsymbol{A}}^{-1}=\dfrac{1}{1-10^{-4}}\begin{bmatrix}-1 & 1\\ 1 & -10^{-4}\end{bmatrix}$,则有 $cond(\boldsymbol{A}')_\infty=\dfrac{4}{1-10^{-4}}\approx4$.

可见条件得到很大改善.用列主元消去法解方程组(6.82),计算到小数点后 3 位数字得

$$[\boldsymbol{A}\mid\boldsymbol{b}]\rightarrow\begin{bmatrix}1 & 10^4 & 10^4\\ 0 & -10^4 & -10^4\end{bmatrix},$$

得到很差的结果 $x_1=0,x_2=1$.

$$[\widetilde{A}\mid\widetilde{b}]\rightarrow\begin{bmatrix}1&1&2\\10^{-4}&1&2\end{bmatrix}\rightarrow\begin{bmatrix}1&1&2\\0&1&2\end{bmatrix},$$

用列主元消去法解方程组(6.83)得到很好的计算结果 $x_1=1,x_2=1$.

(3) 可考虑修改数学模型,避开病态方程组.如第3章中提到的拟合问题中出现的正规方程组常常是病态方程组,此时解决问题的途径之一是采用正交多项式拟合避开病态方程组.再比如在最佳平方逼近多项式问题中,会遇到系数矩阵是希尔伯特(Hilbert)矩阵的正规方程组,设 n 阶希尔伯特矩阵为

$$\boldsymbol{H}_n=\begin{bmatrix}1&\frac{1}{2}&\frac{1}{3}&\cdots&\frac{1}{n}\\\frac{1}{2}&\frac{1}{3}&\frac{1}{4}&\cdots&\frac{1}{n+1}\\\vdots&\vdots&\vdots&&\vdots\\\frac{1}{n-1}&\frac{1}{n}&\frac{1}{n+1}&\cdots&\frac{1}{2n-2}\\\frac{1}{n}&\frac{1}{n+1}&\frac{1}{n+2}&\cdots&\frac{1}{2n-1}\end{bmatrix},$$

当 $n=3$ 时,$\boldsymbol{H}_3=\begin{bmatrix}1&1/2&1/3\\1/2&1/3&1/4\\1/3&1/4&1/5\end{bmatrix},\boldsymbol{H}_3^{-1}=\begin{bmatrix}9&-36&30\\-36&192&-180\\30&-180&180\end{bmatrix}$.

$\|\boldsymbol{H}_3\|_\infty=11/6$, $\|\boldsymbol{H}_3^{-1}\|_\infty=408$,则有 $cond(\boldsymbol{H}_3)_\infty=\|\boldsymbol{H}_3^{-1}\|_\infty\|\boldsymbol{H}_3\|_\infty=748$.

同理可求

$$cond(\boldsymbol{H}_6)_\infty=\|\boldsymbol{H}_6^{-1}\|_\infty\|\boldsymbol{H}_6\|_\infty=2.9\times10^7,$$
$$cond(\boldsymbol{H}_7)_\infty=\|\boldsymbol{H}_7^{-1}\|_\infty\|\boldsymbol{H}_7\|_\infty=9.85\times10^8.$$

可见,n 越大病态程度就越严重,此时可采用正交多项式作基避开病态严重的正规方程组.

设 $\bar{\boldsymbol{x}}$ 为方程组 $\boldsymbol{Ax}=\boldsymbol{b}$ 的近似解,于是可计算 $\bar{\boldsymbol{x}}$ 的剩余向量 $\boldsymbol{r}=\boldsymbol{b}-\boldsymbol{A}\bar{\boldsymbol{x}}$,当 $\boldsymbol{r}$ 很小时,$\bar{\boldsymbol{x}}$ 是否为 $\boldsymbol{Ax}=\boldsymbol{b}$ 一个较好的近似解?下面定理给出了解答.

定理 6.14(事后误差估计) 设 $\boldsymbol{A}$ 为非奇异矩阵,$\boldsymbol{x}$ 是方程组 $\boldsymbol{Ax}=\boldsymbol{b}\neq0$ 的精确解.再设 $\bar{\boldsymbol{x}}$ 是此方程组的近似解,$\boldsymbol{r}=\boldsymbol{b}-\boldsymbol{A}\bar{\boldsymbol{x}}$,则

$$\frac{\|\boldsymbol{x}-\bar{\boldsymbol{x}}\|}{\|\boldsymbol{x}\|}\leqslant cond(\boldsymbol{A})\frac{\|\boldsymbol{r}\|}{\|\boldsymbol{b}\|}.\tag{6.84}$$

证明 由 $\boldsymbol{x}-\bar{\boldsymbol{x}}=\boldsymbol{A}^{-1}\boldsymbol{b}$ 得

$$\|x-\bar{x}\| \leqslant \|A^{-1}\| \|r\| , \tag{6.85}$$

又由

$$\|b\| = \|Ax\| \leqslant \|A\| \|x\| ,$$

得

$$\frac{1}{\|x\|} \leqslant \frac{\|A\|}{\|b\|} , \tag{6.86}$$

由(6.85)式和(6.86)式即得(6.84)式.

(6.84)式给出了解的相对误差和相对剩余量之间的关系. 近似解 $\bar{x}$ 的精度(误差界)不仅依赖于剩余向量 r 的"大小",而且依赖于 A 的条件数. 当 A 是病态时,即使有很小的剩余 r,也不能保证 $\bar{x}$ 是高精度的近似解.

6.6　直接法解线性方程组编程实例

1. 矩阵 A 选主元的 LU 分解,即 $PA = LU$,可调用 MATLAB 内置函数,格式如下:

$$[L,U,P] = \mathrm{lu}(A) ,$$

输入矩阵 A 必须为方阵,输出矩阵 P 为置换阵,L 为单位下三角矩阵,U 为上三角矩阵.

2. 用 MATLAB 求线性方程组 $Ax = b$ 的解,可直接用调用 $A\backslash b$,比如:

```
A=[1 2 3; 2 5 2; 3 1 5];
b=[14; 18; 20;];
X=A\b
```

运行结果为:

```
x=
1.0000   2.0000   3.0000
```

例 6.10　对矩阵 $\begin{bmatrix} 2 & 4 & 2 & 6 \\ 4 & 9 & 6 & 15 \\ 2 & 6 & 9 & 18 \\ 6 & 15 & 18 & 40 \end{bmatrix}$ 作 LU 分解.

解　(1) 编制求可逆矩阵 LU 分解的 MATLAB 程序供调用,文件名为'doolu.m',程序如下:

```
function [l,u]=doolu(a)
%求可逆矩阵的 LU 分解
n=length(a);
u=zeros(n,n);
l=eye(n,n);
```

```
u(1,:)=a(1,:);
l(2:n,1)=a(2:n,1)/u(1,1);
for k=2:n
    u(k,k:n)=a(k,k:n)-l(k,1:k-1)*u(1:k-1,k:n);
    l(k+1:n,k)=(a(k+1:n,k)-l(k+1:n,1:k-1)*u(1:k-1,k))/u(k,k);
end
```

在 MATLAB 命令行窗口输入：

```
A=[2 2 1 -2; 4 5 3 -2; -4 -2 3 5; 2 3 2 3];
[l,u]=doolu(A)
```

运行结果如下：

```
l =
   1   0   0   0
   2   1   0   0
  -2   2   1   0
   1   1   0   1
u =
   2   2   1  -2
   0   1   1   2
   0   0   3  -3
   0   0   0   3
```

(2) 用紧凑格式对可逆矩阵进行 *LU* 分解，编制文件名为'jinlu.m'的 MATLAB 程序为：

```
function a=jinlu(a)
%求可逆矩阵的 LU 分解的紧凑格式;
%矩阵 l 和 u 的元素存储在矩阵 a 中,节省存储空间.
n=length(a);
a(2:n,1)=a(2:n,1)/a(1,1);
for k=2:n
    a(k,k:n)=a(k,k:n)-a(k,1:k-1)*a(1:k-1,k:n);
    a(k+1:n,k)=(a(k+1:n,k)-a(k+1:n,1:k-1)*a(1:k-1,k))/a(k,k);
end
```

在 MATLAB 命令行窗口输入：

```
A=[2 2 1 -2;4 5 3 -2;-4 -2 3 5;2 3 2 3];
jinlu(A)
```

运行结果如下：

```
ans =
     2   2   1  -2
```

```
2  1  1  2
-2  2  3  -3
1  1  0  3
```

例 6.11　用高斯顺序消去法和列主元素高斯消去法解方程组

$$\begin{bmatrix} 2 & 4 & 2 & 6 \\ 4 & 9 & 6 & 15 \\ 2 & 6 & 9 & 18 \\ 6 & 15 & 18 & 40 \end{bmatrix}\begin{bmatrix} x_1 \\ x_2 \\ x_3 \\ x_4 \end{bmatrix}=\begin{bmatrix} 9 \\ 23 \\ 22 \\ 47 \end{bmatrix}.$$

解　(1) 编制高斯顺序消去法的 MATLAB 程序供调用,文件名为'nat_gauss.m',程序如下:

```
function x=nat_gauss(A,b)
%高斯顺序消去法解线性方程组Ax=b;
%A为系数矩阵,b为右端列向量,x为解向量.
%n=length(b);
%消元过程.
n=length(b);
for k=1:n-1
if A(k,k)==0
fprintf('Error: the %dth pivot element equal to zero! \n',k);
return;
end
index=(k+1:n);
m=-A(index,k)/A(k,k);
A(index,index)=A(index,index)+m*A(k,index);
b(index)=b(index) + m*b(k);
end
%回代过程.
x=zeros(n,1);
x(n)=b(n)/A(n,n);
for i=n-1:-1:1
x(i)=(b(i)-A(i,(i+1:n))*x(i+1:n))/A(i,i);
end
```

在 MATLAB 命令行窗口输入:

```
A=[2 4 2 6; 4 9 6 15; 2 6 9 18; 6 15 18 40];
b=[9,23,22,47]';
nat_gauss(A,b)
```

运行结果为:

ans =

    0.5000   2.0000   3.0000   -1.0000

(2) 编制列主元高斯消去法的 MATLAB 程序供调用,文件名为'main_gauss.m',程序如下:

```
function x=main_gauss(A,b)
%用列主元高斯顺序消去法解线性方程组 Ax=b;
%A 为系数矩阵,b 为右端列向量,x 为解向量.
%n=length(b);
%消元过程.
n=length(b);
for k=1:n-1
%选主元.
a_max=0;
for i=k:n
    if abs(A(i,k))>a_max
        a_max=abs(A(i,k));t=i;
    end
end
if a_max<1e-15
        error('%系数矩阵奇异,方程无法求解!');
end
%换行.
if t>k
    for j=k:n
        s=A(k,j);A(k,j)=A(t,j);A(t,j)=s;
    end
    s=b(k);b(k)=b(t);b(t)=s;
end
%消元
index=(k+1:n);
m = -A(index,k)/A(k,k);
A(index,index) = A(index,index) + m*A(k,index);
b(index)= b(index) + m*b(k);
end
%回代过程.
x=zeros(n,1);
```

```
x(n)=b(n)/A(n,n);
for i = n-1:-1:1
x(i)=(b(i)-A(i,(i+1:n))*x(i+1:n))/A(i,i);
end
```

在 MATLAB 命令行窗口输入:

```
A=[2 4 2 6; 4 9 6 15; 2 6 9 18; 6 15 18 40];
b=[9,23,22,47]';
main_gauss(A,b)
```

运行结果为:

```
ans =
0.5000   2.0000   3.0000   -1.0000
```

例 6.12　用追赶法解三对角方程组$\begin{bmatrix}4&2&0&0\\3&-2&1&0\\0&2&5&3\\0&0&-1&6\end{bmatrix}\begin{bmatrix}x_1\\x_2\\x_3\\x_4\end{bmatrix}=\begin{bmatrix}6\\2\\10\\5\end{bmatrix}$.

解　编制追赶法的 MATLAB 程序供调用,文件名为'zhuigan.m',程序如下:

```
function x=zhuigan(a,b,c,f)
%数组 b 存储三角矩阵 A 的主对角线元素;
%数组 a、c 存储主对角线下边上边次对角线元素;
%f 为右端列向量.
  n1=length(a);
  n=length(b);
  n2=length(c);
if n1~=n2 %存储矩阵的数组维数错误
        error('不是三对角矩阵,参数数组中元素个数错误.');
elseif n~=n1+1
        error('不是三对角矩阵,参数数组中元素个数错误.');
end
beta=1:n-1;%U 上次对角线元素.
x=1:n;
y=1:n;
%求 beta
  beta(1)=c(1)/b(1);
for i=2:n-1
        beta(i)=c(i)/(b(i)-a(i-1)*beta(i-1));
end
```

```
%解 Ly=f.
y(1)=f(1)/b(1);
for i=2:n
        y(i)=(f(i)-a(i-1)*y(i-1))/(b(i)-a(i-1)*beta(i-1));
end
%解 Ux=y.
x(n)=y(n);
for i=(n-1):-1:1
        x(i)=y(i)-beta(i)*x(i+1);
end
```

在 MATLAB 命令行窗口输入:

```
a=[3,2,-1];b=[4,-2,5,6];c=[2,1,3];f=[6,2,10,5];
x=zhuigan(a,b,c,f)
```

运行结果为:

```
x =
1  1  1  1
```

习题 6

1. 用高斯消去法和列主元素消去法解下列方程组:

(1) $\begin{cases}2x_1+x_2-x_3=-3\\3x_1-x_2+2x_3=-3\\x_1+x_2+x_3=-4\end{cases}$; (2) $\begin{cases}x_1-x_2+x_3=-4\\5x_1-4x_2+3x_3=-12\\2x_1+x_2+x_3=11\end{cases}$.

2. 用紧凑格式对下列矩阵进行直接三角分解(Doolittle 分解):

(1) $\begin{bmatrix}2&1&4\\4&4&1\\6&5&12\end{bmatrix}$; (2) $\begin{bmatrix}1&0&2&0\\0&1&0&1\\1&2&4&3\\0&1&0&3\end{bmatrix}$.

3. 用矩阵直接三角分解(Doolittle 分解)解下列线性方程组:

(1) $\begin{cases}2x_1+5x_2-6x_3=10\\4x_1+13x_2-19x_3=19\\-6x_1-3x_2-6x_3=-30\end{cases}$; (2) $\begin{bmatrix}2&1&1\\1&3&2\\1&2&2\end{bmatrix}\begin{bmatrix}x_1\\x_2\\x_3\end{bmatrix}=\begin{bmatrix}5\\6\\5\end{bmatrix}$;

(3) $\begin{bmatrix}-2&4&8\\-4&18&-16\\-6&2&-20\end{bmatrix}\begin{bmatrix}x_1\\x_2\\x_3\end{bmatrix}=\begin{bmatrix}5\\8\\7\end{bmatrix}$.

4. 用列主元三角分解法解方程组：

$$\begin{bmatrix}1 & 2 & 1 & -2\\ 2 & 5 & 3 & -2\\ -2 & -2 & 3 & 5\\ 1 & 3 & 2 & 3\end{bmatrix}\begin{bmatrix}x_1\\ x_2\\ x_3\\ x_4\end{bmatrix}=\begin{bmatrix}4\\ 7\\ -1\\ 0\end{bmatrix}.$$

5. 用对称正定矩阵的 Cholesky 分解法（$\boldsymbol{LL}^{\mathrm{T}}$ 分解法）解下列线性方程组：

(1) $\begin{cases}4x_1-2x_2-4x_3=10\\ -2x_1+17x_2+10x_3=3\\ -4x_1+10x_2+9x_3=-7\end{cases}$；(2) $\begin{bmatrix}3 & 2 & 3\\ 2 & 2 & 0\\ 3 & 0 & 12\end{bmatrix}\begin{bmatrix}x_1\\ x_2\\ x_3\end{bmatrix}=\begin{bmatrix}5\\ 3\\ 7\end{bmatrix}$.

6. 用改进的平方根法解方程组：

$$\begin{bmatrix}2 & -1 & 1\\ -1 & -2 & 3\\ 1 & 3 & 1\end{bmatrix}\begin{bmatrix}x_1\\ x_2\\ x_3\end{bmatrix}=\begin{bmatrix}4\\ 5\\ 6\end{bmatrix}.$$

7. 用追赶法解下列三对角方程组：

(1) $\begin{bmatrix}2 & 1 & 0 & 0\\ 1 & 2 & -3 & 0\\ 0 & 3 & -7 & 4\\ 0 & 0 & 2 & 5\end{bmatrix}\begin{bmatrix}x_1\\ x_2\\ x_3\\ x_4\end{bmatrix}=\begin{bmatrix}3\\ -3\\ -10\\ 2\end{bmatrix}$；(2) $\begin{bmatrix}2 & -1 & 0 & 0\\ -1 & 3 & -1 & 0\\ 0 & -2 & 4 & -3\\ 0 & 0 & -3 & 5\end{bmatrix}\begin{bmatrix}x_1\\ x_2\\ x_3\\ x_4\end{bmatrix}=\begin{bmatrix}6\\ 1\\ -2\\ 1\end{bmatrix}$.

8. 设 $\boldsymbol{A}\in\mathbf{R}^{n\times n}$ 为对称正定矩阵，定义 $\|\boldsymbol{x}\|_A=(\boldsymbol{Ax},\boldsymbol{x})^{\frac{1}{2}}$，证明 $\|\boldsymbol{x}\|_A$ 为 $\mathbf{R}^n$ 中的一种向量范数.

9. 已知 $\boldsymbol{X}=(1,-2)^{\mathrm{T}}$，$\boldsymbol{A}=\begin{bmatrix}7 & -2\\ 3 & 1\end{bmatrix}$，求 $\|\boldsymbol{X}\|_\infty$，$\|\boldsymbol{X}\|_1$，$\|\boldsymbol{X}\|_2$，$\|\boldsymbol{A}\|_\infty$，$\|\boldsymbol{AX}\|_\infty$，$cond_1(\boldsymbol{A})$.

10. 已知 $\boldsymbol{A}_n=\begin{bmatrix}1 & 1-\dfrac{1}{n}\\ 1 & 1\end{bmatrix}$，$n$ 为正整数，求 $\boldsymbol{A}_n^{-1}$，$cond_\infty(\boldsymbol{A}_n)$，$\lim\limits_{n\to\infty}cond_\infty(\boldsymbol{A}_n)$.

11. 求下列矩阵的条件数.

(1) $\boldsymbol{A}=\begin{bmatrix}1 & 0\\ 0 & 10^{-6}\end{bmatrix}$，求 $cond_1(\boldsymbol{A})$.

(2) Hilbert 矩阵 $\boldsymbol{H}_3=\begin{bmatrix}1 & 1/2 & 1/3\\ 1/2 & 1/3 & 1/4\\ 1/3 & 1/4 & 1/5\end{bmatrix}$，求 $cond_\infty(\boldsymbol{H}_3)$.

12. 证明上（下）三角方阵的逆矩阵仍是上（下）三角方阵.

13. 证明：设 $\boldsymbol{A}$ 为正交矩阵，则 $cond_2(\boldsymbol{A})=1$.

14. 设 $\boldsymbol{A},\boldsymbol{B} \in \mathbf{R}^{n\times n}$ 为非奇异矩阵,证明:

(1) $cond(\boldsymbol{A}) \geqslant 1$;

(2) $cond(\boldsymbol{A}) = cond(\boldsymbol{A}^{-1})$;

(3) 对任意的 $c \in \mathbf{R}, c \neq 0$,有 $cond(c\boldsymbol{A}) = cond(\boldsymbol{A})$;

(4) $cond(\boldsymbol{AB}) \leqslant cond(\boldsymbol{A})cond(\boldsymbol{B})$.

15. 设 $\boldsymbol{A} = (a_{ij})_n$ 为正定矩阵,经过高斯消去法一步消元后,$\boldsymbol{A}$ 约化为

$$\begin{bmatrix} a_{11} & \alpha_1^{\mathrm{T}} \\ 0 & \boldsymbol{A}_1 \end{bmatrix},$$

其中 $\boldsymbol{A}_1$ 为 $(n-1)\times(n-1)$ 阶方阵,证明:

(1) $\boldsymbol{A}$ 的对角线元素 $a_{ii} > 0(i = 1,2,\cdots,n)$;

(2) $\boldsymbol{A}_1$ 为对称正定矩阵.

第 7 章
解线性方程组的迭代法

如果用直接法解高阶线性方程组,计算量过大. 迭代法解大型线性方程组,特别是大型稀疏矩阵方程组更具有优势.迭代法具有所需存储单元较少、程序设计简单、原始系数矩阵在计算过程中始终不变等优点,但迭代法需要考虑收敛条件和收敛速度问题,只有收敛的迭代法才能被采用.本章将介绍最基本、最常用的迭代法,即雅可比(Jacobi)迭代法、高斯-塞德尔(Gauss-Seidel)迭代法和超松弛(SOR)迭代法.

7.1 雅可比(Jacobi)迭代法和高斯-塞德尔(Gauss-Seidel)迭代法

7.1.1 雅可比(Jacobi)迭代法

本章将讨论 n 阶线性方程组的迭代解法

$$\begin{cases} a_{11}x_1 + a_{12}x_2 + \cdots + a_{1n}x_n = b_1, \\ a_{21}x_1 + a_{22}x_2 + \cdots + a_{2n}x_n = b_2, \\ \cdots\cdots \\ a_{n1}x_1 + a_{n2}x_2 + \cdots + a_{nn}x_n = b_n. \end{cases} \tag{7.1}$$

用矩阵表示为

$$\boldsymbol{Ax} = \boldsymbol{b}, \tag{7.2}$$

其中 $\boldsymbol{A} = \begin{bmatrix} a_{11} & a_{12} & \cdots & a_{1n} \\ a_{21} & a_{22} & \cdots & a_{2n} \\ \vdots & \vdots & & \vdots \\ a_{m1} & a_{m2} & \cdots & a_{mn} \end{bmatrix}$, $\boldsymbol{x} = \begin{bmatrix} x_1 \\ x_2 \\ \vdots \\ x_n \end{bmatrix}$, $\boldsymbol{b} = \begin{bmatrix} b_1 \\ b_2 \\ \vdots \\ b_m \end{bmatrix}$ 分别称为线性方程组(7.1)的系数矩阵、解向量和右端向量.

迭代法的基本思想:迭代法是按照某一规则构造向量序列 $\{\boldsymbol{x}_k\}$,使得其极限向量 $\boldsymbol{x}^*$ 是(7.2)的解.如何构造向量序列呢?具体如下:

将 $Ax=b(|A|\neq 0)$ 转化为与其等价的线性方程组

$$x=Bx+f, \tag{7.3}$$

建立迭代格式

$$x^{(k+1)}=Bx^{(k)}+f(k=0,1,2,\cdots), \tag{7.4}$$

取初始向量 $x^{(0)}$，按上面迭代格式生成向量序列 $\{x^{(k)}\}$，若 $\lim\limits_{k\to\infty}x^{(k)}=x^*$，则有 $x^*=Bx^*+f$，即 x^* 为方程(7.3)的解，从而也是原方程(7.2)的解. B 称为迭代格式(7.4)的**迭代矩阵**. 若极限值 x^* 存在且为有限值，则称**迭代法收敛**，否则称**迭代法发散**.

迭代法所要研究的问题包括：

(1) 如何构造迭代格式？

(2) 迭代格式是否收敛？若收敛，收敛速度如何？

(3) 如何对近似解 x^* 进行误差估计？

把方程组(7.1)等价变形为

$$\begin{cases} x_1=\dfrac{1}{a_{11}}[\quad -a_{12}x_2-\cdots-a_{1n}x_n+b_1], \\ x_2=\dfrac{1}{a_{22}}[-a_{21}x_1-\quad\cdots-a_{2n}x_n+b_2], \\ \cdots\cdots \\ x_n=\dfrac{1}{a_{nn}}[-a_{n1}x_1-a_{n2}x_2-\cdots\quad+b_n]. \end{cases}$$

其中 $a_{ii}^{(i)}\neq 0(i=1,2,\cdots,n)$.

建立迭代格式

$$\begin{cases} x_1^{(k+1)}=\dfrac{1}{a_{11}}(\quad -a_{12}x_2^{(k)}-a_{13}x_3^{(k)}-\quad\cdots\quad -a_{1n}x_n^{(k)}+b_1), \\ x_2^{(k+1)}=\dfrac{1}{a_{22}}(-a_{21}x_1^{(k)}\quad -a_{23}x_3^{(k)}-\quad\cdots\quad -a_{2n}x_n^{(k)}+b_2), \\ \cdots\cdots \\ x_n^{(k+1)}=\dfrac{1}{a_{nn}}(-a_{n1}x_1^{(k)}-\quad\cdots\quad -a_{nn-1}x_{n-1}^{(k)}\quad +b_n). \end{cases} \tag{7.5}$$

或缩写为

$$x_i^{(k+1)}=\frac{1}{ii}(-\sum_{j=1}^{i-1}a_{ij}x_j^{(k)}-\sum_{j=i+1}^{n}a_{ij}x_j^{(k)}+b_i)(i=1,2,\cdots,n). \tag{7.6}$$

称(7.5)式和(7.6)式为 Jacobi **迭代法或简单迭代法**，(7.5)式和(7.6)式分别为分量形式和分量缩写形式.

为了把迭代法改写成矩阵表示形式，引入矩阵

$$
\boldsymbol{D}=\begin{bmatrix} a_{11} & & & \\ & a_{22} & & \\ & & \ddots & \\ & & & a_{nn} \end{bmatrix},\ -\boldsymbol{L}=\begin{bmatrix} 0 & & & \\ a_{21} & 0 & & \\ \vdots & \vdots & \ddots & \\ a_{n1} & a_{n2} & \cdots & 0 \end{bmatrix},\ -\boldsymbol{U}=\begin{bmatrix} 0 & a_{12} & \cdots & a_{1n} \\ & 0 & \cdots & a_{2n} \\ & & \ddots & \vdots \\ & & & 0 \end{bmatrix},
\tag{7.7}
$$

则 $\boldsymbol{A}$ 可写成三部分,即 $\boldsymbol{A}=\boldsymbol{D}-\boldsymbol{L}-\boldsymbol{U}$. 于是迭代格式(7.5)变为

$$
\boldsymbol{x}^{(k+1)}=\boldsymbol{D}^{-1}(\boldsymbol{L}\boldsymbol{x}^{(k)}+\boldsymbol{U}\boldsymbol{x}^{(k)}+\boldsymbol{b}),
$$

于是 Jacobi 迭代法的矩阵形式为

$$
\boldsymbol{x}^{(k+1)}=\boldsymbol{D}^{-1}(\boldsymbol{L}+\boldsymbol{U})\boldsymbol{x}^{(k)}+\boldsymbol{D}^{-1}\boldsymbol{b},
\tag{7.8}
$$

其迭代矩阵

$$
\boldsymbol{B}_J=\boldsymbol{D}^{-1}(\boldsymbol{L}+\boldsymbol{U})=\begin{bmatrix} 0 & -\dfrac{a_{12}}{a_{11}} & \cdots & -\dfrac{a_{1n}}{a_{11}} \\ -\dfrac{a_{21}}{a_{22}} & 0 & \cdots & -\dfrac{a_{2n}}{a_{22}} \\ \vdots & \vdots & & \vdots \\ -\dfrac{a_{n1}}{a_{nn}} & -\dfrac{a_{n2}}{a_{nn}} & \cdots & 0 \end{bmatrix}.
\tag{7.9}
$$

7.1.2　Gauss-Seidel 迭代法

由 Jacobi 迭代格式可以看出,在计算 $x_i^{(k+1)}$ 时, $x_1^{(k+1)},x_2^{(k+1)},\cdots,x_{i-1}^{(k+1)}$ 已求得,而公式仍用第 k 次迭代的计算结果 $x_1^{(k)},x_2^{(k)},\cdots,x_{i-1}^{(k)}$. 如果迭代法收敛,第 $k+1$ 次迭代的计算结果一般要比第 k 次迭代的计算结果更准确. Gauss-Seidel 迭代法的做法就是计算 $x_i^{(k+1)}$ 时用已计算出的第 $k+1$ 次的计算结果 $x_1^{(k+1)},x_2^{(k+1)},\cdots,x_{i-1}^{(k+1)}$,从而提高了迭代法的收敛速度.

于是得 Gauss-Seidel 迭代格式的分量形式为

$$
\begin{cases}
x_1^{(k+1)}=\dfrac{1}{a_{11}}(\quad -a_{12}x_2^{(k)}-a_{13}x_3^{(k)}-\cdots-a_{1n}x_n^{(k)}+b_1), \\
x_2^{(k+1)}=\dfrac{1}{a_{22}}(-a_{21}x_1^{(k+1)}-a_{23}x_3^{(k)}-\cdots-a_{2n}x_n^{(k)}+b_2), \\
\quad\cdots\cdots \\
x_n^{(k+1)}=\dfrac{1}{a_{nn}}(-a_{n1}x_1^{(k+1)}-\cdots-a_{nn-1}x_{n-1}^{(k+1)}+b_n),
\end{cases}
\tag{7.10}
$$

或改写成分量的缩写形式为

$$x_i^{(k+1)}=\frac{1}{ii}\Big(-\sum_{j=1}^{i-1}a_{ij}x_j^{(k+1)}-\sum_{j=i+1}^{n}a_{ij}x_j^{(k)}+b_i\Big)\ (i=1,2,\cdots,n). \tag{7.11}$$

称(7.10)式和(7.11)式**称为** Gauss-Seidel **迭代法**.

迭代格式(7.10)用矩阵表示为

$$\boldsymbol{x}^{(k+1)}=\boldsymbol{D}^{-1}(\boldsymbol{L}\boldsymbol{x}^{(k+1)}+\boldsymbol{U}\boldsymbol{x}^{(k)}+\boldsymbol{b}),$$

两边左乘 $\boldsymbol{D}$ 并移项得

$$(\boldsymbol{D}-\boldsymbol{L})\boldsymbol{x}^{(k+1)}=\boldsymbol{U}\boldsymbol{x}^{(k)}+\boldsymbol{b},$$

于是得 Gauss-Seidel 迭代法的矩阵形式为

$$\boldsymbol{x}^{(k+1)}=(\boldsymbol{D}-\boldsymbol{L})^{-1}\boldsymbol{U}\boldsymbol{x}^{(k)}+(\boldsymbol{D}-\boldsymbol{L})^{-1}\boldsymbol{b}, \tag{7.12}$$

其迭代矩阵为

$$\boldsymbol{B}_G=(\boldsymbol{D}-\boldsymbol{L})^{-1}\boldsymbol{U}. \tag{7.13}$$

使用迭代法求解时, 如果迭代法收敛, 通常选择 $\|\boldsymbol{x}^{(k)}-\boldsymbol{x}^{(k-1)}\|_\infty=\max\limits_{1\le i\le n}|x_i^{(k)}-x_i^{(k-1)}|<\varepsilon$ 作为迭代终止的条件,于是用迭代向量 $\boldsymbol{x}^{(k)}$ 作为近似解.

例 7.1 分别用 Jacobi 迭代法和 Gauss-Seidel 迭代法解方程组

$$\begin{cases}10x_1-2x_2-x_3=3,\\ -2x_1+10x_2-x_3=15,\\ -x_1-2x_2+5x_3=10.\end{cases}$$

使其精度满足 $\|\boldsymbol{x}^{(k)}-\boldsymbol{x}^{(k-1)}\|_\infty<10^{-3}$.

解 易求得该线性方程组的准确解为 $\boldsymbol{x}^*=(x_1^*,x_2^*,x_3^*)=(1,2,3)^{\mathrm{T}}$.

Jacobi 迭代格式为

$$\begin{cases}x_1^{(k+1)}=\dfrac{1}{10}(2x_2^{(k)}+x_3^{(k)}+3),\\ x_2^{(k+1)}=\dfrac{1}{10}(2x_1^{(k)}+x_3^{(k)}+15),\\ x_3^{(k+1)}=\dfrac{1}{5}(x_1^{(k)}+2x_2^{(k)}+10).\end{cases}$$

取初始值 $\boldsymbol{x}^{(0)}=(x_1^{(0)},x_2^{(0)},x_3^{(0)})=(0,0,0)^{\mathrm{T}}$ 代入上面迭代格式进行计算,计算结果见表 7.1.

表 7.1　Jacobi 迭代法计算结果

k	$x_1^{(k)}$	$x_2^{(k)}$	$x_3^{(k)}$
0	0.000 0	0.000 0	0.000 0
1	0.300 0	1.500 0	2.000 0
2	0.800 0	1.760 0	2.660 0
3	0.918 0	1.926 0	2.864 0
4	0.971 6	1.970 0	2.954 0
5	0.989 4	1.989 7	2.982 3
6	0.996 3	1.996 1	2.993 8
7	0.998 6	1.998 6	2.997 7
8	0.999 5	1.999 5	2.999 2
9	0.999 8	1.999 8	2.999 8

Gauss-Seidel 迭代格式为

$$\begin{cases} x_1^{(k+1)} = \dfrac{1}{10}(2x_2^{(k)} + x_3^{(k)} + 3) \\ x_2^{(k+1)} = \dfrac{1}{10}(2x_1^{(k+1)} + x_3^{(k)} + 15) \\ x_3^{(k+1)} = \dfrac{1}{5}(x_1^{(k+1)} + 2x_2^{(k+1)} + 10) \end{cases},$$

初始值仍取 $\boldsymbol{x}^{(0)}=(x_1^{(0)},x_2^{(0)},x_3^{(0)})=(0,0,0)^{\mathrm{T}}$ 代入上面迭代格式进行计算，计算结果见表 7.2.

表 7.2　Gauss-Seidel 迭代法计算结果

k	$x_1^{(k)}$	$x_2^{(k)}$	$x_3^{(k)}$
0	0.000 0	0.000 0	0.000 0
1	0.300 0	1.560 0	2.684 0
2	0.880 4	1.944 5	2.953 9
3	0.984 3	1.992 3	2.993 8
4	0.997 8	1.998 9	2.999 1
5	0.999 7	1.999 9	2.999 9

由表 7.1 和表 7.2 比较发现，满足同样精度要求，Jacobi 迭代法需要迭代 9 次，而 Gauss-Seidel 迭代法只需要迭代 5 次. 通常两者都收敛的情况下，Gauss-Seidel 迭代法比 Jacobi 迭代法收敛得更快.

7.2　超松弛迭代法

逐次超松弛法(successive over relaxation method，简称 SOR)是 Gauss-Seidel 迭代法的一种加速方法，是解大型稀疏矩阵方程组非常有效的方法之一. SOR 迭代法的构造过程如下：

(1) 先用 Gauss-Seidel 迭代法定义辅助量 $\tilde{x}_i^{(k+1)}$

$$\tilde{x}_i^{(k+1)} = (b_i - \sum_{j=1}^{i-1} a_{ij}x_j^{(k+1)} - \sum_{j=i+1}^{n} a_{ij}x_j^{(k)})/a_{ii}\ , \tag{7.14}$$

(2) 再由上一步的结果 $x_i^{(k)}$ 和 $\tilde{x}_i^{(k+1)}$ 加权组合定义 $x_i^{(k+1)}$，即

$$x_i^{(k+1)} = (1-\omega)x_i^{(k)} + \omega\tilde{x}_i^{(k+1)} = x_i^{(k)} + \omega(\tilde{x}_i^{(k+1)} - x_i^{(k)})\ . \tag{7.15}$$

其中 $\omega > 0$ 称为松弛因子.

把(7.14)式代入(7.15)式得

$$x_i^{(k+1)} = (1-\omega)x_i^{(k)} + \frac{\omega}{a_{ii}}(-\sum_{j=1}^{i-1} a_{ij}x_j^{(k+1)} - \sum_{j=i+1}^{n} a_{ij}x_j^{(k)} + b_i)(i=1,2,\cdots,n), \tag{7.16}$$

或改写成

$$x_i^{(k+1)} = x_i^{(k)} + \omega(b_i - \sum_{j=1}^{i-1} a_{ij}x_j^{(k+1)} - \sum_{j=i}^{n} a_{ij}x_j^{(k)})/a_{ii}(i=1,2,\cdots,n)\ , \tag{7.17}$$

称为**逐次超松弛法**(简称 SOR).

显然当 $\omega = 1$ 时，就是 Gauss-Seidel 迭代法. 当 $\omega > 1$ 时称为超松弛法，当 $\omega < 1$ 时称为低松弛法.

先把(7.16)式改写成矩阵形式有

$$\boldsymbol{x}^{(k+1)} = (1-\omega)\boldsymbol{x}^{(k)} + \omega\boldsymbol{D}^{-1}(\boldsymbol{L}\boldsymbol{x}^{(k+1)} + \boldsymbol{U}\boldsymbol{x}^{(k)} + \boldsymbol{b})(i=1,2,\cdots,n)\ ,$$

两边左乘 D 并移项得

$$(\boldsymbol{D} - \omega\boldsymbol{L})\boldsymbol{x}^{(k+1)} = [(1-\omega)\boldsymbol{D} + \omega\boldsymbol{U}]\boldsymbol{x}^{(k)} + \omega\boldsymbol{b}(i=1,2,\cdots,n)\ ,$$

由于 $a_{ii} \neq 0(i=1,2,\cdots,n)$，则有 $\det(\boldsymbol{D} - \omega\boldsymbol{L}) \neq 0$. 两边左乘 $(\boldsymbol{D} - \omega\boldsymbol{L})^{-1}$，于是得 SOR 迭代法的矩阵形式为

$$\boldsymbol{x}^{(k+1)} = (\boldsymbol{D} - \omega\boldsymbol{L})^{-1}[(1-\omega)\boldsymbol{D} + \omega\boldsymbol{U}]\boldsymbol{x}^{(k)} + \omega(\boldsymbol{D} - \omega\boldsymbol{L})^{-1}\boldsymbol{b}\ , \tag{7.18}$$

其迭代矩阵为

$$\boldsymbol{B}_\omega = (\boldsymbol{D} - \omega\boldsymbol{L})^{-1}[(1-\omega)\boldsymbol{D} + \omega\boldsymbol{U}]\ . \tag{7.19}$$

例 7.2 用SOR 迭代法解例 7.1 中的线性方程组，取松弛因子 $\omega = 1.05$，使其精度满足 $\|\boldsymbol{x}^{(k)} - \boldsymbol{x}^{(k-1)}\|_\infty < 10^{-3}$.

解 SOR 迭代格式为

$$\begin{cases} x_1^{(k+1)} = x_1^{(k)} + 0.1\omega(-10x_1^{(k)} + 2x_2^{(k)} + x_3^{(k)} + 3), \\ x_2^{(k+1)} = x_2^{(k)} + 0.1\omega(2x_1^{(k+1)} - 10x_2^{(k)} + x_3^{(k)} + 15), \\ x_3^{(k+1)} = x_3^{(k)} + 0.2\omega(x_1^{(k+1)} + x_2^{(k+1)} - 5x_3^{(k)} + 10). \end{cases}$$

初始值仍取 $\boldsymbol{x}^{(0)}=(x_1^{(0)},x_2^{(0)},x_3^{(0)})=(0,0,0)^{\mathrm{T}}$ 代入 SOR 迭代格式进行计算，计算结果见表 7.3.

表 7.3　SOR 迭代法计算结果

k	$x_1^{(k)}$	$x_2^{(k)}$	$x_3^{(k)}$
0	0.000 0	0.000 0	0.000 0
1	0.315 0	1.641 2	2.855 4
2	0.943 7	0.943 7	2.991 6
3	1.000 0	1.999 6	3.000 2
4	0.999 9	2.000 0	3.000 0

由例 7.1，例 7.2 可以看出，在收敛的情况下，Gauss-Seidel 迭代法比 Jacobi 收敛得快. 选择合适的松弛因子，可以使 SOR 迭代法比 Jacobi 迭代法、Gauss-Seidel 迭代法收敛得更快.

例 7.3　用 SOR 迭代法解线性方程组

$$\begin{cases}4x_1-x_2-x_3-x_4=1\\-x_1+4x_2-x_3-x_4=1\\-x_1-x_2+4x_3-x_4=1\\-x_1-x_2-x_3+4x_4=1\end{cases},$$

取不同松弛因子 $\omega\in(0,2)$，研究迭代法收敛速度.

解　方程组的精确解为 $\boldsymbol{x}^*=(1,1,1,1)^{\mathrm{T}}$，取初始向量 $\boldsymbol{x}^{(0)}=(0,0,0,0)^{\mathrm{T}}$，SOR 迭代公式为

$$\begin{cases}x_1^{(k+1)}=x_1^{(k)}+0.25\omega(-4x_1^{(k)}+x_2^{(k)}+x_3^{(k)}+x_4^{(k)}+1)\\x_2^{(k+1)}=x_2^{(k)}+0.25\omega(x_1^{(k+1)}-4x_2^{(k)}+x_3^{(k)}+x_4^{(k)}+1)\\x_3^{(k+1)}=x_3^{(k)}+0.25\omega(x_1^{(k+1)}+x_2^{(k+1)}-4x_3^{(k)}+x_4^{(k)}+1)\\x_4^{(k+1)}=x_4^{(k)}+0.25\omega(x_1^{(k+1)}+x_2^{(k+1)}+x_3^{(k+1)}-4x_4^{(k)}+1)\end{cases}.$$

ω 取不同值时满足 $\|\boldsymbol{x}^{(k)}-\boldsymbol{x}^*\|_2<10^{-5}$ 所需要的迭代次数见表 7.4.

表 7.4　取不同的松弛因子所需迭代次数

ω	迭代次数	ω	迭代次数
1.0	22	1.5	17
1.1	17	1.6	23
1.2	12	1.7	33
1.3	11	1.8	53
1.4	14	1.9	109

可见，在给定精度要求的前提下，选取松弛因子 $\omega\in(0,2)$ 不同的值，满足相同精度要求所需要的迭代次数不同. 本例中松弛因子 ω 取值大约 1.3 时收敛速度最快.

7.3 迭代法的收敛性

7.3.1 基本收敛定理

7.1 节与 7.2 节讨论的三种迭代格式都可以写成

$$x^{(k+1)} = Bx^{(k)} + f(k = 0,1,2,\cdots) , \tag{7.20}$$

不同之处在于它们的迭代矩阵 B 和列向量 f. 本节要讨论的主要问题是对任意的初始向量 $x^{(0)}$,由迭代格式生产的向量序列 $\{x^{(k)}\}$ 是否收敛到 x^* ? 如果收敛需要满足什么条件? 收敛速度如何?

定理 7.1 设 B 的某种算子范数 $\|B\| < 1$,则迭代格式(7.20)收敛,则

(1) 即对任意的初始向量 $x^{(0)}$ 有

$$\lim_{k\to\infty} x^{(k)} = x^* ,$$

且有

$$x^* = Bx^* + f ; \tag{7.21}$$

(2)
$$\|x^* - x^{(k)}\| \leqslant \frac{\|B\|}{1 - \|B\|}\|x^{(k)} - x^{(k-1)}\| ; \tag{7.22}$$

(3)
$$\|x^* - x^{(k)}\| \leqslant \frac{\|B\|^k}{1 - \|B\|}\|x^{(1)} - x^{(0)}\| . \tag{7.23}$$

证明 (1)因为 $\|B\| < 1$,由第 6 章定理 6.13 知 $I - B$ 非奇异,则方程组 $(I - B)x = g$ 有唯一解 x^*,即 $x^* = Bx^* + f$,于是有

$$x^{(k+1)} - x^* = Bx^{(k)} + f - (Bx^* + f) = B(x^{(k)} - x^*) = \cdots = B^{k+1}(x^{(0)} - x^*) , \tag{7.24}$$

取范数得

$$\|x^{(k+1)} - x^*\| \leqslant \|B\|\,\|x^{(k)} - x^*\| , \tag{7.25}$$

$$\|x^{(k+1)} - x^*\| \leqslant \|B\|^k\,\|x^{(1)} - x^*\| , \tag{7.26}$$

由于 $\|B\| < 1$,于是 $\lim\limits_{k\to\infty}\|B\|^k = 0$,从而有 $\lim\limits_{k\to\infty}x^{(k)} = x^*$,结论(1)得证.

(2) 由 $x^{(k+1)} - x^{(k)} = B(x^{(k)} - x^{(k-1)})$,于是

$$\|x^{(k+1)} - x^{(k)}\| \leqslant \|B\|\,\|x^{(k)} - x^{(k-1)}\| \leqslant \cdots \leqslant \|B\|^k\,\|x^{(1)} - x^{(0)}\| . \tag{7.27}$$

又由于

$$\begin{aligned}\|x^{(k+1)} - x^{(k)}\| &= \|(x^* - x^{(k)}) - (x^* - x^{(k+1)})\| \\ &\geqslant \|x^* - x^{(k)}\| - \|x^* - x^{(k+1)}\| ,\end{aligned}$$

于是有

$$\|x^{(k+1)}-x^{(k)}\| \geqslant \|x^*-x^{(k)}\|-\|B\|\|x^*-x^{(k)}\|$$
$$=(1-\|B\|)\|x^*-x^{(k)}\|,$$

再由 $\|B\|<1$ 得

$$\|x^{(k)}-x^*\| \leqslant \frac{1}{1-\|B\|}\|x^{(k+1)}-x^{(k)}\|,$$

再由(7.27)式得误差估计式(7.22)和式(7.23).

关于定理7.1,给出以下几点说明:

①由(7.22)式可以看出,在 $\|B\|$ 不太接近1时,相邻迭代步越接近,即 $\|x^{(k)}-x^{(k-1)}\|$ 越小,则说明 $x^{(k)}$ 越接近精确解 x^*. 可以用 $\|x^{(k)}-x^{(k-1)}\|\leqslant\varepsilon$ 作为控制迭代终止的条件,并取 $x^{(k)}$ 作为方程组的近似解.

②如果事先给定误差精度 ε,由(7.23)式可得迭代次数的估计式

$$k>\frac{\ln\dfrac{\varepsilon(1-\|B\|)}{\|x^{(1)}-x^{(0)}\|}}{\ln\|B\|}.$$

③由(7.23)式知,$\|B\|$ 越小于1,$\|B\|^k$ 趋于0速度越快,从而迭代法收敛的速度越快.

④如果 Jacobi 迭代法,Gauss-Seidel 迭代法和 SOR 迭代法的迭代矩阵的任何一种算子范数小于1,则这三种迭代格式必收敛.

定理7.2 迭代格式 $x^{(k+1)}=Bx^{(k)}+f$ 收敛的充要条件是 B^k 收敛于零矩阵,即

$$\lim_{k\to\infty}x^{(k)}=x^*\Leftrightarrow\lim_{k\to\infty}B^k=0. \tag{7.28}$$

证明 由(7.24)式可知,对任意的 $x^{(0)}$,$\lim\limits_{k\to\infty}(x^{(k)}-x^*)=\lim\limits_{k\to\infty}B^k(x^{(0)}-x^*)$,故

$$\lim_{k\to\infty}x^{(k)}=x^*\Leftrightarrow\lim_{k\to\infty}(x^{(k)}-x^*)=0\Leftrightarrow\lim_{k\to\infty}B^k(x^{(0)}-x^*)=0.$$

由于 $x^{(0)}$ 是任意的,因而 $x^{(0)}-x^*$ 也是任意的,所以必有 $\lim\limits_{k\to\infty}B^k(x^{(0)}-x^*)=0\Leftrightarrow\lim\limits_{k\to\infty}B^k=0$,于是有

$$\lim_{k\to\infty}x^{(k)}=x^*\Leftrightarrow\lim_{k\to\infty}B^k=0.$$

由定理7.2可知,讨论迭代格式(7.20)收敛的问题可转化为 $\lim\limits_{k\to\infty}B^k=0$ 的条件.

定理7.3 迭代格式 $x^{(k+1)}=Bx^{(k)}+f$ 收敛的充要条件是 $\rho(B)<1$.

证明 由矩阵 B 的 Jordan 标准型知,存在非奇异矩阵 P,使得

$$P^{-1}BP=J=\begin{bmatrix}J_1&&&\\&J_2&&\\&&\ddots&\\&&&J_r\end{bmatrix},$$

其中 Jordan 块 $\boldsymbol{J}_i = \begin{bmatrix} \lambda_i & 1 & & \\ & \lambda_i & \ddots & \\ & & \ddots & 1 \\ & & & \lambda_i \end{bmatrix}$ $(i = 1,2,\cdots,r;\ \sum_i^r n_i = n)$，$\lambda_i(i = 1,2,\cdots,r)$ 为 $\boldsymbol{B}$ 的 r 个互异特征值.

于是有

$$\boldsymbol{B}^k = (\boldsymbol{PJP}^{-1})^k = (\boldsymbol{PJP}^{-1})(\boldsymbol{PJP}^{-1})\cdots(\boldsymbol{PJP}^{-1}) = \boldsymbol{PJ}^k\boldsymbol{P}^{-1},$$

其中

$$\boldsymbol{J}^k = \begin{bmatrix} \boldsymbol{J}_1^k & & & \\ & \boldsymbol{J}_2^k & & \\ & & \ddots & \\ & & & \boldsymbol{J}_r^k \end{bmatrix}.$$

于是有

$$\lim_{k\to\infty}\boldsymbol{B}^k = 0 \Leftrightarrow \lim_{k\to\infty}\boldsymbol{J}^k = 0 \Leftrightarrow \lim_{k\to\infty}\boldsymbol{J}_i^k(i = 1,2,\cdots,r).$$

当 $k > n_i$ 时有

$$\boldsymbol{J}_i^k = \begin{bmatrix} \lambda_i^k & C_k^1\lambda_i^{k-1} & C_k^2\lambda_i^{k-2} & \cdots & C_k^{n_i-1}\lambda_i^{k-(n_i-1)} \\ & \lambda_i^k & C_k^1\lambda_i^{k-1} & \ddots & \vdots \\ & & \ddots & \ddots & C_k^2\lambda_i^{k-2} \\ & & & \lambda_i^k & C_k^1\lambda_i^{k-1} \\ & & & & \lambda_i^k \end{bmatrix},$$

其中 $C_k^j = \dfrac{k!}{j!\ (k-j)!}$，因此

$$\lim_{k\to\infty}\boldsymbol{J}_i^k = 0 \Leftrightarrow |\lambda_i| < 1(i = 1,2,\cdots,r)$$

由(7.28)式知

$$\lim_{k\to\infty}\boldsymbol{x}^{(k)} = \boldsymbol{x}^* \Leftrightarrow \lim_{k\to\infty}\boldsymbol{B}^k = 0 \Leftrightarrow |\lambda_i| < 1(i = 1,2,\cdots,r),$$

于是

$$\lim_{k\to\infty}\boldsymbol{x}^{(k)} = x^* \Leftrightarrow \rho(\boldsymbol{B}) = \max_{1\le i\le r}|\lambda_i| < 1.$$

由定理 7.3 易知下面的结论成立.

推论 设 $\boldsymbol{Ax} = \boldsymbol{b}$，若 $\boldsymbol{A} = \boldsymbol{D} - \boldsymbol{L} - \boldsymbol{U}$ 和 $\boldsymbol{D}$ 为非奇异矩阵，则

(1) Jacobi 迭代法收敛 $\Leftrightarrow \rho(\boldsymbol{B}_J) < 1$，其中 $\boldsymbol{B}_J = \boldsymbol{D}^{-1}(\boldsymbol{L} + \boldsymbol{U})$；

(2) Gauss-Seidel 迭代法收敛 $\Leftrightarrow \rho(\boldsymbol{B}_G) < 1$,其中 $\boldsymbol{B}_G = (\boldsymbol{D} - \boldsymbol{L})^{-1}\boldsymbol{U}$;

(3) SOR 迭代法收敛 $\Leftrightarrow \rho(\boldsymbol{B}_\omega) < 1$,其中 $\boldsymbol{B}_\omega = (\boldsymbol{D} - \omega\boldsymbol{L})^{-1}[(1-\omega)\boldsymbol{D} + \omega\boldsymbol{U}]$.

例 7.4 已知方程组 $\begin{cases} x_1 + 2x_2 - 2x_3 = 1 \\ x_1 + x_2 + x_3 = 1 \\ 2x_1 + 2x_2 + x_3 = 1 \end{cases}$,考察用 Jacobi 迭代法和 Gauss-Seidel 迭代法解此方程组的收敛性.

解 方程组的系数矩阵为

$$\boldsymbol{A} = \begin{bmatrix} 1 & 2 & -2 \\ 1 & 1 & 1 \\ 2 & 2 & 1 \end{bmatrix},$$

则有

$$\boldsymbol{D} = \begin{bmatrix} 1 & & \\ & 1 & \\ & & 1 \end{bmatrix}, \boldsymbol{L} = \begin{bmatrix} 0 & & \\ -1 & 0 & \\ -2 & -2 & 0 \end{bmatrix}, \boldsymbol{U} = \begin{bmatrix} 0 & -2 & 2 \\ 0 & 0 & -1 \\ 0 & 0 & 0 \end{bmatrix},$$

于是 Jacobi 迭代法的迭代矩阵为

$$\boldsymbol{B}_J = \boldsymbol{D}^{-1}(\boldsymbol{L} + \boldsymbol{U}) = \begin{bmatrix} 0 & -2 & 2 \\ -1 & 0 & -1 \\ -2 & -2 & 0 \end{bmatrix},$$

由

$$|\lambda \boldsymbol{I} - \boldsymbol{B}_J| = \begin{vmatrix} \lambda & 2 & -2 \\ 1 & \lambda & 1 \\ 2 & 2 & \lambda \end{vmatrix} = \lambda^3 = 0$$

得 $\lambda_1 = \lambda_2 = \lambda_3 = 0$,于是 $\rho(\boldsymbol{B}_J) = 0 < 1$,所以 Jacobi 迭代法收敛.

$$\boldsymbol{B}_G = (\boldsymbol{D} - \boldsymbol{L})^{-1}\boldsymbol{U} = \begin{bmatrix} 1 & 0 & 0 \\ 1 & 1 & 0 \\ 2 & 2 & 1 \end{bmatrix}^{-1} \begin{bmatrix} 0 & -2 & 2 \\ 0 & 0 & -1 \\ 0 & 0 & 0 \end{bmatrix} = \begin{bmatrix} 0 & -2 & 2 \\ 0 & 2 & -3 \\ 0 & 0 & 2 \end{bmatrix},$$

于是有

$$|\lambda \boldsymbol{I} - \boldsymbol{B}_G| = \begin{vmatrix} \lambda & -2 & 2 \\ 0 & \lambda - 2 & 3 \\ 0 & 0 & \lambda - 2 \end{vmatrix} = \lambda(\lambda - 2)^2 = 0,$$

解得 $\lambda_1 = 0, \lambda_2 = \lambda_3 = 2$,故 $\rho(\boldsymbol{B}_G) = 2 > 1$,因此 Gauss-Seidel 迭代法不收敛.

7.3.2 特殊方程组迭代法的收敛性

在科学及工程计算中,常常要求解系数矩阵具有某些特性的方程组 $\boldsymbol{Ax} = \boldsymbol{b}$. 比如,$\boldsymbol{A}$

具有对角占优性质或 $\boldsymbol{A}$ 为不可约矩阵,或 $\boldsymbol{A}$ 是对称正定矩阵,下面讨论用基本迭代法解这些方程组的收敛性.

定义 7.1 （**对角占优**）设 $\boldsymbol{A}=(a_{ij})_{n\times n}$,如果矩阵 $\boldsymbol{A}$ 的每一行对角元素的绝对值都大于该行非对角元素绝对值之和,即

$$|a_{ii}|>\sum_{\substack{j=1\\ j\neq i}}^{n}|a_{ij}|(i=1,2,\cdots,n)\ , \tag{7.29}$$

则称 $\boldsymbol{A}$ 为**行严格对角占优矩阵**.

如果矩阵 $\boldsymbol{A}$ 的元素满足

$$|a_{ii}|\geqslant\sum_{\substack{j=1\\ j\neq i}}^{n}|a_{ij}|(i=1,2,\cdots,n)\ , \tag{7.30}$$

且式(7.30)中至少有一个不等式成立,则称 $\boldsymbol{A}$ 为**行弱对角占优矩阵**.

$\boldsymbol{A}$ 为列严格对角占优矩阵和列弱对角占优矩阵的定义可类似地给出,且若有 $\boldsymbol{A}$ 是列严格对角占优或列弱对角占优矩阵,则 $\boldsymbol{A}^{\mathrm{T}}$ 是行严格对角占优或行弱对角占优矩阵.

定义 7.2 （**可约与不可约矩阵**）设 $\boldsymbol{A}=(a_{ij})_{n\times n}(n>2)$,如果存在置换阵 $\boldsymbol{P}$ 使得

$$\boldsymbol{P}^{\mathrm{T}}\boldsymbol{A}\boldsymbol{P}=\begin{bmatrix}\boldsymbol{A}_{11} & \boldsymbol{A}_{12}\\ \boldsymbol{O} & \boldsymbol{A}_{22}\end{bmatrix}\ , \tag{7.31}$$

其中 $\boldsymbol{A}_{11}$ 为 r 阶方阵,$\boldsymbol{A}_{22}$ 为 $(n-r)$ 阶方阵 $1\leqslant r\leqslant n$,$\boldsymbol{O}$ 为零矩阵,则称 $\boldsymbol{A}$ 为**可约矩阵**. 否则,如果不存在这样置换阵 $\boldsymbol{P}$ 使(7.31) 式成立,则称 $\boldsymbol{A}$ 为**不可约矩阵**.

若 $\boldsymbol{A}$ 经过两行交换的同时进行相应两列的交换,称对 $\boldsymbol{A}$ 进行一次行列重排,$\boldsymbol{A}$ 为可约矩阵是指 $\boldsymbol{A}$ 可经过若干行列重排化为(7.31)式.

下面给出另一种可约与不可约矩阵的等价定义,该定义用起来更为方便.

定义 7.3 （**可约与不可约矩阵**）设 $\boldsymbol{A}=(a_{ij})_{n\times n}(n>2)$,如果指标集 $\Omega=\{1,2,\cdots,n\}$ 能够划分成两个不相交的非空指标集 K 和 J,即 $K\cup J=\Omega$, $K\cap J=\Theta$ (Θ 为空集),使得对任意的 $k\in K$ 和任意的 $j\in J$ 都有 $a_{kj}=0$,则称 $\boldsymbol{A}$ 为**可约矩阵**;否则称 $\boldsymbol{A}$ 为**不可约矩阵**.

显然,若 $\boldsymbol{A}$ 的所有元素非零,则 $\boldsymbol{A}$ 为不可约矩阵.

定理 7.4 若矩阵 $\boldsymbol{A}=(a_{ij})_{n\times n}$ 是严格对角占优矩阵或不可约弱对角占优矩阵,则 $\boldsymbol{A}$ 为非奇异矩阵.

证明 (1)先证 $\boldsymbol{A}$ 为行严格对角占优的情形. 用反证法,假设 $\boldsymbol{A}$ 奇异,则齐次线性方程组 $\boldsymbol{Ax}=0$ 有非零解 $\boldsymbol{x}=(x_1,x_2,\cdots,x_n)^{\mathrm{T}}$,必存在某一 k,有 $|x_k|=\max\limits_{1\leqslant x\leqslant n}|x_i|\neq 0$. $\boldsymbol{Ax}=0$ 的第 k 个方程为

$$\sum_{j=1}^{n}a_{kj}x_j=0\ ,$$

于是

$$|a_{kk}||x_k| = \left|\sum_{\substack{j=1\\j\neq k}}^{n} a_{kj}x_j\right| \leqslant \sum_{\substack{j=1\\j\neq k}}^{n} |a_{kj}||x_j| \leqslant |x_k|\sum_{\substack{j=1\\j\neq k}}^{n} |a_{kj}| ,$$

从而有

$$|a_{kk}| \leqslant \sum_{\substack{j=1\\j\neq k}}^{n} |a_{kj}| ,$$

这与 $\boldsymbol{A}$ 按行严格对角占优相矛盾,因此 $\boldsymbol{A}$ 非奇异.

(2) 再证 $\boldsymbol{A}$ 为不可约行弱对角占优的情形.

仍用反证法,假设 $\boldsymbol{A}$ 奇异,不妨设 $\boldsymbol{Ax}=0$ 的非零解为 $\boldsymbol{x}=(x_1,x_2,\cdots,x_n)^{\mathrm{T}}$,并记 $M=\max\limits_{1\leqslant x\leqslant n}|x_i|$, $\Omega=\{1,2,\cdots,n\}$. 定义两个指标集 $K=\{k \quad |x_k|=M\}$ 和 $J=\{j \quad |x_j|<M\}$,显然有 $K\cup J=\{1,2,\cdots,n\}$, $K\cap J=\Theta$.

J 必为非空集,不然 x 各分量 x_i 都满足 $|x_i|=M(i=1,2,\cdots,n)$,即有 $K=\Omega$. 对任意的 $k\in K$,有

$$|a_{kk}||x_k| = \left|\sum_{\substack{j=1\\j\neq k}}^{n} a_{kj}x_j\right| \leqslant \sum_{\substack{j=1\\j\neq k}}^{n} |a_{kj}||x_j| , \tag{7.32}$$

由于 $|x_i|=M(i=1,2,\cdots,n)$,所以有

$$|a_{kk}| \leqslant \sum_{\substack{j=1\\j\neq k}}^{n} |a_{kj}|(k=1,2,\cdots,n) .$$

这与 $\boldsymbol{A}$ 为弱对角占优矩阵矛盾,所以 J 必为非空集得证.

对任意的 $k\in K$,由(7.32)式得

$$|a_{kk}| \leqslant \sum_{\substack{j=1\\j\neq k}}^{n} |a_{kj}|\frac{|x_j|}{|x_k|} ,$$

又因为 $\boldsymbol{A}$ 为弱对角占优矩阵,所以有

$$|a_{kk}| \geqslant \sum_{\substack{j=1\\j\neq k}}^{n} |a_{kj}|(k=1,2,\cdots,n) ,$$

对任意的 $k\in K$,有

$$\sum_{\substack{j=1\\j\neq k}}^{n} |a_{kj}| \leqslant \sum_{\substack{j=1\\j\neq k}}^{n} |a_{kj}|\frac{|x_j|}{|x_k|} ,$$

即

$$\sum_{\substack{j=1\\j\neq k}}^{n}\left(1-\frac{|x_j|}{|x_k|}\right)|a_{kj}|=\sum_{\substack{j\in I\\j\neq k}}^{n}\left(1-\frac{|x_j|}{|x_k|}\right)|a_{kj}|+\sum_{j\in J}\left(1-\frac{|x_j|}{|x_k|}\right)|a_{kj}|$$

$$=\sum_{j\in J}^{n}\left(1-\frac{|x_j|}{|x_k|}\right)|a_{kj}|\leqslant 0\ ,$$

由于 $1-\dfrac{|x_j|}{|x_k|}>0(j\in J)$，必有 $a_{kj}=0$. 由定义 7.3 知 $\boldsymbol{A}$ 为可约矩阵，这与 $\boldsymbol{A}$ 为不可约矩阵矛盾，所以 $\boldsymbol{A}$ 为非奇异矩阵.

定理 7.5 若线性方程组 $\boldsymbol{Ax}=\boldsymbol{b}$ 的系数矩阵 $\boldsymbol{A}$ 是严格对角占优矩阵或不可约弱对角占优矩阵，则解此方程组的 Jacobi 迭代法和 Gauss-Seidel 迭代法均收敛.

证明 由定理 7.4 知 $\boldsymbol{A}$ 为非奇异矩阵. $\boldsymbol{A}$ 为严格对角占优矩阵或不可约弱对角占优矩阵时，必有 $a_{ii}\neq 0(i=1,2,\cdots,n)$，这是因为若某对角元素 $a_{ii}=0$，则 $\sum\limits_{\substack{j=1\\j\neq i}}^{n}|a_{ij}|\leqslant|a_{ii}|=0$ 知该行元素全为 0，从而 $\boldsymbol{A}$ 为奇异矩阵，这与 $\boldsymbol{A}$ 为非奇异矩阵矛盾.

只证 $\boldsymbol{A}$ 是严格对角占优矩阵的情形.

下证 Jacobi 迭代法收敛. Jacobi 迭代法的迭代矩阵为

$$\boldsymbol{B}_J=\boldsymbol{D}^{-1}(\boldsymbol{L}+\boldsymbol{U})=\begin{bmatrix}0 & -\dfrac{a_{12}}{a_{11}} & \cdots & -\dfrac{a_{1n}}{a_{11}}\\ -\dfrac{a_{21}}{a_{22}} & 0 & \cdots & -\dfrac{a_{2n}}{a_{22}}\\ \vdots & \vdots & \ddots & \vdots\\ -\dfrac{a_{n1}}{a_{nn}} & -\dfrac{a_{n2}}{a_{nn}} & \cdots & 0\end{bmatrix},$$

则有

$$\|\boldsymbol{B}_J\|_\infty=\max_{1\leqslant i\leqslant n}\frac{\sum\limits_{j=1,j\neq i}^{n}|a_{ij}|}{|a_{ii}|},$$

又因为 $\boldsymbol{A}$ 是严格对角占优矩阵，所以 $|a_{ii}|>\sum\limits_{j=1,j\neq i}^{n}|a_{ij}|(i=1,2,\cdots,n)$ ，

于是有 $\|B_J\|_\infty<1$，由定理 7.3 知 Jacobi 迭代法收敛。

再证 Gauss-Seidel 迭代法收敛.

Gauss-Seidel 迭代法的迭代矩阵为 $\boldsymbol{B}_G=(\boldsymbol{D}-\boldsymbol{L})^{-1}\boldsymbol{U}$，设 $\boldsymbol{\lambda}$ 为 $\boldsymbol{B}_G$ 的任意特征值，则有

$$\begin{aligned}\det(\lambda\boldsymbol{I}-\boldsymbol{B}_G)&=\det[\lambda\boldsymbol{I}-(\boldsymbol{D}-\boldsymbol{L})^{-1}\boldsymbol{U}]\\&=\det[(\boldsymbol{D}-\boldsymbol{L})^{-1}]\det[\lambda(\boldsymbol{D}-\boldsymbol{L})-\boldsymbol{U}]=0\ ,\end{aligned}$$

由于 $a_{ii}\neq 0(i=1,2,\cdots,n)$，则 $\boldsymbol{D}-\boldsymbol{L}$ 可逆，且 $\det[(\boldsymbol{D}-\boldsymbol{L})^{-1}]\neq 0$，于是必有

$$\det[\lambda(\boldsymbol{D}-\boldsymbol{L})-\boldsymbol{U}]=0. \tag{7.33}$$

下证 $|\lambda|<1$,若不然,假设 $|\lambda|\geqslant 1$,则有

$$|\lambda a_{ii}|>\sum_{j\neq i}|\lambda a_{ij}|\geqslant\sum_{j=1}^{i-1}|\lambda a_{ij}|+\sum_{j=i+1}^{n}|a_{ij}|(i=1,2,\cdots,n), \tag{7.34}$$

即

$$\lambda(\boldsymbol{D}-\boldsymbol{L})-\boldsymbol{U}=\begin{bmatrix}\lambda a_{11} & a_{12} & \cdots & a_{1n}\\ \lambda a_{21} & \lambda a_{22} & \cdots & a_{2n}\\ \vdots & \vdots & & \vdots\\ \lambda a_{n1} & \lambda a_{n2} & \cdots & \lambda a_{nn}\end{bmatrix}$$

为严格对角占优矩阵,由定理 7.4 知 $\lambda(\boldsymbol{D}-\boldsymbol{L})-\boldsymbol{U}$ 必为非奇异矩阵,这与(7.33)式矛盾,故 $|\lambda|<1$,从而 $\rho(\boldsymbol{B}_G)<1$,故 Gauss-Seidel 迭代法收敛.

对于 $\boldsymbol{A}$ 为不可约弱对角占优矩阵时也可类似地证明 Jacobi 迭代和 Gauss-Seidel 迭代法是收敛的. 证明从略.

定理 7.6　若 $\boldsymbol{A}$ 为对称正定矩阵,则解线性方程组 $\boldsymbol{Ax}=\boldsymbol{b}$ 的 Gauss-Seidel 迭代法收敛.

证明　因为 $\boldsymbol{A}=\boldsymbol{D}-\boldsymbol{L}-\boldsymbol{L}^{\mathrm{T}}$,$\boldsymbol{B}_G=(\boldsymbol{D}-\boldsymbol{L})^{-1}\boldsymbol{U}$,设 λ 为 $\boldsymbol{B}_G$ 的任一特征值,y 为对应的非零特征向量,则有

$$(\boldsymbol{D}-\boldsymbol{L})^{-1}\boldsymbol{L}^{\mathrm{T}}\boldsymbol{y}=\lambda\boldsymbol{y},$$

即

$$\boldsymbol{L}^{\mathrm{T}}\boldsymbol{y}=\lambda(\boldsymbol{D}-\boldsymbol{L})y.$$

求内积得

$$(\boldsymbol{L}^{\mathrm{T}}\boldsymbol{y},\boldsymbol{y})=\lambda((\boldsymbol{D}-\boldsymbol{L})\boldsymbol{y},\boldsymbol{y}),$$

从而有

$$\lambda=\frac{(\boldsymbol{L}^{\mathrm{T}}\boldsymbol{y},\boldsymbol{y})}{(\boldsymbol{Dy},\boldsymbol{y})-(\boldsymbol{Ly},\boldsymbol{y})}, \tag{7.35}$$

因为 $\boldsymbol{A}$ 正定,由定理 6.1 的推论知 $\boldsymbol{D}$ 也正定,故 $(\boldsymbol{Dy},\boldsymbol{y})=\mu>0$,令 $-(\boldsymbol{Ly},\boldsymbol{y})=a+bi$,由内积的性质有

$$(\boldsymbol{L}^{\mathrm{T}}\boldsymbol{y},\boldsymbol{y})=(\boldsymbol{y},\boldsymbol{Ly})=\overline{(\boldsymbol{Ly},\boldsymbol{y})}=-(a-ib),$$

于是(7.35)式变为

$$\lambda=\frac{-a+ib}{(\mu+a)+ib},$$

于是

$$|\lambda|^2=\frac{a^2+b^2}{(\mu+a)^2+b^2}<1,$$

从而$\rho(\boldsymbol{B}_G)<1$,故 Gauss-Seidel 迭代法收敛.

下面几个定理给出了松弛因子 ω 与 SOR 迭代法收敛的关系.

定理 7.7 (**SOR 迭代法收敛的必要条件**)设解方程组 $\boldsymbol{Ax}=\boldsymbol{b}$ 的 SOR 迭代法收敛,则 $0<\omega<2$.

证明 迭代矩阵 $\boldsymbol{B}_\omega=(\boldsymbol{D}-\omega\boldsymbol{L})^{-1}[(1-\omega)\boldsymbol{D}+\omega\boldsymbol{U}]$,由 SOR 收敛知$\rho(\boldsymbol{B}_\omega)<1$.

设 $\lambda_i(i=1,2,\cdots,n)$ 是 $\boldsymbol{B}_\omega$ 的特征值,则有

$$\det(\boldsymbol{B}_\omega)=\lambda_1\lambda_2\cdots\lambda_n<|\lambda_1||\lambda_2|\cdots|\lambda_n|<[\rho(\boldsymbol{B}_\omega)]^n<1,$$

于是有

$$\begin{aligned}\det(\boldsymbol{B}_\omega)&=\det(\boldsymbol{D}-\omega\boldsymbol{L})^{-1}\det[(1-\omega)\boldsymbol{D}+\omega\boldsymbol{U}]\\&=(\prod_{i=1}^{m}a_{ii})^{-1}[\prod_{i=1}^{n}(1-\omega)a_{ii}]=(1-\omega)^n<1.\end{aligned}$$

因此有 $|1-\omega|<1$,即 $0<\omega<2$.

定理 7.7 表明用 SOR 迭代法解线性方程组 $\boldsymbol{Ax}=\boldsymbol{b}$ 时,只有在(0,2)范围内选取松弛因子,迭代法才可能收敛.

定理 7.8 若 $\boldsymbol{A}$ 为对称正定矩阵,且 $0<\omega<2$,则解线性方程组 $\boldsymbol{Ax}=\boldsymbol{b}$ 的 SOR 迭代法收敛.

证明 设 λ 是 $\boldsymbol{B}_\omega$ 的任一特征值,$\boldsymbol{y}$ 为对应的非零特征向量,即有 $\boldsymbol{B}_\omega\boldsymbol{y}=\lambda\boldsymbol{y}$. 只要证明 $|\lambda|<1$ 即可.

$$(\boldsymbol{D}-\omega\boldsymbol{L})^{-1}((1-\omega)\boldsymbol{D}+\omega\boldsymbol{L}^{\mathrm{T}})\boldsymbol{y}=\lambda\boldsymbol{y},$$

即

$$((1-\omega)\boldsymbol{D}+\omega\boldsymbol{L}^{\mathrm{T}})\boldsymbol{y}=\lambda(\boldsymbol{D}-\omega\boldsymbol{L})\boldsymbol{y},$$

求内积得

$$(((1-\omega)\boldsymbol{D}+\omega\boldsymbol{L}^{\mathrm{T}})\boldsymbol{y},\boldsymbol{y})=\lambda((\boldsymbol{D}-\omega\boldsymbol{L})\boldsymbol{y},\boldsymbol{y}),$$

于是

$$\lambda=\frac{(\boldsymbol{Dy},\boldsymbol{y})-\omega(\boldsymbol{Dy},\boldsymbol{y})+\omega(\boldsymbol{L}^{\mathrm{T}}\boldsymbol{y},\boldsymbol{y})}{(\boldsymbol{Dy},\boldsymbol{y})-\omega(\boldsymbol{Ly},\boldsymbol{y})},\tag{7.36}$$

因为 $\boldsymbol{A}$ 正定,则 $\boldsymbol{D}$ 也正定,故$(\boldsymbol{Dy},\boldsymbol{y})=\mu>0$. 令 $-(\boldsymbol{Ly},\boldsymbol{y})=a+bi$,则$(\boldsymbol{L}^{\mathrm{T}}\boldsymbol{y},\boldsymbol{y})=-(a-ib)$, 于是(7.36)式变为

$$\lambda=\frac{(\mu-\omega\mu-a\omega)+i\omega b}{(\mu+a\omega)+i\omega b},$$

则有

$$|\lambda|^2=\frac{(\mu-\omega\mu-a\omega)^2+\omega^2b^2}{(\mu+a\omega)^2+\omega^2b^2}, \tag{7.37}$$

因为

$$0<(\boldsymbol{A}\boldsymbol{y},\boldsymbol{y})=((\boldsymbol{D}-\boldsymbol{L}-\boldsymbol{L}^{\mathrm{T}})\boldsymbol{y},\boldsymbol{y})=\mu+2a,$$

将(7.37)式的分子与分母相减且由 $0<\omega<2$ 得

$$(\mu-\omega\mu-a\omega)^2-(\mu+a\omega)^2=\omega\mu(\mu+2a)(\omega-2)<0.$$

于是 $|\lambda|^2<1$,由 λ 的任意性知 $\rho(\boldsymbol{B}_\omega)<1$,故 SOR 迭代法收敛.

当 SOR 收敛时,希望选择最佳的松弛因子 ω_{opt},即 $\rho(\omega_{\mathrm{opt}})=\min\limits_{\omega}\rho(\boldsymbol{B}_\omega)$,使得 SOR 迭代法的收敛速度最快. 然而,对于一般任意给定的矩阵,目前为止尚无确定的最佳松弛因子 ω_{opt} 普遍性理论,只对某类具有特殊性质的线性方程组才有明确的结论. Young 在 1950 年给出了关于线性方程组的系数矩阵 A 是对称正定的三对角矩阵的最佳松弛因子的公式是

$$\omega_{\mathrm{opt}}=\frac{2}{1+\sqrt{1-(\rho(\boldsymbol{B}_J))^2}}, \tag{7.38}$$

其中 $\rho(\boldsymbol{B}_J)$ 为 Jacobi 迭代矩阵 $\boldsymbol{B}_J$ 的谱半径,然而 $\rho(\boldsymbol{B}_J)$ 的计算也很困难. 在实际计算时,一般采用试算法寻找 ω_{opt},即在(0,2)范围内取不同的松弛因子 ω,从同一初始向量出发迭代足够多的相同次数 k,比较 $\|r\|=\|\boldsymbol{b}-\boldsymbol{A}\boldsymbol{x}^{(k)}\|$ 或者 $\|\boldsymbol{x}^{(k)}-\boldsymbol{x}^{(k-1)}\|$,选取使其值较小的松弛因子作为最佳松弛因子 ω_{opt} 的近似值.

7.4　共轭梯度法

共轭梯度(Conjugate Gradient,简称 CG)法是求解系数矩阵是对称正定的大型稀疏矩阵线性方程组最有效的方法之一. 该方法的优点在于收敛速度快,求解“病态”方程组时也能很好地控制误差.

7.4.1　最速下降法

首先介绍线性方程组的等价变分问题. 对任意的 $x\in\mathbf{R}^n$,由线性方程组

$$\boldsymbol{A}\boldsymbol{x}=\boldsymbol{b} \tag{7.39}$$

的系数矩阵 $\boldsymbol{A}$ 和右端项 $\boldsymbol{b}$ 定义二次实函数 $\varphi:\mathbf{R}^n\to\mathbf{R}$ 为

$$\varphi(\boldsymbol{x})=\frac{1}{2}(\boldsymbol{A}\boldsymbol{x},\boldsymbol{x})-(\boldsymbol{b},\boldsymbol{x})=\frac{1}{2}\sum_{i=1}^{n}\sum_{j=1}^{n}a_{ij}x_ix_j-\sum_{j=1}^{n}b_jx_j. \tag{7.40}$$

计算 $\varphi(\boldsymbol{x})$ 的梯度为 $\nabla\varphi=\boldsymbol{A}\boldsymbol{x}-\boldsymbol{b}$,由极值的必要条件,$\boldsymbol{x}^*$ 是 $\varphi(\boldsymbol{x})$ 的极值点必有 $\nabla\varphi=\boldsymbol{A}\boldsymbol{x}-\boldsymbol{b}=0$,还可进一步证明求线性方程组 $\boldsymbol{A}\boldsymbol{x}=\boldsymbol{b}$ 的解等价于求 $\varphi(\boldsymbol{x})$ 的极值点,因而解

线性方程组(7.39)转化为求$\varphi(\boldsymbol{x})$的极小值点.为此,可从一$\boldsymbol{x}^{(k)}$出发,沿着$\varphi(\boldsymbol{x})$在$\boldsymbol{x}^{(k)}$处下降最快的方向$\boldsymbol{p}^{(k)}$搜索下一个近似点$\boldsymbol{x}^{(k+1)}=\boldsymbol{x}^{(k)}+\alpha\boldsymbol{p}^{(k)}$,使$\varphi(\boldsymbol{x}^{(k+1)})$达到极小值.为此需要确定搜索方向$\boldsymbol{p}^{(k)}$和步长$\alpha$.

由$\varphi(\boldsymbol{x})$的定义式(7.40)得

$$\varphi(\boldsymbol{x}^{(k)}+\alpha\boldsymbol{p}^{(k)})=\varphi(\boldsymbol{x}^{(k)})+\alpha(\boldsymbol{A}\boldsymbol{x}^{(k)}-\boldsymbol{b},\boldsymbol{p}^{(k)})+\frac{\alpha^2}{2}(\boldsymbol{A}\boldsymbol{p}^{(k)},\boldsymbol{p}^{(k)}). \tag{7.41}$$

为确定步长α,求导得

$$\frac{\varphi(\boldsymbol{x}^{(k)}+\alpha\boldsymbol{p}^{(k)})}{\mathrm{d}\alpha}=(\boldsymbol{A}\boldsymbol{x}^{(k)}-\boldsymbol{b},\boldsymbol{p}^{(k)})+\alpha(\boldsymbol{A}\boldsymbol{p}^{(k)},\boldsymbol{p}^{(k)})=0, \tag{7.42}$$

于是得

$$\alpha_k=\alpha=\frac{(\boldsymbol{b}-\boldsymbol{A}\boldsymbol{x}^{(k)},\boldsymbol{p}^{(k)})}{(\boldsymbol{A}\boldsymbol{p}^{(k)},\boldsymbol{p}^{(k)})}. \tag{7.43}$$

再来确定搜索方向$\boldsymbol{p}^{(k)}$,根据多元微积分的有关知识,$\varphi(\boldsymbol{x})$沿$\boldsymbol{x}^{(k)}$处的负梯度方向下降最快,于是有

$$\boldsymbol{p}^{(k)}=-\nabla\varphi\big|_{x=x^{(k)}}=\boldsymbol{b}-\boldsymbol{A}\boldsymbol{x}^{(k)},$$

记

$$\boldsymbol{r}^{(k)}=\boldsymbol{b}-\boldsymbol{A}\boldsymbol{x}^{(k)},$$

$\boldsymbol{r}^{(k)}$也称为近似点$\boldsymbol{x}^{(k)}$对应的残差向量,于是$\boldsymbol{p}^{(k)}=\boldsymbol{r}^{(k)}$.

于是式(7.43)可写成

$$\alpha_k=\frac{(\boldsymbol{r}^{(k)},\boldsymbol{r}^{(k)})}{(\boldsymbol{A}\boldsymbol{r}^{(k)},\boldsymbol{r}^{(k)})},k=0,1,2,\cdots \tag{7.44}$$

按(7.44)式计算步长α_k,并沿搜索方向$\boldsymbol{r}^{(k)}$计算

$$\boldsymbol{x}^{(k+1)}=\boldsymbol{x}^{(k)}+\alpha_k\boldsymbol{r}^{(k)},k=0,1,2,\cdots \tag{7.45}$$

可使

$$\varphi(\boldsymbol{x}^{(k+1)})=\min_{\alpha}\varphi(\boldsymbol{x}^{(k)}+\alpha\boldsymbol{r}^{(k)}).$$

由(7.44)式和(7.45)式计算得到的向量序列$\{\boldsymbol{x}^{(k)}\}$称为解线性方程组$\boldsymbol{A}\boldsymbol{x}=\boldsymbol{b}$的**最速下降法**.

由于

$$\begin{aligned}(\boldsymbol{r}^{(k+1)},\boldsymbol{r}^{(k)})&=(\boldsymbol{b}-\boldsymbol{A}(\boldsymbol{x}^{(k)}+\alpha_k\boldsymbol{r}^{(k)}),\boldsymbol{r}^{(k)})\\&=(\boldsymbol{r}^{(k)},\boldsymbol{r}^{(k)})-\alpha_k(\boldsymbol{A}\boldsymbol{r}^{(k)},\boldsymbol{r}^{(k)})=0.\end{aligned}$$

这说明两个相邻的搜索方向是正交的.

综上所述,最速下降法的算法步骤具体如下:

(1) 给定初始向量 $\boldsymbol{x}^{(0)}$ 和允许的误差 ε ;

(2) 计算残差向量 $\boldsymbol{r}^{(k)}=\boldsymbol{b}-\boldsymbol{A}\boldsymbol{x}^{(k)}$,若 $\|\boldsymbol{r}^{(k)}\|\leqslant\varepsilon$,终止计算,输出 $\boldsymbol{x}^{(k)}$ 作为近似解;

(3) 按(7.44)式计算步长 α_k,并计算 $\boldsymbol{x}^{(k+1)}=\boldsymbol{x}^{(k)}+\alpha_k\boldsymbol{r}^{(k)}$,转向步骤(2);

(4) 重复上述(2)和(3)的过程直到残差向量满足允许的误差 ε,迭代终止.

7.4.2　共轭梯度法

定义 7.4　设 $\boldsymbol{A}$ 为对称正定矩阵,若 $\mathbf{R}^n$ 中的向量组 $\{\boldsymbol{p}^{(0)},\boldsymbol{p}^{(1)},\cdots,\boldsymbol{p}^{(m)}\}$ 满足

$$\{\boldsymbol{A}\boldsymbol{p}^{(i)},\boldsymbol{p}^{(j)}\}=0,i\neq j;i,j=0,1,2,\cdots,m.$$

则称 $\{\boldsymbol{p}^{(0)},\boldsymbol{p}^{(1)},\cdots,\boldsymbol{p}^{(m)}\}$ 为 $\mathbf{R}^n$ 中的一个 **$\boldsymbol{A}$-共轭向量组**或 **$\boldsymbol{A}$-正交向量组**.

显然,当 $m<n$ 时,不含零向量的 $\boldsymbol{A}$-共轭向量组是线性无关的;特别地,当 $\boldsymbol{A}$ 为单位矩阵时,$\boldsymbol{A}$-共轭向量组就是正交向量组.

下面讨论共轭梯度法的构造,与最速下降法使用负梯度方向作为搜索方向不同,共轭梯度法是寻找一组所谓的共轭梯度方向:$\boldsymbol{p}^{(0)},\boldsymbol{p}^{(1)},\cdots,\boldsymbol{p}^{(k-1)}$,使得进行 k 次一维搜索后,求得近似解 $\boldsymbol{x}^{(k)}$.

对应极小化问题 $\varphi(\boldsymbol{x}^{(k+1)})=\min\limits_{\alpha}\varphi(\boldsymbol{x}^{(k)}+\alpha\boldsymbol{p}^{(k)})$,

为确定步长 α,$\varphi(\boldsymbol{x}^{(k+1)})=\varphi(\boldsymbol{x}^{(k)}+\alpha\boldsymbol{p}^{(k)})$ 对 α 求导可求得

$$\alpha_k=\frac{(\boldsymbol{r}^{(k)},\boldsymbol{p}^{(k)})}{(\boldsymbol{A}\boldsymbol{p}^{(k)},\boldsymbol{p}^{(k)})},$$

从而下一个近似解和对应的残差向量分别为

$$\boldsymbol{x}^{(k+1)}=\boldsymbol{x}^{(k)}+\alpha_k\boldsymbol{p}^{(k)},\tag{7.46}$$

$$\boldsymbol{r}^{(k+1)}=\boldsymbol{b}-\boldsymbol{A}\boldsymbol{x}^{(k+1)}=\boldsymbol{b}-\boldsymbol{A}\boldsymbol{x}^{(k)}-\alpha_k\boldsymbol{A}\boldsymbol{p}^{(k)}=\boldsymbol{r}^{(k)}-\alpha_k\boldsymbol{A}\boldsymbol{p}^{(k)}.\tag{7.47}$$

在构造共轭梯度法时,为了讨论方便,假设 $\boldsymbol{x}^{(0)}=0$,$\boldsymbol{x}^{(k+1)}$ 取为 $\boldsymbol{p}^{(0)},\boldsymbol{p}^{(1)},\cdots,\boldsymbol{p}^{(k)}$ 的线性组合,即

$$\boldsymbol{x}^{(k+1)}=\alpha_0\boldsymbol{p}^{(0)}+\alpha_1\boldsymbol{p}^{(1)}+\cdots+\alpha_k\boldsymbol{p}^{(k)},$$

从而

$$\boldsymbol{x}^{(k+1)}=span\{\boldsymbol{p}^{(0)},\boldsymbol{p}^{(1)},\cdots,\boldsymbol{p}^{(k)}\}.$$

现在讨论 $\boldsymbol{p}^{(0)},\boldsymbol{p}^{(1)},\cdots,\boldsymbol{p}^{(k)}$ 如何选取可使 $\varphi(\boldsymbol{x}^{(k)}+\alpha\boldsymbol{p}^{(k)})$ 下降最快. 初始方向可选为 $\boldsymbol{p}^{(0)}=\boldsymbol{r}^{(0)}=\boldsymbol{b}-\boldsymbol{A}\boldsymbol{x}$,当 $k\geqslant1$ 时,不仅希望 $\varphi(\boldsymbol{x}^{(k+1)})=\min\limits_{\alpha>0}\varphi(\boldsymbol{x}^{(k)}+\alpha\boldsymbol{p}^{(k)})$,而且希望 $\varphi(\boldsymbol{x}^{(k+1)})=\min\limits_{x\in span\{\boldsymbol{p}^{(0)},\boldsymbol{p}^{(1)},\cdots,\boldsymbol{p}^{(k)}\}}\varphi(x)$.

记

$$\boldsymbol{x}=\boldsymbol{y}+\alpha\boldsymbol{p}^{(k)},$$

其中 $\boldsymbol{y} \in span\{\boldsymbol{p}^{(0)},\boldsymbol{p}^{(1)},\cdots,\boldsymbol{p}^{(k-1)}\}$.

$$\begin{aligned}\varphi(\boldsymbol{x}) &= \varphi(\boldsymbol{y}+\alpha\boldsymbol{p}^{(k)}) \\ &= \varphi(\boldsymbol{y})+\alpha(\boldsymbol{A}\boldsymbol{y},\boldsymbol{p}^{(k)})-\alpha(\boldsymbol{b},\boldsymbol{p}^{(k)})+\frac{\alpha^2}{2}(\boldsymbol{A}\boldsymbol{p}^{(k)},\boldsymbol{p}^{(k)}).\end{aligned} \tag{7.48}$$

由(7.41)~(7.43)式可知,要使 $\varphi(x)$ 取得极小值,步长应取为

$$\alpha_k=\frac{(\boldsymbol{r}^{(k)},\boldsymbol{p}^{(k)})}{(\boldsymbol{A}\boldsymbol{p}^{(k)},\boldsymbol{p}^{(k)})}. \tag{7.49}$$

现在讨论 $\{\boldsymbol{p}^{(0)},\boldsymbol{p}^{(1)},\cdots\}$ 的选择,在共轭梯度法中,可令初始方向 $\boldsymbol{p}^{(0)}=\boldsymbol{r}^{(0)}=\boldsymbol{b}-\boldsymbol{A}\boldsymbol{x}^{(0)}$,$\boldsymbol{p}^{(k)}$ 选为 $\boldsymbol{A}$-共轭向量组$\{\boldsymbol{p}^{(0)},\boldsymbol{p}^{(1)},\cdots,\boldsymbol{p}^{(k-1)}\}$ 的线性组合,不妨取

$$\boldsymbol{p}^{(k)}=\boldsymbol{r}^{(k)}+\beta_{k-1}\boldsymbol{p}^{(k-1)}. \tag{7.50}$$

若向量组 $\{\boldsymbol{p}^{(0)},\boldsymbol{p}^{(1)},\cdots,\boldsymbol{p}^{(k-1)}\}$ 是 $\boldsymbol{A}$-共轭向量组,则

$$(\boldsymbol{A}\boldsymbol{p}^{(i)},\boldsymbol{p}^{(k)})=0(i=1,2,\cdots,k-1).$$

于是

$$(\boldsymbol{p}^{(k)},\boldsymbol{A}\boldsymbol{p}^{(k-1)})=(\boldsymbol{r}^{(k)}+\beta_{k-1}\boldsymbol{p}^{(k-1)},\boldsymbol{A}\boldsymbol{p}^{(k-1)})=0$$

可求得

$$\beta_{k-1}=-\frac{(\boldsymbol{r}^{(k)},\boldsymbol{A}\boldsymbol{p}^{(k-1)})}{(\boldsymbol{p}^{(k-1)},\boldsymbol{A}\boldsymbol{p}^{(k-1)})}. \tag{7.51}$$

实际上,由(7.50)式和(7.51)式得到的 $\boldsymbol{p}^{(k)}$ 和 $\boldsymbol{p}^{(k-1)}$ 是 $\boldsymbol{A}$-共轭的,这是因为

$$\begin{aligned}(\boldsymbol{p}^{(k)},\boldsymbol{A}\boldsymbol{p}^{(k-1)}) &= \left(\boldsymbol{r}^{(k)}-\frac{(\boldsymbol{r}^{(k)},\boldsymbol{A}\boldsymbol{p}^{(k-1)})}{(\boldsymbol{p}^{(k-1)},\boldsymbol{A}\boldsymbol{p}^{(k-1)})}\boldsymbol{p}^{(k-1)},\boldsymbol{A}\boldsymbol{p}^{(k-1)}\right) \\ &= \left(\boldsymbol{r}^{(k)}-\frac{(\boldsymbol{r}^{(k)},\boldsymbol{A}\boldsymbol{p}^{(k-1)})}{(\boldsymbol{p}^{(k-1)},\boldsymbol{A}\boldsymbol{p}^{(k-1)})}\boldsymbol{p}^{(k-1)},\boldsymbol{A}\boldsymbol{p}^{(k-1)}\right) \\ &= (\boldsymbol{r}^{(k)},\boldsymbol{A}\boldsymbol{p}^{(k-1)})-\frac{(\boldsymbol{r}^{(k)},\boldsymbol{A}\boldsymbol{p}^{(k-1)})}{(\boldsymbol{p}^{(k-1)},\boldsymbol{A}\boldsymbol{p}^{(k-1)})}(\boldsymbol{p}^{(k-1)},\boldsymbol{A}\boldsymbol{p}^{(k-1)})=0.\end{aligned} \tag{7.52}$$

因此,由(7.50)式和(7.51)式迭代得到的 $\{\boldsymbol{p}^{(0)},\boldsymbol{p}^{(1)},\cdots,\boldsymbol{p}^{(k-1)}\}$ 是 $\boldsymbol{A}$-共轭向量组.

定理 7.9 若 $\boldsymbol{A}$ 为对称正定矩阵,共轭梯度法得到的向量序列$\{\boldsymbol{r}^{(k)}\}$、$\{\boldsymbol{p}^{(k)}\}$ 有以下性质:

(1) $\{\boldsymbol{r}^{(k)}\}$ 是 $\mathbf{R}^n$ 中的正交向量组,即$(\boldsymbol{r}^{(i)},\boldsymbol{r}^{(j)})=0,i\neq j$;

(2) $\{\boldsymbol{p}^{(k)}\}$ 是 $\mathbf{R}^n$ 中的 $\boldsymbol{A}$-共轭向量组,即$(\boldsymbol{A}\boldsymbol{p}^{(i)},\boldsymbol{p}^{(j)})=(\boldsymbol{p}^{(i)},\boldsymbol{A}\boldsymbol{p}^{(j)})=0(i\neq j)$.

证明(1)(7.47)式与 $\boldsymbol{p}^{(k)}$ 作内积得

$$(\boldsymbol{r}^{(k+1)},\boldsymbol{p}^{(k)})=(\boldsymbol{r}^{(k)}-\alpha_k\boldsymbol{A}\boldsymbol{p}^{(k)},\boldsymbol{p}^{(k)})=0,$$

因而

$$(\boldsymbol{r}^{(k)},\boldsymbol{p}^{(k)})=(\boldsymbol{r}^{(k)},\boldsymbol{r}^{(k)}+\beta_{k-1}\boldsymbol{p}^{(k-1)})$$
$$=(\boldsymbol{r}^{(k)},\boldsymbol{r}^{(k)})+\beta_{k-1}(\boldsymbol{r}^{(k)},\boldsymbol{p}^{(k-1)})=(\boldsymbol{r}^{(k)},\boldsymbol{r}^{(k)}),\tag{7.53}$$

于是

$$\begin{aligned}(\boldsymbol{r}^{(k+1)},\boldsymbol{r}^{(k)})&=(\boldsymbol{r}^{(k)}-\alpha_k\boldsymbol{A}\boldsymbol{p}^{(k)},\boldsymbol{r}^{(k)})\\&=\left(\boldsymbol{r}^{(k)}-\frac{(\boldsymbol{r}^{(k)},\boldsymbol{p}^{(k)})}{(\boldsymbol{A}\boldsymbol{p}^{(k)},\boldsymbol{p}^{(k)})}\boldsymbol{A}\boldsymbol{p}^{(k)},\boldsymbol{r}^{(k)}\right)\\&=(\boldsymbol{r}^{(k)},\boldsymbol{r}^{(k)})-(\boldsymbol{r}^{(k)},\boldsymbol{p}^{(k)})=0.\end{aligned}$$

所以任意两个相邻的残差向量正交,因而 $(\boldsymbol{r}^{(i)},\boldsymbol{r}^{(j)})=0,i\neq j$ 成立.

(2) 由(7.52)式可知任意两个相邻的向量 $\boldsymbol{p}^{(k)}$ 和 $\boldsymbol{p}^{(k-1)}$ 是 $\boldsymbol{A}$-共轭的,结论(2)得证.

由定理的推导还可以简化 α_k,β_k 的计算.

由(7.53)式有 $(\boldsymbol{r}^{(k)},\boldsymbol{p}^{(k)})=(\boldsymbol{r}^{(k)},\boldsymbol{r}^{(k)})$,于是(7.49)式可改写为

$$\alpha_k=\frac{(\boldsymbol{r}^{(k)},\boldsymbol{r}^{(k)})}{(\boldsymbol{A}\boldsymbol{p}^{(k)},\boldsymbol{p}^{(k)})}.\tag{7.54}$$

由(7.47)式得

$$\boldsymbol{A}\boldsymbol{p}^{(k)}=\alpha_k^{-1}(\boldsymbol{r}^{(k)}-\boldsymbol{r}^{(k+1)})$$

和

$$\alpha_k(\boldsymbol{A}\boldsymbol{p}^{(k)},\boldsymbol{r}^{(k)})=(\boldsymbol{r}^{(k)},\boldsymbol{r}^{(k)}).\tag{7.55}$$

于是

$$\begin{aligned}\beta_k&=-\frac{(\boldsymbol{r}^{(k+1)},\boldsymbol{A}\boldsymbol{p}^{(k)})}{(\boldsymbol{p}^{(k)},\boldsymbol{A}\boldsymbol{p}^{(k)})}=-\frac{(\boldsymbol{r}^{(k+1)},\alpha_k^{-1}(\boldsymbol{r}^{(k)}-\boldsymbol{r}^{(k+1)}))}{(\boldsymbol{r}^{(k)}+\beta_{k-1}\boldsymbol{p}^{(k-1)},\boldsymbol{A}\boldsymbol{p}^{(k)})}\\&=\frac{(\boldsymbol{r}^{(k+1)},\boldsymbol{r}^{(k+1)})}{\alpha_k(\boldsymbol{r}^{(k)},\boldsymbol{A}\boldsymbol{p}^{(k)})}=\frac{(\boldsymbol{r}^{(k+1)},\boldsymbol{r}^{(k+1)})}{(\boldsymbol{r}^{(k)},\boldsymbol{r}^{(k)})}.\end{aligned}$$

即

$$\beta_k=\frac{(\boldsymbol{r}^{(k+1)},\boldsymbol{r}^{(k+1)})}{(\boldsymbol{r}^{(k)},\boldsymbol{r}^{(k)})}.\tag{7.56}$$

综上所述,可得共轭梯度法的算法步骤具体如下:

(1) 给定初始向量给定初始向量 $\boldsymbol{x}^{(0)}$ 和允许的误差 ε,计算 $\boldsymbol{r}^{(0)}=\boldsymbol{b}-\boldsymbol{A}\boldsymbol{x}^{(0)}$,令 $\boldsymbol{r}^{(0)}=\boldsymbol{p}^{(0)}$.

(2) 按(7.54)式计算搜索步长 α_k,并计算 $\boldsymbol{x}^{(k+1)}=\boldsymbol{x}^{(k)}+\alpha_k\boldsymbol{p}^{(k)}$;由(7.47) 式 $\boldsymbol{r}^{(k+1)}=\boldsymbol{r}^{(k)}-\alpha_k\boldsymbol{A}\boldsymbol{p}^{(k)}$.

(3) $\|\boldsymbol{r}^{(k+1)}\|\leqslant\varepsilon$,终止计算,输出 $\boldsymbol{x}^{(k+1)}$ 作为近似解.

(4) 按(7.56)式计算

$$\beta_k = \frac{(\boldsymbol{r}^{(k+1)}, \boldsymbol{r}^{(k+1)})}{(\boldsymbol{r}^{(k)}, \boldsymbol{r}^{(k)})}, \boldsymbol{p}^{(k+1)} = \boldsymbol{r}^{(k+1)} + \beta_k \boldsymbol{p}^{(k)} .$$

(5) 重复(2)~(4)的步骤,直到残差向量满足允许的误差 ε 迭代终止.

例 7.5 用共轭梯度法解线性方程组 $\begin{cases} 2x_1 + x_2 = 5 \\ x_1 + 4x_2 = 6 \end{cases}$,要求 $\| \boldsymbol{x}^{(k)} - \boldsymbol{x}^* \| \leqslant 10^{-10}$.

解 系数矩阵 $\boldsymbol{A} = \begin{bmatrix} 2 & 1 \\ 1 & 4 \end{bmatrix}$ 为对称正定矩阵,且 $\boldsymbol{x}^* = (2,1)^{\mathrm{T}}$.

取 $\boldsymbol{x}^{(0)} = (0,0)^{\mathrm{T}}$,则

$$\boldsymbol{p}^{(0)} = \boldsymbol{r}^{(0)} = \boldsymbol{b} - \boldsymbol{A}\boldsymbol{x}^{(0)} = (5,6)^{\mathrm{T}}, \alpha_0 = \frac{(\boldsymbol{r}^{(0)}, \boldsymbol{r}^{(0)})}{(\boldsymbol{A}\boldsymbol{p}^{(0)}, \boldsymbol{p}^{(0)})} \approx 0.240\,2 ,$$

$$\boldsymbol{x}^{(1)} = \boldsymbol{x}^{(0)} + \alpha_0 \boldsymbol{p}^{(0)} \approx (1.200\,8, 1.440\,9), \boldsymbol{r}^{(1)} \approx (1.157\,5, -0.964\,6)^{\mathrm{T}} ,$$

$$\beta_0 = \frac{(\boldsymbol{r}^{(1)}, \boldsymbol{r}^{(1)})}{(\boldsymbol{r}^{(0)}, \boldsymbol{r}^{(0)})} \approx 0.037\,22, \boldsymbol{p}^{(1)} = \boldsymbol{r}^{(1)} + \beta_0 \boldsymbol{p}^{(0)} \approx (1.343\,6, -0.741\,9)^{\mathrm{T}} ,$$

$$\alpha_1 = \frac{(\boldsymbol{r}^{(1)}, \boldsymbol{r}^{(1)})}{(\boldsymbol{A}\boldsymbol{p}^{(1)}, \boldsymbol{p}^{(1)})} \approx 0.594\,8, \boldsymbol{x}^{(2)} = \boldsymbol{x}^{(1)} + \alpha_1 \boldsymbol{p}^{(1)} \approx (2.000\,0, 1.000\,0) .$$

迭代 2 步即得满足精度要求的解,可见共轭梯度法收敛速度非常快.

7.5 迭代法解线性方程组编程实例

1. 可用 MATLAB 中的三个内置函数提取矩阵 $\boldsymbol{A}$ 中的元素.

(1) $\boldsymbol{D} = diag(\boldsymbol{A})$.

输入 $\boldsymbol{A}$ 为方阵时,输出 $\boldsymbol{D}$ 为 $\boldsymbol{A}$ 的对角线元素构成的向量;输入 $\boldsymbol{A}$ 为向量时,输出 $\boldsymbol{D}$ 是由 $\boldsymbol{A}$ 的元素构成的对角矩阵.

(2) $\boldsymbol{L} = tril(\boldsymbol{A}, k)$.

输入 $\boldsymbol{A}$ 为方阵,k 为对角线序号, $k = 0$ 表示主对角线, $k > 0$ 表示主对角线右上方的第 k 条次对角线,$k < 0$ 表示主对角线左下方的第 k 条次对角线. 输出 $\boldsymbol{L}$ 为第 k 条次对角线及以下元素构成的下三角矩阵. 特别地,$\boldsymbol{L} = tril(\boldsymbol{A})$ 返回矩阵 $\boldsymbol{A}$ 的下三角矩阵,即 $tril(\boldsymbol{A}) = tril(\boldsymbol{A}, 0)$.

(3) $\boldsymbol{U} = triu(\boldsymbol{A}, k)$.

输入 $\boldsymbol{A}$ 为方阵,k 为对角线序号,输出 $\boldsymbol{U}$ 为第 k 条次对角线及以上元素构成的上三角矩阵. 特别地,$\boldsymbol{U} = triu(\boldsymbol{A})$ 返回矩阵 $\boldsymbol{A}$ 的上三角矩阵,即 $triu(\boldsymbol{A}) = triu(\boldsymbol{A}, 0)$.

例 7.6 已知线性方程组

$$\begin{cases} 4x_1 + 3x_2 + 0x_3 = 24 \\ 3x_1 + 4x_2 - x_3 = 30 \\ 0x_1 - x_2 + 4x_3 = -24 \end{cases} ,$$

取初值 $\boldsymbol{x}^{(0)}=(x_1^{(0)},x_2^{(0)},x_3^{(0)})^{\mathrm{T}}=(0,0,0)^{\mathrm{T}}$，

(1) 用 Jacobi、Gauss-Seidel 迭代计算，使精度满足 $\|\boldsymbol{x}^{(k)}-\boldsymbol{x}^{(k-1)}\|_\infty<10^{-5}$；

(2) 用 SOR 迭代法迭代计算，取松弛因子 $\omega\in(1,2)$ 的不同值，在满足(1) 中的精度要求时，比较收敛速度与 ω 之间的关系.

解　1. Jacobi 迭代法.

编制文件名为'Jacobi. m'的 MATLAB 程序供调用，程序如下：

```
function [x,k]=Jacobi(A,b,x0)
%求解线性方程组的 Jacobi 迭代法
%A 为方程组 Ax=b 的系数矩阵,b 为右端列向量;
%eps 为精度要求,缺省值 1e-5;
%n_max 为最大迭代次数,缺省值 100;
%x 为方程组的解,k 为迭代次数.
clc
format long;
eps=1e-5;n_max=100;
d=diag(A);L=-tril(A,-1);U=-triu(A,1);
if min(abs(d))<1e-10
    error('%对角线元素为0,无法求解');
end
n=length(b);
invD=spdiags(1./d,0,n,n);
B=invD*(L+U);f=invD*b;
x=x0;
k=0;
while k<n_max
    y=B*x+f;
    if norm(y-x,inf)<eps
        break;
    end
    x=y;k=k+1;
%输出.
r2(k)=norm(b-A*x);%计算剩余向量的2范数.
d1=sprintf('%3d',k);
d2=sprintf('\t%3.8f',x);
d3=sprintf('\t%10.4e',r2(k));
disp([d1,'   ',d2,'   ',d3]);
end
```

```
%画图.
i=1:k;
figure(1)
plot(i,r2,'k.-','MarkerSize',20)
xlabel('迭代步')
ylabel('‖b-Ax_k‖_2')
title('剩余量‖b-Ax_k‖_2的收敛曲线')
```

在 MATLAB 命令行窗口输入:

```
A=[4 3 0; 3 4 -1; 0 -1 4];
b=[24 30 -24]';
x0=[0 0 0]';
[x,k]=Jacobi(A,b,x0);
```

运行结果见表 7.5 和图 7.1.

表 7.5 例 7.6 采用 Jacobi 迭代法的计算结果

k	$x_1^{(k)}$	$x_2^{(k)}$	$x_3^{(k)}$	$\|b-Ax^{(k)}\|_2$
51	3.000 023 67	4.000 027 61	-5.000 007 89	2.661 7e-04
52	2.999 979 29	3.999 980 28	-4.999 993 10	2.104 3e-04
53	3.000 014 79	4.000 017 26	-5.000 004 93	1.663 6e-04
54	2.999 987 06	3.999 987 67	-4.999 995 69	1.315 2e-04
55	3.000 009 24	4.000 010 79	-5.000 003 08	1.039 7e-04
56	2.999 991 91	3.999 992 30	-4.999 997 30	8.219 9e-05
57	3.000 005 78	4.000 006 74	-5.000 001 93	6.498 4e-05
58	2.999 994 94	3.999 995 19	-4.999 998 31	5.137 4e-05

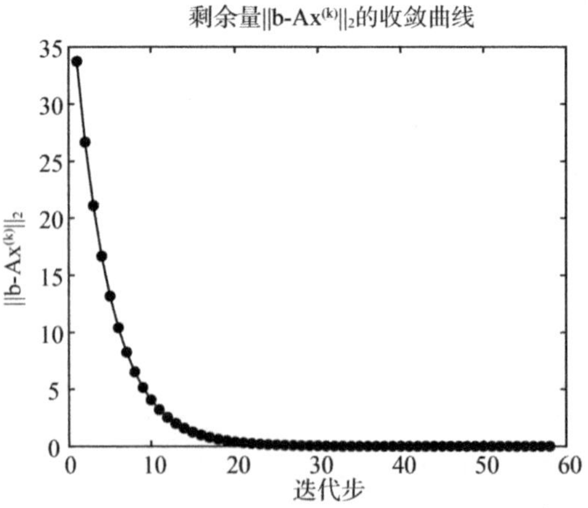

图 7.1 例 7.6 采用 Jacobi 迭代法剩余量的收敛曲线

2. Gauss-Seidel 迭代法.

编制文件名为'Gauss-Seidel. m'的 MATLAB 程序供调用,程序如下:

```
function [x,k]=Gauss_Seidel(A,b,x0,eps,n_max)
%求解线性方程组的 Gauss_Seidel 迭代法
%A 为方程组 Ax=b 的系数矩阵,b 为右端列向量;
%eps 为精度要求,缺省值 1e-5;
%n_max 为最大迭代次数,缺省值 100;
%x 为方程组的解,k 为迭代次数.
clc
format long;
d=diag(A);
%D=diag(d);L=-tril(A,-1);U=-triu(A,1);
if min(abs(d))<1e-10
    error('%对角线元素为 0,无法求解');
end
%n=length(b);
B=-tril(A)\triu(A,1);f=tril(A)\b;
x=x0;
k=0;
while k<n_max
    y=B*x+f;
    if norm(y-x,inf)<eps
        break;
    end
    x=y;k=k+1;
%输出.
r2(k)=norm(b-A*x);%计算剩余向量的 2 范数.
d1=sprintf('%3d',k);
d2=sprintf('\t%3.8f',x);
d3=sprintf('\t%10.4e',r2(k));
disp([d1,'    ',d2,'    ',d3]);
end
%画图.
i=1:k;
figure(1)
plot(i,r2,'k.-','MarkerSize',20)
xlabel('迭代步')
```

```
ylabel('‖b-Ax_k‖_2')
title('剩余量‖b-Ax_k‖_2 的收敛曲线')
```

在 MATLAB 命令行窗口输入:

```
A=[4 3 0; 3 4 -1; 0 -1 4];
b=[24 30 -24]';
eps=1e-5;n_max=100;x0=[0 0 0]';
[x,k]=Gauss_Seidel(A,b,x0,eps,n_max);
```

运行结果见表 7.6 和图 7.2.

表 7.6　例 7.6 采用 Gauss-Seidel 迭代法的计算结果

k	$x_1^{(k)}$	$x_2^{(k)}$	$x_3^{(k)}$	$\|b-Ax^{(k)}\|_2$
15	3.001 665 33	3.998 612 22	−5.000 346 94	2.506 7e−03
16	3.001 040 83	3.999 132 64	−5.000 216 84	1.566 7e−03
17	3.000 650 52	3.999 457 90	−5.000 135 53	9.791 6e−04
18	3.000 406 58	3.999 661 19	−5.000 084 70	6.119 8e−04
19	3.000 254 11	3.999 788 24	−5.000 052 94	3.824 9e−04
20	3.000 158 82	3.999 867 65	−5.000 033 09	2.390 5e−04
21	3.000 099 26	3.999 917 28	−5.000 020 68	1.494 1e−04
22	3.000 062 04	3.999 948 30	−5.000 012 92	9.338 0e−05
23	3.000 038 77	3.999 967 69	−5.000 008 08	5.836 3e−05
24	3.000 024 23	3.999 979 81	−5.000 005 05	3.647 7e−05

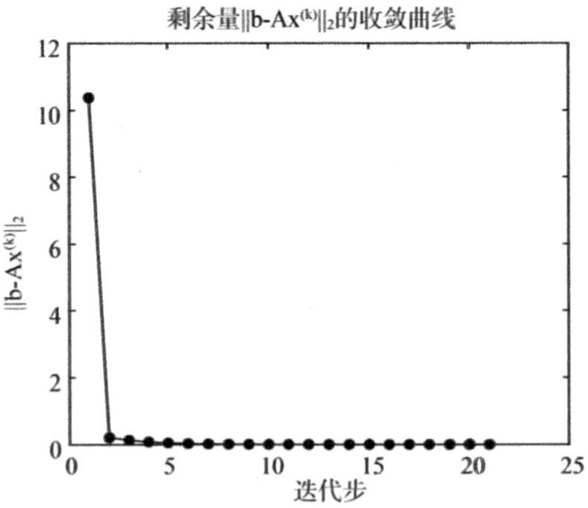

图 7.2　例 7.6 采用 Gauss-Seidel 迭代法剩余量的收敛曲线

3. SOR 迭代法.

编制文件名为'SOR.m'的 MATLAB 程序供调用,程序如下

```
function [x,k]=SOR(A,b,x0,eps,w,n_max)
%求解线性方程组的 SOR 迭代法
%A 为方程组 Ax=b 的系数矩阵,b 为右端列向量;
%eps 为精度要求,缺省值 1e-5;
%n_max 为最大迭代次数,缺省值 100;
%w 为松弛因子,缺省值为 1.
%x 为方程组的解,k 为迭代次数.
clc
format long;
d=diag(A);L=-tril(A,-1);U=-triu(A,1);
if min(abs(d))<1e-10
    error('%对角线元素为 0,无法求解');
end
n=length(b);x=x0;
D=spdiags(d,0,n,n);
B=(D-w*L)\((1-w)*D+w*U);f=(D-w*L)\\(w*b);
k=0;
while k<n_max
    y=B*x+f;
    if norm(y-x,inf)<eps
        break;
    end
    x=y;k=k+1;
%输出.
r2(k)=norm(b-A*x);%计算剩余向量的 2 范数.
d1=sprintf('%3d',k);
d2=sprintf('\t%3.8f',x);
d3=sprintf('\t%10.4e',r2(k));
disp([d1,'    ',d2,'    ',d3]);
end
%画图.
i=1:k;
figure(1)
plot(i,r2,'k.-','MarkerSize',20)
xlabel('迭代步')
ylabel('‖b-Ax_k‖_2')
title('剩余量‖b-Ax_k‖_2 的收敛曲线')
```

在 MATLAB 命令行窗口输入：

```
A=[4 3 0; 3 4 -1; 0 -1 4];
b=[24 30 -24]';
x0=[0 0 0 ]';
eps=1e-5;n_max=100;
w=1.25;
[x,k]=SOR(A,b,x0,eps,w,n_max);
```

运行结果见表 7.7 和图 7.3. 在满足精度要求 $\|x^{(k)}-x^{(k-1)}\|_\infty < 10^{-5}$ 下，选取不同的松弛因子 ω 和所需迭代次数之间的关系见表 7.8 和图 7.4.

表 7.7　例 7.6 采用 SOR 的计算结果

k	$x_1^{(k)}$	$x_2^{(k)}$	$x_3^{(k)}$	$\|b-Ax^{(k)}\|_2$
3	3.398 666 38	3.846 502 30	−5.116 308 33	1.367 9e+00
4	3.044 237 49	3.960 555 42	−4.983 249 35	1.285 1e−01
5	3.025 919 92	3.990 795 80	−5.007 063 98	9.194 5e−02
6	3.002 148 96	3.998 078 91	−4.998 834 35	7.559 3e−03
7	3.001 263 78	3.999 659 74	−5.000 397 74	5.083 1e−03
8	3.000 003 05	3.999 957 91	−4.999 913 72	4.724 6e−04
9	3.000 038 69	4.000 001 21	−5.000 021 19	2.295 2e−04
10	2.999 989 19	4.000 003 21	−4.999 993 70	4.779 1e−05
11	2.999 999 70	4.000 001 45	−5.000 001 12	9.018 2e−06

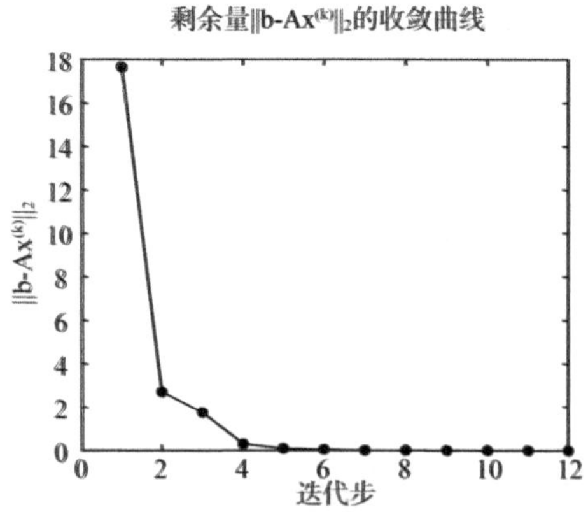

图 7.3　例 7.6 采用 SOR 迭代法剩余量的收敛曲线

表 7.8　例 7.6 SOR 法计算结果

松弛因子	迭代次数	松弛因子	迭代次数
1.0	24	1.5	21
1.1	19	1.6	28
1.2	14	1.7	40
1.3	12	1.8	64
1.4	16	1.9	133

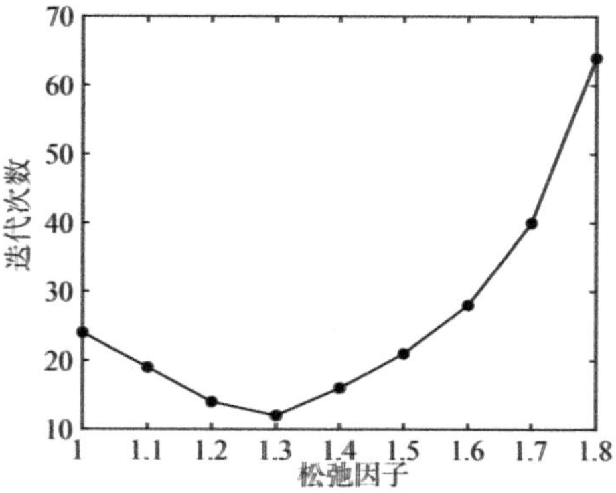

图 7.4　例 7.6 SOR 法松弛因子与迭代次数之间的关系

由计算结果可以看出，选取相同初值 $\boldsymbol{x}^{(0)}=(0,0,0)^{\mathrm{T}}$ 且满足同样精度要求 $\|\boldsymbol{x}^{(k)}-\boldsymbol{x}^{(k-1)}\|_{\infty}<10^{-5}$ 的情况下，三种迭代法得到的向量序列 $\{\boldsymbol{x}^{(k)}\}$ 都收敛到精确解 $\boldsymbol{x}^{*}=(3,4,-5)^{\mathrm{T}}$，但收敛速度各不相同. Jacobi 法需要迭代 58 次，Gauss-Seidel 迭代法需 24 次，当松弛因子取 $\omega=1.25$ 时，SOR 法仅需迭代 11 次即可满足精度要求. 观察表 7.8 和图 7.4，最佳松弛因子在 1.3 附近取值时，SOR 迭代法收敛最快.

很多实际问题都涉及到线性方程组的求解，比如弹性力学、振动等问题. 在解决电路网络问题时，用基尔霍夫定律建立的数学模型也归结为线性方程组的求解，下面举例说明.

例 7.7　有一直流电路的网格图如 7.5 所示，其中各个电阻的阻值分别为 $R_1=1\ \Omega$，$R_2=2\ \Omega$，$R_3=4\ \Omega$，$R_4=3\ \Omega$，$R_5=1\ \Omega$，$R_6=5\ \Omega$，两直流电源的电压分别为 $E_1=41\ \mathrm{V}$，$E_2=38\ \mathrm{V}$. 求电路网格图中的电流 I_1,I_2,I_3。

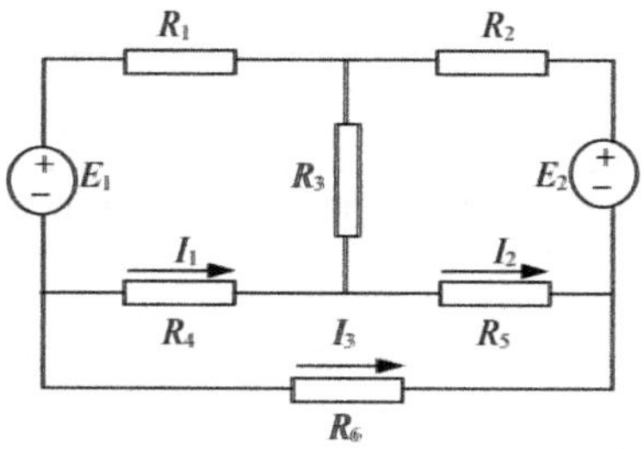

图 7.5　例 7.7 中电路网格图

解 根据基尔霍夫电压定律可知,电路网格中任意单向闭合回路中,各个元件上的电压降的代数和为零,即 $\sum U=0$. 对三个闭合回路分别用基尔霍夫电压定律,可列出三个方程可得

$$\begin{cases}(R_1+R_3+R_4)I_1+R_3I_2+R_4I_3=E_1\\R_3I_1+(R_2+R_3+R_5)I_2-R_5I_3=E_2\\R_4I_1-R_5I_2+(R_4+R_5+R_6)I_3=0\end{cases}. \tag{7.57}$$

把电阻值和电压值代入式(7.57)得线性方程组

$$\begin{cases}8I_1+4I_2+3I_3=41\\4I_1+7I_2-I_3=38\\3I_1-I_2+9I_3=0\end{cases}. \tag{7.58}$$

选择一种迭代方法求解方程组(7.58),比如用 Gauss-Seidel 迭代法,调用例 7.6 中 'Gauss-Seidel. m'程序,在 MATLAB 命令行窗口输入:

```
A=[8 4 3; 4 7 -1; 3 -1 9];
b=[41 38 0]';
eps=1e-5; n_max=100; x0=[0 0 0]';
[x,k]=Gauss_Seidel(A,b,x0,eps,n_max);
```

取初始向量 $\boldsymbol{x}^{(0)}=(1,1,1)^{\mathrm{T}}$,使精度满足 $\|\boldsymbol{x}^{(k)}-\boldsymbol{x}^{(k-1)}\|_\infty<10^{-5}$,计算结果见表 7.9 和图 7.6.

表 7.9 例 7.7 采用 Gauss-Seidel 迭代法的计算结果

k	$x_1^{(k)}$	$x_2^{(k)}$	$x_3^{(k)}$	$\|b-Ax^{(k)}\|_2$
4	3.992 224 58	3.005 322 59	-0.996 816 79	3.150 4e-02
5	3.996 145 00	3.002 657 60	-0.998 419 71	1.555 2e-02
6	3.998 078 59	3.001 323 70	-0.999 212 45	7.754 4e-03
7	3.999 042 82	3.000 659 47	-0.999 607 67	3.862 8e-03
8	3.999 523 14	3.000 328 54	-0.999 804 54	1.924 4e-03
9	3.999 762 43	3.000 163 67	-0.999 902 63	9.587 4e-04
10	3.999 881 65	3.000 081 54	-0.999 951 49	4.776 3e-04
11	3.999 941 04	3.000 040 62	-0.999 975 83	2.379 5e-04
12	3.999 970 63	3.000 020 24	-0.999 987 96	1.185 4e-04
13	3.999 985 37	3.000 010 08	-0.999 994 00	5.905 8e-05

Gauss-Seidel 迭代法迭代 13 次得到满足精度要求的解为

$$x \approx \begin{bmatrix} 3.99998537 \\ 3.00001008 \\ -0.99999400 \end{bmatrix}.$$

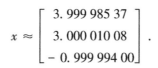

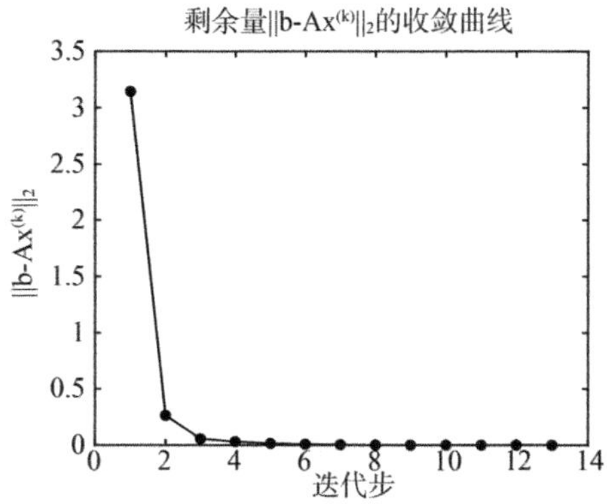

图 7.6　例 7.7 采用 Gauss-Seidel 迭代法剩余量的收敛曲线

也可以调用第 6 章列主元高斯消去法的程序'main_gauss. m',在 MATLAB 命令行窗口输入:

```
A=[8 4 3;4 7 -1;3 -1 9];
b=[41 38 0]';
main_gauss(A,b)
```

运行结果为:

```
ans =
    4   3   -1
```

列主元高斯消去法得到的解为

$$x = [4 \quad 3 \quad -1]^{\mathrm{T}}.$$

例 7.8　用共轭梯度法求解 Hilbert 系数矩阵方程组

$$\boldsymbol{H}_n \boldsymbol{x} = \boldsymbol{b}$$

的解,并计算与准确值的误差 $\|\boldsymbol{x}^{(k)} - \boldsymbol{x}^*\|_\infty$. 取 $n = 40, \boldsymbol{b} = \boldsymbol{H}_n \boldsymbol{e}, \boldsymbol{e} = (1,1,\cdots,1)^{\mathrm{T}}$.

解　编写文件名为'CG. m'的文件供主程序调用,MATLAB 程序如下:

```
function [x,k]=CG(A,b,eps)
%共轭梯度法求系数矩阵为对称正定矩阵的线性方程组.
%A 为 Ax=b 的系数矩阵,b 为右端项.
%eps 为精度要求.
%x 为方程组的解,k 为迭代次数.
n=length(A);x=zeros(n,1);Max=100;
r=b;p=r;k=0;
```

```
while k<Max
    alpha=(r'*r)/(p'*A*p);
    r1=r;s=alpha*p;
    x=x+s;r=r-A*s;
     k=k+1;
    if norm(r)<eps
        break
    end
    beta=(r'*r)/(r1'*r1);p=r+beta*p;
end
```

主程序如下

```
n=50;H=hilb(n);e=ones(n,1);
b=H*e;
[x,k]=CG(H,b,1e-10)
err=norm(x-e,inf)
```

运行结果如下：

```
X' =
1.0000 1.0000 0.9999 1.0002 0.9999 0.9999 1.0000 1.0001 1.0001 1.0001
1.0000 0.9999 0.9999 0.9999 0.9999 1.0000 1.0000 1.0000 1.0001 1.0001
1.0001 1.0001 1.0001 1.0001 1.0000 1.0000 1.0000 0.9999 0.9999 0.9999
0.9999 0.9999 0.9999 0.9999 0.9999 1.0000 1.0000 1.0000 1.0000 1.0001
1.0001 1.0001 1.0001 1.0001 1.0001 1.0001 1.0000 1.0000 0.9999 0.9998
k =
    20
err =
    2.1037e-04
```

$n=50$ 的 Hilbert 矩阵病态程度很严重，然而共轭梯度法只需要迭代 20 次即可得到与精确解的误差为 2.1037e－04，可见 CG 方法具有收敛速度快，精度高的特点.

习题 7

1. 已知 $A=\begin{bmatrix}1 & a\\ 4a & 1\end{bmatrix}$，试分别导出求解 $Ax=b$ 的 Jacobi 迭代法和 Gauss-Seidel 迭代法收敛的充要条件.

2. 设 A 为对称正定矩阵，其特征值 $\lambda_1 \geqslant \lambda_2 \geqslant \cdots \geqslant \lambda_n > 0$，试证明：当 α 满足 $0<\lambda<\dfrac{2}{\lambda_1}$ 时，迭代格式 $x^{(k+1)}=x^{(k)}+\alpha(b-Ax^{(k)})$，$(k=0,1,2,\cdots)$ 是收敛的.

3. 设迭代矩阵 $\boldsymbol{B}$ 某种算子范数 $\|\boldsymbol{B}\|=q<1$，证明迭代格式 $\boldsymbol{x}^{(k+1)}=\boldsymbol{B}\boldsymbol{x}^{(k)}+\boldsymbol{f}, k=0,1,2\cdots$，对任意的初值 $\boldsymbol{x}^{(0)}$ 都收敛到线性方程组 $\boldsymbol{x}=\boldsymbol{B}\boldsymbol{x}+\boldsymbol{f}$ 的解 $\boldsymbol{x}^*$，且有误差估计式

$$\|\boldsymbol{x}^*-\boldsymbol{x}^{(k)}\|\leqslant\frac{q}{1-q}\|\boldsymbol{x}^{(k)}-\boldsymbol{x}^{(k-1)}\|,\text{其中 } \boldsymbol{B}\in\mathbf{R}^{n\times n},\boldsymbol{x}^{(k)},\boldsymbol{x}^*,\boldsymbol{f}\in\mathbf{R}^n.$$

4. 设线性方程组 $\begin{cases}a_{11}x_1+a_{12}x_2=b_1\\a_{21}x_1+a_{22}x_2=b_2\end{cases}(a_{11}a_{22}\neq 0)$，

其迭代格式为 $\begin{cases}x_1^{(k+1)}=\dfrac{1}{a_{11}}(b_1-a_{12}x_2^{(k)})\\x_2^{(k+1)}=\dfrac{1}{a_{22}}(b_2-a_{21}x_1^{(k)})\end{cases}(k=0,1,2,\cdots)$. 证明：此迭代格式收敛的充要条件是 $\left|\dfrac{a_{12}a_{21}}{a_{11}a_{22}}\right|<1$.

5. 已知线性方程组 $\begin{bmatrix}2&0&1\\0&5&0\\2&0&3\end{bmatrix}\begin{bmatrix}x_1\\x_2\\x_3\end{bmatrix}=\begin{bmatrix}1\\3\\-1\end{bmatrix}$，

若用迭代格式 $\boldsymbol{x}^{(k+1)}=\boldsymbol{x}^{(k)}+\alpha(\boldsymbol{A}\boldsymbol{x}^{(k)}-\boldsymbol{b})$，$(k=0,1,2,\cdots)$ 求解，问 α 在什么范围内取值可使迭代法收敛？α 取何值时收敛最快？

6. 已知线性方程组

$$\begin{cases}8x_1-3x_2+2x_3=20\\4x_1+11x_2-x_3=33\\6x_1+3x_2+12x_3=36\end{cases},$$

（1）写出用 Jacobi 迭代法和 Gauss-Seidel 迭代法解此线性方程组的分量形式和矩阵形式；

（2）判断两种迭代法的收敛性.

7. 对于方程组 $\begin{cases}2x_1-x_2+x_4=1\\x_1-x_3+5x_4=6\\x_2+4x_3-x_4=8\\-x_1+3x_2-x_3=3\end{cases}$，

导出使 Jacobi 迭代法和 Gauss-Seidel 迭代法都收敛的迭代格式（分量形式），要求写出这两种迭代格式并说明收敛理由.

8. 设线性方程组为 $\begin{bmatrix}1&1&8\\9&-2&1\\-2&8&1\end{bmatrix}\begin{bmatrix}x_1\\x_2\\x_3\end{bmatrix}=\begin{bmatrix}-8\\9\\8\end{bmatrix}$，

（1）导出使 Jacobi，Gauss-Seidel 和 SOR（取 $\omega=1.1$）迭代法都收敛的迭代格式的分

量形式，并说明收敛理由；

（2）给定初值 $(x_1^{(0)},x_2^{(0)},x_3^{(0)})=(1,1,1)$，用以上三种迭代格式分别迭代计算，使精度满足 $\|\boldsymbol{x}^{(k)}-\boldsymbol{x}^{(k-1)}\|_\infty<10^{-3}$.

9. 已知线性方程组 $\begin{cases}3x_1+2x_2=5\\ x_1+2x_2=-5\end{cases}$，求出最佳松弛因子，写出 SOR 迭代格式并求出满足 $\|\boldsymbol{x}^{(k)}-\boldsymbol{x}^{(k-1)}\|_\infty<10^{-6}$ 的解 $\boldsymbol{x}^{(k)}$.

10. 已知解线性方程组 $\boldsymbol{Ax}=\boldsymbol{b}$ 迭代格式的分量缩写形式为

$$x_i^{(k+1)}=x_i^{(k)}+\frac{\omega}{a_{ii}}\left(b_i-\sum_{j=1}^{n}a_{ij}x_j^{(k)}\right),\ i=1,2,\cdots\cdots,n.$$

（1）试导出其迭代格式的矩阵形式并写出迭代矩阵；

（2）当 $\boldsymbol{A}$ 是严格对角占优矩阵，且 $\omega=\dfrac{1}{2}$ 时，迭代格式是否收敛？并说明理由.

第 8 章
矩阵特征值与特征向量的计算

矩阵的特征值和特征向量的计算是代数计算中的重要课题之一,在自然科学和工程技术领域中的许多问题,如桥梁或建筑物的振动,机械零件、飞机机翼的振动,电磁振荡等在数学上都可转化为求矩阵特征值与特征向量的问题.线性代数中介绍的矩阵特征值和特征向量的求法会涉及到行列式、代数方程求根和线性方程组的计算,当阶数或次数较大时计算量很大也不容易在计算机上实现.本章主要介绍在实际计算中常用的求矩阵特征值和特征向量的数值方法,包括求矩阵按模最大的特征值和特征向量的幂法、求矩阵按模最小的特征值和特征向量的反幂法、求矩阵全部特征值和特征向量的 QR 方法.这些算法适合在计算机上实现,收敛性和精度也能得到保证.

8.1 引言

首先介绍线性代数理论课程中关于矩阵特征值和特征向量的一些重要的结论.

定义 8.1 设矩阵 $\boldsymbol{A}=(a_{ij})_{n\times n}$,如果数 $\boldsymbol{\lambda}$ 和非零向量 $\boldsymbol{x}$ 使得

$$\boldsymbol{A}\boldsymbol{x}=\boldsymbol{\lambda}\boldsymbol{x}\ , \tag{8.1}$$

即 $(\boldsymbol{\lambda}\boldsymbol{I}-\boldsymbol{A})\boldsymbol{x}=0$,则称 $\boldsymbol{\lambda}$ 为矩阵 $\boldsymbol{A}$ 的**特征值**,$\boldsymbol{x}$ 是与特征值 $\boldsymbol{\lambda}$ 相应的**特征向量**.

定义 8.2 设矩阵 $\boldsymbol{A}=(a_{ij})_{n\times n}$,

则 $f(\lambda)=\det(\lambda\boldsymbol{I}-\boldsymbol{A})=\begin{vmatrix}\lambda-a_{11} & -a_{12} & \cdots & -a_{1n}\\ -a_{21} & \lambda-a_{22} & \cdots & -a_{2n}\\ \vdots & \vdots & \ddots & \vdots\\ -a_{n1} & -a_{n2} & \cdots & \lambda-a_{nn}\end{vmatrix}=\lambda^{n}-(a_{11}+a_{22}+\cdots+a_{nn})\lambda^{n-1}+\cdots+(-1)^{n}\det(\boldsymbol{A})$ 称为**特征多项式**,$f(\lambda)=0$ 称为**特征方程**. $\mathrm{tr}(\boldsymbol{A})=\sum_{i=1}^{n}a_{ii}=\sum_{i=1}^{n}\lambda_i$ 称为矩阵 $\boldsymbol{A}$ 的**迹**,其中 $\lambda_i(i=1,2,\cdots,n)$ 为矩阵 $\boldsymbol{A}$ 的特征值.

下面直接给出关于矩阵特征值和特征向量的一些常用的结论.

定理 8.1 设 λ 为矩阵 $\boldsymbol{A}\in\mathbf{R}^{n\times n}$ 的特征值,且 $\boldsymbol{A}\boldsymbol{x}=\lambda\boldsymbol{x}(\boldsymbol{x}\neq 0)$,则有

① $c\lambda$ 为矩阵 $c\boldsymbol{A}$ 的特征值($c\neq 0$ 为常数);

② $\lambda-\alpha$ 为矩阵 $\boldsymbol{A}-\alpha\boldsymbol{I}$ 的特征值,$(\boldsymbol{A}-\alpha\boldsymbol{I})\boldsymbol{x}=(\lambda-\alpha)\boldsymbol{x}$.

③ λ^k 为矩阵 $\boldsymbol{A}^k$ 的特征值,即 $\boldsymbol{A}^k\boldsymbol{x}=\lambda^k\boldsymbol{x}$.

④若 $\boldsymbol{A}$ 为非奇异矩阵,则 $\lambda\neq 0$,且有 $1/\lambda$ 为 $\boldsymbol{A}^{-1}$ 的特征值.

⑤ $S(\lambda)=a_p\lambda^p+a_{p-1}\lambda^{p-1}+\cdots+a_0(a_p,a_{p-1},\cdots,a_0$ 为多项式的系数)为矩阵多项式 $S(\boldsymbol{A})=a_pA^p+a_{p-1}A^{p-1}+\cdots+a_0I$ 的特征值,即

$$S(\boldsymbol{A})\boldsymbol{x}=(\alpha_p\lambda^p+\alpha_{p-1}\lambda^{p-1}+\cdots+\alpha_0)\boldsymbol{x}=S(\lambda)\boldsymbol{x}.$$

⑥设 $f_1(\boldsymbol{A}),f_2(\boldsymbol{A})$ 为 $\boldsymbol{A}$ 的矩阵多项式,$f_1(\boldsymbol{A})$ 非奇异,则 $f_2(\lambda)/f_1(\lambda)$ 为矩阵 $[f_1(\boldsymbol{A})]^{-1}f_2(\boldsymbol{A})$ 和 $f_2(\boldsymbol{A})[f_1(\boldsymbol{A})]^{-1}$ 的特征值,相应的特征向量为 $\boldsymbol{x}$.

定理 8.2 格什戈林(Gershgorin)圆盘定理设矩阵 $\boldsymbol{A}=(a_{ij})_{n\times n}$,则 $\boldsymbol{A}$ 每一特征值必属于下列某个圆盘

$$|\lambda-a_{ii}|\leqslant r_i=\sum_{\substack{j=1\\j\neq i}}^{n}|a_{ij}|(i=1,2,\cdots.n). \tag{8.2}$$

证明 设 λ 为 $\boldsymbol{A}$ 的任一特征值,相应的特征向量为 $\boldsymbol{x}=(x_1,x_2,\cdots,x_n)\neq 0$,记 $|x_k|=\max\limits_{1\leqslant i\leqslant n}|x_i|=\|\boldsymbol{x}\|_\infty\neq 0$. 则 $\boldsymbol{A}\boldsymbol{x}=\lambda\boldsymbol{x}$ 的第 k 个方程为 $\sum\limits_{j=1}^{n}a_{kj}x_j=\lambda x_k$,即

$$(\lambda-a_{kk})x_k=\sum_{j=1,j\neq k}^{n}a_{kj}x_j.$$

于是有

$$|\lambda-a_{kk}||x_k|\leqslant\sum_{j\neq k}|a_{kj}||x_j|\leqslant|x_k|\sum_{j\neq k}|a_{kj}|,$$

即有

$$|\lambda-a_{kk}|\leqslant\sum_{\substack{j=1\\j\neq k}}^{n}|a_{kj}|.$$

这表明 λ 属于复平面上以 a_{kk} 为圆心,以 $\sum\limits_{\substack{j=1\\j\neq k}}^{n}|a_{kj}|$ 为半径的一个圆盘.

定义 8.3 设 $\boldsymbol{A}=(a_{ij})_{n\times n}$ 为实对称矩阵,对任一非零向量 $\boldsymbol{x}$,称

$$R(\boldsymbol{x})=\frac{(\boldsymbol{A}\boldsymbol{x},\boldsymbol{x})}{(\boldsymbol{x},\boldsymbol{x})} \tag{8.3}$$

为对应于向量 $\boldsymbol{x}$ 的**瑞利(Rayleigh)商**.

定理 8.3 设 $\boldsymbol{A}=(a_{ij})_{n\times n}$ 为实对称矩阵,并记其特征值次序为 $\lambda_1\geqslant\lambda_2\geqslant\cdots\geqslant\lambda_n$,相应的特征向量为 $\boldsymbol{x}_1,\boldsymbol{x}_2,\cdots,\boldsymbol{x}_n$,且满足 $(x_i,x_j)=\delta_{ij}=\begin{cases}1 & i=j\\0 & i\neq j\end{cases}$,

①对任一非零向量 $\boldsymbol{x}\in\mathbf{R}^n$，有 $\lambda_n\leqslant\dfrac{(\boldsymbol{Ax},\boldsymbol{x})}{(\boldsymbol{x},\boldsymbol{x})}\leqslant\lambda_1$；

② $\max\limits_{x\in\mathbf{R}^n,x\neq0}\dfrac{(\boldsymbol{Ax},\boldsymbol{x})}{(\boldsymbol{x},\boldsymbol{x})}=\lambda_1$；

③ $\min\limits_{x\in\mathbf{R}^n,x\neq0}\dfrac{(\boldsymbol{Ax},\boldsymbol{x})}{(\boldsymbol{x},\boldsymbol{x})}=\lambda_n$.

证明　因为实对称矩阵 $\boldsymbol{A}$ 具有完备的特征向量系且不同特征向量是正交的，故 $\boldsymbol{A}$ 必有与 λ_i 对应的正交规范化的特征向量 $\boldsymbol{x}_i$，即 $\boldsymbol{Ax}_i=\lambda_i\boldsymbol{x}_i(i=1,2,\cdots,n)$，且 $(\boldsymbol{x}_i,\boldsymbol{x}_j)=\delta_{ij}$. 设任一非零向量 $\boldsymbol{x}\in\mathbf{R}^n$，则 $\boldsymbol{x}$ 可表示为 $\boldsymbol{x}=\sum\limits_{i=1}^n a_ix_i$，于是得

$$(\boldsymbol{x},\boldsymbol{x})=\sum_{i=1}^n a_i^2\neq0,\tag{8.4}$$

和

$$(\boldsymbol{Ax},\boldsymbol{x})=\left(\sum_{i=1}^n a_i\lambda_ix_i,\sum_{i=1}^n a_ix_i\right)=\sum_{i=1}^n a_i^2\lambda_i.\tag{8.5}$$

又因为

$$\lambda_n\sum_{i=1}^n a_i^2\leqslant\sum_{i=1}^n a_i^2\lambda_i\leqslant\lambda_1\sum_{i=1}^n a_i^2,\tag{8.6}$$

于是有

$$\lambda_n\leqslant\frac{(\boldsymbol{Ax},\boldsymbol{x})}{(\boldsymbol{x},\boldsymbol{x})}=\frac{\sum\limits_{i=1}^n a_i^2\lambda_i}{\sum\limits_{i=1}^n a_i^2}\leqslant\lambda_1,$$

结论①得证.

由(8.4)式、(8.5)式和(8.6)式可得

$$\max_{x\in\mathbf{R}^n,x\neq0}\frac{(\boldsymbol{Ax},\boldsymbol{x})}{(\boldsymbol{x},\boldsymbol{x})}=\frac{\max\limits_{1\leqslant i\leqslant n}\sum\limits_{i=1}^n a_i^2\lambda_i}{\sum\limits_{i=1}^n a_i^2}=\frac{\lambda_1\sum\limits_{i=1}^n a_i^2}{\sum\limits_{i=1}^n a_i^2}=\lambda_1,$$

$$\min_{x\in\mathbf{R}^n,x\neq0}\frac{(\boldsymbol{Ax},\boldsymbol{x})}{(\boldsymbol{x},\boldsymbol{x})}=\frac{\min\limits_{1\leqslant i\leqslant n}\sum\limits_{i=1}^n a_i^2\lambda_i}{\sum\limits_{i=1}^n a_i^2}=\frac{\lambda_n\sum\limits_{i=1}^n a_i^2}{\sum\limits_{i=1}^n a_i^2}=\lambda_n.$$

结论②和③得证.

定理 8.3 把实对称矩阵的特征值问题描述为 Rayleigh 商的极值问题. 该定理表明矩

阵 $\boldsymbol{A}$ 的 Rayleigh 商介于它的最大特征值 λ_1 和最小特征值 λ_n 之间.

8.2 幂法

本节将介绍一些计算机上常用的求矩阵特征值和特征向量的两类方法,一类是迭代法,另一类是正交相似变换的方法. 幂法与反幂法都是求实矩阵的特征值和特征向量的向量迭代法,所不同的是幂法是计算矩阵按模最大的特征值(称为主特征值)和相应特征向量的一种向量迭代法,而反幂法则是计算非奇异矩阵按模最小的特征值和相应特征向量的一种向量迭代法. 下面首先介绍幂法.

设实矩阵 $\boldsymbol{A}=(a_{ij})_{n\times n}$ 的特征值为 $\lambda_1,\lambda_2,\cdots,\lambda_n$,并按模大小排列为

$$|\lambda_1|>|\lambda_2|\geqslant\cdots\geqslant|\lambda_n|. \tag{8.7}$$

它们对应的 n 个线性无关的特征向量为 $\boldsymbol{x}_1,\boldsymbol{x}_2,\cdots,\boldsymbol{x}_n$,即 $\boldsymbol{A}\boldsymbol{x}_i=\lambda_i\boldsymbol{x}_i(i=1,2,\cdots,n)$,$\lambda_1$ 称为矩阵 $\boldsymbol{A}$ 的主特征值,现讨论 λ_1 和 $\boldsymbol{x}_1$ 的迭代解法.

任取非零初始向量 $\boldsymbol{v}_0$,可唯一表示为

$$\boldsymbol{v}_0=a_1\boldsymbol{x}_1+\cdots+a_n\boldsymbol{x}_n\ (\text{设}\ a_1\neq 0),$$

按迭代公式

$$\boldsymbol{v}_{k+1}=\boldsymbol{A}\boldsymbol{v}_k(k=0,1,\cdots) \tag{8.8}$$

生成向量序列 $\{\boldsymbol{v}_k\}$:

$$\boldsymbol{v}_0,\boldsymbol{v}_1=\boldsymbol{A}\boldsymbol{v}_0,\boldsymbol{v}_2=\boldsymbol{A}\boldsymbol{v}_1=\boldsymbol{A}^2\boldsymbol{v}_0,\cdots,\boldsymbol{v}_{k+1}=\boldsymbol{A}\boldsymbol{v}_k=\boldsymbol{A}^{k+1}\boldsymbol{v}_0,\cdots. \tag{8.9}$$

于是

$$\begin{aligned}\boldsymbol{v}_k&=\boldsymbol{A}\boldsymbol{v}_{k-1}=\boldsymbol{A}^k\boldsymbol{v}_0=a_1\lambda_1^k\boldsymbol{x}_1+a_2\lambda_2^k\boldsymbol{x}_2+\cdots+a_n\lambda_n^k\boldsymbol{x}_n\\&=\lambda_1^k\Big[a_1\boldsymbol{x}_1+\sum_{i=2}^{n}a_i(\lambda_i/\lambda_1)^k\boldsymbol{x}_i\Big]\equiv\lambda_1^k(a_1\boldsymbol{x}_1+\boldsymbol{\varepsilon}_k),\end{aligned} \tag{8.10}$$

其中 $\boldsymbol{\varepsilon}_k=\sum\limits_{i=2}^{n}a_i(\lambda_i/\lambda_1)^k\boldsymbol{x}_i$,由式(8.6)知 $|\lambda_i/\lambda_1|<1(i=2,3,\cdots,n)$,所以 $\lim\limits_{k\to\infty}\boldsymbol{\varepsilon}_k=0$,从而 $\lim\limits_{k\to\infty}\dfrac{\boldsymbol{v}_k}{\lambda_1^k}=a_1\boldsymbol{x}_1$,极限值为特征值 λ_1 的特征向量. 当 k 充分大时有

$$\boldsymbol{v}_k\approx\lambda_1^k a_1\boldsymbol{x}_1, \tag{8.11}$$

即为矩阵 $\boldsymbol{A}$ 的对应特征值 λ_1 的近似特征向量,则有

$$\boldsymbol{v}_{k+1}=\boldsymbol{A}\boldsymbol{v}_k\approx\lambda_1^k a_1(\boldsymbol{A}\boldsymbol{x}_1)\approx\lambda_1(\lambda_1^k a_1\boldsymbol{x}_1)\approx\lambda_1\boldsymbol{v}_k, \tag{8.12}$$

于是

$$\lim_{k\to\infty}\frac{(\boldsymbol{v}_{k+1})_i}{(\boldsymbol{v}_k)_i}=\lambda_1, \tag{8.13}$$

即相邻迭代向量对应分量的比值收敛到主特征值. 在实际计算中,根据精度要求选择 k,用$\frac{(\boldsymbol{v}_{k+1})_i}{(\boldsymbol{v}_k)_i}$作为主特征值 λ_1 的近似值.

由(8.9)式可见,向量序列也可以看成由矩阵 $\boldsymbol{A}$ 的乘幂 $\boldsymbol{A}^k$ 与非零初始向量 $\boldsymbol{v}_0$ 的乘积生成的,即

$$\boldsymbol{v}_k = \boldsymbol{A}^k\boldsymbol{v}_0(k = 0,1,2,\cdots) . \tag{8.14}$$

这种按(8.13)式和(8.14)式求矩阵的主特征值和相应特征向量的迭代法称为**乘幂法**,简称**幂法**.

需要注意的是,如果矩阵 $\boldsymbol{A}$ 有 r 重实主特征值,即 $\lambda_1 = \lambda_2 = \cdots = \lambda_r$,且

$$|\lambda_r| > |\lambda_{r+1}| \geqslant \cdots \geqslant |\lambda_{n-1}| \geqslant |\lambda_n| ,$$

又设 $\boldsymbol{A}$ 有 n 个线性无关的特征向量 $\boldsymbol{x}_i(i = 1,2,\cdots,n)$,其中 λ_1 对应的 r 个线性无关的特征向量为 $\boldsymbol{x}_1,\boldsymbol{x}_2,\cdots,\boldsymbol{x}_r$. 与(8.9)式推导类似,有

$$\boldsymbol{v}_k = \boldsymbol{A}^k\boldsymbol{v}_0 = \lambda_1^k\left[\sum_{i=1}^{r} a_i\boldsymbol{x}_i + \sum_{i=r+1}^{n} a_i(\lambda_i/\lambda_1)^k\boldsymbol{x}_i\right] , \tag{8.15}$$

当 k 充分大时,有

$$\boldsymbol{v}_k \approx \lambda_1^k\sum_{i=1}^{r} a_i\boldsymbol{x}_i \left(设 \sum_{i=1}^{r} a_i\boldsymbol{x}_i \neq 0\right),$$

且有

$$\frac{(\boldsymbol{v}_{k+1})_i}{(\boldsymbol{v}_k)_i} \to \lambda_1 .$$

所以对于 $\boldsymbol{A}$ 有 r 重实主特征值的情况,仍然按(8.13)式和(8.14)式求矩阵的主特征值和相应特征向量.

应用幂法计算 $\boldsymbol{A}$ 的主特征值 λ_1 及其对应的特征向量时,如果 $|\lambda_1| > 1$ (或 $|\lambda_1| < 1$),由(8.11) 式可以看出,迭代向量不等于零的分量 $(\boldsymbol{v}_k)_i$ 随着 $k \to \infty$ 而趋向于无穷(或趋向于零),这样在计算机实现时就可能"溢出". 所以在实际计算时,需要将迭代向量进行规范化处理,下面给出实用的规范化幂法公式的有关定理.

定理 8.4 设实矩阵 $\boldsymbol{A} =(a_{ij})_{n\times n}$ 有 n 个线性无关的特征向量 $\boldsymbol{x}_i(i = 1,2,\cdots,n)$,相应的特征值为 $\lambda_i(i = 1,2,\cdots,n)$,且主特征值 λ_1 满足

$$|\lambda_1| > |\lambda_2| \geqslant |\lambda_3| \geqslant \cdots \geqslant |\lambda_n| ,$$

对任意的初始向量 $\boldsymbol{v}_0 \neq 0(a_1 \neq 0)$,按规范化幂法公式

$$\begin{cases}\boldsymbol{v}_0 = \boldsymbol{u}_0 \neq 0\\ \boldsymbol{v}_k = \boldsymbol{A}\boldsymbol{u}_{k-1}\\ \mu_k = \max(\boldsymbol{v}_k)\\ \boldsymbol{u}_k = \boldsymbol{v}_k/\mu_k\end{cases}(k = 1,2,\cdots). \tag{8.16}$$

构造向量序列 $\{\boldsymbol{u}_k\}$、$\{\boldsymbol{v}_k\}$ 和数列 $\{\mu_k\}$，其中 $\max(\boldsymbol{v}_k)$ 表示向量 $\boldsymbol{v}_k$ 绝对值最大的分量. 则有

(1) $\lim\limits_{k\to\infty}\boldsymbol{u}_k=\dfrac{\boldsymbol{x}_1}{\max(\boldsymbol{x}_1)}$；(2) $\lim\limits_{k\to\infty}\mu_k=\lambda_1$.

证明 取初始向量 $\boldsymbol{v}_0\neq 0(a_1\neq 0)$，由公式(8.16)得到的向量序列 $\{\boldsymbol{v}_k\}$、$\{\boldsymbol{u}_k\}$ 为

$$\begin{cases}\boldsymbol{v}_1=\boldsymbol{A}\boldsymbol{u}_0=\boldsymbol{A}\boldsymbol{v}_0,\boldsymbol{u}_1=\dfrac{\boldsymbol{v}_1}{\max(\boldsymbol{v}_1)}=\dfrac{\boldsymbol{A}\boldsymbol{v}_0}{\max(\boldsymbol{A}\boldsymbol{v}_0)},\\ \boldsymbol{v}_2=\boldsymbol{A}\boldsymbol{u}_1=\dfrac{\boldsymbol{A}^2\boldsymbol{v}_0}{\max(\boldsymbol{A}\boldsymbol{v}_0)},u_2=\dfrac{\boldsymbol{v}_2}{\max(\boldsymbol{v}_2)}=\dfrac{\boldsymbol{A}^2\boldsymbol{v}_0}{\max(\boldsymbol{A}^2\boldsymbol{v}_0)},\\ \cdots\cdots \qquad\qquad \cdots\cdots\\ \boldsymbol{v}_k=\boldsymbol{A}\boldsymbol{u}_{k-1}=\dfrac{\boldsymbol{A}^k\boldsymbol{v}_0}{\max(\boldsymbol{A}^{k-1}\boldsymbol{v}_0)},\boldsymbol{u}_k=\dfrac{\boldsymbol{v}_k}{\max(\boldsymbol{v}_k)}=\dfrac{\boldsymbol{A}^k\boldsymbol{v}_0}{\max(\boldsymbol{A}^k\boldsymbol{v}_0)}.\end{cases}$$

由(8.10)式得

$$\boldsymbol{u}_k=\frac{\boldsymbol{A}^k\boldsymbol{v}_0}{\max(\boldsymbol{A}^k\boldsymbol{v}_0)}=\frac{\lambda_1^k\left[a_1\boldsymbol{x}_1+\sum\limits_{i=2}^{n}a_i(\lambda_i/\lambda_1)^k\boldsymbol{x}_i\right]}{\max\left\{\lambda_1^k\left[a_1\boldsymbol{x}_1+\sum\limits_{i=2}^{n}a_i(\lambda_i/\lambda_1)^k\boldsymbol{x}_i\right]\right\}}$$

$$=\frac{a_1\boldsymbol{x}_1+\sum\limits_{i=2}^{m}a_i(\lambda_i/\lambda_1)^k\boldsymbol{x}_i}{\max\left[a_1\boldsymbol{x}_1+\sum\limits_{i=2}^{n}a_i(\lambda_i/\lambda_1)^k\boldsymbol{x}_i\right]}\to\frac{\boldsymbol{x}_1}{\max(\boldsymbol{x}_1)}(k\to\infty).$$

结论(1)得证.

同样由(8.10)式有

$$\boldsymbol{v}_k=\frac{\boldsymbol{A}^k\boldsymbol{v}_0}{\max(\boldsymbol{A}^{k-1}\boldsymbol{v}_0)}=\frac{\lambda_1^k\left[a_1\boldsymbol{x}_1+\sum\limits_{i=2}^{n}a_i(\lambda_i/\lambda_1)^k\boldsymbol{x}_i\right]}{\max\left\{\lambda_1^{k-1}\left[a_1\boldsymbol{x}_1+\sum\limits_{i=2}^{n}a_i(\lambda_i/\lambda_1)^{k-1}\boldsymbol{x}_i\right]\right\}},$$

$$\mu_k=\max\boldsymbol{v}_k=\frac{\lambda_1\max\left[a_1\boldsymbol{x}_1+\sum\limits_{i=2}^{n}a_i(\lambda_i/\lambda_1)^k\boldsymbol{x}_i\right]}{\max\left[a_1\boldsymbol{x}_1+\sum\limits_{i=2}^{n}a_i(\lambda_i/\lambda_1)^{k-1}\boldsymbol{x}_i\right]}\to\lambda_1(k\to\infty).$$

结论(2)得证.

由上面的讨论可以看出，幂法的收敛速度取决于比值 $|\lambda_2|/|\lambda_1|$ 或者 $|\lambda_{r+1}|/|\lambda_1|$（主特征值 λ_1 为 r 重根的情形），比值越小，迭代法收敛速度越快. 可用 $\|\boldsymbol{v}_k-\boldsymbol{v}_{k-1}\|_\infty\leqslant\varepsilon$ 或 $|\mu_k-\mu_{k-1}|\leqslant\varepsilon$ 作为迭代终止的条件.

例 8.1 用规范化幂法公式计算矩阵

$$A=\begin{bmatrix}2&3&2\\10&3&4\\3&6&1\end{bmatrix}$$

的主特征值和相应的特征向量.

解　取 $\boldsymbol{v}^{(0)}=\boldsymbol{u}^{(0)}=(0,0,1)^{\mathrm{T}}$，由规范化幂法公式(8.16)得

$$\boldsymbol{v}_1=\boldsymbol{A}\boldsymbol{u}_0=\begin{bmatrix}2&3&2\\10&3&4\\3&6&1\end{bmatrix}\begin{bmatrix}0\\0\\1\end{bmatrix}=(2,4,1)^{\mathrm{T}},$$

$$\mu_1=\max\{\boldsymbol{v}_1\}=4,\boldsymbol{u}_1=\frac{\boldsymbol{v}_1}{\mu_1}=(0.5,1,0.25)^{\mathrm{T}},$$

依次迭代到 $k=8$ 时得到向量序列$\{\boldsymbol{u}_k\}$、$\{\boldsymbol{v}_k\}$和数列$\{\mu_k\}$ 见表 8.1.

表 8.1　例 8.1 采用幂法的计算结果

k	$\boldsymbol{v}_k$	μ_k	$\boldsymbol{u}_k$
1	2,4,1	4	0.5,1,0.25
2	4.5,9,7.75	9	0.5,1,0.861 1
3	5.722 2,11.444 4,8.361	11.444 4	0.5,1,0.756 0
4	5.462 1,10.922 3,8.230 6	10.922 3	0.5,1,0.753 6
5	5.507 5,11.014 2,8.257 6	10.014 2	0.5,1,0.749 4
6	5.498 7,10.997 4,8.249 4	10.997 4	0.5,1,0.750 1
7	5.500 2,11.000 5,8.250 1	11.000 5	0.5,1,0.750 0
8	5.500 0,11.000 0,8.250 0	11.000 0	0.5,1,0.750 0

8.3　幂法加速

8.3.1　原点平移法

前面已经指出，幂法的收敛速度取决于比值 $|\lambda_2|/|\lambda_1|$或者$|\lambda_{r+1}|/|\lambda_1|$ 的大小. 若 $|\lambda_2|/|\lambda_1|\approx 1$ 或 $|\lambda_{r+1}|/|\lambda_1|\approx 1$，迭代过程收敛得很慢，可以采取一些加速措施提高幂法的收敛速度.

如果 λ 是矩阵 $\boldsymbol{A}$ 的特征值，则对任意的实数 p，矩阵 $\boldsymbol{A}-p\boldsymbol{I}$ 的特征值为 $\lambda-p$，且 $\boldsymbol{A}$ 与 $\boldsymbol{A}-p\boldsymbol{I}$ 的特征向量相同. 为方便起见，设 λ_1 为单根，如果要计算 $\boldsymbol{A}$ 的主特征值 λ_1，只要选择合适的数 p，使 λ_1-p 为矩阵 $\boldsymbol{B}=\boldsymbol{A}-p\boldsymbol{I}$ 的主特征值，且

$$\max_{2\leqslant i\leqslant n}\left\{\frac{|\lambda_i-p|}{|\lambda_1-p|}\right\}<\left|\frac{\lambda_2}{\lambda_1}\right|,\tag{8.17}$$

这样，只要对矩阵 $\boldsymbol{B}$ 应用幂法求其主特征值 λ_1-p，收敛速度将会加快. 这种通过幂法求

B 的主特征值和特征向量,进而得到 **A** 的主特征值和特征向量的方法叫**原点平移法**.

对于具有某种特殊分布的特征值,用原点平移法提高收敛速度是很明显的.

例 8.2 用原点平移加速法求例 8.1 中的主特征值和相应的特征向量.

解 取 $p=-2.5$,引入矩阵 $\boldsymbol{B}=\boldsymbol{A}-p\boldsymbol{I}$,即

$$\boldsymbol{B}=\boldsymbol{A}-p\boldsymbol{I}=\begin{bmatrix}4.5 & 3 & 2\\ 10 & 5.5 & 4\\ 3 & 6 & 3.5\end{bmatrix},$$

取初始向量仍为 $\boldsymbol{v}^{(0)}=\boldsymbol{u}^{(0)}=(0,0,1)^{\mathrm{T}}$,对矩阵 **$B$** 用规范化幂法公式(8.16)得

$\boldsymbol{v}_1=\boldsymbol{B}v_0=(2,4,3.5)^{\mathrm{T}}, \boldsymbol{\mu}_1=\max\{\boldsymbol{v}_1\}=4, \boldsymbol{u}_1=\dfrac{\boldsymbol{v}_1}{\boldsymbol{\mu}_1}=(0.5,1,0.875)^{\mathrm{T}}$,依次计到 $k=5$ 时得到向量序列$\{\boldsymbol{u}_k\}$、$\{\boldsymbol{v}_k\}$和数列 $\boldsymbol{\mu}_k$,见表 8.2.

表 8.2 例 8.2 带原点平移的幂法计算结果

k	$\boldsymbol{v}_k$	$\boldsymbol{\mu}_k$	$\boldsymbol{u}_k$
1	2,4,3.5	4	0.5,1,0.875
2	7,14,10.562 5	14	0.5,1,0.754 5
3	6.76,13.517 9,10.140 6	13.517 9	0.5,1,0.750 7
4	6.750 3,13.500 7,10.125 6	13.500 7	0.5,1,0.750 0
5	6.750 0,13.500 0,10.125 0	13.5 000	0.5,1,0.750 0

由上表得 **B** 的主特征值为$\boldsymbol{\mu}_1\approx 13.5000$,相应的特征向量为 $\boldsymbol{v}_1\approx(0.5,1,0.7500)$. 从而 **$A$** 的主特征值为 $\boldsymbol{\lambda}_1\approx\boldsymbol{\mu}_1+p=11.0000$,相应的特征向量为 $\boldsymbol{v}_1\approx(0.5,1,0.7500)$. 可见,本例中的带原点平移的幂法只需要迭代 5 次即可达到相同的精度,要比例 8.1 中的幂法收敛得快.

虽然往往能选择到参数 p,使幂法收敛速度得到提高,但设计一个自动选择最优的参数 p,使带原点平移的幂法得到加速还是比较困难的. 下面考虑当 **A** 的特征值是实数,且满足

$$\boldsymbol{\lambda}_1>\boldsymbol{\lambda}_2\geqslant\cdots\geqslant\boldsymbol{\lambda}_{n-1}>\boldsymbol{\lambda}_n,$$

考虑到该情况下如何选择参数 p 使幂法加速的问题. 对任意的实数 p,矩阵 $\boldsymbol{A}-p\boldsymbol{I}$ 的主特征值为 $\boldsymbol{\lambda}_1-p$ 或 $\boldsymbol{\lambda}_n-p$. 由于要计算的是 **A** 的主特征值 $\boldsymbol{\lambda}_1$ 和相应的特征向量 $\boldsymbol{x}_1$,所以选择 p 要使

$$|\boldsymbol{\lambda}_1-p|>|\boldsymbol{\lambda}_n-p|, \tag{8.18}$$

且使

$$\max\left\{\frac{|\boldsymbol{\lambda}_2-p|}{|\boldsymbol{\lambda}_1-p|},\frac{|\boldsymbol{\lambda}_n-p|}{|\boldsymbol{\lambda}_1-p|}\right\}=\min, \tag{8.19}$$

选择 p 使其到 λ_2 和 λ_n 的距离相等时式(8.19)成立，所以有 $\lambda_2 - p = -(\lambda_n - p)$，即 $p = (\lambda_2 + \lambda_n)/2$ 时，(8.19)式取最小值，此时收敛速度的比值为 $\dfrac{\lambda_2 - p}{\lambda_1 - p} = -\dfrac{\lambda_n - p}{\lambda_1 - p} = \dfrac{\lambda_2 - \lambda_n}{2\lambda_1 - \lambda_2 - \lambda_n}$. 要确定 p，需要能事先估计出来 λ_2 和 λ_n. 如果要计算 λ_n，类似的讨论可知应选取 $p = (\lambda_1 + \lambda_{n-1})/2$.

8.3.2　瑞利商加速法

定理 8.5　设 $\boldsymbol{A} = (a_{ij})_{n\times n}$ 为实对称矩阵，且主特征值 λ_1 满足

$$|\lambda_1| > |\lambda_2| \geqslant |\lambda_3| \geqslant \cdots \geqslant |\lambda_n|,$$

相应的特征向量 $\boldsymbol{x}_1, \boldsymbol{x}_2, \cdots, \boldsymbol{x}_n$ 满足 $(\boldsymbol{x}_i, \boldsymbol{x}_j) = \delta_{ij}$，如果用规范化幂法公式(8.16)计算 $\boldsymbol{A}$ 的主特征值 λ_1，则 $\boldsymbol{u}_k$ 的瑞利(Rayleigh)商 $R(\boldsymbol{u}_k) = \dfrac{(\boldsymbol{A}\boldsymbol{u}_k, \boldsymbol{u}_k)}{(\boldsymbol{u}_k, \boldsymbol{u}_k)}$ 给出 λ_1 较好的近似，即

$$R(\boldsymbol{u}_k) = \lambda_1 + O\left(\left|\frac{\lambda_2}{\lambda_1}\right|^{2k}\right).$$

证明　由式(8.10)以及 $\boldsymbol{u}_k = \dfrac{\boldsymbol{A}^k\boldsymbol{u}_0}{\max(\boldsymbol{A}^k\boldsymbol{u}_0)}$，$\boldsymbol{v}_{k+1} = \boldsymbol{A}\boldsymbol{u}_k = \dfrac{\boldsymbol{A}^{k+1}\boldsymbol{u}_0}{\max(\boldsymbol{A}^k\boldsymbol{u}_0)}$ 得

$$R(\boldsymbol{u}_k) = \frac{(\boldsymbol{A}\boldsymbol{u}_k, \boldsymbol{u}_k)}{(\boldsymbol{u}_k, \boldsymbol{u}_k)} = \frac{(\boldsymbol{A}^{k+1}\boldsymbol{u}_0, \boldsymbol{A}^k\boldsymbol{u}_0)}{(\boldsymbol{A}^k\boldsymbol{u}_0, \boldsymbol{A}^k\boldsymbol{u}_0)}$$

$$= \frac{\sum_{j=1}^{n} a_j^2 \lambda_j^{2k+1}}{\sum_{j=1}^{n} a_j^2 \lambda_j^{2k}} = \lambda_1 + O\left(\left|\frac{\lambda_2}{\lambda_1}\right|^{2k}\right).$$

由此可见，$R(\boldsymbol{u}_k)$ 比 μ_k 更快地收敛到 λ_1. 在实际计算中，采用的瑞利商加速迭代公式如下

$$\begin{cases} \boldsymbol{u}_0 = \boldsymbol{v}_0 \neq 0 \\ \boldsymbol{v}_k = \boldsymbol{A}\boldsymbol{u}_{k-1} \\ \mu_k = \dfrac{(\boldsymbol{v}_k, \boldsymbol{u}_{k-1})}{(\boldsymbol{u}_{k-1}, \boldsymbol{u}_{k-1})} \quad (k = 1, 2, \cdots), \\ \boldsymbol{u}_k = \boldsymbol{v}_k / \mu_k \end{cases} \tag{8.20}$$

其中 $\boldsymbol{A}$ 为实对称矩阵. 给定误差限 ε，当 $|\mu_k - \mu_{k-1}| \leqslant \varepsilon$ 时，取近似值 $\lambda_1 \approx \mu_k$，$\boldsymbol{x}_1 \approx \boldsymbol{u}_k$.

8.4　反幂法

反幂法是用于求非奇异矩阵 $\boldsymbol{A}$ 按模最小的特征值和对应特征向量的迭代方法.

设矩阵 $\boldsymbol{A} \in \mathbf{R}^{n\times n}$ 为非奇异矩阵，其特征值 $\lambda_i(i=1,2,\cdots,n)$ 满足

$$|\lambda_1| \geqslant |\lambda_2| \geqslant \cdots \geqslant |\lambda_{n-1}| > |\lambda_n| > 0,$$

其对应的 n 个线性无关的特征向量为 $\boldsymbol{x}_1,\boldsymbol{x}_2,\cdots,\boldsymbol{x}_n$，即 $\boldsymbol{A}\boldsymbol{x}_i = \lambda_i\boldsymbol{x}_i(i=1,2,\cdots,n)$，于是有

$$\boldsymbol{A}^{-1}\boldsymbol{x}_i = 1/\lambda_i\boldsymbol{x}_i(i=1,2,\cdots,n).$$

因此 $\boldsymbol{A}^{-1}$ 的特征值满足

$$\left|\frac{1}{\lambda_n}\right| > \left|\frac{1}{\lambda_{n-1}}\right| \geqslant \cdots \geqslant \left|\frac{1}{\lambda_1}\right|,$$

可见 $\dfrac{1}{\lambda_n}$ 为 $\boldsymbol{A}^{-1}$ 的主特征值. 因此对 $\boldsymbol{A}^{-1}$ 用幂法公式，即

$$\begin{cases} \boldsymbol{v}_0 = \boldsymbol{u}_0 \neq 0 \\ \boldsymbol{v}_k = \boldsymbol{A}^{-1}\boldsymbol{u}_{k-1} \\ \mu_k = \max(\boldsymbol{v}_k) \\ \boldsymbol{u}_k = \boldsymbol{v}_k/\mu_k \end{cases} (k=1,2,\cdots), \tag{8.21}$$

可求其主特征值 $\dfrac{1}{\lambda_n} \approx \mu_k$ 和对应的特征向量 $\boldsymbol{u}_k$，从而求得矩阵 $\boldsymbol{A}$ 按模最小的特征值 $\lambda_n \approx \dfrac{1}{\mu_k}$ 和对应特征向量 $\boldsymbol{u}_k$，式(8.21)称为**规范化反幂法**公式.

反幂法公式(8.21)涉及矩阵求逆，为了避免求 $\boldsymbol{A}^{-1}$，可对矩阵 $\boldsymbol{A}$ 进行 LU 分解，然后把线性方程组 $\boldsymbol{A}\boldsymbol{v}_k = \boldsymbol{u}_{k-1}$ 化为求解两个三角形方程组，于是得到另一种规范化反幂法的迭代公式为

$$\begin{cases} \boldsymbol{L}\boldsymbol{z}_k = \boldsymbol{u}_{k-1} \\ \boldsymbol{U}\boldsymbol{v}_k = \boldsymbol{z}_k \\ \mu_k = \max(\boldsymbol{v}_k) \\ \boldsymbol{u}_k = \boldsymbol{v}_k/\mu_k \end{cases} (k=1,2,\cdots). \tag{8.22}$$

给定误差限 ε，当 $|\mu_k - \mu_{k-1}| \leqslant \varepsilon$ 时，取近似值 $\lambda_n \approx \dfrac{1}{\mu_k}$，$\boldsymbol{x}_n \approx \boldsymbol{u}_k$.

可见，反幂法的收敛速度取决于比值 $\left|\dfrac{\lambda_n}{\lambda_{n-1}}\right|$，比值越小，收敛越快.

用结合原点平移法的反幂法求事先预估的特征值和对应的特征向量，可以加速迭代过程. 若矩阵 $(\boldsymbol{A} - p\boldsymbol{I})^{-1}$ 存在，则其特征值为

$$\frac{1}{\lambda_1 - p}, \frac{1}{\lambda_2 - p}, \cdots, \frac{1}{\lambda_n - p},$$

对应的特征向量仍然为 $\boldsymbol{x}_1,\boldsymbol{x}_2,\cdots,\boldsymbol{x}_n$，现对 $(\boldsymbol{A} - p\boldsymbol{I})^{-1}$ 用规范化反幂法公式

$$\begin{cases} \boldsymbol{v}_0 = \boldsymbol{u}_0 \neq 0 \\ \boldsymbol{v}_k = (\boldsymbol{A} - p\boldsymbol{I})^{-1}\boldsymbol{u}_{k-1} \\ \mu_k = \max(\boldsymbol{v}_k) \\ \boldsymbol{u}_k = \boldsymbol{v}_k / \mu_k \end{cases} (k = 1,2,\cdots) . \tag{8.23}$$

若 p 是 $\boldsymbol{A}$ 某一特征值 λ_j 的一个近似值，且 λ_j 与其他特征值是分离的，即

$$|\lambda_j - p| \ll |\lambda_i - p| (i \neq j) ,$$

于是 $\dfrac{1}{\lambda_j - p}$ 被认为是 $(\boldsymbol{A} - p\boldsymbol{I})^{-1}$ 的主特征值，可用规范化反幂法公式(8.23)计算该主特征值和对应的特征向量.

设 $\boldsymbol{A}$ 有 n 个线性无关的特征向量 $\boldsymbol{x}_1, \boldsymbol{x}_2, \cdots, \boldsymbol{x}_n$，取非零初始向量 $\boldsymbol{u}_0 = \sum_{i=1}^{n} a_i \boldsymbol{x}_i (a_j \neq 0)$，则

$$\boldsymbol{v}_k = \frac{(\boldsymbol{A} - p\boldsymbol{I})^{-k}\boldsymbol{u}_0}{\max((\boldsymbol{A} - p\boldsymbol{I})^{-(k-1)}\boldsymbol{u}_0)} , \boldsymbol{u}_k = \frac{(\boldsymbol{A} - p\boldsymbol{I})^{-k}\boldsymbol{u}_0}{\max((\boldsymbol{A} - p\boldsymbol{I})^{-k}\boldsymbol{u}_0)} ,$$

其中 $(\boldsymbol{A} - p\boldsymbol{I})^{-k} = [(\boldsymbol{A} - p\boldsymbol{I})^{-1}]^k$，$(\boldsymbol{A} - p\boldsymbol{I})^{-k} u_0 = \sum_{i=1}^{n} a_i (\lambda_i - p)^{-k} \boldsymbol{x}_i$.

由上述讨论，给出下面的定理.

定理 8.6　设 $\boldsymbol{A} = \mathbf{R}^{n \times n}$ 有 n 个线性无关的特征向量，矩阵 $\boldsymbol{A}$ 的特征值及对应的特征向量分别记为 λ_i 及 $\boldsymbol{x}_i (i = 1,2,\cdots,n)$，而 p 是 $\boldsymbol{A}$ 某一特征值 λ_j 的一个近似值，$(\boldsymbol{A} - p\boldsymbol{I})^{-1}$ 存在，且 λ_j 与其他特征值是分离的，即

$$|\lambda_j - p| \ll |\lambda_i - p| (i \neq j) , \tag{8.24}$$

则对任意的非零初始向量 $\boldsymbol{u}_0 = \sum_{i=1}^{n} a_i \boldsymbol{x}_i (a_j \neq 0)$，由规范化反幂法公式(8.23)构造的向量序列 $\{\boldsymbol{u}_k\}$、$\{\boldsymbol{v}_k\}$ 和数列 $\{\mu_k\}$ 满足

(1) $\lim\limits_{k \to \infty} \boldsymbol{u}_k = \dfrac{\boldsymbol{x}_j}{\max(\boldsymbol{x}_j)}$，(2) $\lim\limits_{k \to \infty} \mu_k = \dfrac{1}{\lambda_j - p}$，即 $p + \dfrac{1}{\mu} \to \lambda_j$.

迭代法的收敛速度取决于比值 $r = |\lambda_j - p| / \min\limits_{i \neq j} |\lambda_i - p|$，只要选择 p 非常接近 λ_j，由式(8.24)知比值 r 一般很小，故收敛速度非常快，常常只需要进行几次迭代就可以得到精度很高的特征向量.

例 8.3　用规范化的反幂法公式计算矩阵

$$\boldsymbol{A} = \begin{bmatrix} 2 & -1 & 0 & 0 \\ -1 & 2 & -1 & 0 \\ 0 & -1 & 2 & -1 \\ 0 & 0 & -1 & 2 \end{bmatrix}$$

对应特征值 $\lambda = 0.4$ 的特征向量,写出迭代 2 次得到的结果.

解 取 $\boldsymbol{u}_0 =(1,1,1,1)^{\mathrm{T}}$,解线性方程组

$$(\boldsymbol{A} - 0.4\boldsymbol{I})\boldsymbol{v}_1 = \boldsymbol{u}_0$$

得

$$\boldsymbol{v}_1 =(-40, -65, -65, -40)^{\mathrm{T}},$$

$$\mu_1 = \max(\boldsymbol{v}_1) =-65,$$

$$\boldsymbol{u}_1 = \frac{\boldsymbol{v}_1}{\mu_1} =(8/13,1,1,8/13)^{\mathrm{T}}.$$

解方程组

$$(\boldsymbol{A} - 0.4\boldsymbol{I})\boldsymbol{v}_2 = \boldsymbol{u}_1$$

得

$$\boldsymbol{v}_2 = \left(-\frac{445}{13}, -\frac{720}{13}, -\frac{720}{13}, -\frac{445}{13}\right)^{\mathrm{T}},$$

$$\mu_2 = \max(\boldsymbol{v}_2) = \frac{-720}{13},$$

$$\boldsymbol{u}_2 = \frac{\boldsymbol{v}_2}{\mu_2} =\left(\frac{89}{144},1,1,\frac{89}{144}\right)^{\mathrm{T}}.$$

所以对应于 $\lambda = 0.4$ 的特征向量为

$$\boldsymbol{u}_2 =\left(\frac{89}{144},1,1,\frac{89}{144}\right)^{\mathrm{T}}.$$

8.5 Jacobi 方法

8.5.1 引言

Jacobi 方法也称旋转法,是求实对称矩阵全部特征值和特征向量的方法.其基本思想是对实对称矩阵进行一系列的相似正交变换将其约化为一个近似对角矩阵,然后利用相似正交变换的关系求其全部特征值和相应的特征向量.

由线性代数的理论可知,若 $\boldsymbol{A} \in \mathbf{R}^{n\times n}$ 为对称矩阵,则存在正交矩阵 $\boldsymbol{Q}$,使

$$\boldsymbol{Q}^{\mathrm{T}}\boldsymbol{A}\boldsymbol{Q} = \boldsymbol{D} = \mathrm{diag}(\lambda_1,\lambda_2,\cdots,\lambda_n), \tag{8.25}$$

且 $\boldsymbol{D}$ 的对角线上的元素为 $\lambda_i,i = 1,2,\cdots,n$ 就是 $\boldsymbol{A}$ 的特征值,$\boldsymbol{Q}$ 的列向量 $\boldsymbol{q}_i$ 就是 $\boldsymbol{A}$ 的对应于 λ_i 的特征向量.于是求实对称矩阵全部特征值和特征向量的问题就转化为求正交相似矩阵 $\boldsymbol{Q}$ 及相似对角阵 $\boldsymbol{D}$ 的问题,此问题的关键在于正交矩阵 $\boldsymbol{Q}$ 的构造.

先从 2 阶实对称矩阵进行讨论. 设 2 阶实对称矩阵 $\boldsymbol{A}=\begin{bmatrix}a_{11} & a_{12}\\ a_{21} & a_{22}\end{bmatrix}$，$a_{12}=a_{21}\neq 0$，用平面旋转变换矩阵

$$\boldsymbol{Q}=\begin{bmatrix}\cos\theta & -\sin\theta\\ \sin\theta & \cos\theta\end{bmatrix}$$

将其对角化，显然 $\boldsymbol{Q}$ 是正交矩阵.

设

$$\boldsymbol{Q}^{\mathrm{T}}\boldsymbol{A}\boldsymbol{Q}=\boldsymbol{D}=\begin{bmatrix}c_{11} & c_{12}\\ c_{21} & c_{22}\end{bmatrix}.$$

由矩阵的乘法得

$$c_{11}=a_{11}\cos^2\theta+a_{22}\sin^2\theta+a_{21}\sin 2\theta,$$

$$c_{22}=a_{11}\sin^2\theta+a_{22}\cos^2\theta-a_{21}\sin 2\theta,$$

$$c_{12}=c_{21}=\frac{1}{2}(a_{22}-a_{11})\sin 2\theta+a_{21}\cos 2\theta.$$

可选择 θ 使

$$\frac{1}{2}(a_{22}-a_{11})\sin 2\theta+a_{21}\cos 2\theta=0,$$

即

$$\mathrm{tg}2\theta=\frac{2a_{21}}{a_{11}-a_{22}}.$$

特别地，当 $a_{11}=a_{22}$ 时，可选 $\theta=\frac{\pi}{4}$，从而有

$$\boldsymbol{Q}^{\mathrm{T}}\boldsymbol{A}\boldsymbol{Q}=\mathrm{diag}(\lambda_1,\lambda_2).$$

上面利用平面旋转变换将 2 阶实对称矩阵约化为对角矩阵的方法可推广到一般实对称矩阵，这就是 Jacobi 方法，它是求实对称矩阵全部特征值和相应特征向量的一种变换方法.

8.5.2　实对称矩阵的 Jacobi 方法

$\mathbf{R}^n$ 中的平面旋转变换矩阵

$$
Q=\begin{bmatrix}
1 & & & & & & & & \\
 & \ddots & & & & & & & \\
 & & \cos\theta & & & -\sin\theta & & & \\
 & & & 1 & & & & & \\
 & & & & \ddots & & & & \\
 & & & & & 1 & & & \\
 & & \sin\theta & & & \cos\theta & & & \\
 & & & & & & 1 & & \\
 & & & & & & & \ddots & \\
 & & & & & & & & 1
\end{bmatrix}
\begin{matrix} \\ \\ 第 i 行 \\ \\ \\ \\ 第 j 行 \\ \\ \\ \\ \end{matrix}
\equiv Q(i,j) \quad (8.26)
$$

（矩阵上方标注：第 i 列、第 j 列）

平面旋转变换矩阵 $\boldsymbol{Q}(i,j)$ 有如下性质：

(1) $\boldsymbol{Q}(i,j)$ 为正交矩阵；

(2) $\boldsymbol{Q}(i,j)$ 只在 (i,i)、(i,j)、(j,i) 和 (j,j) 四个位置上和单位矩阵不一样；

(3) $\boldsymbol{Q}(i,j)\boldsymbol{A}$ 只改变 $\boldsymbol{A}$ 的第 i 行和第 j 行的元素，而 $\boldsymbol{A}\boldsymbol{Q}(i,j)$ 只改变 $\boldsymbol{A}$ 的第 i 列和第 j 列的元素，故 $\boldsymbol{Q}^{\mathrm{T}}(i,j)\boldsymbol{A}\boldsymbol{Q}(i,j)$ 只改变 $\boldsymbol{A}$ 的第 i 行、第 j 行、第 i 列和第 j 列的元素.

定理 8.7 设 $\boldsymbol{A}=(a_{ij})_{n\times n}$ 为实对称矩阵，$\boldsymbol{Q}$ 为正交矩阵，且 $\boldsymbol{C}=\boldsymbol{Q}^{\mathrm{T}}\boldsymbol{A}\boldsymbol{Q}$，则

$$\|\boldsymbol{C}\|_{\mathrm{F}}^{2}=\|\boldsymbol{A}\|_{\mathrm{F}}^{2}, \tag{8.27}$$

其中 $\|\boldsymbol{A}\|_{\mathrm{F}}$ 表示 $\boldsymbol{A}$ 的 Frobenius 范数，定义为 $\|\boldsymbol{A}\|_{\mathrm{F}}=\left(\sum_{i=1}^{n}\sum_{j=1}^{n}a_{ij}^{2}\right)^{\frac{1}{2}}$.

证明 $\|\boldsymbol{A}\|_{\mathrm{F}}^{2}=\sum_{i=1}^{n}\sum_{j=1}^{n}a_{ij}^{2}=\mathrm{tr}(\boldsymbol{A}^{\mathrm{T}}\boldsymbol{A})=\mathrm{tr}(\boldsymbol{A}^{2})=\sum_{i=1}^{n}\lambda_{i}(\boldsymbol{A}^{2})=\sum_{i=1}^{n}\lambda_{i}^{2}(\boldsymbol{A})$,

$\|\boldsymbol{C}\|_{\mathrm{F}}^{2}=\mathrm{tr}(\boldsymbol{C}^{\mathrm{T}}\boldsymbol{C})=\mathrm{tr}(\boldsymbol{C}^{2})=\sum_{i=1}^{n}\lambda_{i}(\boldsymbol{C}^{2})=\sum_{i=1}^{n}\lambda_{i}^{2}(\boldsymbol{C})$.

由题设知 $\lambda_{i}(\boldsymbol{A})=\lambda_{i}(\boldsymbol{C})$，故有 $\|\boldsymbol{C}\|_{\mathrm{F}}^{2}=\|\boldsymbol{A}\|_{\mathrm{F}}^{2}$.

定理 8.8 设 $\boldsymbol{A}=(a_{ij})_{n\times n}$ 为实对称矩阵，$\boldsymbol{Q}(i,j)$ 为平面旋转矩阵，则

$$\boldsymbol{C}=(c_{ij})_{n\times n}=\boldsymbol{Q}^{\mathrm{T}}(i,j)\boldsymbol{A}\boldsymbol{Q}(i,j)$$

的元素计算公式为

$$c_{ii}=a_{ii}\cos^{2}\theta+a_{jj}\sin^{2}\theta+a_{ij}\sin 2\theta; \tag{8.28}$$

$$c_{jj}=a_{ii}\sin^{2}\theta+a_{jj}\cos^{2}\theta-a_{ij}\sin 2\theta; \tag{8.29}$$

$$c_{ij}=c_{ji}=\frac{1}{2}(a_{jj}-a_{ii})\sin 2\theta+a_{ij}\cos 2\theta; \tag{8.30}$$

$$c_{mi}=c_{im}=a_{im}\cos\theta+a_{jm}\sin\theta\,(m\neq i,j)\text{，第 } i \text{ 行、第 } i \text{ 列的其他元素；} \tag{8.31}$$

$$c_{mj}=c_{jm}=-a_{im}\sin\theta+a_{jm}\cos\theta\,(m\neq i,j)\text{，第 } j \text{ 行、} j \text{ 列的其他元素；} \tag{8.32}$$

$$c_{lm} = a_{lm}(l,m \neq i,j) . \tag{8.33}$$

定理 8.8 中的计算公式可由正交矩阵 $\boldsymbol{Q}$ 的性质和矩阵的乘法推导得到.

若取 θ 使得 $c_{ij} = c_{ji} = \frac{1}{2}(a_{jj} - a_{ii})\sin 2\theta + a_{ij}\cos 2\theta = 0$,即满足

$$\mathrm{tg}2\theta = \frac{2a_{ij}}{a_{ii} - a_{jj}} \ (a_{ii} \neq a_{jj}) , \tag{8.34}$$

特别地,当 $a_{ii} = a_{jj}$ 时,可选 $\theta = \frac{\pi}{4}(a_{ij} > 0)$ 或 $\theta = -\frac{\pi}{4}(a_{ij} < 0)$,从而有 $c_{ij} = c_{ji} = 0$.

定理 8.9　设 $\boldsymbol{A} = (a_{ij})_{n\times n}$ 为实对称矩阵,$a_{ij} \neq 0$ 为 $\boldsymbol{A}$ 的一个非对角元素,则可选择一平面旋转矩阵 $\boldsymbol{Q}(i,j)$,使得

$$\boldsymbol{C} = (c_{ij})_{n\times n} = \boldsymbol{Q}^{\mathrm{T}}(i,j)\boldsymbol{A}\boldsymbol{Q}(i,j)$$

的非对角元素 $c_{ij} = c_{ji} = 0$,且满足如下关系:

(1) $c_{im}^2 + c_{jm}^2 = a_{im}^2 + a_{jm}^2(m \neq i,j)$;

(2) $c_{ii}^2 + c_{jj}^2 = a_{ii}^2 + 2a_{ij}^2 + a_{jj}^2$;

(3) $c_{lm}^2 = a_{lm}^2(l,m \neq i,j)$.

证明　当 $a_{ii} \neq a_{jj}$ 时,选择 θ 满足(8.34)式,即有 $c_{ij} = c_{ji} = 0$;当 $a_{ii} = a_{jj}$ 时,可选 $\theta = \frac{\pi}{4}$ 或 $\theta = -\frac{\pi}{4}$,有 $c_{ij} = c_{ji} = 0$. 由定理 8.8 中的(8.31)式和(8.32)式的平方求和可得(1)式成立;由(8.33)式两边平方即得(3)式成立;由定理 8.7 和(1)式可证(2)式成立.

定理 8.9 表明:如果用 $S(\boldsymbol{A})$ 表示 $\boldsymbol{A}$ 的非对角线元素的平方和,用 $D(\boldsymbol{A})$ 表示 $\boldsymbol{A}$ 的对角线元素的平方和,则

$$D(\boldsymbol{C}) = D(\boldsymbol{A}) + 2a_{ij}^2 , \tag{8.35}$$

这说明 $\boldsymbol{C}$ 对角元素的平方和比 $\boldsymbol{A}$ 对角元素的平方和增加了 $2a_{ij}^2$,因而 $\boldsymbol{C}$ 非对角元素的平方和应比 $\boldsymbol{A}$ 非对角元素的平方和减少 $2a_{ij}^2$,即有

$$S(\boldsymbol{C}) = S(\boldsymbol{A}) - 2a_{ij}^2 . \tag{8.36}$$

下面介绍用平面旋转变换把实对称矩阵约化为对角矩阵的 Jacobi **方法**.

首先在 $\boldsymbol{A}$ 的非对角元素中选择绝对值最大的元素,称为主元素,设 $|a_{i_1j_1}| = \max\limits_{l\neq m}|a_{lm}| \neq 0$,否则 $\boldsymbol{A}$ 已为对角矩阵. 由定理 8.9,则可选择一平面旋转矩阵 $\boldsymbol{Q}_1(i_1,j_1)$,使得 $\boldsymbol{A}_1 = \boldsymbol{Q}_1^{\mathrm{T}}(i_1,j_1)\boldsymbol{A}\boldsymbol{Q}_1(i_1,j_1)$ 的非对角元素 $a_{i_1j_1}^{(1)} = a_{j_1i_1}^{(1)} = 0$.

再选 $\boldsymbol{A}_1 = (a_{lm}^{(1)})_{n\times n}$ 的非对角元素的主元素 $|a_{i_2j_2}| = \max\limits_{l\neq m}|a_{lm}^{(1)}| \neq 0$,由定理 8.9,再选择一平面旋转矩阵 $\boldsymbol{Q}_2(i_2,j_2)$,使得 $\boldsymbol{A}_2 = \boldsymbol{Q}_2^{\mathrm{T}}(i_2,j_2)\boldsymbol{A}_1\boldsymbol{Q}_2(i_2,j_2)$ 的非对角元素 $a_{i_2j_2}^{(2)} = a_{j_2i_2}^{(2)} = 0$,需要指出的是上一步消除了的 (i_1,j_1) 和 (j_1,i_1) 位置处的元素又可能变为非零.

继续对 $\boldsymbol{A}$ 实施一系列的平面旋转变换,消除非对角线绝对值最大的元素,直至 $\boldsymbol{A}$ 的

非对角元素满足$\max\limits_{l\neq m}|a_{lm}^{(k)}|<\varepsilon$，$\varepsilon$ 为要求的精度，从而求得 $\boldsymbol{A}$ 全部特征值.

定理 8.10 设 $\boldsymbol{A}=(a_{ij})_{n\times n}$ 为实对称矩阵，对 $\boldsymbol{A}$ 实施一系列的平面旋转变换

$$\boldsymbol{A}_k=\boldsymbol{Q}_k^{\mathrm{T}}\boldsymbol{A}_{k-1}\boldsymbol{Q}_k,k=1,2,\cdots$$

其中 $\boldsymbol{Q}_k=\boldsymbol{Q}_k(i_k,j_k)$，则

$$\lim_{k\to\infty}\boldsymbol{A}_k=\boldsymbol{D},\boldsymbol{D}\text{ 为对角矩阵.}$$

证明 记 $\boldsymbol{A}_k=(a_{lm}^{(k)})_{n\times n}$，$S(\boldsymbol{A}_k)=\sum\limits_{l\neq m}(a_{lm}^{(k)})^2$，则由(8.36)式有

$$S(\boldsymbol{A}_{k+1})=S(\boldsymbol{A}_k)-2(a_{ij}^{(k)})^2, \tag{8.37}$$

其中

$$|a_{ij}^{(k)}|=\max_{l\neq m}|a_{lm}^{(k)}|. \tag{8.38}$$

由于

$$S(\boldsymbol{A}_k)=\sum_{l\neq m}(a_{lm}^{(k)})^2\leqslant(n^2-n)(a_{ij}^{(k)})^2,$$

即

$$\frac{S(\boldsymbol{A}_k)}{n(n-1)}\leqslant(a_{ij}^{(k)})^2,$$

等价于

$$S(\boldsymbol{A}_k)-2(a_{ij}^{(k)})^2\leqslant S(\boldsymbol{A}_k)-\frac{2S(\boldsymbol{A}_k)}{n(n-1)},$$

再由(8.37)式，于是

$$S(\boldsymbol{A}_{k+1})\leqslant S(\boldsymbol{A}_k)\left[1-\frac{2}{n(n-1)}\right],$$

反复用该不等式得

$$S(\boldsymbol{A}_k)\leqslant S(\boldsymbol{A}_0)\left[1-\frac{2}{n(n-1)}\right]^k,$$

因而有

$$\lim_{k\to\infty}S(\boldsymbol{A}_k)=0.$$

从而

$$\lim_{k\to\infty}a_{lm}^{(k)}=0(l\neq m),$$

故

$$\lim_{k\to\infty}\boldsymbol{A}_k=\boldsymbol{D}.$$

(1) 关于 $\boldsymbol{A}$ 的特征向量的计算.

由收敛性定理8.10可知,当 k 充分大时,有

$$\boldsymbol{Q}_k^{\mathrm{T}}\cdots\boldsymbol{Q}_2^{\mathrm{T}}\boldsymbol{Q}_1^{\mathrm{T}}\boldsymbol{A}\boldsymbol{Q}_1\boldsymbol{Q}_2\cdots\boldsymbol{Q}_k\approx\boldsymbol{D}. \tag{8.39}$$

记 $\boldsymbol{Q}^{(k)}=\boldsymbol{Q}_1\boldsymbol{Q}_2\cdots\boldsymbol{Q}_k$,则 $\boldsymbol{Q}^{(k)}$ 的列向量即为矩阵 $\boldsymbol{A}$ 的近似特征向量. 编程计算 $\boldsymbol{Q}^{(k)}$ 可用累积方法,定义一个二维数组 $\boldsymbol{Q}$ 存储矩阵 $\boldsymbol{Q}^{(k)}$,初始时用单位矩阵 $\boldsymbol{I}$ 赋值,即 $\boldsymbol{Q}\leftarrow\boldsymbol{I}$,以后对 $\boldsymbol{A}$ 每进行一次平面旋转变换,就要计算 $\boldsymbol{Q}\leftarrow\boldsymbol{Q}\boldsymbol{Q}_k$.

用平面旋转矩阵 $\boldsymbol{Q}^{(k)}(i,j)$ 右乘 $\boldsymbol{Q}$,只需要计算 $\boldsymbol{Q}$ 的第 i 列和第 j 列发生变化的元素,由(8.28)~(8.32)式得 $\boldsymbol{Q}\boldsymbol{Q}_k$ 的计算公式如下:

$$\begin{cases}(Q)_{mi}=(Q)_{mi}\cos\theta+(Q)_{mj}\sin\theta(m\neq i,j)\\(Q)_{mj}=-(Q)_{mi}\sin\theta+(Q)\cos\theta(m\neq i,j)\end{cases}. \tag{8.40}$$

(2) 关于 θ 的计算.

当 $a_{ii}\neq a_{jj}$ 时,选择 θ 满足(8.34)式,即

$$\tan2\theta=\frac{2a_{ij}}{a_{ii}-a_{jj}},$$

于是有

$$\theta=\frac{1}{2}\arctan\frac{2a_{ij}}{a_{ii}-a_{jj}}. \tag{8.41}$$

当 $a_{ii}=a_{jj}$ 时,

$$\theta=\begin{cases}\dfrac{\pi}{4}(a_{ij}>0)\\[2ex]-\dfrac{\pi}{4}(a_{ij}<0)\end{cases}. \tag{8.42}$$

例8.4　用Jacobi方法求实对称矩阵 $\boldsymbol{A}=\begin{bmatrix}2&\boxed{-1}&0\\-1&2&-1\\0&-1&2\end{bmatrix}$ 的特征值和特征向量.

解　第1次迭代. 选绝对值最大的非对角元消零,故可选 $a_{12}=-1$,即 $i=1,j=2$. 由于 $a_{11}=a_{22}$,且 $a_{12}<0$,故选取 $\theta=-\frac{\pi}{4},\sin\theta=-\frac{\sqrt{2}}{2},\cos\theta=\frac{\sqrt{2}}{2}$. 由公式(8.28)~(8.33)计算可得

$$a_{11}^{(1)}=2\cos^2\left(-\frac{\pi}{4}\right)+2\sin^2\left(-\frac{\pi}{4}\right)-\sin\left(-\frac{\pi}{2}\right)=3,$$

$$a_{22}^{(1)}=2\sin^2(-\frac{\pi}{4})+2\cos^2(-\frac{\pi}{4})+\sin(-\frac{\pi}{2})=1,$$

$$a_{12}^{(1)}=a_{21}^{(1)}=\frac{1}{2}(a_{22}-a_{11})\sin(-\frac{\pi}{2})+a_{12}\cos(-\frac{\pi}{2})=0,$$

$$a_{33}^{(1)}=a_{33}=2,\ a_{13}^{(1)}=a_{31}^{(1)}=a_{13}\cos(-\frac{\pi}{4})+a_{23}\sin(-\frac{\pi}{4})\approx 0.7071,$$

$$a_{23}^{(1)}=a_{32}^{(1)}=-a_{13}\sin(-\frac{\pi}{4})+a_{23}\cos(-\frac{\pi}{4})\approx -0.7071.$$

于是

$$A_1=Q_1^{\mathrm{T}}AQ_1=\begin{bmatrix}3 & 0 & \boxed{0.7071}\\ 0 & 1 & -0.7071\\ 0.7071 & -0.7071 & 2\end{bmatrix},$$

$$Q_1=\begin{bmatrix}0.7071 & 0.7071 & 0\\ -0.7071 & 0.7071 & 0\\ 0 & 0 & 1\end{bmatrix}.$$

第 2 次迭代. 选绝对值最大的非对角元素 $a_{13}^{(1)}=0.7071$,即 $i=1,j=3$,计算可得 $\sin\theta_1=0.4597$, $\cos\theta_1=0.8880$. 用平面旋转变换公式(8.28) ~ (8.33) 同理计算 A_2 的各元素得

$$A_2=Q_2^{\mathrm{T}}A_1Q_2=\begin{bmatrix}3.3660 & -0.3250 & 0\\ -0.3250 & 1 & \boxed{-0.6279}\\ 0 & -0.6279 & 1.6339\end{bmatrix},$$

$$Q_2=\begin{bmatrix}0.8880 & 0 & -0.4597\\ 0 & 1 & 0\\ -0.4597 & 0 & 0.8880\end{bmatrix}.$$

第 3 次迭代. 选绝对值最大的非对角元素 $a_{23}^{(2)}=-0.6279$,即 $i=2,j=3$. 同理计算可得 $\sin\theta_2=0.5242$, $\cos\theta_2=0.8516$,则有

$$A_3=Q_3^{\mathrm{T}}A_2Q_3=\begin{bmatrix}3.3660 & -0.1703 & -0.2768\\ -0.1703 & 2.0204 & 0\\ \boxed{-0.2768} & 0 & 0.6135\end{bmatrix},$$

$$Q_3=\begin{bmatrix}1 & 0 & 0\\ 0 & 0.8516 & -0.5242\\ 0 & 0.5242 & 0.8516\end{bmatrix}.$$

第 4 次迭代. 选绝对值最大的非对角元素 $a_{31}^{(3)}=-0.2768$,即 $i=3,j=1$. 同理计算可得 $\sin\theta_3=-0.0990$,$\cos\theta_3=0.0995$,则有

$$A_4=Q_4^{\mathrm{T}}A_3Q_4=\begin{bmatrix}3.3935 & -0.1695 & 0\\ \boxed{-0.1695} & 2.0204 & -0.0168\\ 0 & -0.0168 & 0.5859\end{bmatrix},$$

$$Q_4=\begin{bmatrix}0.9950 & 0 & 0.0990\\ 0 & 1 & 0\\ -0.0990 & 0 & 0.9950\end{bmatrix}.$$

第 5 次迭代. 选绝对值最大的非对角元素 $a_{21}^{(4)}=-0.1695$,即 $i=2,j=1$. 同理计算可得 $\sin\theta_4=-0.1207$,$\cos\theta_4=0.9926$,则有

$$A_5=Q_5^{\mathrm{T}}A_4Q_5=\begin{bmatrix}3.4142 & 0 & 0.0020\\ 0 & 1.9998 & -0.0167\\ 0.0020 & -0.0167 & 0.5859\end{bmatrix},$$

$$Q_5=\begin{bmatrix}0.9926 & 0.1207 & 0\\ -0.1207 & 0.9926 & 0\\ 0 & 0 & 1\end{bmatrix}.$$

于是有

$$Q\approx Q^{(5)}=Q_1Q_2Q_3Q_4Q_5=\begin{bmatrix}0.5000 & 0.7071 & 0.5000\\ -0.7071 & 0 & 0.7071\\ 0.5000 & -0.7071 & 0.5000\end{bmatrix}.$$

上述过程可以继续进行下去,直到非对角元素满足精度要求 $\max\limits_{l\neq m}|a_{lm}^{(k)}|<\varepsilon$ 终止.

由以上计算可得 A 的近似特征值为 $\lambda_1\approx a_{11}^{(5)}=3.4142$,$\lambda_2\approx a_{22}^{(5)}=1.9998$,$\lambda_3\approx a_{33}^{(5)}=0.5859$;相应的近似特征向量为 $u_1\approx(0.5000\quad -0.7071\quad 0.5000)^{\mathrm{T}}$,$u_2\approx(0.7071\quad -0.7071)^{\mathrm{T}}$,$u_3\approx(0.5000\quad 0.7071\quad 0.5000)^{\mathrm{T}}$.

Jacobi 方法是一种计算实对称矩阵的全部特征值和相应特征向量的迭代方法,计算精度高,算法稳定,但计算量较大.

8.6 豪斯霍尔德(Householder)变换约化矩阵

8.6.1 Householder 矩阵

定义 8.4 对应方阵 B,若当 $i>j+1$ 时有 $b_{ij}=0$,则称 B 为**上海森伯格(Hessenberg)矩阵**,即

$$
\boldsymbol{B}=\begin{bmatrix}
b_{11} & b_{12} & b_{13} & \cdots & b_{1,n-1} & b_{1n} \\
b_{21} & b_{22} & b_{23} & \cdots & b_{2,n-1} & b_{2n} \\
 & b_{32} & b_{33} & \cdots & b_{3,n-1} & b_{3n} \\
 & & \ddots & \ddots & \vdots & \vdots \\
 & & & & b_{n-1,n-1} & b_{n-1,n} \\
 & & & & b_{n,n-1} & b_{nn}
\end{bmatrix}. \tag{8.43}
$$

定义 8.5 设向量 $\boldsymbol{w}=(w_1,w_2,\cdots,w_n)^{\mathrm{T}}$ 满足 $\|\boldsymbol{w}\|_2=1$,则矩阵

$$
\boldsymbol{H}=\boldsymbol{I}-2\boldsymbol{w}\boldsymbol{w}^{\mathrm{T}}=\begin{bmatrix}
1-2w_1^2 & -2w_1w_2 & \cdots & -2w_1w_n \\
-2w_2w_1 & 1-2w_2^2 & \cdots & -2w_2w_n \\
\vdots & \vdots & & \vdots \\
-2w_nw_1 & -2w_nw_2 & \cdots & 1-2w_n^2
\end{bmatrix} \tag{8.44}
$$

称为**豪斯霍尔德(Householder)矩阵**,也称**镜像反射矩阵**或**初等反射阵**.

显然,对任意的 $\boldsymbol{u}\in\mathbf{R}^n$,且 $\boldsymbol{u}\neq 0$,则 $\boldsymbol{H}=\boldsymbol{I}-2\dfrac{\boldsymbol{u}\boldsymbol{u}^{\mathrm{T}}}{\|\boldsymbol{u}\|_2^2}$ 必为初等反射阵.

定理 8.11 初等反射阵 $\boldsymbol{H}$ 为对称矩阵($\boldsymbol{H}^{\mathrm{T}}=\boldsymbol{H}$),正交矩阵($\boldsymbol{H}^{\mathrm{T}}\boldsymbol{H}=\boldsymbol{I}$) 和对合矩阵($\boldsymbol{H}^2=\boldsymbol{I}$).

证明 显然 $\boldsymbol{H}$ 为对称矩阵,于是

$$
\boldsymbol{H}^{\mathrm{T}}\boldsymbol{H}=\boldsymbol{H}^2=(\boldsymbol{I}-2\boldsymbol{w}\boldsymbol{w}^{\mathrm{T}})(\boldsymbol{I}-2\boldsymbol{w}\boldsymbol{w}^{\mathrm{T}})=\boldsymbol{I}-4\boldsymbol{w}\boldsymbol{w}^{\mathrm{T}}+4\boldsymbol{w}(\boldsymbol{w}^{\mathrm{T}}\boldsymbol{w})\boldsymbol{w}^{\mathrm{T}}=\boldsymbol{I},
$$

因而 $\boldsymbol{H}$ 为正交阵.

定理 8.12 对任意的 $\boldsymbol{x},\boldsymbol{y}\in\mathbf{R}^n$,$\boldsymbol{x}\neq\boldsymbol{y}$,且 $\|\boldsymbol{x}\|_2=\|\boldsymbol{y}\|_2$,则存在一个初等反射阵 $\boldsymbol{H}$,使得

$$
\boldsymbol{H}\boldsymbol{x}=\boldsymbol{y}.
$$

证明 令 $\boldsymbol{w}=\dfrac{\boldsymbol{x}-\boldsymbol{y}}{\|\boldsymbol{x}-\boldsymbol{y}\|_2}$,显然有 $\|\boldsymbol{w}\|_2=1$,于是

$$
\boldsymbol{H}=\boldsymbol{I}-2\boldsymbol{w}\boldsymbol{w}^{\mathrm{T}}=\boldsymbol{I}-2\frac{(\boldsymbol{x}-\boldsymbol{y})(\boldsymbol{x}-\boldsymbol{y})^{\mathrm{T}}}{\|\boldsymbol{x}-\boldsymbol{y}\|_2^2},
$$

由 $\|\boldsymbol{x}\|_2=\|\boldsymbol{y}\|_2$ 可知 $\boldsymbol{x}^{\mathrm{T}}\boldsymbol{x}=\boldsymbol{y}^{\mathrm{T}}\boldsymbol{y}$,从而有

$$
2(\boldsymbol{x}-\boldsymbol{y})^{\mathrm{T}}\boldsymbol{x}=\boldsymbol{x}^{\mathrm{T}}\boldsymbol{x}-2\boldsymbol{x}^{\mathrm{T}}\boldsymbol{y}+\boldsymbol{y}^{\mathrm{T}}\boldsymbol{y}=(\boldsymbol{x}-\boldsymbol{y})^{\mathrm{T}}(\boldsymbol{x}-\boldsymbol{y})=\|\boldsymbol{x}-\boldsymbol{y}\|_2^2,
$$

于是

$$
\boldsymbol{H}\boldsymbol{x}=\boldsymbol{x}-2\frac{(\boldsymbol{x}-\boldsymbol{y})(\boldsymbol{x}-\boldsymbol{y})^{\mathrm{T}}\boldsymbol{x}}{\|\boldsymbol{x}-\boldsymbol{y}\|_2^2}=\boldsymbol{x}-(\boldsymbol{x}-\boldsymbol{y})=\boldsymbol{y}.
$$

推论 设向量 $\boldsymbol{x}\in\mathbf{R}^n$,$\boldsymbol{x}\neq 0$,$\sigma=\pm\|\boldsymbol{x}\|_2$,且 $\boldsymbol{x}\neq-\sigma\boldsymbol{e}_1$,则存在一个初等反射阵

$$H = I - 2\frac{uu^{\mathrm{T}}}{\|u\|_2^2} = I - \lambda^{-1}uu^{\mathrm{T}}, \tag{8.45}$$

使 $\boldsymbol{Hx} = -\sigma \boldsymbol{e}_1$，其中 $\boldsymbol{u} = \boldsymbol{x} + \sigma\boldsymbol{e}_1$，$\lambda = \|\boldsymbol{u}\|_2^2/2$.

此推论的重要作用是可以构造一个初等反射阵，将非零向量 $\boldsymbol{x}$ 的分量变为 0（除第 1 个分量外）．下面分析参数 σ 符号的取法，设 $\boldsymbol{x} = (x_1, x_2, \cdots, x_n)^{\mathrm{T}} \neq 0$，则

$$\boldsymbol{u} = \boldsymbol{x} + \sigma\boldsymbol{e}_1 = (x_1 + \sigma, x_2, \cdots, x_n)^{\mathrm{T}},$$

于是

$$\begin{aligned} \lambda &= \|\boldsymbol{u}\|_2^2/2 = \frac{1}{2}[(x_1+\sigma)^2 + x_2^2 + \cdots + x_n^2] \\ &= \frac{1}{2}(\sigma^2 + 2\sigma x_1 + x_1^2 + x_2^2 + \cdots + x_n^2) \\ &= \sigma(\sigma + x_1). \end{aligned} \tag{8.46}$$

由式(8.46)看出，σ 和 x_1 取相同符号时，可避免损失有效数字，即取 $\sigma = \mathrm{sgn}(x_1)\|\boldsymbol{x}\|_2$.

为了避免在计算机实现时可能出现数值“溢出”现象，在实际对矩阵约化计算时，将向量 $\boldsymbol{x}$ 进行规范化，即

$$\boldsymbol{x}' = \boldsymbol{x}/\max(\boldsymbol{x}),$$

其中 $\max(\boldsymbol{x})$ 表示向量 $\boldsymbol{x}$ 的绝对值最大的分量.

例 8.5　已知向量 $\boldsymbol{x} = (3,5,1,1)^{\mathrm{T}}$，试构造 Householder 矩阵 $\boldsymbol{H}$，使

$$\boldsymbol{Hx} = -\mathrm{sgn}(x_1)\|\boldsymbol{x}\|_2(1,0,0,0)^{\mathrm{T}}.$$

解　$\|\boldsymbol{x}\|_2 = 6$，$\sigma = \mathrm{sgn}(x_1)\|\boldsymbol{x}\|_2 = 6$，$\boldsymbol{u} = \boldsymbol{x} + \sigma\boldsymbol{e}_1 = (9,5,1,1)^{\mathrm{T}}$，$\lambda = \sigma(\sigma + x_1) = 54$，

于是得 Householder 矩阵为

$$\boldsymbol{H} = \boldsymbol{I} - \lambda^{-1}\boldsymbol{uu}^{\mathrm{T}} = -\frac{1}{54}\begin{bmatrix} 27 & 45 & 9 & 9 \\ 45 & -29 & 5 & 5 \\ 9 & 5 & -53 & 1 \\ 9 & 5 & 1 & -53 \end{bmatrix}.$$

则有

$$\boldsymbol{Hx} = -\sigma\boldsymbol{e}_1 = (-6,0,0,0).$$

8.6.2　用 Householder 变换约化一般实矩阵为上海森伯格(Hessenberg)矩阵

设 $\boldsymbol{A} \in \mathbf{R}^{n\times n}$，下面来介绍，可选择初等反射阵 $\boldsymbol{U}_1, \boldsymbol{U}_2, \cdots, \boldsymbol{U}_{n-2}$，作正交相似变换，把一般实矩阵 $\boldsymbol{A}$ 约化为上海森伯格(Hessenberg)矩阵，从而把求原矩阵特征值问题转化为求

上海森伯格矩阵的特征值问题.

(1) 设 $\boldsymbol{A}=\begin{bmatrix} a_{11} & a_{12} & \cdots & a_{1n} \\ a_{21} & a_{22} & \cdots & a_{2n} \\ \vdots & \vdots & & \vdots \\ a_{n1} & a_{n2} & \cdots & a_{nn} \end{bmatrix}=\begin{bmatrix} a_{11} & \boldsymbol{A}_{12}^{(1)} \\ \boldsymbol{c}_1 & \boldsymbol{A}_{22}^{(1)} \end{bmatrix}$,

其中 $\boldsymbol{c}_1=(a_{21},\cdots,a_{n1})^{\mathrm{T}}\in\mathbf{R}^{n-1}$,不妨设 $\boldsymbol{c}_1\neq 0$,否则这一步不需要约化. 选择初等反射阵 $\boldsymbol{R}_1=\boldsymbol{I}-\beta_1^{-1}\boldsymbol{u}_1\boldsymbol{u}_1^{\mathrm{T}}$,使 $\boldsymbol{R}_1\boldsymbol{c}_1=-\sigma_1\boldsymbol{e}_1$,

其中

$$\begin{cases} \sigma_1=\operatorname{sgn}(a_{21})\left(\sum\limits_{i=2}^{n}a_{i1}^2\right)1/2, \\ \boldsymbol{u}_1=\boldsymbol{c}_1+\sigma_1\boldsymbol{e}_1, \\ \beta_1=\sigma_1(\sigma_1+a_{21}). \end{cases} \tag{8.47}$$

令

$$\boldsymbol{U}_1=\begin{bmatrix} \boldsymbol{I} & \\ & \boldsymbol{R}_1 \end{bmatrix}$$

则

$$\boldsymbol{A}_2=\boldsymbol{U}_1\boldsymbol{A}_1\boldsymbol{U}_1=\begin{bmatrix} a_{11} & \boldsymbol{A}_{12}^{(1)}\boldsymbol{R}_1 \\ \boldsymbol{R}_1\boldsymbol{c}_1 & \boldsymbol{R}_1\boldsymbol{A}_{22}^{(1)}\boldsymbol{R}_1 \end{bmatrix}$$

$$=\begin{bmatrix} a_{11} & a_{12}^{(2)} & a_{13}^{(2)} & \cdots & a_{1n}^{(2)} \\ -\sigma_1 & a_{22}^{(2)} & a_{23}^{(2)} & \cdots & a_{2n}^{(2)} \\ 0 & a_{32}^{(2)} & a_{33}^{(2)} & \cdots & a_{3n}^{(2)} \\ \vdots & \vdots & \vdots & & \vdots \\ 0 & a_{n2}^{(2)} & a_{n3}^{(2)} & \cdots & a_{nn}^{(2)} \end{bmatrix}$$

$$=\begin{bmatrix} & \boldsymbol{A}_{11}^{(2)} & \boldsymbol{A}_{12}^{(2)} \\ 0 & \boldsymbol{c}_2 & \boldsymbol{A}_{22}^{(2)} \end{bmatrix},$$

其中 $\boldsymbol{c}_2=(a_{32}^{(2)},\cdots,a_{n2}^{(2)})^{\mathrm{T}}\in\mathbf{R}^{n-2}$,$\boldsymbol{A}_{22}^{(2)}\in\mathbf{R}^{(n-2)\times(n-2)}$.

(2) 第 k 步约化:重复上述过程,设对 $\boldsymbol{A}$ 已完成第 1 步,…,第 $k-1$ 步正交相似变换,即有

$$\boldsymbol{A}_k=\boldsymbol{U}_{k-1}\boldsymbol{A}_{k-1}\boldsymbol{U}_{k-1},$$

即

$$\boldsymbol{A}_k = \boldsymbol{U}_{k-1}\cdots\boldsymbol{U}_1\boldsymbol{A}_1\boldsymbol{U}_1\cdots\boldsymbol{U}_{k-1}.$$

即约化为

$$\boldsymbol{A}_k = \begin{bmatrix} a_{11}^{(1)} & a_{12}^{(2)} & \cdots & a_{1,k-1}^{(k-1)} & a_{1k}^{(k)} & a_{1,k+1}^{(k)} & \cdots & a_{1n}^{(k)} \\ -\sigma_1 & a_{22}^{(2)} & \cdots & a_{2,k-1}^{(k-1)} & a_{2k}^{(k)} & a_{2,k+1}^{(k)} & \cdots & a_{2n}^{(k)} \\ & \ddots & & \vdots & \vdots & \vdots & & \vdots \\ & & \ddots & \vdots & \vdots & \vdots & & \vdots \\ & & & -\sigma_{k-1} & a_{kk}^{(k)} & a_{k,k+1}^{(k)} & \cdots & a_{kn}^{(k)} \\ & & & & a_{k+1,k}^{(k)} & a_{k+1,k+1}^{(k)} & \cdots & a_{k+1,n}^{(k)} \\ & & & & \vdots & \vdots & & \vdots \\ & & & & a_{nk}^{(k)} & a_{n,k+1}^{(k)} & \cdots & a_{nn}^{(k)} \end{bmatrix}$$

$$\quad\; k \qquad n-k$$

$$= \begin{bmatrix} \boldsymbol{A}_{11}^{(k)} & \boldsymbol{A}_{12}^{(k)} \\ 0 \quad c_k & \boldsymbol{A}_{22}^{(k)} \end{bmatrix} \begin{matrix} k \\ n-k \end{matrix},$$

其中 $\boldsymbol{c}_k = (a_{k+1,k}^{(k)}, \cdots, a_{nk}^{(k)})^{\mathrm{T}} \in \mathbf{R}^{n-k}$,$\boldsymbol{A}_{11}^{(k)}$ 为 k 阶上 Hessenberg 阵,$\boldsymbol{A}_{22}^{(k)} \in \mathbf{R}^{(n-k)\times(n-k)}$.

设 $c_k \neq 0$,于是可选择初等反射阵 $\boldsymbol{R}_k$ 使 $\boldsymbol{R}_k\boldsymbol{c}_k = -\sigma_k\boldsymbol{e}_1$,其中,$\boldsymbol{R}_k$ 计算公式为

$$\begin{cases} \sigma_k = \operatorname{sgn}(a_{k+1,k}^{(k)})\left(\sum_{i=k+1}^{n}(a_{ik}^{(k)})^2\right)^{1/2}, \\ \boldsymbol{u}_k = \boldsymbol{c}_k + \sigma_k\boldsymbol{e}_1, \\ \beta_k = \sigma_k(\sigma_k + a_{k+1,k}^{(k)}), \\ \boldsymbol{R}_k = \boldsymbol{I} - \beta_k^{-1}\boldsymbol{u}_k\boldsymbol{u}_k^{\mathrm{T}}. \end{cases} \tag{8.48}$$

令

$$\boldsymbol{U}_k = \begin{bmatrix} \boldsymbol{I} & \\ & \boldsymbol{R}_k \end{bmatrix},$$

则有

$$\boldsymbol{A}_{k+1} = \boldsymbol{U}_k\boldsymbol{A}_k\boldsymbol{U}_k = \begin{bmatrix} \boldsymbol{A}_{11}^{(k+1)} & \boldsymbol{A}_{12}^{(k)}R_k \\ 0 \quad \boldsymbol{R}_k\boldsymbol{c}_k & \boldsymbol{R}_k\boldsymbol{A}_{22}^{(k)}\boldsymbol{R}_k \end{bmatrix} = \begin{bmatrix} \boldsymbol{A}_{11}^{(k+1)} & \boldsymbol{A}_{12}^{(k+1)} \\ 0 \quad \boldsymbol{c}_{k+1} & \boldsymbol{A}_{22}^{(k+1)} \end{bmatrix},$$

其中 $\boldsymbol{A}_{11}^{(k+1)}$ 为 $k+1$ 阶上 Hessenberg 矩阵,第 k 步约化只需计算 $\boldsymbol{A}_{12}^{(k)}\boldsymbol{R}_k$ 及 $\boldsymbol{R}_k\boldsymbol{A}_{22}^{(k)}\boldsymbol{R}_k$(当 $\boldsymbol{A}$ 为对称矩阵时,只需要计算 $\boldsymbol{R}_k\boldsymbol{A}_{22}^{(k)}\boldsymbol{R}_k$).重复上面的过程,则有

$$U_{n-2}\cdots U_2U_1AU_1U_2\cdots U_{n-2}=\begin{bmatrix} a_{11} & * & * & \cdots & * & * \\ -\sigma_1 & a_{22}^{(2)} & * & \cdots & * & * \\ & -\sigma_2 & a_{33}^{(3)} & \cdots & * & * \\ & & \ddots & \ddots & \vdots & \vdots \\ & & & -\sigma_{n-2} & a_{n-1,n-1}^{(n-1)} & * \\ & & & & -\sigma_{n-1} & a_{nn}^{(n)} \end{bmatrix}=A_{n-1}. \tag{8.49}$$

总结上述讨论,有如下定理.

定理 8.13 设 $A\in\mathbf{R}^{n\times n}$,则存在初等反射矩阵 $U_1,U_2,\cdots,U_{n-2}$,使

$$U_{n-2}\cdots U_2U_1AU_1U_2\cdots U_{n-2}\equiv U_0AU_0=H$$

为上 Hessenberg 矩阵.

上面的约化过程约需要 $5n^3/3$ 次乘法运算,若生成 $P=U_1U_2\cdots U_{n-2}$ 还需要附加 $2n^3/3$ 次乘法运算.

由于 $U_1,U_2,\cdots,U_{n-2}$ 都是正交矩阵,故 $A_1,A_2,\cdots,A_{n-1}$ 都是相似矩阵,因而求矩阵 A 的特征值问题就转化为求上 Hessenberg 矩阵的特征值问题.

由定理 8.13,记 $P=U_1U_2\cdots U_{n-2}$,则 $P^{\mathrm T}AP=H$,设 y 是 H 的对应于特征值 μ 的特征向量,则 Py 为 A 的对应于特征值 μ 的特征向量.

例 8.6 用 Householder 变换把矩阵 $A=\begin{bmatrix} -4 & -3 & -7 \\ 2 & 3 & 2 \\ 4 & 2 & 7 \end{bmatrix}$ 约化为上 Hessenberg 矩阵.

解 (1)计算 R_1. 先对 $c_1=(2,4)^{\mathrm T}$ 进行规范化,即 $c_1'=c_1/\max(c_1)=(0.5,1)$,

$$\begin{cases} \sigma=\sqrt{1.25}=1.118\,034, \\ u_1=c_1'+\sigma e_1=(1.618\,034,1)^{\mathrm T}, \\ \beta_1=\sigma(\sigma+0.5)=1.809\,017, \\ \sigma_1=\alpha\sigma=4.472\,136, \\ R_1=I-\beta^{-1}u_1u_1^{\mathrm T}. \end{cases}$$

则有

$$R_1c_1=-\sigma_1e_1.$$

(2) 约化计算.

$$U_1=\begin{bmatrix} 1 & \\ & R_1 \end{bmatrix},$$

则有

$$A_2 = U_1AU_1 = \begin{bmatrix} -4 & 7.602\,631 & -0.447\,214 \\ -4.472\,136 & 7.799\,999 & -0.400\,000 \\ 0 & -0.399\,999 & 2.200\,000 \end{bmatrix} = H$$

为上 Hessenberg 矩阵.

8.6.3　用 Householder 变换约化实对称矩阵为对称三对角矩阵

用初等反射阵作正交相似变换约化对称矩阵 A 为对称三对角矩阵,从而把求原矩阵特征值问题转化为求对称三对角矩阵的特征值问题.

定理 8.14　设 $A \in \mathbf{R}^{n\times n}$ 为对称矩阵,则存在初等反射阵 $U_1, U_2, \cdots, U_{n-2}$ 使

$$U_{n-2}\cdots U_2U_1AU_1U_2\cdots U_{n-2} \equiv \begin{bmatrix} c_1 & b_1 & & & \\ b_1 & c_2 & b_2 & & \\ & b_2 & \ddots & \ddots & \\ & & \ddots & c_{n-1} & b_{n-1} \\ & & & b_{n-1} & c_n \end{bmatrix} = C \tag{8.50}$$

为对称三对角矩阵.

证明　由定理 8.13,存在初等反射阵 $U_1, U_2, \cdots, U_{n-2}$,使

$$U_{n-2}\cdots U_2U_1AU_1U_2\cdots U_{n-2} = H = A_{n-1}$$

为上 Hessenberg 矩阵,且 A_{n-1} 亦是对称矩阵,因此,A_{n-1} 为对称三对角矩阵.

由上面讨论可知,当 A 为对称矩阵时,由 $A_k \to A_{k+1} = U_kA_kU_k$ 进一步约化计算中只需计算 R_k 及 $R_kA_{22}^{(k)}R_k$. 又由于 A 的对称性,故只需计算 $R_kA_{22}^{(k)}R_k$ 的对角线以下元素. 注意到

$$R_kA_{22}^{(k)}R_k = (I - \beta_k^{-1}u_ku_k^{\mathrm{T}})(A_{22}^{(k)} - \beta_k^{-1}A_{22}^{(k)}u_ku_k^{\mathrm{T}}),$$

引进记号

$$r_k = \beta_k^{-1}A_{22}^{(k)}u_k \in \mathbf{R}^{n-k},$$

和

$$t_k = r_k - \frac{\beta_k^{-1}}{2}(u_k^{\mathrm{T}}r_k)u_k \in \mathbf{R}^{n-k},$$

则有

$$R_kA_{22}^{(k)}R_k = A_{22}^{(k)} - u_kt_k^{\mathrm{T}} - t_ku_k^{\mathrm{T}}(i = k+1, \cdots, n; j = k+1, \cdots, i). \tag{8.51}$$

对对称矩阵 A 用初等反射阵正交相似约化为对称三对角阵大约需要 $2n^3/3$ 次乘法. 用正交矩阵进行相似约化有一些特点,如构造的 U_k 容易求逆,且 U_k 的元素数量级不大,因此这个算法是十分稳定的.

8.7 QR 方法

Francis(1961,1962)利用矩阵的 QR 分解建立了计算矩阵特征值的 QR 算法,其基本思想是先用 Householder 矩阵将一般实矩阵 $\boldsymbol{A} \in \mathbf{R}^{n\times n}$ 正交约化为上 Hessenberg 矩阵,把实对称矩阵正交约化为实对称三对角矩阵,进一步用 QR 算法求全部特征值和特征向量. QR 方法是一种变换迭代法,具有收敛快,算法稳定等特点,是计算一般中小型实矩阵的全部特征值问题的最有效的方法之一.

8.7.1 矩阵的 QR 分解

矩阵 QR 分解在解决矩阵特征值的计算、最小二乘法等问题中起到重要作用. 对矩阵的 QR 分解主要有 Schmidt 正交化方法、Householder 变换和平面旋转变换,其中 Schmidt 正交化方法在线性代数中已学过,下面介绍用 Householder 变换和平面旋转变换对矩阵进行正交化.

定义 8.6 设 $\boldsymbol{A} \in \mathbf{R}^{n\times n}$,如果存在一个正交矩阵 $\boldsymbol{Q}$ 和一个上三角矩阵 $\boldsymbol{R}$ 的乘积,使得 $\boldsymbol{A} = \boldsymbol{QR}$, 称为矩阵 $\boldsymbol{A}$ 的 QR 分解或正三角分解.

上述定义可推广到复数域上, $\boldsymbol{A} \in \mathbf{C}^{n\times n}$,且 $\boldsymbol{A} = \boldsymbol{QR}$,其中 $\boldsymbol{Q}$ 为酉矩阵,$\boldsymbol{R}$ 为上三角矩阵,称为 QR 分解或酉三角分解.

前面已经介绍了用 Householder 变换把一般实矩阵 $\boldsymbol{A}$ 约化为上 Hessenberg 矩阵,把实对称矩阵约化为对称三对角矩阵的具体做法. 用 Householder 变换把一般实矩阵 $\boldsymbol{A}$ 约化为上三角矩阵与此基本类似,下面仅举例说明.

例 8.7 用 Householder 变换求矩阵 $\boldsymbol{A} = \begin{bmatrix} 0 & 3 & 1 \\ 0 & 4 & -2 \\ 2 & 1 & 1 \end{bmatrix}$ 的 QR 分解.

解 取 $\boldsymbol{c}_1 = (0,0,2)^{\mathrm{T}}$, $\alpha = \max(\boldsymbol{c}_1) = 2$,规范化得 $\boldsymbol{c}'_1 = (0,0,1)^{\mathrm{T}}$,

$$\begin{cases} \sigma = -\|\boldsymbol{c}'_1\|_2 = -1, \\ \boldsymbol{u}_1 = \boldsymbol{c}'_1 + \sigma \boldsymbol{e}_1 = (-1,0,1)^{\mathrm{T}}, \\ \beta_1 = \sigma(\sigma + 0) = 1, \\ \sigma_1 = \alpha\sigma = -2. \end{cases}$$

于是

$$\boldsymbol{H}_1 = \boldsymbol{I} - \beta_1^{-1}\boldsymbol{u}_1\boldsymbol{u}_1^{\mathrm{T}} = \begin{bmatrix} 0 & 0 & 1 \\ 0 & 1 & 0 \\ 1 & 0 & 0 \end{bmatrix}.$$

从而

$$H_1A=\begin{bmatrix}2&1&1\\0&4&-2\\0&3&1\end{bmatrix}.$$

再取 $\boldsymbol{c}_2=(4,3)^{\mathrm{T}}$，重复上面的计算步骤，于是得

$$\alpha=\max(\boldsymbol{c}_2)=4,\boldsymbol{c}_2'=\left(1,\frac{3}{4}\right)^{\mathrm{T}},\begin{cases}\sigma=-\|\boldsymbol{c}_2'\|_2=-5/4,\\ \boldsymbol{u}_2=\boldsymbol{c}_2'+\sigma\boldsymbol{e}_1=\left(-\dfrac{1}{4},\dfrac{3}{4}\right)^{\mathrm{T}},\\ \beta_2=\sigma(\sigma+1)=\dfrac{5}{16},\\ \sigma_2=\alpha\sigma=-5.\end{cases}$$

$$\tilde{\boldsymbol{H}}_2=\boldsymbol{I}-\beta_2^{-1}\boldsymbol{u}_2\boldsymbol{u}_2^{\mathrm{T}}=\frac{1}{5}\begin{bmatrix}4&3\\3&-4\end{bmatrix},$$

取

$$\boldsymbol{H}_2=\begin{bmatrix}1&0\\0&\tilde{\boldsymbol{H}}_2\end{bmatrix}=\begin{bmatrix}1&0&0\\0&4/5&3/5\\0&3/5&-4/5\end{bmatrix}.$$

于是

$$\boldsymbol{H}_2\boldsymbol{H}_1\boldsymbol{A}=\begin{bmatrix}2&1&1\\0&5&-1\\0&0&-2\end{bmatrix}=\boldsymbol{R},\ \boldsymbol{Q}=\boldsymbol{H}_1\boldsymbol{H}_2=\frac{1}{5}\begin{bmatrix}0&3&-4\\0&4&3\\5&0&0\end{bmatrix},$$

则 $\boldsymbol{A}=\boldsymbol{QR}$.

记平面旋转矩阵为

$$\boldsymbol{P}_{ij}=\boldsymbol{P}(i,j)=\begin{bmatrix}1&&&&&&&&\\&\ddots&&&&&&&\\&&\cos\theta&&&\sin\theta&&&\\&&&1&&&&&\\&&&&\ddots&&&&\\&&&&&1&&&\\&&-\sin\theta&&&\cos\theta&&&\\&&&&&&1&&\\&&&&&&&\ddots&\\&&&&&&&&1\end{bmatrix}\begin{matrix}\\\\ \text{第 } i \text{ 行}\\\\\\\\ \text{第 } j \text{ 行}\\\\\\\\\end{matrix}.$$

（上方列标：第 i 列　第 j 列）

设 $\boldsymbol{x}=(x_1,\cdots,x_i,\cdots,x_j,\cdots,x_n)^{\mathrm{T}}$，$x_i,x_j$ 不同时为 0，则可构造一平面旋转矩阵 $\boldsymbol{P}(i,j)$，

把 $\boldsymbol{x}$ 的第 j 个分量变为 0,即

$$\boldsymbol{P}(i,j)\boldsymbol{x}=(x_1,\cdots,x_i^{(1)},\cdots,\underset{\text{第}j\text{个分量}}{0},\cdots,x_n)^{\mathrm{T}}. \tag{8.52}$$

实际上,在矩阵 $\boldsymbol{P}(i,j)$ 中,只要取 $\cos\theta=\dfrac{x_i}{\sqrt{x_i^2+x_j^2}}$,$\sin\theta=\dfrac{x_j}{\sqrt{x_i^2+x_j^2}}$,则可使(8.52) 式成立,且有 $x_i^{(1)}=\sqrt{x_i^2+x_j^2}$.

下面给出用平面旋转变换进行 QR 分解的定理.

定理 8.15 设 $\boldsymbol{A}\in\mathbf{R}^{n\times n}$ 为非奇异矩阵,则存在正交矩阵 $\boldsymbol{P}_1,\boldsymbol{P}_2,\cdots,\boldsymbol{P}_{n-1}$,使

$$\boldsymbol{P}_{n-1}\cdots\boldsymbol{P}_2\boldsymbol{P}_1\boldsymbol{A}=\begin{bmatrix} r_{11} & r_{12} & \cdots & r_{1n} \\ & r_{22} & \cdots & r_{2n} \\ & & \ddots & \vdots \\ & & & r_{nn} \end{bmatrix}=\boldsymbol{R}, \tag{8.53}$$

且 $r_{ii}>0(i=1,2,\cdots,n)$.

证明 由 $\boldsymbol{A}$ 为非奇异矩阵可知,$\boldsymbol{A}$ 的第 1 元素 $a_{i1}(i=1,2,\cdots,n)$ 中必有不等于 0 的元素,假设 $a_{i1}\neq0(i=2,\cdots,n)$,则存在平面旋转矩阵 $\boldsymbol{P}_{12},\boldsymbol{P}_{13},\cdots,\boldsymbol{P}_{1n}$,使

$$\boldsymbol{P}_{1n}\cdots\boldsymbol{P}_{13}\boldsymbol{P}_{12}\boldsymbol{A}=\begin{bmatrix} r_{11} & a_{12}^{(2)} & \cdots & a_{1n}^{(2)} \\ & a_{22}^{(2)} & \cdots & a_{2n}^{(2)} \\ & \vdots & & \vdots \\ & a_{n2}^{(2)} & \cdots & a_{nn}^{(2)} \end{bmatrix}=\boldsymbol{A}^{(2)},$$

记 $\boldsymbol{P}_{1n}\cdots\boldsymbol{P}_{13}\boldsymbol{P}_{12}=\boldsymbol{P}_1$.

同理,若 $a_{i2}^{(2)}\neq0(i=3,\cdots,n)$,存在平面旋转矩阵 $\boldsymbol{P}_{23},\cdots,\boldsymbol{P}_{2n}$,记 $\boldsymbol{P}_2=\boldsymbol{P}_{2n}\cdots\boldsymbol{P}_{23}$,使

$$\boldsymbol{P}_2\boldsymbol{P}_1\boldsymbol{A}=\begin{bmatrix} r'_{11} & a_{12}^{(2)} & a_{13}^{(2)} & \cdots & a_{1n}^{(2)} \\ & r'_{22} & a_{23}^{(3)} & \cdots & a_{2n}^{(3)} \\ & & a_{33}^{(3)} & \cdots & a_{33}^{(3)} \\ & & \vdots & & \vdots \\ & & a_{n3}^{(3)} & \cdots & a_{nn}^{(3)} \end{bmatrix}=\boldsymbol{A}^{(3)}.$$

为了使对角元素为正数,引入对角矩阵 $\boldsymbol{D}=\mathrm{diag}(\pm1,\pm1,\cdots,\pm1)$,$\boldsymbol{D}$ 的对角元素取 1 或 -1. 重复上述过程,存在正交阵 $\boldsymbol{P}_1,\boldsymbol{P}_2,\cdots,\boldsymbol{P}_{n-1}$,使

$$\boldsymbol{D}\boldsymbol{P}_{n-1}\cdots\boldsymbol{P}_2\boldsymbol{P}_1\boldsymbol{A}=\begin{bmatrix} r_{11} & a_{12}^{(2)} & a_{13}^{(2)} & \cdots & a_{1n}^{(2)} \\ & r_{22} & a_{23}^{(3)} & \cdots & a_{2n}^{(3)} \\ & & r_{33} & \cdots & a_{33}^{(4)} \\ & & & \ddots & \vdots \\ & & & & r_{nn} \end{bmatrix}=\boldsymbol{A}^{(n)}$$

为上三角矩阵，且 $r_{ii} > 0(i = 1,2,\cdots,n)$.

定理 8.16　设 $\boldsymbol{A} \in \mathbf{R}^{n\times n}$ 为非奇异矩阵，则 $\boldsymbol{A}$ 可分解为一正交矩阵 $\boldsymbol{Q}$ 和上三角矩阵 $\boldsymbol{R}$ 的乘积，即 $\boldsymbol{A} = \boldsymbol{QR}$，且当 $\boldsymbol{R}$ 对角元素都为正时分解唯一.

证明　由定理 8.15，存在正交矩阵 $\boldsymbol{P}_1,\boldsymbol{P}_2,\cdots,\boldsymbol{P}_{n-1}$，使

$$\boldsymbol{P}_{n-1}\cdots\boldsymbol{P}_2\boldsymbol{P}_1\boldsymbol{A} = \boldsymbol{R}$$

为上三角矩阵，记 $\boldsymbol{Q}^{\mathrm{T}} = \boldsymbol{P}_{n-1}\cdots\boldsymbol{P}_2\boldsymbol{P}_1$，于是上式为 $\boldsymbol{Q}^{\mathrm{T}}\boldsymbol{A} = \boldsymbol{R}$，即 $\boldsymbol{A} = \boldsymbol{QR}$，其中 $\boldsymbol{Q} = \boldsymbol{P}_1^{\mathrm{T}}\boldsymbol{P}_2^{\mathrm{T}}\cdots\boldsymbol{P}_{n-1}^{\mathrm{T}}$.

再证唯一性. 设 $\boldsymbol{A} = \boldsymbol{Q}_1\boldsymbol{R}_1 = \boldsymbol{Q}_2\boldsymbol{R}_2$，$\boldsymbol{R}_1,\boldsymbol{R}_2$ 为上三角矩阵且对角线元素都为正数，$\boldsymbol{Q}_1$，$\boldsymbol{Q}_2$ 为正交矩阵. 于是

$$\boldsymbol{Q}_2^{\mathrm{T}}\boldsymbol{Q}_1 = \boldsymbol{R}_2\boldsymbol{R}_1^{-1},$$

于是 $\boldsymbol{R}_2\boldsymbol{R}_1^{-1}$ 为正交矩阵，故 $\boldsymbol{R}_2\boldsymbol{R}_1^{-1}$ 为对角矩阵，即

$$\boldsymbol{R}_2\boldsymbol{R}_1^{-1} = \mathrm{diag}(d_1,d_2,\cdots,d_n) = \boldsymbol{D},$$

由 $\boldsymbol{R}_2\boldsymbol{R}_1^{-1}$ 为正交矩阵可知 $\boldsymbol{D}^2 = \boldsymbol{I}$，又 $\boldsymbol{R}_1,\boldsymbol{R}_2$ 对角线元素都为正数，故 $d_i > 0(i = 1,2,\cdots,n)$，因而 $\boldsymbol{D} = \boldsymbol{I}$. 于是 $\boldsymbol{R}_1 = \boldsymbol{R}_2$，$\boldsymbol{Q}_1 = \boldsymbol{Q}_2$，唯一性得证.

上述 QR 分解的唯一性定理对于满秩矩阵 $\boldsymbol{A} \in \mathbf{C}^{n\times n}$ 的酉三角分解也是成立的.

8.7.2　QR 算法

目前 QR 方法主要用来计算：

（1）上 Hessenberg 矩阵的全部特征值问题；

（2）对称三对角矩阵的全部特征值问题.

设 $\boldsymbol{A} \in \mathbf{R}^{n\times n}$，对 $\boldsymbol{A}$ 进行 QR 分解，即

$$\boldsymbol{A} = \boldsymbol{QR},$$

其中 $\boldsymbol{Q}$ 为正交矩阵，$\boldsymbol{R}$ 为上三角矩阵，于是可得到一新矩阵 $\boldsymbol{B} = \boldsymbol{RQ} = \boldsymbol{Q}^{\mathrm{T}}\boldsymbol{AQ}$，显然，$\boldsymbol{B}$ 是由 $\boldsymbol{A}$ 经过正交相似变换得到，因此 $\boldsymbol{B}$ 与 $\boldsymbol{A}$ 的特征值相同. 再对 $\boldsymbol{B}$ 进行 QR 分解，又可得一新矩阵，重复这一过程可得到矩阵序列，具体做法如下：

记 $\boldsymbol{A} = \boldsymbol{A}_1$，将 $\boldsymbol{A}_1$ 进行 QR 分解，即 $\boldsymbol{A}_1 = \boldsymbol{Q}_1\boldsymbol{R}_1$；作矩阵 $\boldsymbol{A}_2 = \boldsymbol{R}_1\boldsymbol{Q}_1 = \boldsymbol{Q}_1^{\mathrm{T}}\boldsymbol{A}_1\boldsymbol{Q}_1$，并对其进行 QR 分解得 $\boldsymbol{A}_2 = \boldsymbol{Q}_2\boldsymbol{R}_2$，作矩阵 $\boldsymbol{A}_3 = \boldsymbol{R}_2\boldsymbol{Q}_2 = \boldsymbol{Q}_2^{\mathrm{T}}\boldsymbol{A}_2\boldsymbol{Q}_2$；依次下去，求得 $\boldsymbol{A}_k$ 后对 $\boldsymbol{A}_k$ 进行 QR 分解得 $\boldsymbol{A}_k = \boldsymbol{Q}_k\boldsymbol{R}_k$，作矩阵 $\boldsymbol{A}_{k+1} = \boldsymbol{R}_k\boldsymbol{Q}_k = \boldsymbol{Q}_k^{\mathrm{T}}\boldsymbol{A}_k\boldsymbol{Q}_k$. 按这种递推法则构造矩阵序列 $\{\boldsymbol{A}_k\}$ 的过程，就是 QR 算法. 只要 $\boldsymbol{A}$ 为非奇异矩阵，则由 QR 算法就完全确定 $\{\boldsymbol{A}_k\}$.

定理 8.17（基本 QR 算法）　设 $\boldsymbol{A}_1 = \boldsymbol{A} \in \mathbf{R}^{n\times n}$，构造 QR 算法：

$$\begin{cases}\boldsymbol{A}_k = \boldsymbol{Q}_k\boldsymbol{R}_k(\text{其中 } \boldsymbol{Q}_k^{\mathrm{T}}\boldsymbol{Q}_k = \boldsymbol{I},\boldsymbol{R}_k \text{ 为上三角矩阵}),\\ \boldsymbol{A}_{k+1} = \boldsymbol{R}_k\boldsymbol{Q}_k(k = 1,2,\cdots),\end{cases} \tag{8.54}$$

记 $\tilde{\boldsymbol{Q}}_k = \boldsymbol{Q}_1\boldsymbol{Q}_2\cdots\boldsymbol{Q}_k$，$\tilde{\boldsymbol{R}}_k = \boldsymbol{R}_k\cdots\boldsymbol{R}_2\boldsymbol{R}_1$，则有

(1) $\boldsymbol{A}_{k+1}$ 相似于 $\boldsymbol{A}_k$，且 $\boldsymbol{A}_{k+1}=\boldsymbol{Q}_k^{\mathrm{T}}\boldsymbol{A}_k\boldsymbol{Q}_k$；

(2) $\boldsymbol{A}_{k+1}=(\boldsymbol{Q}_1\boldsymbol{Q}_2\cdots\boldsymbol{Q}_k)^{\mathrm{T}}\boldsymbol{A}_1(\boldsymbol{Q}_1\boldsymbol{Q}_2\cdots\boldsymbol{Q}_k)=\tilde{\boldsymbol{Q}}_k^{\mathrm{T}}\boldsymbol{A}_1\tilde{\boldsymbol{Q}}_k$；

(3) $\boldsymbol{A}^k=\tilde{\boldsymbol{Q}}_k\tilde{\boldsymbol{R}}_k$.

证明 (1),(2)显然. 下证(3).

用归纳法，显然，当 $k=1$ 时有 $\boldsymbol{A}=\tilde{\boldsymbol{Q}}_1\tilde{\boldsymbol{R}}_1=\boldsymbol{Q}_1\boldsymbol{R}_1$，设 $\boldsymbol{A}^{k-1}$ 有分解式

$$\boldsymbol{A}^{k-1}=\tilde{\boldsymbol{Q}}_{k-1}\tilde{\boldsymbol{R}}_{k-1},$$

$$\begin{aligned}\tilde{\boldsymbol{Q}}_k\tilde{\boldsymbol{R}}_k&=\boldsymbol{Q}_1\cdots\boldsymbol{Q}_{k-1}(\boldsymbol{Q}_k\boldsymbol{R}_k)\boldsymbol{R}_{k-1}\cdots\boldsymbol{R}_1\\&=\boldsymbol{Q}_1\cdots\boldsymbol{Q}_{k-1}\boldsymbol{A}_k\boldsymbol{R}_{k-1}\cdots\boldsymbol{R}_1\\&=\tilde{\boldsymbol{Q}}_{k-1}\boldsymbol{A}_k\tilde{\boldsymbol{R}}_{k-1}=\tilde{\boldsymbol{Q}}_{k-1}(\tilde{\boldsymbol{Q}}_{k-1}^{\mathrm{T}}\boldsymbol{A}\tilde{\boldsymbol{Q}}_{k-1})\tilde{\boldsymbol{R}}_{k-1}\\&=\boldsymbol{A}\tilde{\boldsymbol{Q}}_{k-1}\tilde{\boldsymbol{R}}_{k-1}=\boldsymbol{A}\boldsymbol{A}^{k-1}=\boldsymbol{A}^k.\end{aligned}$$

由定理 8.15 知，将 $\boldsymbol{A}_k$ 进行 QR 分解，即将 $\boldsymbol{A}_k$ 用正交行变换化为上三角矩阵，其中 $\boldsymbol{Q}_k^{\mathrm{T}}=\boldsymbol{P}_{n-1}\cdots\boldsymbol{P}_2\boldsymbol{P}_1$，故 $\boldsymbol{A}_{k+1}=\boldsymbol{Q}_k^{\mathrm{T}}\boldsymbol{A}_k\boldsymbol{Q}_k=\boldsymbol{P}_{n-1}\cdots\boldsymbol{P}_2\boldsymbol{P}_1\boldsymbol{A}_k\boldsymbol{P}_1^{\mathrm{T}}\boldsymbol{P}_2^{\mathrm{T}}\cdots\boldsymbol{P}_{n-1}^{\mathrm{T}}$. 这就是说 $\boldsymbol{A}_{k+1}$ 可由 $\boldsymbol{A}_k$ 按下述方法求得：

(1) 左变换 $\boldsymbol{P}_{n-1}\cdots\boldsymbol{P}_2\boldsymbol{P}_1\boldsymbol{A}_k=\boldsymbol{R}_k$（上三角阵）；

(2) 右变换 $\boldsymbol{R}_k\boldsymbol{P}_1^{\mathrm{T}}\boldsymbol{P}_2^{\mathrm{T}}\cdots\boldsymbol{P}_{n-1}^{\mathrm{T}}=\boldsymbol{A}_{k+1}$.

定理 8.18（QR 方法的收敛性） 设 $\boldsymbol{A}=(a_{ij})\in\mathbf{R}^{n\times n}$，(1) 如果 $\boldsymbol{A}$ 的特征值满足 $|\lambda_1|>|\lambda_2|>\cdots>|\lambda_n|>0$；(2) $\boldsymbol{A}$ 有标准型 $\boldsymbol{A}=\boldsymbol{X}^{-1}\boldsymbol{D}\boldsymbol{X}$，其中 $\boldsymbol{D}=\mathrm{diag}(\lambda_1,\lambda_2,\cdots,\lambda_n)$，且 $\boldsymbol{X}^{-1}=\boldsymbol{L}\boldsymbol{U}$（$L$ 为单位下三角矩阵，U 为上三角矩阵），则由 QR 算法产生的 $\{\boldsymbol{A}_k\}$ 本质上收敛于上三角矩阵，即

$$\text{当 } k\to\infty \text{ 时，有 } \boldsymbol{A}_k\to\boldsymbol{R}=\begin{bmatrix}\lambda_1 & * & \cdots & *\\ & \lambda_2 & \cdots & *\\ & & \ddots & \vdots\\ & & & \lambda_n\end{bmatrix}. \tag{8.55}$$

记 $\boldsymbol{A}_k=(a_{ij}^{(k)})_{n\times n}$，则

① $\lim\limits_{k\to\infty}a_{ii}^{(k)}=\lambda_i$.

②当 $i>j$ 时，有 $\lim\limits_{k\to\infty}a_{ij}^{(k)}=0$；当 $i<j$ 时，$a_{ij}^{(k)}$ 的极限不一定存在.

证明从略，参考相关文献[18].

定理 8.19 如果对称矩阵 $\boldsymbol{A}$ 满足定理 8.18 的条件，则由 QR 算法产生的 $\{\boldsymbol{A}_k\}$ 收敛于对角矩阵 $\boldsymbol{D}=\mathrm{diag}(\lambda_1,\lambda_2,\cdots,\lambda_n)$.

由定理 8.18 即证得.

关于 QR 算法收敛性的进一步结果为：

设 $\boldsymbol{A}\in\mathbf{R}^{n\times n}$，且 $\boldsymbol{A}$ 有完备的特征向量集合，如果 $\boldsymbol{A}$ 的等模特征值中只有实重特征值或多重共轭复特征值，则由 QR 算法产生的 $\{\boldsymbol{A}_k\}$ 本质收敛于分块上三角矩阵（对角块为一阶和二阶子块），且对角块中每一个 2×2 子块给出 $\boldsymbol{A}$ 的一对共轭复特征值，每一个一阶对角子块给出 $\boldsymbol{A}$ 的实特征值，即

$$\boldsymbol{A}_k \to \begin{bmatrix} \lambda_1 & \cdots & * & * & \cdots & * \\ & \ddots & \vdots & \vdots & & \vdots \\ & & \lambda_m & * & \cdots & * \\ & & & B_1 & \cdots & * \\ & & & & \ddots & \vdots \\ & & & & & B_l \end{bmatrix}, \tag{8.56}$$

其中 $m+2l=n$，$\boldsymbol{B}_i$ 为 2×2 子块，它给出 $\boldsymbol{A}$ 一对共轭复特征值.

为了加速 QR 算法的收敛速度，可构造带原点位移的 QR 算法，选择适当的平移步长数列 $\{s_k\}$，按如下方法构造矩阵序列 $\{\boldsymbol{A}_k\}$：

对 $\boldsymbol{A}_k - s_k\boldsymbol{I}$ 进行 QR 分解，即

$$\boldsymbol{A}_k - s_k\boldsymbol{I} = \boldsymbol{Q}_k\boldsymbol{R}_k, k=1,2,\cdots$$

则

$$\boldsymbol{A}_{k+1} = \boldsymbol{R}_k\boldsymbol{Q}_k + s_k\boldsymbol{I} = \boldsymbol{Q}_k^{\mathrm{T}}\boldsymbol{A}_k\boldsymbol{Q}_k .$$

于是

$$\boldsymbol{A}_{k+1} = \tilde{\boldsymbol{Q}}_k^{\mathrm{T}}\boldsymbol{A}_1\tilde{\boldsymbol{Q}}_k ,$$

其中

$$\tilde{\boldsymbol{Q}}_k = \boldsymbol{Q}_1\boldsymbol{Q}_2\cdots\boldsymbol{Q}_k, \tilde{\boldsymbol{R}}_k = \boldsymbol{R}_k\cdots\boldsymbol{R}_2\boldsymbol{R}_1 .$$

8.7.3　上 Hessenberg 矩阵特征值的计算

设 $\boldsymbol{A}\in\mathbf{R}^{n\times n}$ 为上 Hessenberg 矩阵，下面讨论用带原点位移的 QR 算法计算 $\boldsymbol{A}$ 的全部特征值.

令

$$\boldsymbol{A} = \boldsymbol{A}_1 = \begin{bmatrix} a_{11} & a_{12} & \cdots & a_{1n} \\ a_{21} & a_{22} & \cdots & a_{2n} \\ & \ddots & \ddots & \vdots \\ & & a_{nn-1} & a_{nn} \end{bmatrix}.$$

由定理 8.15 的证明过程不难得知，存在平面旋转矩阵 $\boldsymbol{P}_{12},\boldsymbol{P}_{23},\cdots,\boldsymbol{P}_{n-1,n}$，使

$$P_{n-1,n}\cdots P_{23}P_{12}(A_1-s_1I)=R$$

为上三角矩阵.由定理 8.17,再进行一系列右平面旋转变换得

$$RP_{12}^{\mathrm{T}}P_{23}^{\mathrm{T}}\cdots P_{n-1,n}^{\mathrm{T}}=\begin{bmatrix} * & * & \cdots & * \\ * & * & \cdots & * \\ & \ddots & \ddots & \vdots \\ & & * & * \end{bmatrix}$$

为上 Hessenberg 矩阵,则

$$A_2=RP_{12}^{\mathrm{T}}P_{23}^{\mathrm{T}}\cdots P_{n-1,n}^{\mathrm{T}}+s_1I$$

也为上 Hessenberg 矩阵.

上述表明若 A 为上 Hessenberg 矩阵,带原点平移的 QR 算法产生的矩阵序列 A_2, $A_3,\cdots,A_k,\cdots$ 仍为上 Hessenberg 矩阵. 选择合适的位移 $s_1,s_2,\cdots,s_k,\cdots$,若迭代计算到某一步,当 $a_{n,n-1}^{(k)}$ 充分小时,则 $\lambda_n\approx a_{nn}^{(k)}$ 为 A 的近似特征值.采用收缩方法,划掉第 n 行第 n 列元素,对其余元素组成的矩阵 $B\in\mathbf{R}^{(n-1)\times(n-1)}$ 应用 QR 算法就可以逐步求出 A 其余特征值的近似值.

8.8 矩阵特征值计算编程实例

MATLAB 提供了求矩阵特征值和特征向量的内置函数'eig',其调用格式为

```
d=eig(A)
[V,D]=eig(A)
[V,D]=eig(A,'nobalance')
```

参数 A 为矩阵,返回值 d 是矩阵 A 的全部特征值为元素向量,输出 D 为对角矩阵,其对角线上的元素为矩阵 A 的特征值,矩阵 V 的每一列是相应的特征向量,即 $AV=VD$,参数'nobalance'表明在计算时不考虑矩阵平衡,可以提高小元素的作用,有时会有更精确的计算结果.对于对称矩阵,此参数是无效的,因为对称矩阵本身是平衡的.

MATLAB 中求方阵 A 的特征多项式的内置函数为'poly',其调用格式为

```
p=ploy(A)
```

输入参数 A 为方阵,输出参数 p 为 A 的特征多项式系数向量,分量按高次项系数到低次项系数排列.

可用内置函数'roots'求特征多项式的零点,即为矩阵的特征值,调用格式为

```
roots(p)
```

把多项式的系数向量转化为符号多项式,调用格式为

```
syms t;
```

p1=ploy2sym(p,'t')

'syms'的功能是定义符号变量 t,输出结果 p_1 是以 p 为系数且符号变量为 t 的多项式,缺省时默认符号变量为 x.

例 8.8　用幂法求下列矩阵

$$(1)\ \boldsymbol{A}=\begin{bmatrix}3&-2&-4\\-2&6&-2\\-4&-2&3\end{bmatrix};\quad(2)\ \boldsymbol{B}=\begin{bmatrix}4&-1&1\\-1&3&-2\\1&-2&3\end{bmatrix}$$

的主特征值及相应的特征向量,要求 $|\max\boldsymbol{v}_k-\max\boldsymbol{v}_{k-1}|<10^{-6}$.

解　编写文件名为'mifa.m'的文件供调用,功能是用规范化的幂法迭代公式求矩阵的主特征值和相应的特征向量,程序如下:

```
function mifa(A,u0,eps,Max)
%用幂法求矩阵 A 的按模最大的特征值
%A 为矩阵, eps 为精度要求,Max 为最大迭代次数,u0 迭代初始值.
clc
format short
u=u0;
k=0;m=0;
while k<=Max
    m1=m;k=k+1;
    v=A*u;
    [~,i]=max(abs(v));
    u=v/v(i);
    m=v(i);%m 为绝对值最大的分量.
    a(k)=v(i);
    if abs(m-m1)<eps
        break;
    end
end
if (k>=Max)
    disp('迭代次数太多,收敛速度太慢!')
end
%输出
fprintf('迭代步为%3d\\n',k)
fprintf('主特征值为');
a(k)
fprintf('主特征值的特征向量为');
```

```
u
%画图
i=1:k;
plot(i,a(i),'k.-','MarkerSize',20)
xlabel('迭代次数')
ylabel('主特征值')
```

(1) 计算矩阵 A 的主特征值和相应的特征向量的主程序如下：

```
A=[3,-2,-4;-2,6,-2;-4,-2,3];
eps=10^(-6);
u0=ones(3,1);
Max=200;
mifa(A,u0,cps,Max)
```

运行结果如下：

```
迭代步为 16
主特征值为
ans =
     7.0000
主特征值的特征向量为
u =
     -0.2500
     1.0000
     -0.2500
```

主特征值和迭代次数的关系如图 8.1.

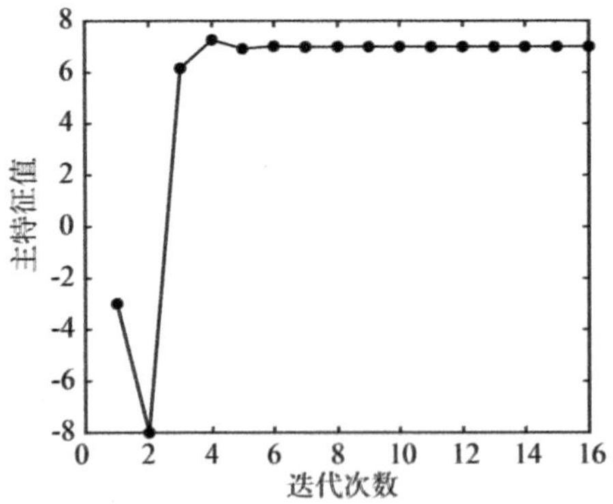

图 8.1　例 8.8 计算矩阵 A 迭代次数与主特征值

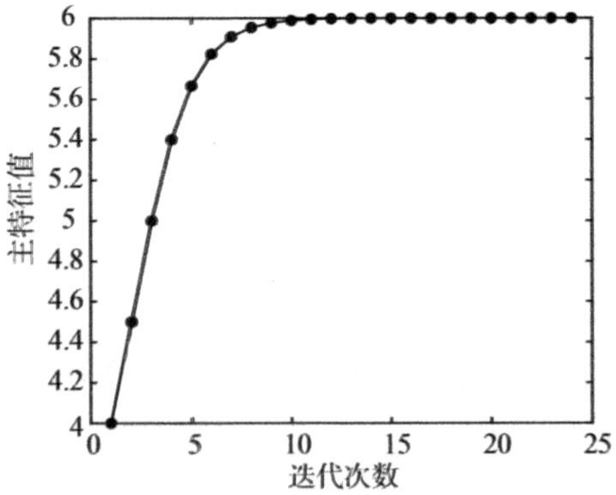

图 8.2　例 8.8 计算矩阵 B 迭代次数与主特征值

(2) 计算矩阵 B 的主特征值和相应的特征向量的主程序如下：

```
A=[4,-1,1;-1,3,-2;1,-2,3];
```

```
eps=10^(-6);
u0=ones(3,1);
Max=200;
mifa(A,u0,eps,Max)
```

运行结果如下:

迭代步为 24

主特征值为

```
ans =
    6.0000
```

主特征值的特征向量为

```
u =
    1.0000
   -1.0000
    1.0000
```

主特征值和迭代次数的关系如图 8.2.

例 8.9　用规范化反幂法公式矩阵 $\boldsymbol{A}=\begin{bmatrix}2&8&9\\8&3&4\\9&4&7\end{bmatrix}$ 按模最小的特征值和相应的特征向量,要求 $|\max\boldsymbol{v}_k-\max\boldsymbol{v}_{k-1}|<10^{-6}$.

解　编写文件名为'fanmifa.m'的文件供调用,功能是用规范化的反幂法迭代公式求矩阵按模最小的特征值和相应的特征向量,程序如下:

```
function fanmifa(A,u0,eps,Max)
%用幂法求矩阵 A 的按模最大的特征值
%A 为矩阵,eps 为精度要求,Max 为最大迭代次数,u0 迭代初始值.
clc
format short
u=u0;
k=0;m=0;
while k<=Max
    m1=m;k=k+1;
  %v=inv(A)*u;
v=A\u;
[~,i]=max(abs(v));
u=v/v(i);
m=v(i);%m 为绝对值最大的分量.
a(k)=1/v(i);
    if abs(m-m1)<eps
```

```
            break;
        end
end
    if (k>=Max)
        disp('迭代次数太多,收敛速度太慢!')
    end
%输出
fprintf('迭代步为%3d\n',k)
fprintf('模最小的特征值');
1/m
fprintf('相应的特征向量为');
u
%画图
i=1:k;
plot(i,a(i),'k.-','MarkerSize',20)
xlabel('迭代次数')
ylabel('模最小的特征值')
```

计算矩阵 ***A*** 按模最小的特征值和相应的特征向量的主程序如下:

```
A=[2,8,9;8,3,4;9,4,7];
eps=10^(-6);
u0=ones(3,1);
Max=200;
fanmifa(A,u0,eps,Max)
```

运行结果如下:

```
迭代步为  8
模最小的特征值
ans =
    0.8133
相应的特征向量为
u =
    0.1832
    1.0000
   -0.9130
```

主特征值和迭代次数的关系如图 8.3.

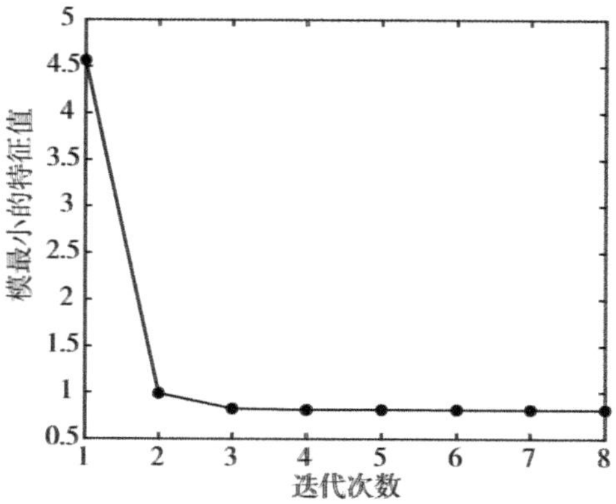

图 8.3　例 8.9 迭代次数与主特征值

例 8.10　用 Jacobi 方法求矩阵 $A=\begin{bmatrix}4&2&3&7\\2&8&5&1\\3&5&12&9\\7&1&9&1\end{bmatrix}$ 的全部特征值和相应的特征向量,要求 $\max\limits_{l\neq m}|a_{lm}^{(k)}|<10^{-4}$.

解　编写文件名为'eigjacobi. m'的文件供调用,功能是用 Jacobi 方法计算实对称矩阵 A 全部的特征值和相应的特征向量,程序如下:

```
function [D,R]=eigjacobi(A,eps)
%用 Jacobi 求矩阵 A 的特征值和相应的特征向量.
%A 为矩阵,eps 为精度要求.
n=length(A);R=eye(n);
%求非对角线上的最大元素.
while 1
  Amax=0;
for l=1:n-1
        for k=l+1:n
          if abs(A(l,k))>Amax
            Amax=abs(A(l,k));
            i=l;j=k;
          end
        end
end
%终止条件
if Amax<eps
     break;
```

```
end
%计算三角函数
if abs(A(i,i)-A(j,j))<1e-10
    theta=sign(A(i,j))*pi/4;
else
    theta=0.5*atan(2*A(i,j)/(A(i,i)-A(j,j)));
end
    s=sin(theta);c=cos(theta);
%旋转计算
for l=1:n
    if l==i
        Aii=A(i,i)*c^2+A(j,j)*s^2+2*A(i,j)*s*c;
        Ajj=A(i,i)*s^2+A(j,j)*c^2-2*A(i,j)*s*c;
A(i,j)=(A(j,j)-A(i,i))*s*c+A(i,j)*(c^2-s^2);
A(j,i)=A(i,j);A(i,i)=Aii;A(j,j)=Ajj;
elseif l~=j
        Ail=A(i,l)*c+A(j,l)*s;
        Ajl=-A(i,l)*s+A(j,l)*c;
        A(i,l)=Ail;A(l,i)=Ail;
        A(j,l)=Ajl;A(l,j)=Ajl;
    end
    Rli=R(l,i)*c+R(l,j)*s;
    Rlj=-R(l,i)*s+R(l,j)*c;
    R(l,i)=Rli;R(l,j)=Rlj;
  end
end
D=diag(diag(A));
```

主程序如下：

```
A=[4 2 3 7;2 8 5 1;3 5 12 9;7 1 9 1];
[D,R]=eigjacobi(A,1e-4)
eig(A)
```

运行结果如下：

```
D =
    3.6382         0         0         0
         0    6.5427         0         0
         0         0   21.5013         0
         0         0         0   -6.6822
```

R =

0.7509	−0.3258	0.3503	−0.4552
0.2908	0.8784	0.3577	0.1262
−0.5793	−0.0567	0.7338	−0.3503
0.1264	−0.3450	0.4592	0.8088

习题 8

1. 用幂法求下列矩阵的主特征值及相应的特征向量，要求 $\| \boldsymbol{v}_k - \boldsymbol{v}_{k-1} \|_\infty < 10^{-6}$.

(1) $\boldsymbol{A} = \begin{bmatrix} 3 & -4 & 3 \\ -4 & 6 & 3 \\ 3 & 3 & 1 \end{bmatrix}$；　(2) $\boldsymbol{A} = \begin{bmatrix} -4 & 14 & 0 \\ -5 & 13 & 0 \\ -1 & 0 & 2 \end{bmatrix}$；

(3) $\boldsymbol{A} = \begin{bmatrix} 2 & 3 & 2 \\ 10 & 3 & 4 \\ 3 & 6 & 1 \end{bmatrix}$；　(4) $\boldsymbol{A} = \begin{bmatrix} -1 & 2 & 1 \\ 2 & -4 & 1 \\ 1 & 1 & -6 \end{bmatrix}$.

2. 用 Rayleigh 商加速法求下列矩阵绝对值最大的特征值.

(1) $\boldsymbol{A} = \begin{bmatrix} 7 & 3 & -2 \\ 3 & 4 & -1 \\ -2 & -1 & 3 \end{bmatrix}$；　(2) $\boldsymbol{A} = \begin{bmatrix} 3 & 7 & 9 \\ 7 & 4 & 3 \\ 9 & 3 & 8 \end{bmatrix}$.

3. 用规范化反幂法公式下列矩阵按模最小的特征值和相应的特征向量，要求 $\| \boldsymbol{v}_k - \boldsymbol{v}_{k-1} \|_\infty < 10^{-4}$.

(1) $\boldsymbol{A} = \begin{bmatrix} 2 & 3 \\ -2 & -5 \end{bmatrix}$；　(2) $\boldsymbol{A} = \begin{bmatrix} 3 & 2 & 1 \\ -1 & 8 & 2 \\ 1 & 4 & 16 \end{bmatrix}$.

4. 写出带原点平移的规范化反幂法公式，并用其计算下列矩阵最接近于 6 的特征值和相应的特征向量.

(1) $\boldsymbol{A} = \begin{bmatrix} 6 & 2 & 1 \\ 2 & 3 & 1 \\ 1 & 1 & 1 \end{bmatrix}$；　(2) $\boldsymbol{A} = \begin{bmatrix} -1 & 2 & 1 \\ 2 & -4 & 1 \\ 1 & 1 & -6 \end{bmatrix}$.

5. 用 Jacobi 方法求下列实对称矩阵的全部特征值和相应的特征向量，要求 $\max\limits_{l \neq m} |a_{lm}^{(k)}| < 10^{-4}$.

(1) $\boldsymbol{A} = \begin{bmatrix} 2 & 1 & 1 \\ 1 & 2 & 1 \\ 1 & 1 & 2 \end{bmatrix}$；　(2) $\boldsymbol{A} = \begin{bmatrix} 10 & 7 & 8 & 7 \\ 7 & 5 & 6 & 5 \\ 8 & 6 & 10 & 9 \\ 7 & 5 & 9 & 10 \end{bmatrix}$.

(3) $A=\begin{bmatrix}4 & 1 & 0\\1 & 2 & 1\\0 & 1 & 2\end{bmatrix}$；　　(4) $A=\begin{bmatrix}3 & 1 & 0\\1 & 2 & 1\\0 & 1 & 1\end{bmatrix}$.

6. 用 QR 方法求下列矩阵的特征值.

(1) $A=\begin{bmatrix}3 & 1\\1 & 4\end{bmatrix}$；　　(2) $A=\begin{bmatrix}2 & 1 & 0\\1 & 3 & 1\\0 & 1 & 4\end{bmatrix}$.

7. 用初等反射阵把矩阵 $A=\begin{bmatrix}1 & 1 & 1\\2 & -1 & -1\\2 & -4 & 5\end{bmatrix}$ 分解为 QR 矩阵，Q 为正交矩阵，R 为上三角矩阵.

8. 用带位移的 QR 方法求下列矩阵的全部特征值.

(1) $A=\begin{bmatrix}1 & 2 & 0\\2 & -1 & 1\\0 & 1 & 3\end{bmatrix}$；　　(2) $A=\begin{bmatrix}3 & 1 & 0\\1 & 2 & 1\\0 & 1 & 1\end{bmatrix}$.

9. 设 A 是对称矩阵，λ 是 A 的一个特征值，相应的特征向量为 x，$\|x\|_2=1$，P 为正交阵，且使 $Px=e_1=(1,0,\cdots,0)^{\mathrm T}$，证明 $B=PAP^{\mathrm T}$ 的第一行和第一列除了 λ 外其余元素均为 0.

10. $\lambda=9$ 是矩阵 $A=\begin{bmatrix}2 & 10 & 2\\10 & 5 & -8\\2 & -8 & 11\end{bmatrix}$ 的一个特征值，$x=\left(\dfrac{2}{3},\dfrac{1}{3},\dfrac{2}{3}\right)$ 是相应的特征向量，试求一初等反射阵 P，使得 $Px=e_1=(1,0,\cdots,0)^{\mathrm T}$，并计算 $B=PAP^{\mathrm T}$.

11. 用初等反射阵将 $A=\begin{bmatrix}1 & 3 & 4\\3 & 1 & 2\\4 & 2 & 1\end{bmatrix}$ 正交相似约化为对称三对角矩阵.

第 9 章
常微分方程初值问题的数值解法

9.1 引言

科学技术中很多问题都可用微分方程的定解问题来描述，主要有初值问题与边值问题两大类，本章只考虑初值问题. 常微分方程初值问题中最简单的例子是人口模型：设某特定区域在 t_0 时刻人口 $y(t_0)=y_0$ 为已知，该区域的人口自然增长率为 λ，人口增长与人口总数成正比，所以 t 时刻的人口总数 $y(t)$ 满足以下微分方程

$$\begin{cases} y' = \lambda y(t) \\ y(t_0) = y_0 \end{cases}.$$

再比如著名的蝴蝶效应："南美洲的一只蝴蝶扇动翅膀，可能引起得克萨斯州的一场龙卷风."这一现象出自美国麻省理工学院（MIT）气象学家爱德华·诺顿·洛伦兹（Edward N. Lorenz）在 1963 年提出的混沌理论. 它是指在一个动力系统中，初始条件下微小的变化能带动整个系统的长期的巨大的连锁反应. 蝴蝶效应的数学模型是 Lorenz 方程，它是大气流体动力学模型的一个简化的常微分方程组：

$$\begin{cases} \dfrac{dx}{dt} = -\sigma x + \sigma y, \\ \dfrac{dy}{dt} = rx - y - xz, \\ \dfrac{dz}{dt} = -bz + xy. \end{cases}$$

该方程组来源于模拟大气对流，该模型除了在天气预报中有显著的应用之外，还可以用于研究空气污染和全球侯变化，Lorenz 借助于这个模型，将大气流体运动的强度 x 与水平和垂直方向的温度变化 y 和 z 联系了起来. σ 称为普朗特（Plandtl）数，r 是规范化的 Rayleigh 数，b 和几何形状相关. Lorenz 方程是非线性方程组，无法求出解析解，必须使用数值方法求解上述微分方程组. Lorenz 用数值解绘制结果如图 9.1，并发现了混沌现象.

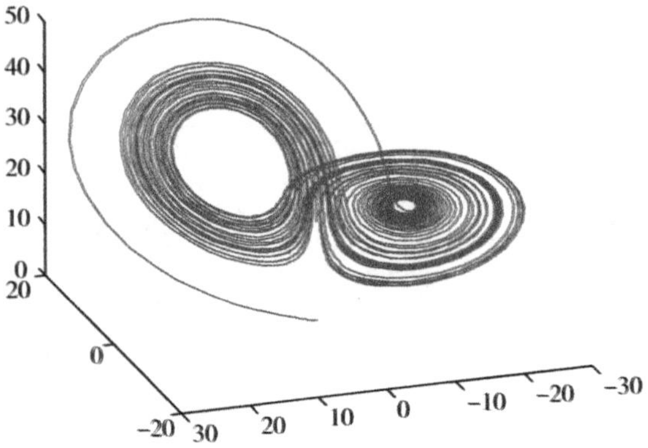

图 9.1　洛伦兹方程的数值解

本章讨论科学与工程计算中经常遇到的一阶常微分初值问题.

$$\begin{cases} y' = f(x,y), x \in [a,b] \\ y(a) = y_0, \end{cases} \tag{9.1}$$

我们通常假定式(9.1)中 $f(x,y)$ 对 y 满足利普希茨(Lipschitz)条件,即存在常数 $L > 0$,使对 $\forall y_1, y_2 \in \mathbf{R}$,有

$$|f(x,y_1) - f(x,y_2)| \leqslant L|y_1 - y_2|, \tag{9.2}$$

则初值问题(9.1)的解 $y = y(x)$ 存在且唯一.

虽然求解常微分方程有各种各样的解析方法,但解析方法只能用来求解一些特殊类型的方程,实际问题中归结出来的常微分方程最常用的方法是数值解法. 给定区间 $[a,b]$ 的一个划分为 $a = x_0 < x_1 < x_2 \cdots < x_n < x_{n+1} < \cdots$,所谓**数值解法**就是寻求 $y = y(x)$ 在离散点 $x_1, x_2, \cdots, x_n, x_{n+1}, \cdots$ 上的近似值 $y_1, y_2, \cdots, y_n, y_{n+1}, \cdots$. 区间 $[x_n, x_{n+1}]$ 的步长记为 $h_n = x_{n+1} - x_n$,以后不特别说明,总是假定区间划分是等距的,即步长为常数,记为 h,这时节点 $x_n = x_0 + nh, n = 0,1,2,\cdots$. 初值问题(9.1)的数值求解过程是顺着节点的排列顺序一步一步向前推进. 描述这类算法,只要给出已知的信息 $y_n, y_{n-1}, y_{n-2}, \cdots$ 计算 y_{n+1} 的递推公式即可,这种计算公式称为**差分格式**.

对于初值问题(9.1)的数值解法,首先要解决的问题就是如何对微分方程进行离散化,建立求数值解的递推公式. 一类是计算 y_{n+1} 时只用到前一点的值 y_n,称为**单步法**. 另一类是用到 y_{n+1} 前面 k 点的值 $y_n, y_{n-1}, \cdots, y_{n-k+1}$,称为 k **步法**. 其次,要研究公式的局部截断误差和阶数,数值解 y_n 与精确解 $y(x_n)$ 的误差估计及收敛性,递推公式的计算稳定性等问题.

9.2　简单的数值方法

对初值问题(9.1)中 $y'(x)$ 在节点上进行离散化处理建立递推公式,常用的离散化方法有数值积分、数值微分、Taylor 展开等.

9.2.1　欧拉(Euler)法

1. 数值微分法

对于常微分方程初值问题(9.1)，给定区间 $[a,b]$ 的一个划分

$$a = x_0 < x_1 < x_2 \cdots < x_n < x_{n+1} < \cdots ,$$

该问题一个简单的数值解法是将节点 x_n 处的导数 $y'(x_n)$ 用差商 $\dfrac{y(x_n+h)-y(x_n)}{h}$ 代替，于是方程 $y'=f(x,y)$ 可以近似写成

$$\frac{y(x_n+h)-y(x_n)}{h} \approx f(x_n, y(x_n)) ,$$

将上式中在节点上的精确解 $y(x_n)$ 用近似解 y_n 代替，$y(x_{n+1})$ 用近似解 y_{n+1} 代替，并整理得递推公式

$$y_{n+1} = y_n + hf(x_n, y_n), n = 0,1,\cdots , \tag{9.3}$$

称为**欧拉(Euler)公式**.

由于初值 $y(a)=y(x_0)=y_0$ 已知，则依公式(9.3)可逐次逐步算出各点数值解

$$y_1 = y_0 + hf(x_0, y_0) ,$$
$$y_2 = y_1 + hf(x_1, y_1) ,$$
$$\cdots\cdots$$

2. 泰勒（Taylor）展开法

用泰勒展开将 $y(x_{n+1})$ 在 x_n 处展开，则有

$$y(x_{n+1}) = y(x_n+h) \approx y(x_n) + hf(x_n, y(x_n)) + \frac{h^2}{2}y''(\xi_n), \xi_n \in (x_n, x_{n+1}) . \tag{9.4}$$

取泰勒展开式(9.4)的右端前两项近似 $y(x_{n+1})$，并用近似解 y_n 代替精确解 $y(x_n)$ 得 Euler 公式(9.3).

3. 数值积分法

对常微分方程(9.1)两端从 x_n 到 x_{n+1} 进行积分得

$$\int_{x_n}^{x_{n+1}} y' \mathrm{d}x = \int_{x_n}^{x_{n+1}} f(x, y(x)) \mathrm{d}x ,$$

对其左端积分用牛顿-莱布尼茨公式，于是

$$y(x_{n+1}) - y(x_n) = \int_{x_n}^{x_{n+1}} f(x, y(x)) \mathrm{d}x , \tag{9.5}$$

式(9.5)右端积分用左矩形公式近似可得数值积分$\int_{x_n}^{x_{n+1}} f(x,y(x))\,\mathrm{d}x \approx hf(x_n,y(x_n))$,并用$y_n$代替$y(x_n)$,$y_{n+1}$代替$y(x_{n+1})$,于是可得 Euler 公式(9.3).

4. 几何意义

Euler 公式的几何意义是很明显的,如图 9.2. 初值问题(9.1)的解是通过点$P_0(x_0,y_0)$的曲线$y=y(x)$,从P_0出发作以$f(x_0,y_0)$为斜率的直线$y=y_0+hf(x_0,y_0)$与直线$x=x_1$相交于$P_1(x_1,y_1)$,显然P_1的纵坐标$y_1=y_0+hf(x_0,y_0)$,其正是以y_0为初始值的 Euler 公式得出的. 同理,再从点P_1出发作以$f(x_1,y_1)$为斜率的直线$y=y_1+hf(x_1,y_1)$与直线$x=x_2$相交于$P_2(x_2,y_2)$,显然P_2的纵坐标$y_2=y_1+hf(x_1,y_1)$. 不断重复这个过程,得到$P_{n-1}(x_{n-1},y_{n-1})$,过点P_{n-1}作以$f(x_{n-1},y_{n-1})$为斜率的直线与直线$x=x_n$相交于$P_n(x_n,y_n)$,其纵坐标$y_n=y_{n-1}+hf(x_{n-1},y_{n-1})$正是由 Euler 公式得到的,如此继续下去可得到一经过$P_0,P_1,\cdots,P_n,\cdots$折线,从几何意义上讲,Euler 法就是用这样的折线$\overline{P_0P_1P_2\cdots}$近似过点$P_0(x_0,y_0)$的解曲线$y=y(x)$,因此 Euler 法也称 Euler **折线法**.

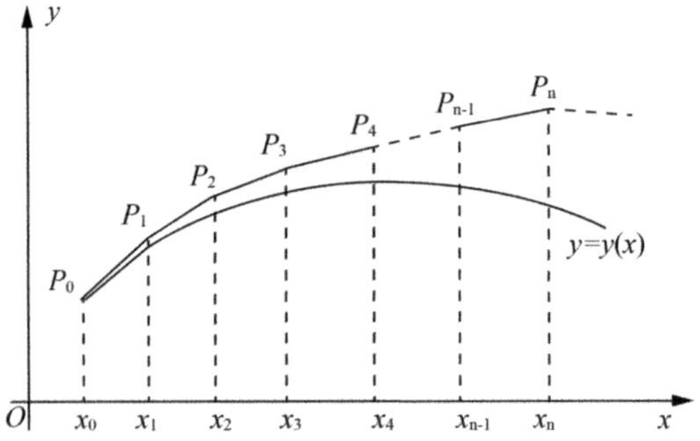

图 9.2　Euler 折线法

下面考察 Euler 方法的精度,先通过几何直观来观察,如图 9.3. 假设$y_n=y(x_n)$,即顶点P_n落在积分曲线$y=y(x)$上. 那么,按 Euler 方法做出的折线$\overline{P_nP_{n+1}}$所在的直线便是$y=y(x)$过点P_n的切线. 从图形上看,这样定出的顶点P_{n+1}显著地偏离了原来的积分曲线,可见 Euler 方法是相当粗糙的.

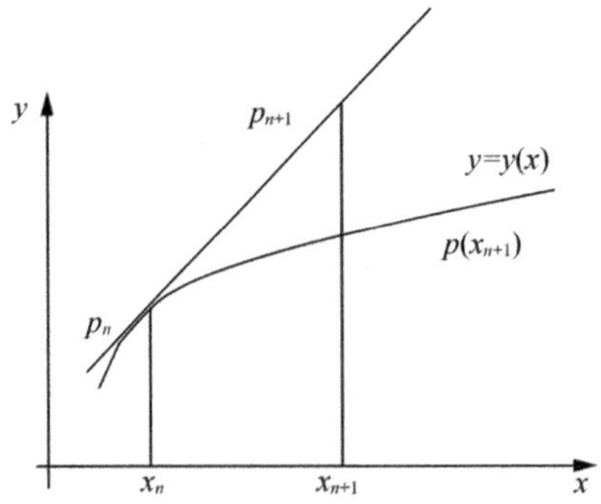

图 9.3　Euler 法的局部截断误差

9.2.2　其他的单步法

1. 后退的 Euler 法

如果(9.5)式右端积分用右矩形公式 $hf(x_{n+1},y_{n+1})$ 近似,则得到另一个公式

$$y_{n+1}=y_n+hf(x_{n+1},y_{n+1}),n=0,1,\cdots \tag{9.6}$$

称为**后退的欧拉(Euler)公式**. 它也可以通过用差商近似导数 $y'(x_{n+1})$ 直接得到,即

$$\frac{y(x_{n+1})-y(x_n)}{x_{n+1}-x_n}\approx y'(x_{n+1})=f(x_{n+1},y(x_{n+1})). \tag{9.7}$$

后退的 Euler 公式与 Euler 公式有着本质的区别,后者是关于 y_{n+1} 的一个直接计算公式,这类公式称作是**显式的**;前者公式的右端含有未知的 y_{n+1},它实际上是关于 y_{n+1} 的一个方程,这类方程称作是**隐式的**. 显式与隐式两类方法各有特点,考虑到数值稳定性等其他因素,人们有时需要选用隐式方法,但使用显式算法远比隐式方便. 隐式公式(9.6)通常用迭代法求解,而迭代过程的实质是逐步显式化. 迭代过程如下:首先用 Euler 公式给出迭代初始值 $y_{n+1}^{(0)}=y_n+hf(x_n,y_n)$,将其代入(9.6)式的右端使之成为显式公式,计算可得

$$y_{n+1}^{(1)}=y_n+hf(x_{n+1},y_{n+1}^{(0)})$$

然后把 $y_{n+1}^{(1)}$ 代入(9.6)式的右端,又有

$$y_{n+1}^{(2)}=y_n+hf(x_{n+1},y_{n+1}^{(1)}),$$

如此反复进行下去,有

$$y_{n+1}^{(k+1)}=y_n+hf(x_{n+1},y_{n+1}^{(k)})\ (k=0,1,\cdots). \tag{9.8}$$

由于 $f(x,y)$ 对 y 满足 Lipschitz 条件(9.2),由(9.8)式减(9.6)式得

$$|y_{n+1}^{(k+1)}-y_{n+1}|=h|f(x_{n+1},y_{n+1}^{(k)})-f(x_{n+1},y_{n+1})|\leqslant hL|y_{n+1}^{(k)}-y_{n+1}|.$$

由此可见,只要 $hL<1$ 就有迭代公式(9.8)生成的数列收敛到 y_{n+1}. 实际应用时,取有限次迭代得到的 $y_{n+1}^{(k)}$ 作为 y_{n+1} 的近似值. 关于后退欧拉方法的误差,从数值积分公式看到它与 Euler 法是相似的.

2. 梯形法和改进的 Euler 法

为得到比 Euler 法精度高的计算公式,在(9.5)式右端积分用梯形求积公式近似,并用 y_n 代替 $y(x_n)$,y_{n+1} 代替 $y(x_{n+1})$,则得

$$y_{n+1}=y_n+\frac{h}{2}[f(x_n,y_n)+f(x_{n+1},y_{n+1})],n=0,1,\cdots \tag{9.9}$$

式(9.9)称为**梯形公式**.该公式是隐式单步法,用迭代法求解,同后退的 Euler 方法一样,仍用欧拉法给出迭代初值 $y_{n+1}^{(0)}=y_n+hf(x_n,y_n)$,则梯形公式迭代过程为

$$y_{n+1}^{(k+1)}=y_n+\frac{h}{2}[f(x_n,y_n)+f(x_{n+1},y_{n+1}^{(k)})]\quad(k=0,1,2,\cdots)\tag{9.10}$$

由于 $f(x,y)$ 对 y 满足 Lipschitz 条件(9.2),由(9.10)式减(9.9)式得

$$|y_{n+1}^{(k+1)}-y_{n+1}|=\frac{h}{2}|f(x_{n+1},y_{n+1}^{(k)})-f(x_{n+1},y_{n+1})|\leqslant\frac{hL}{2}|y_{n+1}^{(k)}-y_{n+1}|,$$

若 $\frac{hL}{2}<1$,则当 $k\to\infty$ 时,有 $y_{n+1}^{(k)}\to y_{n+1}$,这说明迭代过程(9.10)是收敛的.

由上述过程看到,梯形法虽然提高了计算精度,但其算法复杂,在应用迭代公式(9.10)进行实际计算时,每迭代一次,都要重新计算函数 $f(x,y)$ 的值,而迭代又要反复进行若干次,计算量很大,而且往往难以预测.为了控制计算量,通常只迭代一两次就转入下一步的计算,这就简化了算法.具体地说,我们先用欧拉公式求得一个初步的近似值 $\bar{y}_{n+1}=y_n+hf(x_n,y_n)$,称之为预测值,此预测值的精度可能很差,再用梯形公式(9.9)将它校正一次,即按(9.10)式迭代一次得 y_{n+1},这个结果称为**校正值**.这样建立的预测-校正系统通常称为**改进的欧拉公式**:

$$\text{预测}\quad \bar{y}_{n+1}=y_n+hf(x_n,y_n);\tag{9.11}$$

$$\text{校正}\quad y_{n+1}=y_n+\frac{h}{2}[f(x_n,y_n)+f(x_{n+1},\bar{y}_{n+1})].\tag{9.12}$$

或表示成下列平均化形式:

$$\begin{cases}y_p=y_n+hf(x_n,y_n),\\ y_c=y_n+hf(x_{n+1},y_p),\\ y_{n+1}=\frac{1}{2}(y_p+y_c).\end{cases}\tag{9.13}$$

例 9.1 用欧拉公式和改进的欧拉公式求解初值问题

$$\begin{cases}y'=y-\frac{2x}{y}x\in[0,1]\\ y(0)=1\end{cases},$$

取步长 $h=0.1$.

解 欧拉公式的具体形式为

$$y_{n+1}=y_n+h(y_n-\frac{2x_n}{y_n}),x_n=nh=0.1n(n=0,1,\cdots,10),$$

由 $y_0=1$,于是

$$y_1 = y_0 + 0.1(y_0 - \frac{2x_0}{y_0}) = 1 + 0.1 = 1.1\ ,$$

$$y_2 = y_1 + 0.1(y_1 - \frac{2x_1}{y_1}) = 1.1 + 0.1(1.1 - \frac{2 \times 0.1}{1.1}) = 1.191\,818,$$

$$\cdots\cdots$$

改进的欧拉公式为

$$\begin{cases} \bar{y}_{n+1} = y_n + h(y_n - \dfrac{2x_n}{y_n}) \\ y_{n+1} = y_n + \dfrac{h}{2}(y_n - \dfrac{2x_n}{y_n} + \bar{y}_{n+1} - \dfrac{2x_{n+1}}{\bar{y}_{n+1}}) \end{cases},$$

于是

$$\bar{y}_1 = y_0 + 0.1(y_0 - \frac{2x_0}{y_0}) = 1 + 0.1 = 1.1\ ,$$

$$y_1 = y_0 + \frac{0.1}{2}(y_0 - \frac{2x_0}{y_0} + \bar{y}_1 - \frac{2x_1}{\bar{y}_1}) = 1 + 0.05(1 + 1.1 - \frac{0.2}{1.1}) \approx 1.095\,909\ ;$$

$$\bar{y}_2 = y_1 + 0.1(y_1 - \frac{2x_1}{y_1}) = 1.095\,909 + 0.1(1.095\,909 - \frac{0.2}{1.095\,909}) \approx 1.187\,25\ ,$$

$$\begin{aligned} y_2 &= y_1 + \frac{0.1}{2}(y_1 - \frac{2x_1}{y_1} + \bar{y}_2 - \frac{2x_2}{\bar{y}_2}) \\ &= 1.095\,909 + 0.05(1.095\,909 - \frac{0.2}{1.095\,909} + 1.187\,25 - \frac{0.4}{1.187\,25}) \\ &\approx 1.184\,096. \end{aligned}$$

这样依次计算下去,用欧拉法和改进的欧拉法可求得数值解 $y_n(n = 1,2,\cdots,10)$. 由于该常微分方程的精确解为 $y = \sqrt{1 + 2x}$,可计算在节点上的精确解 $y(x_n)(n = 1,2,\cdots,10)$. 所求得的数值解、准确解和误差见表 9.1. 从表中数据可以看出,改进的欧拉法计算结果误差较小,更接近精确值.

表 9.1 欧拉法和改进的欧拉法计算结果

x_n	欧拉法 y_n	改进欧拉法 y_n	准确解 $y(x_n)$	欧拉法误差	改进的欧拉法误差
0.1	1.100 000	1.095 909	1.095 445	0.004 555	0.000 464
0.2	1.191 818	1.184 096	1.183 216	0.008 602	0.008 602
0.3	1.277 438	1.260 201	1.264 911	0.012 527	0.004 710
0.4	1.358 213	1.343 360	1.341 641	0.016 572	0.001 719
0.5	1.435 133	1.416 102	1.414 214	0.020 919	0.001 888
0.6	1.508 966	1.482 956	1.483 240	0.025 726	0.000 284

续表

x_n	欧拉法 y_n	改进欧拉法 y_n	准确解 $y(x_n)$	欧拉法误差	改进的欧拉法误差
0.7	1.580 338	1.552 515	1.549 193	0.031 145	0.003 322
0.8	1.649 783	1.616 476	1.612 452	0.037 331	0.004 024
0.9	1.717 779	1.678 168	1.673 320	0.044 459	0.004 848
1.0	1.784 770	1.737 869	1.732 051	0.052 719	0.005 818

9.2.3 单步法的局部截断误差

初值问题(9.1)的单步法可用一般形式表示为

$$y_{n+1}=y_n+h\varphi(x_n,y_n,y_{n+1},h)\ ,\tag{9.14}$$

其中多元函数 φ 与 $f(x,y)$ 有关,当 φ 含有 y_{n+1} 时,方法是隐式的,若不含 y_{n+1} 则为显式方法,所以显式单步法可表示为

$$y_{n+1}=y_n+h\varphi(x_n,y_n,h)\ .\tag{9.15}$$

$\varphi(x,y,h)$ 称为增量函数,比如欧拉公式(9.3) 的增量函数为 $\varphi(x,y,h)=f(x,y)$. 对一般单步法可如下定义局部截断误差.

定义 9.1 设 $y(x)$ 是初值问题(9.1) 的准确解,并假设用公式(9.14) 计算 y_{n+1} 用到的 y_n、y_{n+1} 是精确的,即 $y_n=y(x_n)$, $y_{n+1}=y(x_{n+1})$,则称

$$T_{n+1}=y(x_{n+1})-y_{n+1}\tag{9.16}$$

为单步法(9.14)的**局部截断误差**.

T_{n+1} 之所以称为局部的,是假设在 x_n 前各步没有误差. 所以,局部截断误差可理解为用方法(9.14) 计算一步的误差,也即公式(9.14) 中用准确解 $y(x)$ 代替数值解产生的公式误差. 如何衡量一个计算公式的精度呢? 下面给出局部截断误差的阶的概念.

定义 9.2 设 $y(x)$ 是初值问题的准确解,若存在最大整数 p 使显式单步法(9.15)的局部截断误差满足

$$T_{n+1}=y(x_n+h)-y(x_n)-h\varphi(x_n,y_n,h)=O(h^{p+1})\ ,\tag{9.17}$$

则称方法(9.14)具有 **p 阶精度**. 若将局部截断误差写成

$$T_{n+1}=\psi(x_n,y(x_n))h^{p+1}+O(h^{p+2})\ ,\tag{9.18}$$

则称 $\psi(x_n,y(x_n))h^{p+1}$ 为**局部截断误差主项**.

比如,考虑欧拉公式(9.3)的局部截断误差,在 $y_n=y(x_n)$ 的前提下,有 $f(x_n,y_n)=f(x_n,y(x_n))=y'(x_n)$,则有

$$\begin{aligned}T_{n+1}&=y(x_{n+1})-y(x_n)-hf(x_n,y(x_n))\\&=y(x_n+h)-y(x_n)-hy'(x_n)\\&=\frac{h^2}{2}y''(x_n)+O(h^3).\end{aligned}$$

$\frac{h^2}{2}y''(x_n)$ 称为局部截断误差的主项，局部截断误差也可表示为 $T_{n+1}=O(h^2)$，这里 $p=1$，因此欧拉公式(9.3)是一阶的.

定义 9.2 对隐式单步法也是适用的. 例如，对后退欧拉法(9.6)其局部截断误差为

$$\begin{aligned}T_{n+1}&=y(x_{n+1})-y(x_n)-hf(x_{n+1},y(x_{n+1}))\\&=hy'(x_n)+\frac{h^2}{2}y''(x_n)+O(h^3)-h[y'(x_n)+hy''(x_n)+O(h^2)]\\&=-\frac{h^2}{2}y''(x_n)+O(h^3).\end{aligned}$$

$-\frac{h^2}{2}y''(x_n)$ 为局部截断误差的主项，可见 $p=1$，所以后退欧拉公式(9.6)是一阶的.

同样对梯形公式(9.9)有

$$\begin{aligned}T_{n+1}&=y(x_{n+1})-y(x_n)-\frac{h}{2}[y'(x_n)+y'(x_{n+1})]\\&=hy'(x_n)+\frac{h^2}{2}y''(x_n)+\frac{h^3}{3!}y'''(x_n)\\&\quad-\frac{h}{2}[y'(x_n)+y'(x_n)+hy''(x_n)+\frac{h^2}{2}y'''(x_n)]+O(h^4)\\&=-\frac{h^3}{12}y'''(x_n)+O(h^4).\end{aligned}$$

$-\frac{h^3}{12}y'''(x_n)$ 为局部截断误差的主项，可见 $p=2$，所以梯形公式(9.9)是二阶的.

9.3　龙格-库塔法

9.2 节介绍的梯形法和改进的欧拉法是二阶方法，具有较高的计算精度. 但是，对许多实际问题来说，精度还不能满足要求，为此寻求一条构造高精度方法的途径，这就是本节要介绍的一类单步法，龙格-库塔(Runge-Kutta)方法. 该类方法与下述的 Taylor(泰勒)级数法有紧密的联系.

9.3.1　泰勒(Taylor)级数法

如果初值问题(9.1)的解 $y(x)$ 和右端函数 $f(x,y)$ 是充分光滑的，用 Taylor 级数展开得

$$y(x_{n+1})=y(x_n)+hy'(x_n)+\frac{h^2}{2!}y''(x_n)+\frac{h^3}{3!}y'''(x_n)+\cdots.\qquad(9.19)$$

其中 $y(x)$ 在 x_n 处的各阶导数 $\{y'(x_n),y''(x_n),y'''(x_n),\cdots\}$ 依据方程(9.1) 可用 $f(x,y)$

及其导数来表达，即

$$\begin{cases} y'(x_n)=f(x_n,y(x_n)) \equiv f_n \\ y''(x_n)=(f_x+f\ f_y)_n \equiv f_n^{(1)} \\ y'''(x_n)=[f_{xx}+2f\ f_{xy}+f^2f_{yy}+f_y(f_x+f\ f_y)]_n \\ \qquad =(f_x^{(1)}+f\ f_y^{(1)})_n \equiv f_n^{(2)} \\ \qquad \cdots\cdots \end{cases} \tag{9.20}$$

一般地，

$$y^{(k)}(x_n)=(f_x^{(k-2)}+f\ f_y^{(k-2)})_n \equiv f_n^{(k-1)}, k=2,3,\cdots \tag{9.21}$$

其中下标 n 均表示在 (x_n,y_n) 处取值. 若在 Taylor 展开式(9.19)中，截取若干项，并且按式(9.20)计算系数 $y^{(k)}(x_n)$ 近似值 $y_n^{(k)}$，导出 p 阶 Taylor **格式**

$$y_{n+1}=y_n+hy'_n+\frac{h^2}{2!}y''_n+\cdots+\frac{h^p}{p!}y_n^{(p)}, \tag{9.22}$$

其中 $y_n^k=y^{(k)}(x_n), k=1,2,\cdots,p$. 当 $p=1$ 时，式(9.22)变为

$$y_{n+1}=y_n+hy'_n=y_n+hf(x_n,y_n),$$

此为欧拉公式.

显然 Taylor 格式(9.22)的局部截断误差为

$$T_{n+1}=y(x_{n+1})-y_{n+1}=\frac{h^{p+1}}{(p+1)!}y(\xi)=O(h^{p+1}), \xi\in(x_n,x_{n+1}). \tag{9.23}$$

在直接用 Taylor 展开式建立高阶数值方法时，需要由式(9.20)计算高阶导数，当阶数提高时，高阶导数的计算变得很复杂甚至无法求导，所以高阶 Taylor 不适合实际的应用.

9.3.2 显式龙格-库塔(Runge-Kutta)方法

把改进的欧拉公式(9.11)和(9.12)改写成

$$\begin{cases} y_{n+1}=y_n+\frac{h}{2}(K_1+K_2), \\ K_1=f(x_n,y_n), \\ K_2=f(x_{n+1},y_n+hK_1), \end{cases} \tag{9.24}$$

或

$$y_{n+1}=y_n+\frac{h}{2}[f(x_n,y_n)+f(x_n+h,y_n+hf(x_n,y_n))], \tag{9.25}$$

由(9.15)式可知增量函数为 $\varphi(x_n,y_n,h)=\frac{1}{2}[f(x_n,y_n)+f(x_n+h,y_n+hf(x_n,y_n))]$，它比一阶欧拉法的增量函数 $\varphi(x_n,y_n,h)=f(x_n,y_n)$ 增加了一个计算(9.1)式右端函数值 $f(x_{n+1},\tilde{y}_{n+1})$，$\tilde{y}_{n+1}$ 是通过已知信息 y_n 由欧拉公式预测得到，这样阶数可提高到 $p=2$. 若要使公式的阶数 p 更大，$\varphi(x_n,y_n,h)$ 就必须包含 $f(x,y)$ 在区间 $[x_n,x_{n+1}]$ 更多点上的值，才有可能构造更高精度的计算公式. 实际上，从方程(9.1)的积分形式(9.5)式可以看出，若要提高公式的阶数，就必须提高(9.5)式右端积分 $\int_{x_n}^{x_{n+1}}f(x,y(x))\mathrm{d}x$ 的数值求积公式精度，它必然要增加求积节点，使得数值积分表示为 $f(x,y(x))$ 在 r 个点上的线性和式，即

$$\int_{x_n}^{x_{n+1}}f(x,y(x))\mathrm{d}x\approx h\sum_{i=1}^{r}c_if(x_n+\lambda_ih,y(x_n+\lambda_ih)).\tag{9.26}$$

一般来说，节点数 r 越多，数值积分公式的精度越高. 为得到便于计算的显式方法，可类似于改进欧拉法(9.24)，利用 $f(x,y(x))$ 在其他节点上提供的信息预测节点 $x_n+\lambda_ih$ 上的函数值，把 r 阶 Runge-Kutta 公式的一般形式表示为

$$\begin{cases}y_{n+1}=y_n+h\sum\limits_{i=1}^{r}c_iK_i,\\K_1=f(x_n,y_n),\\K_i=f(x_n+\lambda_ih,y_n+h\sum\limits_{j=1}^{i-1}\mu_{ij}K_j),i=2,\cdots,r.\end{cases}\tag{9.27}$$

其中 c_i,λ_i,μ_{ij} 均为待定常数，$y_n+h\sum\limits_{j=1}^{i-1}\mu_{ij}K_j$ 看作是 $y_n+\lambda_ih$ 的预测值，它用到了 $K_j(j=1,\cdots,i-1)$ 提供的信息. (9.27) 式称为 r 阶**显式龙格-库塔(Runge-Kutta)法**，简称 **R-K 方法**.

下面我们只就 $r=2$ 推导 R-K 方法，并给出 $r=3,4$ 时的常用公式，其推导方法与 $r=2$ 时类似，只是推导计算较复杂. 对 $r=2$ 时的 R-K 方法，由(9.27)式可得如下计算公式

$$\begin{cases}y_{n+1}=y_n+h(c_1K_1+c_2K_2),\\K_1=f(x_n,y_n),\\K_2=f(x_n+\lambda_2h,y_n+\mu_{21}hK_1).\end{cases}\tag{9.28}$$

其中 $c_1,c_2,\lambda_2,\mu_{21}$ 均为待定系数. 通过适当选取这些系数，使公式阶数 p 尽量高. 根据局部截断误差定义，假定 $y_n=y(x_n)$，公式 (9.28)的局部截断误差为

$$\begin{aligned}T_{n+1}&=y(x_{n+1})-y_{n+1}\\&=y(x_{n+1})-y(x_n)-h[c_1f(x_n,y_n)+c_2f(x_n+\lambda_2h,y_n+\mu_{21}hf_n)],\end{aligned}\tag{9.29}$$

为了求得截断误差的阶数，将式(9.29)中 $y(x_{n+1})$ 在 x_n 处进行泰勒展开得

$$y(x_{n+1})=y(x_n)+hy'(x_n)+\frac{h^2}{2}y''(x_n)+\frac{h^3}{3!}y'''(x_n)+O(h^4)\ , \tag{9.30}$$

其中 $y'(x_n),y''(x_n),y'''(x_n)$ 由式(9.20)给出. 把 $f(x_n+\lambda_2h,y_n+\mu_{21}hf_n)$ 在 (x_n,y_n) 处进行二元泰勒展开得

$$\begin{aligned}f(x_n+\lambda_2h,y_n+\mu_{21}hf_n)&=f_n+(\lambda_2f_x+\mu_{21}ff_y)_nh\\&+\frac{1}{2}(\lambda_2^2f_{xx}+2\lambda_2\mu_{21}ff_{xy}+\mu_{21}^2f^2f_{yy})_nh^2+O(h^3)\end{aligned} \tag{9.31}$$

将(9.30)式和(9.31)式代入(9.29)式,于是有

$$\begin{aligned}T_{n+1}&=hf_n+\frac{h^2}{2}(f_x+ff_y)_n+\frac{h^3}{3!}[f_{xx}+2f\ \ f_{xy}+f^2f_{yy}\\&\quad+f_y(f_x+ff_y)]_n+O(h^4)-(c_1+c_2)f_nh-c_2(\lambda_2f_x+\mu_{21}ff_y)_nh^2\\&\quad-\frac{1}{2}c_2(\lambda_2^2f_{xx}+2\lambda_2\mu_{21}ff_{xy}+\mu_{21}^2f^2f_{yy})_nh^3+O(h^4)\\&=(1-c_1-c_2)f_nh+\left(\frac{1}{2}-c_2\lambda_2\right)f_x(x_n,y_n)h^2+\left(\frac{1}{2}-c_2\mu_{21}\right)f_nf_y(x_n,y_n)h^2\\&\quad+\left(\frac{1}{6}-\frac{1}{2}c_2\lambda_2^2\right)f_{xx}(x_n,y_n)h^3+\left(\frac{1}{3}-c_2\lambda_2\mu_{21}\right)f_nf_{xy}(x_n,y_n)h^3\\&\quad+\left(\frac{1}{6}-\frac{1}{2}c_2\mu_{21}^2\right)f_n^2f_{yy}(x_n,y_n)h^3+\frac{1}{6}(f_xf_y+ff_y^2)_nh^3+O(h^4)\ .\end{aligned} \tag{9.32}$$

要使公式(9.28)具有 $p=2$ 阶精度,在式(9.32)中令

$$\begin{cases}1-c_1-c_2=0\\ \dfrac{1}{2}-c_2\lambda_2=0\\ \dfrac{1}{2}-c_2\mu_{21}=0\end{cases}. \tag{9.33}$$

这是一个含有 4 个待定系数 3 个方程的非线性方程组,其解不唯一,每组解都对应一个二阶精度的 Runge-Kutta 公式. 特别地,取一组解为 $c_1=c_2=\dfrac{1}{2},\lambda_2=\mu_{21}=1$,代入(9.28)式,则得改进的欧拉公式(9.24).

若取方程组的解为 $c_1=0,c_2=1,\lambda_2=\mu_{21}=\dfrac{1}{2}$,则得

$$\begin{cases}y_{n+1}=y_n+hK_2,\\ K_1=f(x_n,y_n),\\ K_2=f(x_n+\dfrac{h}{2},y_n+\dfrac{h}{2}K_1).\end{cases} \tag{9.34}$$

称为**中点公式**,也称**变形的** Euler **公式**,也可以等价地表示为

$$y_{n+1} = y_n + hf\left(x_n + \frac{h}{2}, y_n + \frac{h}{2}f(x_n, y_n)\right). \tag{9.35}$$

若取方程组的解为 $c_1 = \frac{1}{4}, c_2 = \frac{3}{4}, \lambda_2 = \mu_{21} = \frac{2}{3}$,则得

$$\begin{cases} y_{n+1} = y_n + \frac{h}{4}(K_1 + 3K_2), \\ K_1 = f(x_n, y_n), \\ K_2 = f\left(x_n + \frac{2}{3}h, y_n + \frac{2}{3}hK_1\right). \end{cases} \tag{9.36}$$

称为**海恩(Heun)公式**,也可以等价地表示为

$$y_{n+1} = y_n + \frac{h}{4}\left[f(x_n, y_n) + 3f\left(x_n + \frac{2}{3}h, y_n + \frac{2}{3}hf(x_n, y_n)\right)\right]. \tag{9.37}$$

可以看到,(9.32)式中的项 $(f_x f_y + ff_y^2)_n$ 是不能通过选择参数消掉的. 实际上要使含 h^3 的项为零,需增加 3 个方程,要确定 4 个参数 c_1, c_2, λ_2 和 μ_{21},这是不可能的. 故 $r = 2$ 的显式 R - K 方法的阶数只能是 $p = 2$,而不能得到三阶公式.

9.3.3　显式三阶和四阶 Runge-Kutta 方法

当 $r = 3$ 时,与二阶 R-K 方法推导过程类似,可推导三阶 R-K 方法. 由(9.27)式,三阶 R-K 公式具有如下形式

$$\begin{cases} y_{n+1} = y_n + h(c_1K_1 + c_2K_2 + c_3K_3), \\ K_1 = f(x_n, y_n), \\ K_2 = f(x_n + \lambda_2 h, y_n + \mu_{21}hK_1), \\ K_3 = f(x_n + \lambda_3 h, y_n + \mu_{31}hK_1 + \mu_{32}hK_2). \end{cases} \tag{9.38}$$

其中 $c_1, c_2, c_3, \lambda_2, \lambda_3, \mu_{21}, \mu_{31}, \mu_{32}$ 均为待定系数,利用 Taylor 展开,使其局部截断误差 $T_{n+1} = O(h^4)$,可得待定系数满足方程组

$$\begin{cases} c_1 + c_2 + c_3 = 1, \\ \lambda_2 c_2 + \lambda_3 c_3 = \frac{1}{2}, \\ \lambda_2^2 c_2 + \lambda_3^2 c_3 = \frac{1}{3}, \\ \lambda_2 \mu_{32} c_3 = \frac{1}{6}, \\ \mu_{21} = \lambda_2, \\ \mu_{31} + \mu_{32} = \lambda_3. \end{cases} \tag{9.39}$$

这是一个含有8个待定系数6个方程的非线性方程组,有无穷多组解.若$c_1=\frac{1}{4},c_2=0,c_3=\frac{3}{4},\lambda_2=\mu_{21}=\frac{1}{3},\lambda_3=\frac{2}{3},\mu_{31}=0,\mu_{32}=\frac{2}{3}$得三阶显式R-K公式,又称**海恩(Heun)公式**

$$\begin{cases}y_{n+1}=y_n+\frac{h}{4}(K_1+3K_3),\\K_1=f(x_n,y_n),\\K_2=f\left(x_n+\frac{h}{3},y_n+\frac{h}{3}K_1\right),\\K_3=f\left(x_n+\frac{2}{3}h,y_n+\frac{2}{3}hK_2\right).\end{cases}\tag{9.40}$$

若$c_1=\frac{1}{6},c_2=\frac{2}{3},c_3=\frac{1}{6},\lambda_2=\mu_{21}=\frac{1}{2},\lambda_3=1,\mu_{31}=-1,\mu_{32}=2$得三阶R-K公式

$$\begin{cases}y_{n+1}=y_n+\frac{h}{6}(K_1+4K_2+K_3),\\K_1=f(x_n,y_n),\\K_2=f(x_n+\frac{h}{2},y_n+\frac{h}{2}K_1),\\K_3=f(x_n+h,y_n-hK_1+2hK_2).\end{cases}\tag{9.41}$$

当$r=4$时,类似地,由(9.27)式可推导四阶R-K公式.由于推导过程复杂,这里从略.下面给出常用的三个四阶R-K公式.

(1)四阶经典显式Runge-Kutta公式

$$\begin{cases}y_{n+1}=y_n+\frac{h}{6}(K_1+2K_2+2K_3+K_4),\\K_1=f(x_n,y_n),\\K_2=f\left(x_n+\frac{h}{2},y_n+\frac{h}{2}K_1\right),\\K_3=f\left(x_n+\frac{h}{2},y_n+\frac{h}{2}K_2\right),\\K_4=f(x_n+h,y_n+hK_3).\end{cases}\tag{9.42}$$

(2)四阶显式Runge-Kutta公式

$$
\begin{cases}
y_{n+1} = y_n + \dfrac{h}{8}(K_1 + 3K_2 + 3K_3 + K_4), \\
K_1 = f(x_n, y_n), \\
K_2 = f\left(x_n + \dfrac{h}{3}, y_n + \dfrac{h}{3}K_1\right), \\
K_3 = f\left(x_n + \dfrac{2}{3}h, y_m - \dfrac{1}{3}hK_1 + hK_2\right), \\
K_4 = f(x_n + h, y_m + hK_1 - hK_2 + hK_3).
\end{cases}
\tag{9.43}
$$

(3) 四阶显式 Runge-Kutta 公式,也称 Gill 公式

$$
\begin{cases}
y_{n+1} = y_n + \dfrac{h}{6}(K_1 + (2 - \sqrt{2})K_2 + (2 + \sqrt{2})K_3 + K_4), \\
K_1 = f(x_n, y_n), \\
K_2 = f(x_n + \dfrac{h}{2}, y_n + \dfrac{h}{2}K_1), \\
K_3 = f(x_n + \dfrac{1}{2}h, y_n + \dfrac{\sqrt{2} - 1}{2}hK_1 + (1 - \dfrac{\sqrt{2}}{2})hK_2), \\
K_4 = f(x_n + h, y_n - \dfrac{\sqrt{2}}{2}hK_2 + (1 + \dfrac{\sqrt{2}}{2})hK_3).
\end{cases}
\tag{9.44}
$$

它们的局部截断误差均为 $T_{n+1} = O(h^5)$. 一般地,系数有如下特点:

$$
\sum_{i=1}^{r} c_i = 1, \lambda_i = \sum_{j=1}^{i-1} \mu_{ij}, i = 2,3,\cdots,r.
$$

Butcher(1965)证明了所用的点数 r 与公式所能达到的最高阶数有如下关系:当 $r = 2$, 3,4 时,存在 r 阶精度的显式 Runge-Kutta 公式;当 $r = 5,6,7$ 时,至多能构造 $r - 1$ 阶精度的显式 Runge-Kutta 公式;当 $r = 8,9$ 时,至多能构造 $r - 2$ 阶精度的显式 Runge-Kutta 公式;当 $r \geqslant 10$ 时,显式 Runge-Kutta 公式的阶数不超过 $r - 2$.

需要说明的是,由于用泰勒展开方法推导 Runge-Kutta 公式,所以要求解函数要有很好的光滑性,即要求具有所求的导数. 否则,高阶 Runge-Kutta 公式可能还不如低阶 Runge-Kutta 公式的精度高. 对于常见的实际问题,四阶 Runge-Kutta 公式一般就能达到较高精度要求.

例 9.2　分别用二阶 Runge-Kutta 公式(9.36),四阶 Runge-Kutta 公式(9.42)求解初值问题

$$
\begin{cases}
\dfrac{dy}{dx} = y - x^2, x \in [0,1], \\
y(0) = 1.
\end{cases}
$$

解　易知其精确解为 $y = 2 + 2x + x^2 - e^x$,步长均取 $h = 0.1$,分别用二阶和四阶 R-K 方法求解,计算结果见表 9.2.

表 9.2　例 9.2 二阶和四阶 R-K 方法计算结果

x_n	二阶	四阶	准确解	二阶误差	四阶误差
0.0	1.000 000	1.000 000	1.000 000	0.000 000	0.000 000
0.1	1.102 450	1.104 829	1.104 829	2.38E-3	1.60E-7
0.2	1.211 507	1.218 597	1.218 597	7.09E-3	3.40E-7
0.3	1.325 766	1.340 141	1.340 141	1.44E-2	5.48E-7
0.4	1.443 671	1.468 175	1.468 175	2.45E-2	7.69E-7
0.5	1.563 506	1.601 278	1.601 279	3.78E-2	9.95E-7
0.6	1.683 374	1.737 880	1.737 881	5.45E-2	1.20E-6
0.7	1.801 179	1.876 246	1.876 247	7.51E-2	1.42E-6
0.8	1.914 603	2.014 457	2.014 459	9.99E-2	1.68E-6
0.9	2.021 086	2.150 395	2.150 397	1.29E-1	1.96E-6
1.0	2.117 800	2.281 716	2.281 718	1.64E-1	2.32E-6

为了更直观地比较 Runge-Kutta 方法计算精度，将步长取 $h=0.1$ 和 $h=0.05$ 时的二阶 Runge-Kutta 方法，步长为 $h=0.1$ 的四阶 Runge-Kutta 及精确解的计算结果进行对比，见图 9.4.

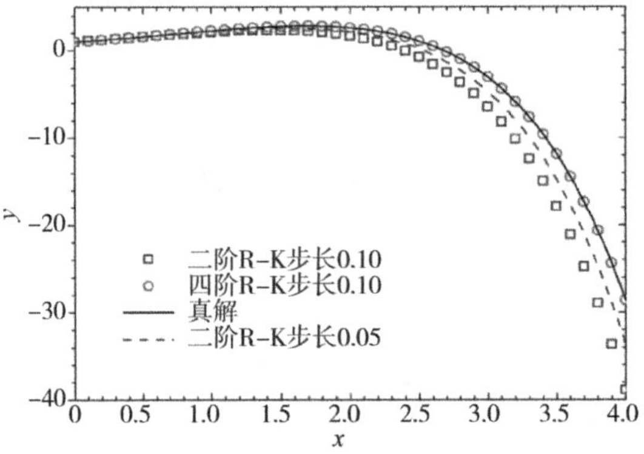

图 9.4　例 9.2 二阶和四阶 R-K 方法计算结果

由此可见，计算精度与所采用的 R-K 公式的阶数和步长都有关系. 一般来说，在相同步长的情况下，阶数越高，精度越高；同阶的 R-K 公式，步长越小，精度越高.

9.3.4　隐式 Runge-Kutta 方法

定义 9.3　设 r 阶 Runge-Kutta 方法

$$\begin{cases} y_{n+1}=y_n+h\sum_{i=1}^{r}c_iK_i, \\ K_i=f(x_n+\lambda_i h, y_n+h\sum_{j=1}^{r}\mu_{ij}K_j), i=1,2,\cdots,r. \end{cases} \tag{9.45}$$

其中 $c_i,\lambda_i,\mu_{ij}(i,j=1,2,\cdots,s)$ 均为实数,若 $i\leqslant j$ 时 $\mu_{ij}=0$,则称式(9.45)为**显式** Runge-Kutta **方法**;若 $i\leqslant j$ 时至少有一个 $\mu_{ij}\neq 0$ 则称式(9.45)为**隐式** Runge-Kutta **方法**;若 $i<j$ 时 $\mu_{ij}=0$ 且至少有一个对角元 $\mu_{ii}\neq 0$,则称式(9.45)为**对角隐式** Runge-Kutta **方法**.

隐式 Runge-Kutta 方法比显式 Runge-Kutta 方法在数值稳定性方面有较好的优越性,而且具有较高的精度,但每步需要解线性或非线性方程(组). 在解刚性方程组(9.6节)时常常使用隐式的 Runge-Kutta 方法. 下面给出几个常见的隐式 Runge-Kutta 公式,在此不再介绍隐式公式的推导,更多的内容和其他类型的隐式公式见相关文献,如参考文献[12]等.

①隐式中点公式

$$\begin{cases} y_{n+1}=y_n+hK_1,\\ K_1=f(x_n+\dfrac{h}{2},y_n+\dfrac{h}{2}K_1). \end{cases} \tag{9.46}$$

它用到了函数 $f(x,y)$ 在一个点上的值,具有 2 阶精度.

②Hammer 和 Hollingsworth 公式

$$\begin{cases} y_{n+1}=y_n+\dfrac{h}{2}(K_1+K_2),\\ K_1=f(x_n+\dfrac{3-\sqrt{3}}{6}h,y_n+\dfrac{h}{4}K_1+\dfrac{3-2\sqrt{3}}{12}K_2h),\\ K_2=f(x_n+\dfrac{3+\sqrt{3}}{6}h,y_n+\dfrac{3+2\sqrt{3}}{12}K_1h+\dfrac{h}{4}K_2). \end{cases} \tag{9.47}$$

它是一个两点 4 阶方法.

③Kuntzmann 和 Butcher 公式

$$\begin{cases} y_{n+1}=y_n+\dfrac{h}{18}(5K_1+8K_2+5K_3),\\ K_1=f\left[x_n+\dfrac{5-\sqrt{15}}{10}h,y_n+\left(\dfrac{5}{36}K_1+\dfrac{10-3\sqrt{15}}{45}K_2+\dfrac{25-6\sqrt{15}}{180}K_3\right)h\right],\\ K_2=f\left[x_n+\dfrac{1}{2}h,y_n+\left(\dfrac{10+3\sqrt{15}}{72}K_1+\dfrac{2}{9}K_2+\dfrac{10-3\sqrt{15}}{72}K_3\right)h\right],\\ K_3=f\left[x_n+\dfrac{5+\sqrt{15}}{10}h,y_n+\left(\dfrac{25+6\sqrt{15}}{180}K_1+\dfrac{10+3\sqrt{15}}{45}K_2+\dfrac{5}{36}K_3\right)h\right]. \end{cases} \tag{9.48}$$

它是一个三点 6 阶方法.

9.3.5　变步长的 Runge-Kutta 方法

前面讨论的初值问题(9.1)的数值方法都是假设步长 h 是固定不变的,这种做法的优点是简单方便,但求出的各个节点上的数值解可能具有不同的精度,不一定满足计算精度要求. 从数值方法的截断误差容易看出:步长越小,截断误差就越小. 但随着步长的缩小,在一定求解范围内要计算的步数必然增加,不但引起计算量的增大,而且可能导致舍入误差的严重积累. 因此可考虑采用可变步长. 如何衡量和检验计算结果的精度并依据所获得的精度选择合适的步长呢?

不妨先考察某一 p 阶显式 R - K 公式,设 h 为步长. 从节点 x_n 开始计算一步求出节点 x_{n+1} 上的近似值,记为 $y_{n+1}^{(h)}$,由于公式的局部截断误差为 $O(h^{p+1})$,于是存在常数 C,使得

$$y(x_{n+1}) - y_{n+1}^{(h)} \approx Ch^{p+1}. \tag{9.49}$$

如果将步长折半为 $\frac{h}{2}$,从 x_n 计算两步到 x_{n+1},求得节点 x_{n+1} 上的近似值为 $y_{n+1}^{\left(\frac{h}{2}\right)}$,每跨一步的局部截断误差是 $O\left(\frac{h}{2}\right)^{p+1}$,于是存在常数 C_1 和 C_2,使得跨两步计算的局部截断误差为

$$y(x_{n+1}) - y_{n+1}^{\left(\frac{h}{2}\right)} \approx C_1\left(\frac{h}{2}\right)^{p+1} + C_2\left(\frac{h}{2}\right)^{p+1}. \tag{9.50}$$

若 $C \approx C_1 \approx C_2$,比较(9.49)式和(9.50)式,有

$$\frac{y(x_{n+1}) - y_{n+1}^{\left(\frac{h}{2}\right)}}{y(x_{n+1}) - y_{n+1}^{(h)}} \approx \frac{1}{2^p}. \tag{9.51}$$

可以看出步长折半后,误差大约减少到 $\frac{1}{2^p}$. 对(9.51)式移项整理得事后误差估计式

$$y(x_{n+1}) - y_{n+1}^{\left(\frac{h}{2}\right)} \approx \frac{y_{n+1}^{\left(\frac{h}{2}\right)} - y_{n+1}^{(h)}}{2^p - 1}. \tag{9.52}$$

所以可通过步长折半前后在节点 x_{n+1} 上的两次计算结果的偏差 $\omega = \left|\frac{y_{n+1}^{\left(\frac{h}{2}\right)} - y_{n+1}^{(h)}}{2^p - 1}\right|$ 来判断步长选择是否合适.

具体地说,步长折半或加倍可按如下步骤进行:

①先选定某个步长 h,计算折半前后的偏差 ω;

②对于给定的精度 ε,若 $\omega \geq \varepsilon$,则反复将步长折半计算,直至 $\omega < \varepsilon$ 为止,这时取最后折半得到的 $y_{n+1}^{\left(\frac{h}{2}\right)}$ 作为计算结果;

③若 $\omega < \varepsilon$,则将反复将步长作加倍计算,直至 $\omega > \varepsilon$ 为止,这时再将步长折半计算一次得到的 $y_{n+1}^{\left(\frac{h}{2}\right)}$ 作为结果.

这种通过加倍或折半处理步长的方法称为**变步长方法**. 表面上看,为了选择步长,每一步的计算量增加了,但总体考虑往往是合算的.

9.4 单步法的收敛性与稳定性

9.4.1 单步法的收敛性

定义 9.4 设 y_n 是单步法(9.15)式的解，而常微分方程初值问题(9.1)在 x_n 处的精确解为 $y(x_n)$，记 $e_n = y(x_n) - y_n$，若当 $h \to 0$ 时，有 $e_n = y(x_n) - y_n \to 0$，则称该方法是**收敛**的.

对于单步法(9.15)式有如下收敛性定理.

定理 9.1 设单步法(9.15)式具有 $p(p \geqslant 1)$ 阶精度，且增量函数 $\varphi(x,y,h)$ 关于 y 满足利普希茨(Lipschitz)条件，即

$$|\varphi(x,y,h) - \varphi(x,\bar{y},h)| \leqslant L_\varphi |y - \bar{y}|. \tag{9.53}$$

且 $y_0 = y(x_0)$ 准确成立，则其整体截断误差为

$$y(x_n) - y_n = O(h^p). \tag{9.54}$$

证明 设以 $\bar{y}_{n+1}$ 表示取 $y_n = y(x_n)$ 用公式(9.15)求得的值，即

$$\bar{y}_{n+1} = y(x_n) + h\varphi(x_n, y(x_n), h), \tag{9.55}$$

则 $y(x_{n+1}) - \bar{y}_{n+1}$ 为局部截断误差，由于所给方法具有 p 阶精度，按定义 9.2，$\bar{y}_{n+1} = y(x_n) + h\varphi(x_n, y(x_n), h$，存在常数 C 使

$$|y(x_{n+1}) - \bar{y}_{n+1}| \leqslant Ch^{p+1}, \tag{9.56}$$

由(9.15)式和(9.55)式得

$$|\bar{y}_{n+1} - y_{n+1}| \leqslant |y(x_n) - y_n| + h|\varphi(x_n, y(x_n), h) - \varphi(x_n, y_n, h)|, \tag{9.57}$$

又由利普希茨条件(9.53)式

$$|\bar{y}_{n+1} - y_{n+1}| \leqslant (1 + hL_\varphi)|y(x_n) - y_n|, \tag{9.58}$$

于是有

$$\begin{aligned} |y(x_{n+1}) - y_{n+1}| &\leqslant |\bar{y}_{n+1} - y_{n+1}| + |y(x_{n+1}) - \bar{y}_{n+1}| \\ &\leqslant (1 + hL_\varphi)|y(x_n) - y_n| + Ch^{p+1}. \end{aligned} \tag{9.59}$$

即对整体截断误差 $e_n = y(x_n) - y_n$ 成立下列递推关系式

$$|e_n| \leqslant (1 + hL_\varphi)^n |e_0| + \frac{Ch^p}{L_\varphi}[(1 + hL_\varphi)^n - 1]. \tag{9.60}$$

当 $x = x_0 + nh < T$ 时，利用不等式

$$(1+hL_{\varphi})^n \leqslant (e^{hL_{\varphi}})^n \leqslant e^{TL_{\varphi}},$$

于是得估计式

$$|e_n| \leqslant |e_0| e^{TL_{\varphi}} + \frac{Ch^p}{L_{\varphi}}(e^{TL_{\varphi}} - 1). \tag{9.61}$$

由于初值 y_0 是准确的，即有 $e_0 = y(x_0) - y_0 = 0$，于是有

$$|e_n| \leqslant \frac{Ch^p}{L_{\varphi}}(e^{TL_{\varphi}} - 1) = O(h^p). \tag{9.62}$$

定理得证.

依据定理9.1，若增量函数 $\varphi(x,y,h)$ 满足 Lipschitz 条件(9.53)式，则 $e_n = y(x_n) - y_n = O(h^p) \to 0$，故判断显式单步法(9.15)的收敛性，归结为验证 Lipschitz 条件(9.53)式是否成立.

例如对于 Euler 方法，其增量函数 $\varphi(x,y,h) = f(x,y)$，故当 $f(x,y)$ 关于 y 满足利普希茨条件

$$|f(x,y) - f(x,\bar{y})| \leqslant L|y - \bar{y}| \tag{9.63}$$

时它是收敛的.

再比如对于改进的 Euler 法，假设 $f(x,y)$ 关于 y 满足 Lipschitz 条件(9.63)式，则其增量函数为 $\varphi(x,y,h) = \frac{1}{2}[f(x,y) + f(x+h, y+hf(x,y))]$，于是有

$$\begin{aligned}
&|\varphi(x,y,h) - \varphi(x,\bar{y},h)| \\
&\leqslant \frac{1}{2}|f(x,y) - f(x,\bar{y})| + \frac{1}{2}|f(x+h, y+hf(x,y)) - f(x+h, \bar{y}+hf(x,\bar{y}))| \\
&\leqslant \frac{1}{2}L|y-\bar{y}| + \frac{1}{2}L|y + hf(x,y) - (\bar{y} + hf(x,\bar{y}))| \\
&\leqslant \frac{1}{2}L|y-\bar{y}| + \frac{1}{2}L|y-\bar{y}| + \frac{1}{2}hL|f(x,y) - f(x,\bar{y})| \\
&\leqslant L|y-\bar{y}| + \frac{1}{2}hL^2|y-\bar{y}| = L\left(1 + \frac{h}{2}L\right)|y-\bar{y}|.
\end{aligned}$$

设 $0 < h \leqslant h_0$（h_0 为定常数），则 φ 关于 y 的 Lipschitz 常数为 $L_{\varphi} = L\left(1 + \frac{h}{2}L\right)$，故 Lipschitz 条件成立，所以改进的 Euler 法也是收敛的. 类似地，也可证明其他 R-K 方法的收敛性.

定义 9.5 常微分方程初值问题(9.1)的显式单步法(9.15)式，其增量函数 $\varphi(x,y,h)$ 满足

$$\varphi(x,y,0) = f(x,y), \tag{9.64}$$

则称单步法(9.15)式与初值问题(9.1)**相容**,(9.64)式称为**相容性条件**.

相容性表明了单步法(9.15)式在 (x,y) 处逼近微分方程(9.1) 的程度. 当 $h\to 0$ 时,单步法是逼近微分方程 $y'(x)=f(x,y)$ 的. 若单步法(9.15)式与初值问题(9.1)相容,则局部截断误差为

$$\begin{aligned}T_{x+h}&=y(x+h)-y(x)-h\varphi(x,y,h)\\&=y(x)+hy'(x)+O(h^2)-y(x)-h[\varphi(x,y,0)+O(h)]\\&=hf(x,y)-h(x,y,0)+O(h^2)=O(h^2).\end{aligned}$$

这说明相容的单步法至少具有一阶精度,从而也是收敛的. 于是容易证明以下定理成立:

定理 9.2　设单步法(9.15)式的增量函数 $\varphi(x,y,h)$ 关于 y 满足 Lipschitz 条件(9.53)式,且 $y_0=y(x_0)$ 准确成立,则单步法的收敛性与相容性等价.

9.4.2　单步法的稳定性

前面关于收敛性的讨论,必须假定用单步法计算得到的解是准确的. 实际情形并不是这样,用单步法求得的值与准确值 y_{n+1} 之间有计算误差. 譬如由于数字舍入或其他原因引起的小扰动在递推计算的传播过程中可能会出现恶性增长,以至于“淹没”了单步法的“真解”. 这就是差分方程的稳定性问题. 在实际计算时,我们希望某一步产生的扰动值,在后面的计算中误差能够被控制,甚至是逐步衰减的.

定义 9.6　设单步法(9.14)式在节点值 y_n 上扰动大小为 ε_n,存在正常数 C 和 h_0,当 $0<h\leqslant h_0$ 时,在以后各节点值 $y_m(m>n)$ 产生的误差 ε_m 均满足

$$|\varepsilon_m|\leqslant C|\varepsilon_n|, \tag{9.65}$$

则称该方法是**稳定**的.

在分析数值方法的稳定性时,为简化讨论,通常仅考察模型方程

$$y'=\lambda y, \tag{9.66}$$

其中 λ 为复数,并假定 λ 的实部小于零. 虽然这个方程比较简单,对于一般的非线性方程和方程组可以通过局部线性化变为这种形式考虑.

下面举例说明单步法的稳定性.

例 9.3　对于模型方程(9.66),考察欧拉法 $y_{n+1}=(1+h\lambda)y_n$ 的稳定性.

解　设在节点 y_n 上有一扰动值 ε_n,假设用 $y_n^*=y_n+\varepsilon_n$ 按欧拉法计算并假定计算过程是准确的,该扰动值 ε_n 的传播使节点值 y_{n+1} 产生大小为 ε_{n+1} 的扰动值,即有 $y_{n+1}^*=y_{n+1}+\varepsilon_{n+1}$,则扰动值满足

$$\varepsilon_{n+1}=(1+h\lambda)\varepsilon_n. \tag{9.67}$$

可见扰动值满足公式(9.67),反复用上述关系式得

$$|\varepsilon_n|=|(1+h\lambda)^n||\varepsilon_0|,$$

显然，要使误差（扰动）值是不增长的，只要使

$$|1+h\lambda|\leqslant 1.$$

当 λ 是复数时，在 $\mu=h\lambda$ 的复平面上，稳定区域是以 $(-1,0)$ 为圆心单位圆的内部，而当 λ 为负实常数时，可得欧拉法的稳定区间为 $-2\leqslant\mu\leqslant 0$. 像欧拉法这样，如果数值方法的稳定区域是有限区域（区间），则称它是**条件稳定**的.

例 9.4 考察模型方程(9.66)后退欧拉法 $y_{n+1}=y_n+h\lambda y_{n+1}$ 的稳定性.

解 后退的欧拉公式变形为

$$y_{n+1}=\frac{1}{1-h\lambda}y_n, \tag{9.68}$$

因为 $\mathrm{Re}(\lambda)<0$，所以恒有 $\left|\frac{1}{1-h\lambda}\right|<1$，因此对于任意的步长 h，后退的欧拉法是恒稳定的，像这种稳定称为**绝对稳定**（或称**无条件稳定**）.

对于梯形法，用它解模型方程(9.66)得

$$y_{n+1}=\frac{1+\frac{h\lambda}{2}}{1-\frac{h\lambda}{2}}y_n, \tag{9.69}$$

记

$$\psi(h\lambda)=\frac{1+\frac{h\lambda}{2}}{1-\frac{h\lambda}{2}}, \tag{9.70}$$

因为 $\mathrm{Re}(\lambda)<0$，所以恒有 $|\psi(h\lambda)|<1$，因此对于任意的步长 h，梯形法的稳定域为 $\mu=h\lambda$ 的左半平面，稳定区间为 $-\infty<h\lambda<0$，即 $0<h<+\infty$ 时梯形法均是稳定的.

类似地，用二阶 R-K 方法解模型方程(9.66)可得到

$$y_{n+1}=\left[1+h\lambda+\frac{(h\lambda)^2}{2}\right]y_n, \tag{9.71}$$

记 $\psi(h\lambda)=1+h\lambda+\frac{(h\lambda)^2}{2}$，反复用关系式(9.71)可得

$$y_n=[\psi(h\lambda)]^n y_0,$$

于是有

$$|\varepsilon_n|=|[\psi(h\lambda)]^n||\varepsilon_0|,$$

显然，要使误差（扰动）值是不增长的，只要使 $|\psi(h\lambda)|\leqslant 1$，当 λ 是复数时，在 $\mu=h\lambda$ 的复平面上，稳定区域为 $\left|1+\mu+\frac{\mu^2}{2}\right|\leqslant 1$；而当 λ 为负实常数时，可得二阶 R－K 方法的

稳定区间为 $-2 \leqslant \mu \leqslant 0$,即 $0 \leqslant h \leqslant -\dfrac{2}{\lambda}$.

同理,用三阶和四阶 R-K 方法解模型方程(9.66)可得到

$$\psi(h\lambda) = 1 + h\lambda + \frac{(h\lambda)^2}{2!} + \frac{(h\lambda)^3}{3!}, \tag{9.72}$$

和

$$\psi(h\lambda) = 1 + h\lambda + \frac{(h\lambda)^2}{2!} + \frac{(h\lambda)^3}{3!} + \frac{(h\lambda)^4}{4!}. \tag{9.73}$$

由 $|\psi(h\lambda)| \leqslant 1$ 可得到相应的绝对稳定域. 当 λ 为实数时,则得绝对稳定区间,它们分别为三阶 R - K 方法稳定区间: $-2.51 < h\lambda < 0$,即 $0 < h < -2.51/\lambda$;四阶 R - K 方法稳定区间: $-2.78 < h\lambda < 0$,即 $0 < h < -2.78/\lambda$.

以上讨论可知显式 R-K 方法的**条件稳定域**均为有限域,都对步长 h 有限制. 如果 h 不在所给的条件稳定区间内,方法就不稳定.

9.5　线性多步法

9.5.1　线性多步法的一般形式

在逐步推进的求解过程中,计算 y_{n+1} 之前事实上已经求出了一系列的近似值 y_0, $y_1, \cdots, y_n$,如果充分利用前面多步的信息来预测 y_{n+1},则可以期望会获得较高的精度. 构造多步法的主要途径是基于数值积分方法和基于泰勒展开方法,前者可直接由方程(9.1)两端积分后利用插值求积公式得到.

如果计算 y_{n+k} 时,用到前面 k 个点的值 $y_{n+i}(0,1,\cdots,k-1)$,则称此方法为线性多步法. 解常微分方程(9.1)的线性多步法一般可表示为

$$y_{n+k} = \sum_{i=0}^{k-1} \alpha_i y_{n+i} + h\sum_{i=0}^{k} \beta_i f_{n+i}. \tag{9.74}$$

其中 y_{n+1} 为 $y(x_{n+1})$ 的近似,$f_{n+i} = f(x_{n+i}, y_{n+i})$,这里 $x_{n+i} = x_n + ih$,α_i,β_i 为常数,α_0 和 β_0 不全为零,则称式(9.74)为**线性 k 步法**,计算时需先给出前面 k 个近似值 $y_0, y_1, \cdots, y_{k-1}$,再由式(9.74)逐次求出 $y_k, y_{k+1}, \cdots$.

如果 $\beta_k = 0$,则(9.74)式称为显式 k 步法,这时 y_{n+k} 可直接由(9.74)式算出;如果 $\beta_k \neq 0$,则(9.74)式称为隐式 k 步法,求解时要用迭代法方可算出 y_{n+k}.(9.74)式中系数 α_i 和 β_i 可根据方法的局部截断误差及其阶确定. 下面首先给出线性多步法的局部截断误差及其阶的定义.

定义 9.7　设 $y(x)$ 是初值问题(9.1)的准确解,线性多步法(9.74)式在 x_{n+k} 上局部截断误差为

$$T_{n+k}=y(x_{n+k})-y_{n+k}=y(x_{n+k})-\sum_{i=0}^{k-1}\alpha_i y(x_{n+i})-h\sum_{i=0}^{k}\beta_i f_{n+i}=O(h^{p+1}),\tag{9.75}$$

则称方法(9.74)是 p 阶的,如果 $p\geqslant 1$,则称方法(9.74)与常微分方程(9.1)是**相容**的.

构造线性 k 步法有多种途径,这里介绍两种,一是基于数值积分的构造方法,另一种是基于 Taylor 展开的构造方法.

9.5.2 基于 Taylor 展开的构造方法

9.5.2.1 一般公式的建立

把 $y(x_{n+i})$ 和 $y'(x_{n+i})$ 在 x_n 处泰勒展开有:

$$y(x_n+ih)=y(x_n)+ihy'(x_n)+\frac{(ih)^2}{2!}y''(x_n)+\frac{(ih)^3}{3!}y'''(x_n)+\cdots,\tag{9.76}$$

$$y'(x_n+ih)=y'(x_n)+ihy''(x_n)+\frac{(ih)^2}{2!}y'''(x_n)+\cdots.\tag{9.77}$$

又 $y'(x_n+ih)=f_{n+i}$,把(9.76)式 和(9.77)式代入(9.75)式得

$$T_{n+k}=c_0y(x_n)+c_1hy'(x_n)+c_2h^2y''(x_n)+\cdots+c_ph^py^{(p)}(x_n)+\cdots,\tag{9.78}$$

其中

$$\begin{cases}1-(\alpha_0+\alpha_1+\cdots+\alpha_{k-1})=c_0,\\ k-[\alpha_1+2\alpha_2+\cdots+(k-1)\alpha_{k-1}]-(\beta_0+\beta_1+\cdots+\beta_k)=c_1,\\ \dfrac{1}{m!}[k^m-(\alpha_1+2^m\alpha_2+\cdots+(k-1)^m\alpha_{k-1})]\\ -\dfrac{1}{(m-1)!}(\beta_0+2^{m-1}\beta_1+\cdots+k^{m-1}\beta_k)=c_m,\\ m=2,3,\cdots\end{cases}\tag{9.79}$$

若(9.74)式为 p 阶方法,则应选取系数 α_i 和 β_i,使其满足

$$c_0=c_1=\cdots=c_p=0,c_{p+1}\neq 0,\tag{9.80}$$

此时公式(9.74)的局部截断误差为

$$T_{n+k}=c_{p+1}h^{p+1}y^{(p+1)}(x_n)+O(h^{p+2}),\tag{9.81}$$

式(9.81)右端第一项称为局部截断误差主项. 由相容性定义知 $p\geqslant 1$,于是 $c_0=c_1=0$,即

$$\begin{cases}\alpha_0+\alpha_1+\cdots+\alpha_{k-1}=1,\\ \sum\limits_{i=1}^{k-1}i\alpha_i+\sum\limits_{i=0}^{k}\beta_i=k.\end{cases}\tag{9.82}$$

故线性多步法(9.74)与常微分方程(9.1)相容的充分必要条件是式(9.82)成立.

当 $k=1$ 时,若 $\beta_1=0$,则由(9.82)式可求得 $\alpha_0=\beta_0=1$. 于是(9.74)式变为

$$y_{n+1}=y_n+hf_n$$

此即为欧拉公式.由(9.79)式可求得 $c_2=\frac{1}{2}$,根据(9.81)式截断误差为 $T_{n+1}=\frac{h^2}{2}y''(x_n)+O(h^3)$,所以为一阶精度公式,这和 9.2.3 节中给出的结果是一致的.

当 $k=1$ 时,若 $\beta_1\neq 0$,此方法为隐式公式. 为了确定 α_0,β_0,β_1,令 $c_0=c_1=c_2=0$,可求得 $\alpha_0=1,\beta_0=\beta_1=\frac{1}{2}$,于是(9.74)式变为

$$y_{n+1}=y_n+\frac{h}{2}(f_n+f_{n+1}),$$

此为梯形公式. 由(9.79)式可求得 $c_3=-\frac{1}{12}$,根据(9.81)式局部截断误差为 $T_{n+1}=-\frac{h^3}{12}y'''(x_n)+O(h^4)$,所以为二阶精度公式,这和 9.2.3 节中给出的结果是一致的.

对于 $k\geqslant 2$ 的多步法公式都可利用(9.79)式确定系数 α_i,β_i,并由(9.81)式给出局部截断误差,下面只就若干常用的多步法导出具体公式.

9.5.2.2　阿当姆斯(Adams)显式与隐式公式

形如

$$y_{n+k}=y_{n+k-1}+h\sum_{i=0}^{k}\beta_i f_{n+i} \tag{9.83}$$

的 k 步法称为**阿当姆斯(Adams)方法**. $\beta_k=0$ 时为阿当姆斯显式公式,$\beta_k\neq 0$ 时为阿当姆斯隐式公式. 对比(9.83)式与(9.74)式,(9.74)式中显然有 $\alpha_0=\alpha_1=\cdots=\alpha_{k-2}=0$,$\alpha_{k-1}=1$. 由(9.79)式的第一个方程得 $c_0=0$,下面只需要根据方程组(9.79)确定系数 $\beta_0,\beta_1,\cdots,\beta_k$,而局部截断误差由(9.81)式求得. 若 $\beta_k=0$,则令 $c_1=c_2=\cdots=c_k=0$ 求得 $\beta_0,\beta_1,\cdots,\beta_{k-1}$;若 $\beta_k\neq 0$ 则令 $c_1=c_2=\cdots=c_{k+1}=0$ 求得 $\beta_0,\beta_1,\cdots,\beta_k$. 下面以 $k=3$ 为例给出阿当姆斯显式与隐式方法的推导. 若 $\beta_3=0$,令 $c_1=c_2=c_3=0$,根据(9.79)式得

$$\begin{cases}\beta_0+\beta_1+\beta_2=1,\\ 2(\beta_1+2\beta_2)=5,\\ 3(\beta_1+4\beta_2)=19.\end{cases} \tag{9.84}$$

解方程组(9.84)得 $\beta_0=\frac{5}{12},\beta_1=-\frac{4}{3},\beta_2=\frac{23}{12}$,于是得 $k=3$ 时的阿当姆斯显式公式为

$$y_{n+3}=y_{n+2}+\frac{h}{12}(5f_n-16f_{n+1}+23f_{n+2}). \tag{9.85}$$

根据(9.79)式进一步求得 $c_4=\dfrac{3}{8}$，于是(9.85)式的局部截断误差为

$$T_{n+3}=\frac{3}{8}h^4y^{(4)}(x_n)+O(h^5)\ ,\tag{9.86}$$

公式(9.85)是三阶方法.

若 $\beta_3\neq 0$，令 $c_1=c_2=c_3=c_4=0$，根据(9.79)式得

$$\begin{cases}\beta_0+\beta_1+\beta_2+\beta_3=1,\\ 2(\beta_1+2\beta_2+3\beta_3)=5,\\ 3(\beta_1+4\beta_2+9\beta_3)=19,\\ 4(\beta_1+8\beta_2+27\beta_3)=65\ .\end{cases}$$

解此线性方程组得 $\beta_0=\dfrac{1}{24},\beta_1=-\dfrac{5}{24},\beta_2=\dfrac{19}{24},\beta_4=\dfrac{3}{8}$，于是得 $k=3$ 时的阿当姆斯隐式公式为

$$y_{n+3}=y_{n+2}+\frac{h}{24}(f_n-5f_{n+1}+19f_{n+2}+9f_{n+3})\ .\tag{9.87}$$

根据(9.79)式进一步求得 $c_5=-\dfrac{19}{720}$，于是(9.87)式的局部截断误差为

$$T_{n+3}=-\frac{19}{720}h^5y^{(5)}(x_n)+O(h^6)\ ,\tag{9.88}$$

公式(9.87)是四阶方法.

用类似的方法可求得 k 取不同数值时的阿当姆斯显式与隐式公式的系数 β_i，表 9.3 给出了 $k=1,2,3,4$ 时阿当姆斯显式公式的系数，表 9.4 给出了阿当姆斯隐式公式的系数.

表 9.3　阿当姆斯显式公式的系数 β_i

k	i			
	0	1	2	3
1	1			
2	−1/2	3/2		
3	5/12	−16/12	23/12	
4	−9/24	37/24	−59/24	55/24

表 9.4　阿当姆斯隐式公式的系数 β_i

k	i				
	0	1	2	3	4
1	1/2	1/2			
2	−1/12	8/12	5/12		
3	1/24	−5/24	19/24	9/24	
4	−19/720	106/720	−264/720	646/720	251/720

9.5.2.3　米尔尼(Milne)方法

与前面推导方法类似,运用 Taylor 级数展开法可导出如下形式的公式

$$y_{n+4}=y_n+h(\beta_0 f_n+\beta_1 f_{n+1}+\beta_2 f_{n+2}+\beta_3 f_{n+3}), \tag{9.89}$$

其中 $\beta_0,\beta_1,\beta_2,\beta_3$ 为待定常数,这是一般公式的线性多步法(9.74) 式中 $k=4$ 时的情况,方程组(9.79) 中,显然 $c_0=0$,系数 α_i 和 β_i 应选取为 $\alpha_0=1,\alpha_1=\alpha_2=\alpha_3=0$,令 $c_1=c_2=c_3=c_4=0$ 得

$$\begin{cases}\beta_0+\beta_1+\beta_2+\beta_3=4,\\ 2(\beta_1+2\beta_2+3\beta_3)=16,\\ 3(\beta_1+4\beta_2+9\beta_3)=64,\\ 4(\beta_1+8\beta_2+27\beta_3)=256.\end{cases} \tag{9.90}$$

解此线性方程组得 $\beta_0=0,\beta_1=\dfrac{8}{3},\beta_2=-\dfrac{4}{3},\beta_4=\dfrac{8}{3}$,将其代入(9.89)式中得四步显式方法

$$y_{n+4}=y_n+\frac{4}{3}h(2f_{n+1}-f_{n+2}+2f_{n+3}), \tag{9.91}$$

称为**米尔尼(Milne)方法**,进一步计算得 $c_5=\dfrac{14}{45}$,于是(9.91)式的局部截断误差为

$$T_{n+4}=\frac{14}{45}h^5y^{(5)}(x_n)+O(h^6),$$

公式(9.91)是四阶方法. 米尔尼方法也可以对常微分方程(9.1)的两端从 x_n 到 x_{n+4} 积分,$y(x_{n+2})-y(x_n)=\int_{x_n}^{x_{n+2}}f(x,y(x))\mathrm{d}x$,右端用五点 Cotes 求积公式近似得到.

若将常微分方程(9.1)的两端从 x_n 到 x_{n+2} 积分得 $\int_{x_n}^{x_{n+2}}y'(x)\mathrm{d}x=\int_{x_n}^{x_{n+2}}f(x,y(x))\mathrm{d}x$,右端用辛普森求积公式,可推导如下形式的隐式公式

$$y_{n+2}=y_n+\frac{h}{3}(f_n+4f_{n+1}+f_{n+2}), \tag{9.92}$$

该方法称为**辛普森(Simpson)方法**,其局部截断误差为

$$T_{n+2}=-\frac{h^5}{90}y^{(5)}(x_n)+O(h^6)\ ,\tag{9.93}$$

为二步四阶方法.

9.5.2.4 汉明(Hamming)方法

辛普森方法是二步方法中局部截断误差的阶数最高的,但是稳定性差. 为了提高数值稳定性,现在考察另一类三步法公式

$$y_{n+3}=\alpha_0y_n+\alpha_1y_{n+1}+\alpha_2y_{n+2}+h(\beta_1f_{n+1}+\beta_2f_{n+2}+\beta_3f_{n+3})\ ,\tag{9.94}$$

其中 $\alpha_0,\alpha_1,\alpha_2,\beta_1,\beta_2,\beta_3$ 为待定常数,如希望公式(9.94)为四阶公式,则在(9.79)式中,$c_0=c_1=c_2=c_3=c_4=0$,显然待定系数中至少有一个自由参数. 若取 $\alpha_1=1$,通过解方程组可得待定系数,此即为辛普森公式(9.92). 若 $\alpha_1=0$,由(9.79)得

$$\begin{cases}\alpha_0+\alpha_2=1,\\ 2\alpha_2+\beta_1+\beta_2+\beta_3=3,\\ 4\alpha_2+2(\beta_1+2\beta_2+3\beta_3)=9,\\ 16\alpha_2+4(\beta_1+8\beta_2+27\beta_3)=81.\end{cases}$$

解此线性方程组得 $\alpha_0=-\frac{1}{8},\alpha_2=\frac{9}{8},\beta_1=-\frac{3}{8},\beta_2=\frac{3}{4},\beta_3=\frac{3}{8}$,将其代入(9.94)式中得

$$y_{n+3}=\frac{1}{8}(9y_{n+2}-y_n)+\frac{3}{8}h(-f_{n+1}+2f_{n+2}+f_{n+3})\ .\tag{9.95}$$

该方法称为**汉明(Hamming)方法**,由(9.79)式进一步求得 $c_5=-\frac{1}{40}$,于是该公式的截断误差为

$$T_{n+3}=-\frac{h^5}{40}y^{(5)}(x_n)+O(h^6)\ ,\tag{9.96}$$

故该方法为四阶.

9.5.3 基于数值积分的构造方法

对常微分方程 $y'(x)=f(x,y)$ 两端从 x_{n+k} 到 x_{n+k+1} 进行积分得

$$\int_{x_{n+k}}^{x_{n+k+1}}y'\mathrm{d}x=\int_{x_{n+k}}^{x_{n+k+1}}f(x,y(x))\mathrm{d}x\ ,$$

左端积分用牛顿-莱布尼茨公式,于是

$$y(x_{n+k+1})=y(x_{n+k})+\int_{x_{n+k}}^{x_{n+k+1}}f(x,y(x))\,\mathrm{d}x\ , \tag{9.97}$$

为通过式(9.97)获得 $y(x_{n+k+1})$ 的近似值,只要算出右端积分的近似值即可,选用不同的数值积分公式计算这个积分就导出不同的计算格式. 9.2 节我们已经用数值积分的构造方法导出了欧拉公式(9.3)、后退的欧拉公式(9.6)和梯形公式(9.9). 为了进一步改善精度,对右端积分 $\int_{x_{n+k}}^{x_{n+k+1}}f(x,y(x))\,\mathrm{d}x$,用插值法构造被积函数 $f(x,y(x))$ 的插值多项式 $P_k(x)$,从而用插值型积分 $\int_{x_{n+k}}^{x_{n+k+1}}P_k(x)\,\mathrm{d}x$ 近似右端积分,这样可以导出求解微分方程(9.1)的一系列计算公式.

9.5.3.1　Adams 显式公式

以 $x_n,x_{n+1},\cdots,x_{n+k}$ 为插值节点作 $f(x,y(x))$ 的 k 次 Lagrange 插值多项式 $P_k(x)$,则有

$$f(x,y(x))=P_k(x)+R_k(x)\ , \tag{9.98}$$

其中

$$P_k(x)=\sum_{j=0}^{k}f(x_{n+j},y(x_{n+j}))\prod_{\substack{m=0\\m\neq j}}^{k}\frac{x-x_{n+m}}{x_{n+j}-x_{n+m}}\ , \tag{9.99}$$

插值余项 $R_k(x)$ 为

$$R_k(x)=\frac{1}{(k+1)!}\frac{d^{k+1}f(x,y(x))}{\mathrm{d}x^{k+1}}\bigg|_{x=\eta}\prod_{j=0}^{k}(x-x_{n+j})=\frac{y^{(k+2)}(\eta)}{(k+1)!}\prod_{j=0}^{k}(x-x_{n+j})\ , \tag{9.100}$$

其中 $\eta\in(x_n,x_{n+k})$. 把(9.98)式代入(9.97)式,作变量代换 $x=x_{n+k}+th$ 得

$$\begin{aligned}y(x_{n+k+1})&=y(x_{n+k})+\sum_{j=0}^{k}f(x_{n+j},y(x_{n+j}))\int_{x_{n+k}}^{x_{n+k+1}}\prod_{\substack{m=0\\m\neq j}}^{k}\frac{x-x_{n+m}}{x_{n+j}-x_{n+m}}\mathrm{d}x\\&\quad+\frac{1}{(k+1)!}\int_{x_{n+k}}^{x_{n+k+1}}y^{(k+2)}(\eta)\prod_{j=0}^{k}(x-x_{n+j})\,\mathrm{d}x\\&=y(x_{n+k})+h\sum_{j=0}^{k}f(x_{n+j},y(x_{n+j}))\int_0^1\prod_{\substack{m=0\\m\neq j}}^{k}\frac{t+k-m}{j-m}\mathrm{d}t\\&\quad+\frac{h^{k+2}}{(k+1)!}y^{(k+2)}(\xi)\int_0^1\prod_{j=0}^{k}(t+k-j)\,\mathrm{d}t\ ,\end{aligned}$$

其中 $\xi\in(x_n,x_{n+k+1})$. 记 $\beta_j=\int_0^1\prod_{\substack{m=0\\m\neq j}}^{k}\frac{t+k-m}{j-m}\mathrm{d}t\,(j=0,1,\cdots,k)$,

$$C_{k+1}=\frac{1}{(k+1)!}\int_0^1\prod_{j=0}^{k}(t+k-j)\,\mathrm{d}t\ ,$$

于是有

$$y(x_{n+k+1})=y(x_{n+k})+h\sum_{j=0}^{k}\beta_j f(x_{n+j},y(x_{n+j}))+C_{k+1}y^{(k+2)}(\xi)h^{k+2}\ ,\qquad(9.101)$$

式(9.101)中略去余项 $C_{k+1}y^{(k+2)}(\xi)h^{k+2}$,并用数值解代替准确解,并记 $f(x_{n+j},y_{n+j})=f_{n+j}$,得到 $k+1$ 步递推公式

$$y_{n+k+1}=y_{n+k}+h\sum_{j=0}^{k}\beta_j f_{n+j}\ .\qquad(9.102)$$

公式(9.102)的局部截断误差为

$$T_{n+k+1}=C_{k+1}y^{(k+2)}(\xi)h^{k+2}=O(h^{k+2})\ .\qquad(9.103)$$

当 $k=0$ 时,公式(9.102) 即为欧拉公式 $y_{n+1}=y_n+hf_n$,由(9.103)式得局部截断误差为

$$T_{n+1}=\frac{1}{2}y''(\xi)h^2=O(h^2)\ ,\xi\in(x_n,x_{n+1})\ ;$$

当 $k=1$ 时,公式(9.102)即为二步阿当姆斯显式公式

$$y_{n+2}=y_{n+1}+\frac{h}{2}(-f_n+3f_{n+1})\ ,\qquad(9.104)$$

局部截断误差 $T_{n+1}=\frac{1}{2}y''(\xi)h^2=O(h^2)$, $\xi\in(x_n,x_{n+2})$;

当 $k=2$ 时,公式(9.102)即为三步阿当姆斯显式公式(9.85),局部截断误差为(9.86)式;当 $k=3$ 时,由式(9.102)式可得四步阿当姆斯显式公式和局部截断误差分别为

$$y_{n+4}=y_{n+3}+\frac{h}{24}(-9f_n+37f_{n+1}-59f_{n+2}+55f_{n+3})\ ,\qquad(9.105)$$

$$T_{n+4}=\frac{251}{720}y^{(5)}(\xi)h^5=O(h^5)\ ,\ \xi\in(x_n,x_{n+4})\ .\qquad(9.106)$$

可见以上推导的 Adams 显式公式与用 Taylor 展开方法得到的 Adams 公式是一致的. 以上在推导 Adams 显式公式时,被插值点 $x\in[x_{n+k},x_{n+k+1}]$ 在插值节点所决定的最大区间 $[x_n,x_{n+k}]$ 的外面,故又称(9.102)式为 Adams **外推公式**,或称 Adams-Bashforth **方法**,简称 *AB* **方法**,并把常用的四阶 Adams 显式方法简称为 AB_4 **方法**.

9.5.3.2 Adams 隐式公式

对常微分方程 $y'(x)=f(x,y)$ 两端从 x_{n+k-1} 到 x_{n+k} 进行积分得

$$y(x_{n+k})=y(x_{n+k-1})+\int_{x_{n+k-1}}^{x_{n+k}}f(x,y(x))\mathrm{d}x\ ,\qquad(9.107)$$

以包含积分区间的节点 $x_n,x_{n+1},\cdots,x_{n+k}$ 作为插值节点构造 $f(x,y(x))$ 的 k 次

Lagrange 插值多项式 $P_k(x)$ 为(9.99) 式,相应的插值余项为(9.100) 式. 把(9.98) 式代入(9.107) 式,作变量代换 $x = x_{n+k-1} + th$ 得

$$
\begin{aligned}
y(x_{n+k}) &= y(x_{n+k-1}) + \sum_{j=0}^{k} f(x_{n+j}, y(x_{n+j})) \int_{x_{n+k-1}}^{x_{n+k}} \prod_{\substack{m=0 \\ m\neq j}}^{k} \frac{x - x_{n+m}}{x_{n+j} - x_{n+m}} \mathrm{d}x \\
&\quad + \frac{1}{(k+1)!} \int_{x_{n+k-1}}^{x_{n+k}} y^{(k+2)}(\tilde{\eta}) \prod_{j=0}^{k} (x - x_{n+j}) \mathrm{d}x \\
&= y(x_{n+k-1}) + h \sum_{j=0}^{k} f(x_{n+j}, y(x_{n+j})) \int_{0}^{1} \prod_{\substack{m=0 \\ m\neq j}}^{k} \frac{t + k - 1 - m}{j - m} \mathrm{d}t \\
&\quad + \frac{h^{k+2}}{(k+1)!} y^{(k+2)}(\tilde{\xi}) \int_{0}^{1} \prod_{j=0}^{k} (t + k - 1 - j) \mathrm{d}t ,
\end{aligned}
$$

其中 $\tilde{\xi} \in (x_n, x_{n+k})$.

记

$$
\tilde{\beta}_j = \int_{0}^{1} \prod_{\substack{m=0 \\ m\neq j}}^{k} \frac{t + k - 1 - m}{j - m} \mathrm{d}t \quad (j = 0, 1, \cdots, k) ,
$$

$$
\tilde{C}_{k+1} = \frac{1}{(k+1)!} \int_{0}^{1} \prod_{j=0}^{k} (t + k - 1 - j) \mathrm{d}t ,
$$

于是有

$$
y(x_{n+k}) = y(x_{n+k-1}) + h \sum_{j=0}^{k} \tilde{\beta}_j f(x_{n+j}, y(x_{n+j})) + \tilde{C}_{k+1} y^{(k+2)}(\tilde{\xi}) h^{k+2} , \tag{9.108}
$$

式(9.108)中略去余项 $\tilde{C}_{k+1} y^{(k+2)}(\tilde{\xi}) h^{k+2}$,并用数值解代替准确解,并记 $f(x_{n+j}, y_{n+j}) = f_{n+j}$,得到 k 步递推公式

$$
y_{n+k} = y_{n+k-1} + h \sum_{j=0}^{k} \tilde{\beta}_j f_{n+j} . \tag{9.109}
$$

公式(9.109)的局部截断误差为

$$
T_{n+k} = \tilde{C}_{k+1} y^{(k+2)}(\tilde{\xi}) h^{k+2} = O(h^{k+2}) . \tag{9.110}
$$

称(9.109)式为 k **步 Adams 隐式公式**,它是 $k+1$ 阶的.

(1) 当 $k = 1$ 时, 公式(9.109) 即为梯形公式(9.9), 其局部截断误差为 $T_{n+1} = -\frac{h^3}{12} y'''(\tilde{\xi}) = O(h^3)$, $\tilde{\xi} \in (x_n, x_{n+1})$,所以梯形公式(9.9)是二阶的.

(2) 当 $k = 2$ 时,得阿当姆斯隐式公式为

$$
y_{n+2} = y_{n+1} + \frac{h}{12}(5f_{n+2} + 8f_{n+1} - f_n) . \tag{9.111}
$$

根据(9.110)式进一步求得局部截断误差为

$$T_{n+3}=-\frac{1}{24}h^4y^{(4)}(\tilde{\xi})=O(h^4)\ ,\tilde{\xi}\in(x_n,x_{n+2})\ . \tag{9.112}$$

公式(9.111)是三阶方法.

(3) 当 $k=3$ 时,得公式阿当姆斯隐式公式为(9.87)式,其局部截断误差为(9.88)式,它为四阶方法.

上面在推导的 Adams 隐式公式时,积分区间 $[x_{n+k-1},x_{n+k}]$ 在插值节点所决定的最大区间 $[x_n,x_{n+k}]$ 内,故称(9.109)式为 Adams **内插公式**,或称 Adams-Moulton **方法**,简称 AM **方法**,并把常用的四阶 Adams 隐式方法简称为 AM_4 **方法**.

9.5.4 Adams 预测校正方法

Adams 显式公式计算简便,计算量小;Adams 隐式公式一般需要迭代求解,计算量大,但与同阶的 Adams 显式公式比较,其局部截断误差较小,稳定性好. 可以将二者结合起来使用,可以发挥二者的优势,弥补它们的不足.

比如由 AB_4 方法和 AM_4 方法组成的预测-校正系统为

$$\begin{cases}\tilde{y}_{n+4}=y_{n+3}+\dfrac{h}{24}(-9f_n+37f_{n+1}-59f_{n+2}+55f_{n+3}),\\ y_{n+4}=y_{n+3}+\dfrac{h}{24}(f_{n+1}-5f_{n+2}+19f_{n+3}+9\tilde{f}_{n+4}).\end{cases} \tag{9.113}$$

其中 $\tilde{f}_{n+4}=f(x_{n+4},\tilde{y}_{n+4})$.

可以证明公式(9.113)的局部截断误差为 $T_{n+3}=-\dfrac{19}{720}h^5y^{(5)}(x_n)+O(h^6)$,

它与 AM_4 方法的局部截断误差的主项相同,且都为四阶方法.

9.6 方程组与高阶方程组

9.6.1 一阶方程组

前面介绍的都是一阶单个常微分方程(9.1)的各种数值解法. 下面介绍一阶方程组的情形,只要把 y' 、f 和 y_0 看作向量可得到一阶方程组的一般形式为

$$\begin{cases}\boldsymbol{y}'=\boldsymbol{f}(x,\boldsymbol{y}),x\in[a,b]\\ \boldsymbol{y}(x_0)=\boldsymbol{y}_0\end{cases} \tag{9.114}$$

其中

$$\boldsymbol{y}'=(y_1',y_2',\cdots,y_p')^{\mathrm{T}}\ ,\boldsymbol{f}(x,\boldsymbol{y})=(f_1(x,y_1,\cdots,y_p),f_2(x,y_1,\cdots,y_p),\cdots,f_p(x,y_1,\cdots,y_p))^{\mathrm{T}}\ ,$$

$$\boldsymbol{y}(x_0)=(y_1(x_0),y_2(x_0),\cdots,y_p(x_0))^{\mathrm{T}}\ ,\boldsymbol{y}_0=(y_1^0,y_2^0,\cdots,y_p^0)^{\mathrm{T}}\ .$$

方程组(9.114)的分量形式为

$$\boldsymbol{y}_i'=\boldsymbol{f}_i(x,\boldsymbol{y}_1,\boldsymbol{y}_2,\cdots,\boldsymbol{y}_N),(i=1,2,\cdots,p)\ , \tag{9.115}$$

$$\boldsymbol{y}_i(x_0)=\boldsymbol{y}_i^0,(i=1,2,\cdots,p)\ . \tag{9.116}$$

求解这一初值问题的向量形式的四阶 Runge-Kutta 公式为

$$\boldsymbol{y}_{n+1}=\boldsymbol{y}_n+\frac{h}{6}(\boldsymbol{k}_1+2\boldsymbol{k}_2+2\boldsymbol{k}_3+\boldsymbol{k}_4)\ , \tag{9.117}$$

其中

$$\begin{cases}\boldsymbol{k}_1=\boldsymbol{f}(x_n,\boldsymbol{y}_n),\\ \boldsymbol{k}_2=\boldsymbol{f}(x_n+\frac{h}{2},\boldsymbol{y}_n+\frac{h}{2}\boldsymbol{k}_1),\\ \boldsymbol{k}_3=\boldsymbol{f}(x_n+\frac{h}{2},\boldsymbol{y}_n+\frac{h}{2}\boldsymbol{k}_2),\\ \boldsymbol{k}_4=\boldsymbol{f}(x_n+h,\boldsymbol{y}_n+h\boldsymbol{k}_3).\end{cases}$$

或表示成分量形式

$$y_{i,n+1}=y_{in}+\frac{h}{6}(K_{i1}+2K_{i2}+2K_{i3}+K_{i4})(i=1,2,\cdots,p)\ , \tag{9.118}$$

$$\begin{cases}K_{i1}=f_i(x_n,y_{1n},y_{2n},\cdots,y_{pn}),\\ K_{i2}=f_i(x_n+\frac{h}{2},y_{1n}+\frac{h}{2}K_{11},y_{2n}+\frac{h}{2}K_{21},\cdots,y_{pn}+\frac{h}{2}K_{p1}),\\ K_{i3}=f_i(x_n+\frac{h}{2},y_{1n}+\frac{h}{2}K_{12},y_{2n}+\frac{h}{2}K_{22},\cdots,y_{pn}+\frac{h}{2}K_{p2}),\\ K_{i4}=f_i(x_n+h,y_{1n}+hK_{13},y_{2n}+hK_{23},\cdots,y_{pn}+hK_{p3}).\end{cases}$$

这里 y_{in} 是第 i 个因变量 $y_i(x)$ 在节点 $x_n=x_0+nh$ 的近似值.

为了便于理解四阶 Runge-Kutta 公式的计算过程，下面考察含有两个方程的一阶方程组的情况

$$\begin{cases}y'=f(x,y,z),\\ z'=g(x,y,z),\\ y(x_0)=y_0,\\ z(x_0)=z_0.\end{cases} \tag{9.119}$$

方程组(9.119)的四阶 Runge-Kutta 格式具有如下形式：

$$\begin{cases}y_{n+1}=y_n+\frac{h}{6}(K_1+2K_2+2K_3+K_4),\\ z_{n+1}=z_n+\frac{h}{6}(L_1+2L_2+2L_3+L_4).\end{cases} \tag{9.120}$$

其中

$$\begin{cases}K_1=f(x_n,y_n,z_n),\\K_2=f(x_n+\dfrac{h}{2},y_n+\dfrac{h}{2}K_1,z_n+\dfrac{h}{2}L_1),\\K_3=f(x_n+\dfrac{h}{2},y_n+\dfrac{h}{2}K_2,z_n+\dfrac{h}{2}L_2),\\K_4=f(x_n+h,y_n+hK_3,z_n+hL_3),\\L_1=g(x_n,y_n,z_n),\\L_2=g(x_n+\dfrac{h}{2},y_n+\dfrac{h}{2}K_1,z_n+\dfrac{h}{2}L_1),\\L_3=g(x_n+\dfrac{h}{2},y_n+\dfrac{h}{2}K_2,z_n+\dfrac{h}{2}L_2),\\L_4=g(x_n+h,y_n+hK_3,z_n+hL_3).\end{cases}\tag{9.121}$$

上面的计算公式为单步法,利用节点 x_n 上的值 y_n、z_n,根据(9.121)式依次计算 K_1,L_1,K_2,L_2,K_3,L_3,K_4,L_4,然后代入(9.120)式,即可求得节点 x_{n+1} 上的值 y_{n+1}、z_{n+1}.

9.6.2 高阶方程组

关于高阶微分方程或方程组的初值问题,原则上总可以化为一阶方程组求解. 比如对于下面 n 阶微分方程:

$$y^{(n)}=f(x,y,y',\cdots,y^{(n-1)}),\tag{9.122}$$

初始条件为

$$y(x_0)=y_0,y'(x_0)=y'_0,\cdots,y^{(n-1)}(x_0)=y_0^{(n-1)}.\tag{9.123}$$

只要引进新的变量 $y_1=y,y_2=y',\cdots,y_n=y^{(n-1)}$,可把(9.122)式化为如下一阶方程组:

$$\begin{cases}y'_1=y_2,\\y'_2=y_3,\\\cdots\cdots\\y'_{n-1}=y_n\\y'_n=f(x,y_1,y_2,\cdots,y_n).\end{cases}\tag{9.124}$$

初始条件相应地化为

$$y_1(x_0)=y_0,y_2(x_0)=y'_0,\cdots,y_n(x_0)=y_0^{(n-1)}.\tag{9.125}$$

初值问题(9.122),(9.123)和初值问题(9.124),(9.125)等价.

例如对于下列二阶方程的初值问题:

$$\begin{cases} y'' = f(x, y, y'), \\ y(x_0) = y_0, \\ y'(x_0) = y'_0. \end{cases} \tag{9.126}$$

引进新的变量 $z = y'$，则可化为下列一阶方程组的初值问题：

$$\begin{cases} y' = z, \\ z' = f(x, y, z), \\ y(x_0) = y_0, \\ z(x_0) = y'_0. \end{cases} \tag{9.127}$$

初值问题(9.127)的四阶 Runge-Kutta 公式为

$$\begin{cases} y_{n+1} = y_n + \dfrac{h}{6}(K_1 + 2K_2 + 2K_3 + K_4), \\ z_{n+1} = z_n + \dfrac{h}{6}(L_1 + 2L_2 + 2L_3 + L_4). \end{cases} \tag{9.128}$$

其中

$$K_1 = z_n, L_1 = f(x_n, y_n, z_n),$$

$$K_2 = z_n + \frac{h}{2}L_1, L_2 = f(x_n + \frac{h}{2}, y_n + \frac{h}{2}K_1, z_n + \frac{h}{2}L_1),$$

$$K_3 = z_n + \frac{h}{2}L_2, L_3 = f(x_n + \frac{h}{2}, y_n + \frac{h}{2}K_2, z_n + \frac{h}{2}L_2),$$

$$K_4 = z_n + hL_3, L_4 = f(x_n + h, y_n + hK_3, z_n + hL_3).$$

如果消去 K_1, K_2, K_3, K_4，计算式(9.128)可表示为

$$\begin{cases} y_{n+1} = y_n + hz_n + \dfrac{h^2}{6}(L_1 + L_2 + L_3), \\ z_{n+1} = z_n + \dfrac{h}{6}(L_1 + 2L_2 + 2L_3 + L_4). \end{cases} \tag{9.129}$$

其中

$$L_1 = f(x_n, y_n, z_n),$$

$$L_2 = f(x_n + \frac{h}{2}, y_n + \frac{h}{2}z_n, z_n + \frac{h}{2}L_1),$$

$$L_3 = f(x_n + \frac{h}{2}, y_n + \frac{h}{2}z_n + \frac{h^2}{4}L_1, z_n + \frac{h}{2}L_2),$$

$$L_4 = f(x_n + h, y_n + hz_n + \frac{h^2}{2}L_2, z_n + hL_3).$$

9.7 常微分方程数值解编程实例

解常微分方程,常用的 MATLAB 内置函数如表 9.5 所示.

表 9.5 解常微分方程的内置函数

函数	功能
ode45	4,5 阶自适应步长 Runge-Kutta 方法
ode23	2,3 阶自适应步长 Runge-Kutta 方法
ode113	多步 Adams 方法
ode15s	刚性方程组多步 Gear 方法
ode23s	刚性方程组 2 阶 Rosenbrock 方法
ode23tb	刚性方程组低精度方法
bvpinit	边值问题预估解
bvp4c	边值问题解
deval	微分方程解的求值

以常用的内置函数'ode45'为例说明,调用格式如下:

[x,y]=ode45(fun,xspan,y0),

表示用四阶-五阶 Runge-Kutta 方法,四阶方法提供候选解,五阶方法控制误差,是一种变步长的 Runge-Kutta 方法. 其中'fun'表示函数 f(x,y),x 是标量,y 是标量或向量;'xspan'表示区间[x0,xn],x0 和 xn 表示变量初值和终值,如果是[x0,x1,…,xn]',表示输出节点的列向量;y0 表示初值向量;x 表示节点的列向量$[x0,x1,\cdots,xn]^T$.

例 9.5 分别用欧拉公式、改进的欧拉公式和经典的四阶 Runge-Kutta 求解下列初值问题并与准确值比较.

$$\begin{cases} y' = 10x(1-y), 0 \leqslant x \leqslant 1, \\ y(0) = 0. \end{cases}$$

取 $h=0.1$,精确解为 $y(x)=1-e^{-5x^2}$,在同一图形窗口画出精确解和数值解的图形.

解 1. Euler 法.

```
function [x,y]=euler(dyfun,x0,xN,y0,h)
%dyfun 为函数 f(x,y),求解区间[x0,xN];
%y0 为初值 y(x0),h 为步长,x 返回节点,y 返回数值解.
x=x0:h:xN;
y(1)=y0;
for n=1:length(x)-1
```

```
        y(n+1)=y(n)+h*feval(dyfun,x(n),y(n));
    end
    x=x';y=y';
    x1=x0:h:xN;
    %y1=(1+2*x1).^0.5;%准确解.
    y1=1-exp(-5*x1.*x1);%准确解.
    plot(x,y,"r*-",'LineWidth',2,"Markersize",8)
    xlabel('x');
    ylabel('y');
    hold on
    plot(x1,y1,"k-",'LineWidth',2)
    legend('欧拉法','解曲线')
```

在命令行窗口输入：

```
clear;
dyfun=@(x,y)10*x*(1-y);
[x,y]=euler(dyfun,0,1,0,0.1)
```

2. 改进 Euler 法.

```
function [x,y]=imeuler(dyfun,x0,xN,y0,h)
%dyfun 为函数 f(x,y),xspan 为求解区间[x0,xN];
%y0 为初值 y(x0),h 为步长,x 返回节点,y 返回数值解.
    x=x0:h:xN;
    y(1)=y0;
    for n=1:length(x)-1
        k1=feval(dyfun,x(n),y(n));
        y(n+1)=y(n)+h*k1;
        k2=feval(dyfun,x(n+1),y(n+1));
        y(n+1)=y(n)+h*(k1+k2)/2;
    end
x=x';y=y';
x1=x0:h:xN;
y1=1-exp(-5*x1.*x1);%准确解.
plot(x,y,"bs-",'LineWidth',2,'Markersize",8)
xlabel('x');
ylabel('y');
hold on
plot(x1,y1,'k-','LineWidth',2)
legend('改进欧拉法','解曲线')
```

在命令行窗口输入：

```
clear;
dyfun=@(x,y)10*x*(1-y);
[x,y]=imeuler(dyfun,0,1,0,0.1)
```

3. 经典的四阶 Runge-Kutta 法.

```
function [x,y]=RK4(dyfun,x0,xN,y0,h)
%dyfun 为函数 f(x,y),xspan 为求解区间[x0,xN];
%y0 为初值 y(x0),h 为步长,x 返回节点,y 返回数值解.
x=x0:h:xN;
y(1)=y0;
for n=1:length(x)-1
    k1=dyfun(x(n),y(n));
    k2=dyfun(x(n)+h/2,y(n)+h/2*k1);
    k3=dyfun(x(n)+h/2,y(n)+h/2*k2);
    k4=dyfun(x(n+1),y(n)+h*k3);
    y(n+1)=y(n)+h*(k1+2*k2+2*k3+k4)/6;
end
x=x';y=y';
x1=x0:h:xN;
y1=(1+2*x1).^0.5;%准确解.
y1=1-exp(-5*x1.*x1);%准确解.
plot(x,y,'co-','LineWidth',2,'Markersize',8)
xlabel('x');
ylabel('y');
hold on
plot(x1,y1,'k-','LineWidth',2)
legend('RK4','解曲线')
```

在命令行窗口输入：

```
clear;
dyfun=@(x,y)10*x*(1-y);
[x,y]=RK4(dyfun,0,1,0,0.1)
legend('RK4','解曲线')
```

欧拉公式、改进的欧拉公式、经典的四阶 Runge-Kutta 的计算结果和准确值比较见表 9.6 和图 9.5.

表 9.6　不同方法的计算结果

x_k	欧拉法 y_k	改进欧拉法 y_k	RK4 y_k	准确解 $y(x_k)$
0.200 0	0.100 0	0.183 0	0.181 3	0.181 3
0.300 0	0.280 0	0.362 7	0.362 4	0.362 4
0.400 0	0.496 0	0.547 5	0.550 7	0.550 7
0.500 0	0.697 6	0.705 9	0.713 4	0.713 5
0.600 0	0.848 8	0.823 5	0.834 6	0.834 7
0.700 0	0.939 5	0.901 2	0.913 5	0.913 7
0.800 0	0.981 9	0.947 6	0.959 0	0.959 2
0.900 0	0.996 4	0.973 3	0.982 3	0.982 6
1.000 0	0.999 6	0.986 6	0.993 1	0.993 3

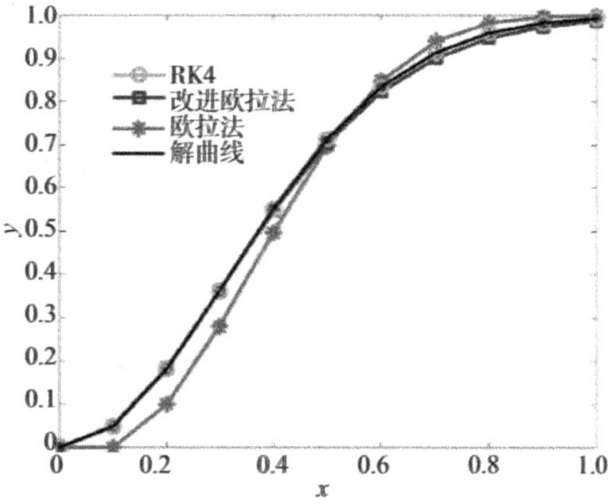

图 9.5　例 9.5 不同方法计算的结果对比图

例 9.6　用下列方法编程计算常微分方程组 $\begin{cases} y_1' = y_2 \\ y_2' = y_3 \\ y_3' = y_3/x - 3x^{-2}y_2 + 2x^{-3}y_1 + 9x^3\sin x \end{cases}$ 在区间[0.1,60]上满足条件 $x=0.1$ 时，$y_1=y_2=y_3=1$ 的数值解，在同一图形窗口画出数值解的图形.

(1) 用 MATLAB 内置函数，取 $h=0.1$；

(2) 用四阶 Runge-Kutta 方法.

解　(1)用 MATLAB 内置函数‘ode45’编程计算.

先编制文件名为‘dzdx1.m’的文件供主程序调用.

```
function dz=dzdx1(x,z)
dz(1)=z(2);
dz(2)=z(3);
```

```
dz(3)=z(3)*x^(-1)-3*x^(-2)*z(2)+2*x^(-3)*z(1)+9*x^3*sin(x);
dz=[dz(1);dz(2);dz(3)];
end
```

主程序如下:

```
clc,clear,close all
h=0.1:0.1:60;
[x,z]=ode45('dzdx1',h,z0);
plot(x,z(:,1),'ko--',x,z(:,2),'b*--',x,z(:,3),'rp--');
xlabel('x');
ylabel('y');
grid on
legend('y1 的曲线','y2 的曲线','y3 的曲线')
```

取步长 $h=0.1$,用内置函数'ode45'解常微分方程组,运行结果如图 9.6.

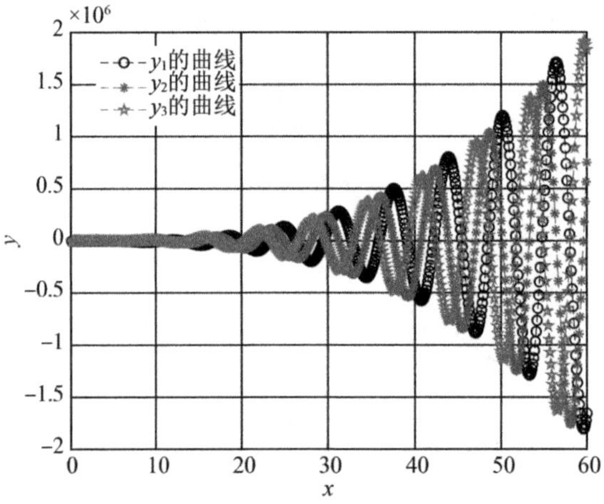

图 9.6　例 9.6 用 MATLAB 内置函数'ode45'计算的数值解 $y_1, y_2, y_3, h=0.1$

(2) 用四阶 Runge-Kutta 公式编程计算.

先编制文件名为'dy.m'和'RK4odes.m'的文件供主程序调用.

```
function dy=dydx(X,Y)
dy(1)=Y(2);
dy(2)=Y(3);
dy(3)=Y(3)*X^(-1)-3*X^(-2)*Y(2)+2*X^(-3)*Y(1)+9*X^3*sin(X);
dy=[dy(1);dy(2);dy(3)];
end
function [k,X,Y,wucha,P]=RK4odes(dydx,a,b,CT,h)
n=fix((b-a)/h);
```

```
X=zeros(n+1,1);
Y=zeros(n+1,length(CT));
X=a:h:b;
Y(1,:)=CT';
for k=1:n
    k1=feval(dydx,X(k),Y(k,:));
    x2=X(k)+h/2;
    y2=Y(k,:)'+k1*h/2;
    k2=feval(dydx,x2,y2);
    k3=feval(dydx,x2,Y(k,:)'+k2*h/2);
    k4=feval(dydx,X(k)+h,Y(k,:)'+k3*h);
    Y(k+1,:)=Y(k,:)+h*(k1'+2*k2'+2*k3'+k4')/6;
    %k=k+1;
end
for k=2:n+1
    wucha(k)=norm(Y(k)-Y(k-1));
    %k=k+1;
end
X=X(1:n+1);Y=Y(1:n+1,:);
k=1:n+1;
wucha=wucha(1:k,:);
P=[k',X',Y,wucha'];
```

主程序如下：

```
clc,clear,close all
CT=[1;1;1];
h=0.25;
[k,X,Y,wucha,P]=RK4odes(@dydx,0.1,60,CT,h);
plot (X,Y(:,1),'ko--',X,Y(:,2),'b*--',X,Y(:,3),'rp--')
xlabel('x');
ylabel('y');
grid on
legend('y1 的曲线','y2 的曲线',' y3 的曲线')
```

取步长 $h=0.25$，用四阶 Runge-Kutta 方法解常微分方程组，运行结果如图 9.7.

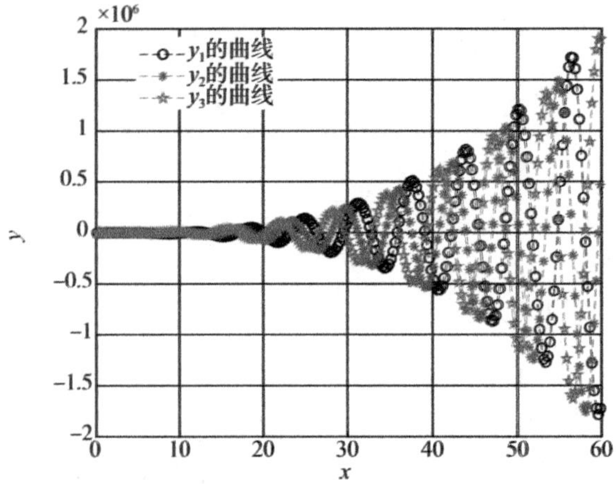

图 9.7　例 9.6 用四阶 R-K 方法计算的数值解 $y_1,y_2,y_3,h=0.25$

例 9.7　用 MATLAB 编程计算常微分方程组 $\begin{cases} x'=-3x+yz \\ y'=-11(y-2z) \\ z'=29y-z-3xy \end{cases}$ 在[0,75]上满足条件 $t=0$ 时,$x=0,y=0,z=10^{-16}$ 的数值解,在同一图形窗口画出数值解的图形.

用 MATLAB 内置函数'ode45'编程计算.

解　先编制文件名为'dzdt. m'的文件供主程序调用.

```
function dz=dzdt( ~ ,z)
dz(1)= -3*z(1)+z(2)*z(3);
dz(2)= -11*(z(2)-2*z(3));
dz(3)= 29*z(2)-z(3)-3*z(2)*z(1);
dz=[dz(1);dz(2);dz(3)];
end
```

主程序如下:

```
clc,clear,close all
h=0:0.01:75;
z0=[0;0;10^(-16)];
[t,z]=ode45('dzdt',h,z0);
plot3(z(:,1),z(:,2),z(:,3),'k-');
xlabel('x');
ylabel('y');
zlabel('z');
grid on
title('方程组的解 z=z(x,y)的空间曲线')
```

取步长 $h=0.01$,用内置函数 ode45 解常微分方程组,运行结果如图 9.8.

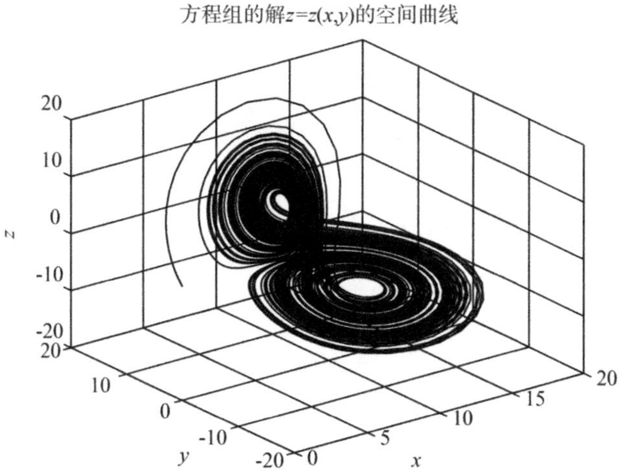

图 9.8　例 9.7 的计算结果，$h = 0.01$.

例 9.8(传染病模型)　2002 年冬到 2003 年春，一种名为 SARS(Severe Acute Respiratory Syndrome，严重急性呼吸综合征，俗称非典型肺炎)的传染病肆虐全球. 2019 年 12 月，一种新型冠状病毒感染(COVID-19)初次被发现而后迅速在全球蔓延，SARS 和 COVID-19 的爆发和蔓延给我国的经济发展和人民生活带来了很大影响. 认识到定量研究传染病的传播规律，从中总结经验和教训，为预测和控制传染病蔓延提供科学依据，对人们的生命健康和社会经济的发展至关重要. 请建立能预测以及能为预防和控制病毒的传播提供可靠、足够信息的数学模型.

解　建立三种数学模型并求解.

模型一(SI 模型)

1. 模型建立

将人群分为两类：易感染者(Susceptible，健康人)和已感染者(Infective，病人).

假设①在疾病传播期内所考察地区的总人数 N 不变，即不考虑生死，也不考虑迁移。人群分为易感染者和已感染者两类，以下简称健康人和病人. 时刻 t 这两类人在总人数中所占比例分别记作 $s(t)$ 和 $i(t)$，且 $s(t) + i(t) = 1$.

假设②每个病人每天有效接触的平均人数是常数 λ，称为日接触率. 当病人与健康人接触时，使健康人受感染变为病人.

根据假设，每个病人可使 $\lambda s(t)$ 个健康人变为病人，而病人数为 $Ni(t)$，所以每天共有 $\lambda Ns(t)i(t)$ 个健康人被感染，此即为病人数 $Ni(t)$ 的增加率，于是建立如下数学模型

$$N\frac{\mathrm{d}i}{\mathrm{d}t} = \lambda Ns(t)i(t) . \tag{9.130}$$

记初始时刻，$t = 0$ 时的病人比例为 i_0，则得常微分方程组初值问题

$$\begin{cases}\dfrac{\mathrm{d}i}{\mathrm{d}t}=\lambda(1-i)i,\\ i(0)=i_0.\end{cases}\tag{9.131}$$

方程(9.131)为 Logistic 模型.

2. 模型求解

用分量变量法求得方程(9.131)的解为

$$i(t)=\frac{1}{1+\left(\dfrac{1}{i_0}-1\right)\mathrm{e}^{-\lambda t}}.\tag{9.132}$$

$i(t)-t$ 和 $\dfrac{\mathrm{d}i}{\mathrm{d}t}-i$ 的图形如图 9.9 和图 9.10 所示. 当 $t=t_m=\lambda^{-1}\ln\left(\dfrac{1}{i_0}-1\right)$ 时, $\dfrac{\mathrm{d}i}{\mathrm{d}t}$ 最大, 此时病人增加地最快,可以认为此时医院的门诊量最大,预示着传染病高潮的到来,是医疗卫生部门需要关注的时刻. SI 模型的局限是没有考虑到病人可以治愈,人群中的健康人只能变成病人,病人不会再变成健康人.

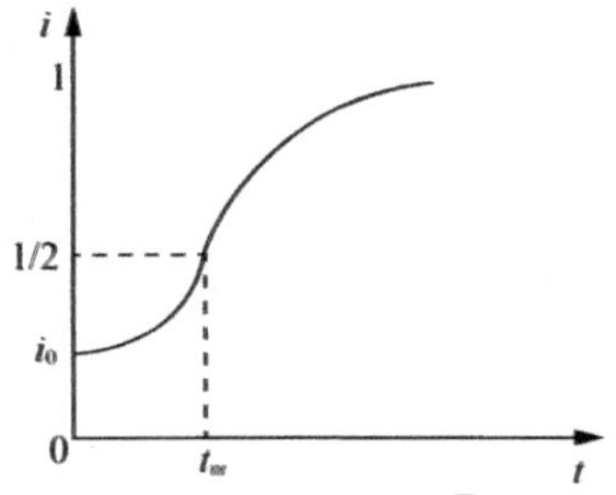

图 9.9　例 9.8SI 模型的 $i(t)$-t 曲线

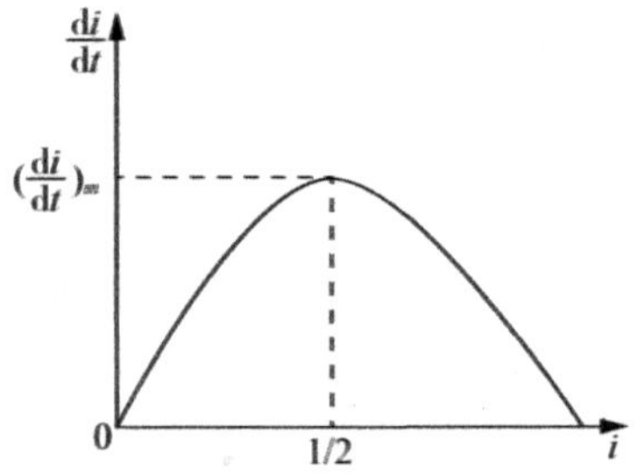

图 9.10　例 9.8 SI 模型的 $\dfrac{\mathrm{d}i}{\mathrm{d}t}$-$i$ 曲线

模型二(SIS 模型)

1. 模型建立

有些传染病如伤风、痢疾等愈合后免疫力很低,可以假定无免疫性,于是病人被治愈后变成健康人,健康人还可以被感染再变成病人,这个模型称为 SIS 模型.

在 SI 模型中增加模型假设③:病人每天治愈的比例为 μ(日治愈率),于是得常微分方程模型

$$\begin{cases}\dfrac{\mathrm{d}i}{\mathrm{d}t}=\lambda i(1-i)-\mu i=-\lambda i\left[i-\left(1-\dfrac{1}{\sigma}\right)\right],\\ i(0)=i_0.\end{cases}\tag{9.133}$$

其中 $\sigma=\dfrac{\lambda}{\mu}$ 是整个感染期内每个病人有效接触的平均人数,称为接触数; $\dfrac{1}{\mu}$ 表示平均需要多久才能被治愈,称为感染期.

2. 模型求解

容易求得方程(9.133)的解，画出 $i(t)-t$ 的图形如图 9.11 所示.

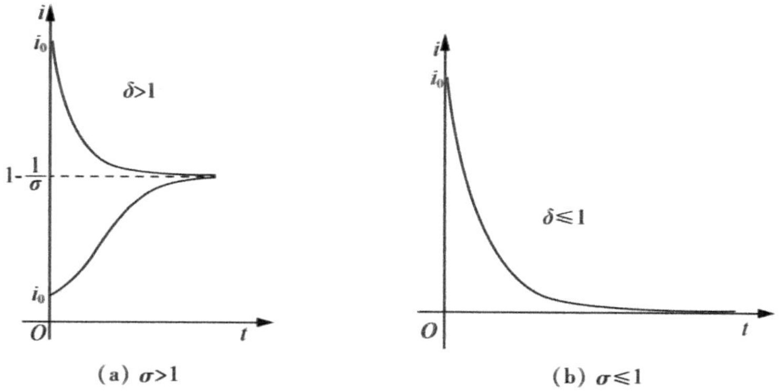

图 9.11　例 9.8 SIS 模型的 $i(t)$-t 曲线

不难看出，接触数 $\sigma=1$ 是一个阈值. 当 $\sigma>1$ 时，病人比例 $i(t)$ 的增减性取决于 i_0 的大小，见图 9.11(a)，但其极限值 $i(\infty)=1-\frac{1}{\sigma}$ 随 σ 的增加而增加；当 $\sigma\leqslant 1$ 时，病人比例 $i(t)$ 越来越小，且趋于零，这是由于感染期内经有效接触从而使健康人变成的病人数不超过原来病人数.

模型三(SIR 模型)

1. 模型建立

SIR 模型是传染病有免疫性，如天花、麻疹等，病人治愈后移出感染系统，称为移出者(Removed). 假设总人数 N 不变，健康人、病人和移出者的比例分别为 $s(t)$、$i(t)$ 和 $r(t)$，且 $s(t)+i(t)+r(t)=1$. 病人的日接触率为 λ，日治愈率为 μ，接触数 $\sigma=\frac{\lambda}{\mu}$，建立如下数学模型：

$$\begin{cases}\frac{\mathrm{d}i}{\mathrm{d}t}=\lambda si-\mu i,\\ \frac{\mathrm{d}s}{\mathrm{d}t}=-\lambda si,\\ \frac{\mathrm{d}r}{\mathrm{d}t}=\mu i,\\ i(0)=i_0,s(0)=s_0,r(0)=r_0.\end{cases}\tag{9.134}$$

2. 模型求解

$s(t)$，$i(t)$ 和 $r(t)$ 的求解非常困难，没有解析解，只能通过数值计算得到 $s(t)$，$i(t)$ 和 $r(t)$ 的曲线. 设 $\lambda=1$，$\mu=0.3$，$i_0=0.1$，$s_0=0.9$，$r(0)=r_0$ 通常很小. 编写文件名为'illdzdt.m'的文件供调用，程序如下：

```
function dz=illdzdt( ~ ,z)
a=1;b=0.3;
```

```
dz(1)=a*z(1)*z(2)-b*z(1);
dz(2)=-a*z(1)*z(2);
dz=[dz(1);dz(2)];
end
```

主程序如下：

```
clc,clear,close all
ts=0:50;
z0=[0.1,0.9];
[t,z]=ode45('illdzdt',ts,z0);
figure
plot(t,z(:,1),' ko-',t,z(:,2),' rp-',' LineWidth',2)
xlabel('t');ylabel(' i(t),s(t)');
legend('i(t)病人比例",' s(t)病人比例')
grid on
figure
plot(z(:,2),z(:,1),' k-',' LineWidth',2)
xlabel(' s');ylabel(' t');
grid on
```

$s(t)$ 和 $i(t)$ 在不同时刻的计算结果如表 9.7 和图 9.12、图 9.13.

表 9.7　例 9.8 SIR 模型 $s(t)$ 和 $i(t)$ 的数值结果

t	0	1	2	3	4	5	6	7	8
$i(t)$	0.100 0	0.172 9	0.261 2	0.335 4	0.369 6	0.360 2	0.323 2	0.275 0	0.226 4
$s(t)$	0.900 0	0.786 8	0.633 5	0.468 8	0.327 9	0.227 0	0.160 9	0.119 3	0.092 8
t	9	10	15	20	25	30	35	40	45
$i(t)$	0.182 7	0.145 1	0.041 6	0.011 3	0.003 0	0.000 8	0.000 2	0.000 1	0
$s(t)$	0.075 2	0.063 9	0.042 1	0.037 5	0.036 3	0.036 0	0.035 9	0.035 9	0.035 9

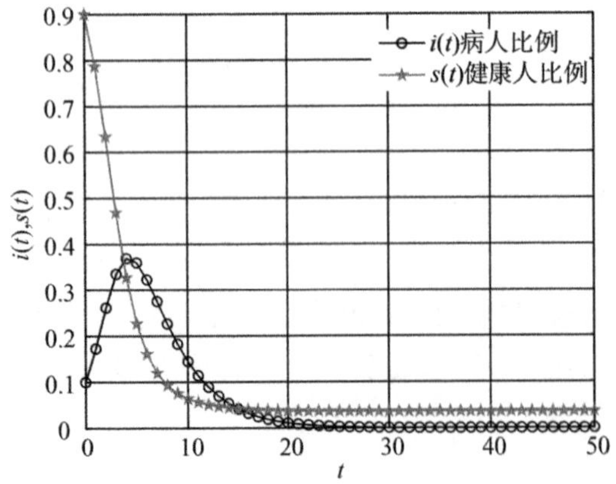

图 9.12　例 9.8 SIR 模型的 *i-t* 和 *s-t* 曲线

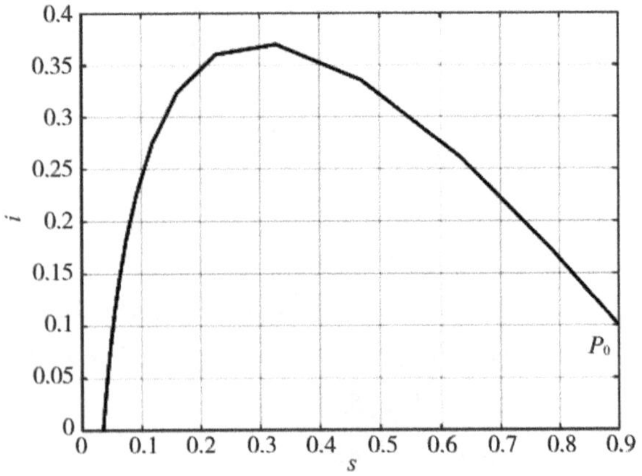

图 9.13　例 9.8 SIR 模型的 *i-s* 曲线

根据计算结果分析 $i(t)$, $s(t)$ 的一般变化规律. 随着 t 的增加,由表 9.7、图 9.12 可以看出, $i(t)$ 由初值增长至约 $t=7$ 时达到最大值,然后减少, $t\to\infty$, $i\to 0$, $s(t)$ 则单调减少, $t\to\infty$, $s\to 0.0359$. i-s 图形称为相轨线,如图 9.13, (s,i) 沿轨线自右向左运动,初值 $i_0=0.1$, $s_0=0.9$ 相当于图 9.13 中的 P_0 点.

3. 相轨线分析

由(9.134)的前两个方程消去 $\mathrm{d}t$ 得

$$\begin{cases}\dfrac{\mathrm{d}i}{\mathrm{d}s}=\dfrac{1}{\sigma s}-1,\\ i\big|_{s=s_0}=i_0.\end{cases}\tag{9.135}$$

容易求得方程(9.135)的解为

$$i(s)=(s_0+i_0)-s+\frac{1}{\sigma}\ln\frac{s}{s_0},\tag{9.136}$$

所在区域为 $D=\{(s,i)\mid i\geqslant 0, s\geqslant 0, i+s\leqslant 1\}$.

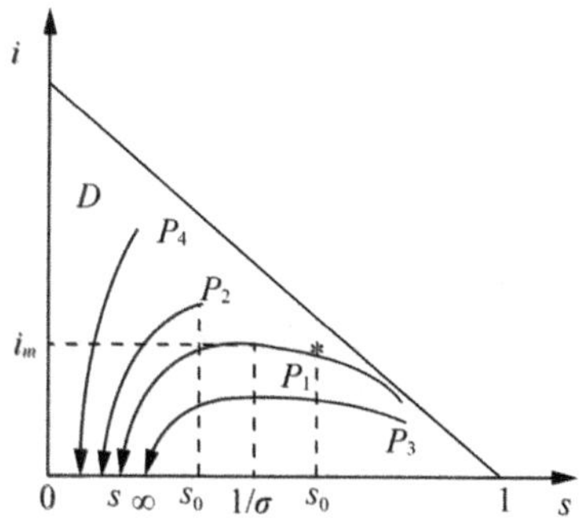

图 9.14　例 9.8 SIR 模型的 i-s 相轨线

在区域 D 内,(9.136) 式表示的曲线即为相轨线,如图 9.14 所示. 其中箭头表示随着时间 t 的增加 $s(t)$ 和 $i(t)$ 的变化趋向. $t\to\infty$ 时, $s(t)$, $i(t)$ 和 $r(t)$ 的极限值分别记作 s_∞, i_∞ 和 r_∞. 下面根据(9.135)式,(9.136)式和图 9.14 分析它们的变化情况.

(1) 不论初始条件 s_0, i_0 如何,病人将消失,即: $t\to\infty$, $i(t)\to 0$, $i_\infty=0$,从图 9.14 上看不论相轨线从 P_1 或其它点出发,它们终将与 s 轴相交.

(2) 在式(9.136)中令 $i=0$ 得到 s_∞ 是方 $(s_0+i_0)-s_\infty+\dfrac{1}{\sigma}\ln\dfrac{s_\infty}{s_0}=0$ 在 $\left(0,\dfrac{1}{\sigma}\right)$ 内的单根. 在图 9.14 中 s_∞ 是相轨线与 s 轴在 $\left(0,\dfrac{1}{\sigma}\right)$ 内交点的横坐标.

(3) 若 $s_0>\dfrac{1}{\sigma}$,则开始有 $\dfrac{\mathrm{d}i}{\mathrm{d}s}=\dfrac{1}{\sigma s}-1>0$, $i(t)$ 先增加. 令 $\dfrac{\mathrm{d}i}{\mathrm{d}s}=\dfrac{1}{\sigma s}-1=0$,可得当 $s=\dfrac{1}{\sigma}$ 时, $i(t)$ 达到最大值: $i_m=s_0+i_0-\dfrac{1}{\sigma}(1+\ln\sigma s_0)$,然后 $s<\dfrac{1}{\sigma}$ 时,有 $\dfrac{\mathrm{d}i}{\mathrm{d}s}=\dfrac{1}{\sigma s}-1<0$,

所以$i(t)$减小且趋于零,$s(t)$则单调减小至s_∞,如图9.14中由$P_1(s_0,i_0)$出发的相轨线与s轴相交于s_∞.

(4) 若$s_0 \leqslant \dfrac{1}{\sigma}$,则恒有$\dfrac{di}{ds} = \dfrac{1}{\sigma s} - 1 < 0$,$i(t)$单调减小至零,$s(t)$则单调减小至$s_\infty$,如图9.14中由$P_2(s_0,i_0)$出发的相轨线单调下降直到与$s$轴相交于$s_\infty$.

4. 预防传染病蔓延的手段

(1)从上面讨论可以看出,如果仅当病人比例$i(t)$有一段增长的时期才认为传染病在蔓延,那么$1/\sigma$是一个阈值,$s_0 > 1/\sigma$时,传染病就会蔓延. 由于健康者比例的初始值s_0是一定的,通常可认为$s_0 \approx 1$,因而减小感染期接触数σ,即提高阈值$1/\sigma$,使得$s_0 \leqslant 1/\sigma$,传染病就不会蔓延. 并且,即使$s_0 > 1/\sigma$,σ减小时,通过作图分析发现s_∞增加,从而i_m降低,也控制了蔓延的程度.

(2) 提高卫生水平和治疗水平. 我们注意到在接触数$\sigma=\lambda/\mu$中,人们的卫生水平越高,日接触率λ越小;医疗水平越高,日治愈率μ越大,于是σ越小,所以提高卫生水平和医疗水平有助于控制传染病的蔓延.

(3) 从另一方面看,$\sigma s=\lambda s \cdot \dfrac{1}{\mu}$是感染期内一个病人传染的健康者的平均数,称为交换数,其含义是一病人被σs个健康者交换. 所以当$s_0 \leqslant 1/\sigma$,即$\sigma s_0 \leqslant 1$时必有$\sigma s \leqslant 1$. 既然交换数不超过1,病人比例$i(t)$绝不会增加,传染病不会蔓延.

(4) 群体免疫和预防:

根据对SIR模型的分析,当$s_0 \leqslant 1/\sigma$时传染病不会蔓延. 所以为制止蔓延,除了提高卫生和医疗水平,使阈值$1/\sigma$变大以外,另一个途径是降低s_0,这可以通过比如预防接种使群体免疫的办法做到.

忽略病人比例的初始值i_0有$s_0 = 1 - i_0$,于是传染病不会蔓延的条件$s_0 \leqslant 1/\sigma$可以表为$r_0 \geqslant 1 - 1/\sigma$. 这就是说,只要通过群体免疫使初始时刻的移出者比例(即免疫比例)满足$r_0 \geqslant 1-1/\sigma$就可以制止传染病. 这种办法生效的前提条件是免疫者要均匀分布在全体人口中,实际上这是很难做到的.

习题9

1. 考虑初值问题:

$$\begin{cases} y' + y + y^2 \sin x = 0, \\ y(1) = 1. \end{cases}$$

取步长$h=0.1$,试用欧拉法和改进欧拉公式计算$y(1.2)$的近似值(计算结果保留小数点后5位).

2. 用欧拉法和改进的欧拉法求下列常微分方程初值问题的数值解,并用准确解比较.

(1) $\begin{cases} y' = -1 - y, x \in [0,1], \\ y(0) = 0, \end{cases}$ 取 $h = 0.1$,精确解为 $y(x) = 1 - e^{-5x^2}$.

(2) $\begin{cases} y' = -2x - 4y, x \in [0,0.5], \\ y(0) = 2, \end{cases}$ 取 $h = 0.1$,精确解为 $y(x) = e^{-2x} - 2x + 1$.

3. 试分别用欧拉法、改进的欧拉法和经典的四阶 Runge-Kutta 方法求初值问题

$$\begin{cases} y' = y - \dfrac{2x}{y}, x \in [0,1] \\ y(0) = 1 \end{cases}$$

的近似解,取 $h = 0.1$,并与精确解 $y(x) = \sqrt{1 + 2x}$ 比较.

4. 用下列方法求初值问题

$$\begin{cases} y' = \dfrac{2}{3} x y^{-2}, x \in [0,1] \\ y(0) = 1 \end{cases}$$

的数值解,并与准确解 $y(x) = (x^2 + 1)^{\frac{1}{3}}$ 作比较.

(1) 用欧拉法,取 $h = 0.1$;

(2) 用改进欧拉法,取 $h = 0.1$;

(3) 用经典的四阶 Runge-Kutta 法,取 $h = 0.2$.

5. 分别用四阶显式 Admas 方法和四阶隐式 Admas 方法求解初值问题

$$\begin{cases} y' = x - y, x \in [0,1] \\ y(0) = 0 \end{cases}$$

的数值解,取 $h = 0.1$.

6. 试证明中点公式 $y_{n+1} = y_n + hf\left(x_n + \dfrac{h}{2}, y_n + \dfrac{h}{2} f(x_n, y_n)\right)$ 是二阶的.

7. 试证明

$$y_{n+1} = \frac{1}{3}(4y_n - y_{n-1}) + \frac{2}{3} h y'_{n+1}$$

是二阶公式.

8. 证明解 $y' = f(x,y)$ 的公式

$$y_{n+1} = \frac{1}{2}(y_n + y_{n-1}) + \frac{h}{4}(4f(x_{n+1}, y_{n+1}) - f(x_n, y_n) + 3f(x_{n-1}, y_{n-1}))$$

是二阶的,并求其截断误差的主项.

9. 求待定常数 α, β, γ ,使如下的线性多步法公式

$$y_{n+1} = \alpha(y_n + y_{n-1}) + h(\beta f(x_n, y_n) + \gamma f(x_{n-1}, y_{n-1}))$$

具有二阶精度，并求其局部截断误差的主项.

10. 解下列常微分方程的初值问题时，步长满足什么条件时，欧拉法是稳定的?

(1) $\begin{cases} y' = -6y + e^x, x \in [0,10], \\ y(0) = a; \end{cases}$

(2) $\begin{cases} y' = 1 - \dfrac{10xy}{1+x^2}, x \in [0,10], \\ y(0) = 0. \end{cases}$

11. 试推导三阶 Adams 显式与隐式公式，并给出修正的预估校正公式.

12. 试证明下列公式是一个三阶公式，取模型方程 $y' = \lambda y$，试导出其数值稳定条件.

$$y_{n+1} = y_n + \frac{1}{9}(2K_1 + 3K_2 + 4K_3),$$

$$\begin{cases} K_1 = hf(x_n, y_n), \\ K_2 = hf(x_n + \frac{1}{2}h, y_n + \frac{1}{2}K_1), \\ K_3 = hf(x_n + \frac{3}{4}h, y_n + \frac{3}{4}K_2). \end{cases}$$

13. 设一阶常微分方程初值问题的线性单步法公式为

$$y_{n+1} = y_n + \frac{h}{12}[5f(x_n, y_n) + 3f(x_n + \frac{2}{3}h, y_n + \frac{2}{3}hf(x_n, y_n))],$$

试求其截断误差及阶数.

14. 将下列常微分方程化为等价的一阶方程组.

(1) $y'' - 3y' + 2y = 0, y(0) = 1, y'(0) = 1$;

(2) $y''' = y'' - 2y' + 3y - 5x + 1$.

15. 已知一阶常微分方程的初值问题:

$$\begin{cases} y' = z, \\ z' = z + x, \\ y(0) = 0, \\ z(0) = 1. \end{cases}$$

取步长 $h = 0.1$，用经典四阶 Runge-Kutta 方法计算 $y = (0.2)$ 和 $z = (0.2)$ 的近似值.

16. 用四阶 Runge-Kutta 方法计算

$$\begin{cases} y'' = 2y^3 \quad x \in [1,2], \\ y(1) = -1, y'(1) = -1. \end{cases}$$

取步长 $h = 0.2$，计算 $y = (1.4)$ 的近似值.

17. 用下列方法编程计算初值问题

$$\begin{cases} y' = 1 - \dfrac{2xy}{1+x^2}, x \in [0,2] \\ y(0) = 0 \end{cases}$$

的数值解,并计算与准确解 $y(x) = (x + \frac{1}{3}x^3)/(1+x^2)$ 的误差,在同一图形窗口画出精确解与数值解的图形.

(1) 用经典的四阶 Runge-Kutta 法,取 $h = 0.2$;

(2) 用四阶 Adams 显式公式,取 $h = 0.2$;

(3) 用四阶 Adams 预测校正公式,取 $h = 0.2$;

(4) 用 Hanmming 公式,取 $h = 0.5$.

18. 某跳伞者在 $t = 0$ 时刻从飞机上跳出且垂直下落,假设初始时刻的垂直速度为 0 m/s. 已知空气阻力为 $F = cv^2$,其中常数 $c = 0.27$ kg/m,v 为垂直速度,假设向下方向为正. 可求得跳伞者的速度满足常微分方程 $v' = -\frac{c}{M}v^2 + g$,重力加速度 $g = 9.8$ m/s^2,跳伞者的质量 $M = 70$ kg. 试用改进欧拉公式和经典的四阶 Runge-Kutta 公式编程计算 $t \leqslant 20$ s 的速度并画出速度曲线,取 $\Delta t = 0.1$ s .

参考文献

[1]李庆扬,王能超,易大义.数值分析(第5版)[M].北京:清华大学出版社,2008.

[2]王仁宏.数值逼近(第2版)[M].北京:高等教育出版社,2012.

[3]徐树方,高立,张平文.数值线性代数[M].北京:北京大学出版社,2000.

[4]SZIDAROVSZKY F, YAKOWITZ S. 数值分析的原理及过程[M].施明光,潘仲雄,译.上海:上海科学技术文献出版社,1982.

[5]孙志忠,袁慰平,闻震初.数值分析(第3版)[M].南京:东南大学出版社,2010.

[6]姜健飞,吴笑千,胡良剑.数值分析及其MATLAB实验(第2版)[M].北京:清华大学出版社,2015.

[7]谢庭藩.函数构造的理论与应用[M]//谢庭藩,谢庭藩文集.杭州:浙江科学技术出版社,2012.

[8]纳唐松.函数构造论(上)[M].徐家福,郑维行,译.北京:科学出版社,1958.

[9]纳汤松.函数构造论(中)[M].徐家福,译.哈尔滨:哈尔滨工业大学出版社,2017.

[10]纳汤松.函数构造论(下)[M].徐家福,译.哈尔滨:哈尔滨工业大学出版社,2017.

[11]沈燮昌.多项式最佳逼近的实现[M].上海:上海科学技术出版社,1984.

[12]孙志忠,吴宏伟,袁慰平,等.计算方法与实习(第5版)[M].南京:东南大学出版社,2011.

[13]LANCASTER P, SAILAUSKAS K. Surfaces generated by moving least squares methods[J]. Mathematics of Computation, 1981, 37:141-158.

[14]陆亮.数值分析典型应用案例及理论分析(上册)[M].上海:上海科学技术出版社,2019.

[15]陆亮.数值分析典型应用案例及理论分析(下册)[M].上海:上海科学技术出版社,2019.

[16]李郴良,李姣芬,彭丰富,等.工程数值分析引论[M].北京:北京航空航天大学出版社,2015.

[17]胡祖炽,林源渠.数值分析[M].北京:高等教育出版社,1986.

[18]冯象初,王卫卫,任春丽,等.应用数值分析[M].西安:西安电子科技大学出版社,2020.

[19]KARRIS S T. Numerical analysis using MATLAB and excel (Third Edition)[M]. Fremont: Orchard Publications, 2007.